商业景观研究·散论

主　编◎瞿　宙　张建华
副主编◎郗金标　朱永莉　王新华

上海交通大学出版社
SHANGHAI JIAO TONG UNIVERSITY PRESS

内容提要

随着经济的繁荣发展，商业景观不仅仅表现商业发展的成果，更是成为城市的窗口和形象标识。大数据及休闲时代的来临、线上购物及线下体验商业模式的发展等都对新型商业景观模式创造了前所未有的机遇和挑战。本书收录了2009—2013年期间我院师生发表的有关这方面的论文，包括四大部分：①商业空间景观设计概述；②商业空间景观构成；③商业空间文化创意及心理感知；④商业空间生态等。

图书在版编目(CIP)数据

商业景观研究·散论/瞿宙，张建华主编．—上海：
上海交通大学出版社，2014(2023重印)
ISBN 978-7-313-12216-2

Ⅰ.①商… Ⅱ.①瞿… ②张… Ⅲ.①商业区－景观设计－研究 Ⅳ.①TU984.13

中国版本图书馆CIP数据核字(2014)第240784号

商业景观研究·散论

主　　编：瞿　宙　张建华
出版发行：上海交通大学出版社　　地　　址：上海市番禺路951号
邮政编码：200030　　电　　话：021-64071208
印　　制：苏州市古得堡数码印刷有限公司　　经　　销：全国新华书店
开　　本：890mm×1240mm　1/16　　印　　张：20.5
字　　数：538千字
版　　次：2014年11月第1版　　印　　次：2023年2月第2次印刷
书　　号：ISBN 978-7-313-12216-2
定　　价：78.00元

商业景观研究·散论
编写名单

主　编

瞿　宙　张建华

副主编

郗金标　朱永莉　王新华

参　编

（按姓氏拼音排序）

黄诗茹　李雅娜　宋肖霏

滕　玥　王红兵　张华威

序
Preface

21世纪是城市的世纪。如何建设和谐优美的城市景观环境，获得更好的生活质量是在城市发展中必须重视的问题。商业作为现代城市发展的一个重要标志，其经营规模化、空间景观化、功能多元化和环境生态化等是顺应社会发展潮流的必然趋势。商业空间景观化的道路，无疑是一条不断学习、不断探索之路，也是一条不断创新、不断完善之路。

商业空间的景观化需要设计。而设计是一种哲学，是一种思想体系。设计分布在生活的各个领域，涉及人们一切有目的的活动，也反映了人们“自觉意志”和“才智技能”的结合。设计就是寻求解决问题的方法、途径和过程，是在明确目标和目的的指引下的有意识的创造。设计根本上是对人与人、人与物、物与物之间关系的一种求解，设计最终反映了时代背景下的生活方式。

创新商业空间景观归根结底，有几个方面：第一，强调文化是商业发展的动力，强调文化是商业空间景观的组成部分；第二，重视文化的多元性；第三，重视生态环境意识和时代技术的结合；第四，重视消费者的多元化需求和景观设计所提供的无形资产；第五，提供学习型、体验互动型、生态型的商业环境，促进消费者的购买欲；第六，创造一种愉悦的商业空间环境，强调商业自我的价值体系和国际化，提升整个商业的文化品位。

商业空间的景观化设计追求和而不同，是一种多元化、多样化的和谐，应以“含道应物、千想妙得、澄怀味象、应物会心”作为设计原则。“含道应物”就是“怀藏正道，顺应事物”，就要反映商业的本质，顺应商业的变革。“千想妙得”就是通过联想和想象创造一种神奇的形象。其实，这是一种思想的综合，也是一种各类学科的综合。“澄怀味象”是去体会事物的本质，用心观察和设计。“应物会心”是指用心和用理来表现商业空间，既要眼高也要手高。

商业空间的景观化需要引起高度关注。因为高端消费的外流、外地消费的回流、本地消费的横流、网购消费的截流和多元消费的分流，已实实在在地给传统商业敲响了警钟。关注商业空间的景观化，关系到城市发展规划和功能配置，关系到商业结构布局和商业产业发展，关系到商业景观设计理论体系的建立和完善。商业空间的景观化现状与国家的经济发展不协调、与国际接轨不相适应和与学科发展不平衡的问题亟须一批有识之士参与探讨、参与研究、参与寻找解决问题的方法。鉴于这样的要求，为了向同行展示上海商学院旅游与食品学院近几年的成果，传播和探索商业空间景观化的发展、成长和思路，编辑出版了《商业景观研究 · 集论》和《商业景观研究 · 散论》这套专辑。专辑汇集了2009年以来我院师生在商业景观研究方面的各类调研报告和相关论文，从环境艺术的角度到生态的角度，力求以新的声音、新的观点、新的主张和新的思想，突破传统制约和时代局限。建立起一个商业空间景观化的学术讨论平台。

希望本套专辑的出版，对中国商业产业的有序发展和商业经营企业的经营管理水平以及商业景观学科的发展，能起到一些有益的借鉴作用。

张建华

2014年8月

前　言
Foreword

改革开放30多年来，随着我国经济的持续发展、社会的不断进步、人民生活水平的节节提高，商业场所在数量上和总体规模上呈迅速增长态势。商业场所的功能由单一购物型向多元消费型转化，与其配套的商业环境及设施也朝着功能综合化、规模大型化和空间复合化的方向发展。商业空间在城市公共生活中的作用日益为人们所重视。现代商业场所不仅提供舒适便利的购物环境空间，而且十分重视顾客的心理需求，合理地安排购物休憩、观赏娱乐及饮食服务等活动，以使消费者在购物过程中始终保持愉快心情和购物兴趣，将购物视为一种物质、精神、文化的休闲之旅。

因此，人们对商业空间景观环境提出了新的、更高的要求。商业空间景观已由单一的购物装饰环境的基本功能转向对更高层次人性复归和环境价值的重现，并将其作为激发城市整体活力的有效方式。国内外商业空间景观设计的发展已经进入经济、环境、社会效益并重的时代，并经常与城市设计、建筑设计和旧城更新相结合。商业空间景观设计正朝着生态、人性、多元、创新方向发展。

本书将近年来公开发表的关于商业空间景观的论文进行归纳整理，力图将商业空间景观设计这一新兴的设计进行梳理，从而为商业空间景观以及相关环境设计提供参考。

本书结构如下：

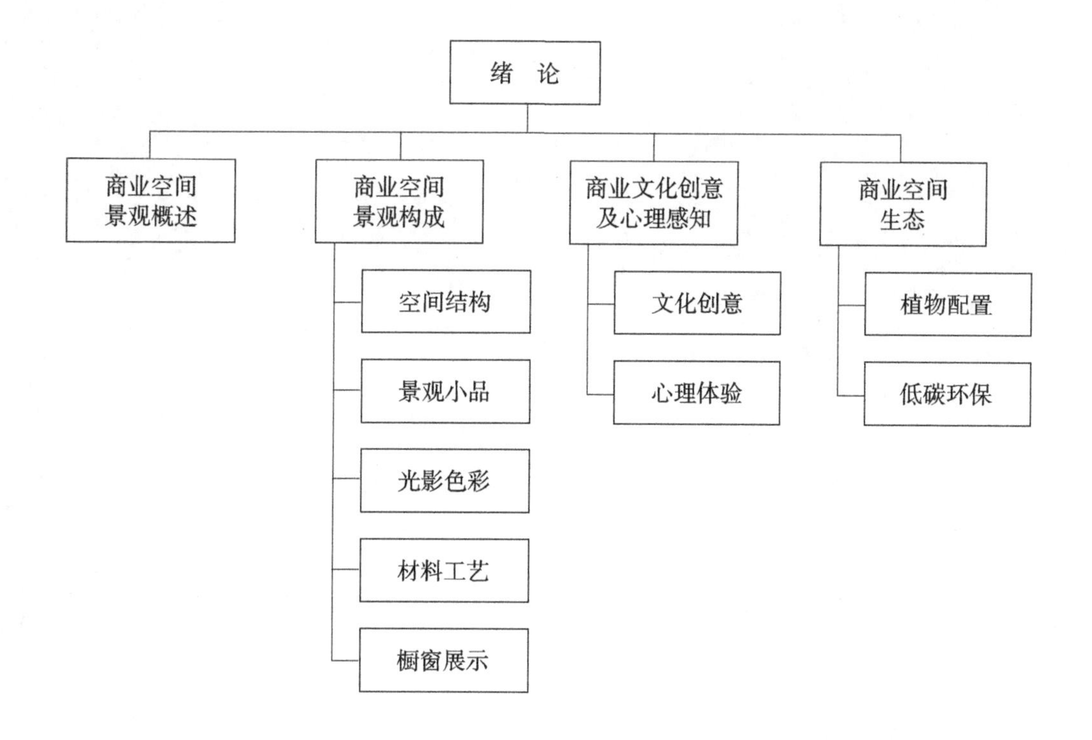

目录

Contents

绪　论

1　商业及商业空间

1.1　商业

商业，是一种有组织地提供顾客所需的商品与服务的行为。大多数的商业行为是通过以成本以上的价格卖出商品或服务来赢利，如微软、联想、通用都是营利性的商业组织典型的代表。然而某些商业行为只是为了提供运营商业所需的基本资金，一般称这种商业行为为非营利性的，如各种基金会以及红十字会等。一般认为，商业源于原始社会以物易物的交换行为，它的本质是交换，而且是基于人们对价值的认识的等价交换。

商业有广义与狭义之分。商业的广义定义一般可以表述为，商业是变更财产所有权以取得利润的一种经济行为。不论这种行为是直接买卖还是间接买卖或辅助买卖；是国内贸易还是国际贸易；是有形使用价值交易还是无形使用价值交易；是以货币为手段还是以信用为手段，都属于商业的范畴。狭义论者认为，商业就是纯粹的商品买卖，以盈利为目的直接或间接地购买商品，甚至是纯粹国内的、某些有形的物质商品的、由独立化的商业主体承担的买卖。

1.2　商业空间

1.2.1　商业空间的概念

由于商业有广义与狭义之分，因此，商业空间也有广义与狭义之分。从广义上可以把商业空间定义为：所有与商业活动有关的空间形态。从狭义上则可以把商业空间理解为：当前社会商业活动中所需的空间，即实现商品交换、满足消费者需求、实现商品流通的营利性空间环境。

随着社会生产力的发展，商业活动在时间、形式和空间上都有所改变，主要表现为：由不固定时间向特定时间发展，由分散的赶集形式向集中的集贸形式发展，由不固定的流动的空间向固定的空间发展。

商业空间可以理解为商业活动过程中所需要的场所，这种场所还应为商业活动提供所需的相关服务和设施。

商业空间，基本上可以说是由人、物及空间环境三者之间的相对关系所构成。

第一，人与空间环境的关系，在于空间环境替代了人的活动所需机能，包括物质的获得、精神感受与知性的需求。商业空间为人们在其中进行商业活动、生活体验、文化感知乃至自我实现，提供了必要的客观环境基础。

第二，人与物的关系，则是物与人的交流机能。人们在环境中获得必要的生存物质资源，同时，物质条件反过来又影响着人们的生存方式，使得不同地域之间产生了不同的生存方式，进而影响到人们的生活方式，从而形成了不同的文化表象。

第三，空间环境提供了物的放置机能，多数的“物”的组合构成了空间环境，而多数大小不同的空间环境更构成了机能不同的更大的空间环境。

人是流动的,空间环境是相对固定的,因此,以"人"为中心所审视的"物"与"空间",因需求性与诉求性的不同,产生了商业空间的多元性。

1.2.2 商业空间特点

1)商业空间是流动的空间

由于各种室内空间的功能不同,停留的时间长短不一,因此形成了人与空间的不同关系。商业空间是顾客停留时间较短的场所,蕴含着人的"流动"意识,这种"流动"意识表现在:

"流动"是商业空间的主体。人们进入商店都在进行着不同目的购物选择,在商业空间里形成的是一种动的旋律,人与空间共同构成了四维空间的韵律。

人的"流动"支配其商业空间。人不仅在空间环境中流动,还要支配其空间,决定着柜台走道宽度、柜台设置宽度及商业环境整体的交通流线设计。商业空间应突出人、表现人、衬托人,创造一个属于人的空间。

2)商业空间是展示的空间

商业空间只有通过一定的展示,才能体现它的精神面貌,要想使顾客对商店有所了解,就必须通过商品的展台、展示牌、展板甚至于模特的表演来激发顾客的购买兴趣,促进购买欲望,增加购买信心。商品的展示通过有秩序、有目的、有选择的手段来进行,一个好的展示空间设计会给顾客留下美好的印象。否则,商业空间的视觉形象显得杂乱无章,让人产生烦闷、注意力分散、不愿留步的感觉。商业环境展示空间的设计受许多因素的制约,处理好相互关系要做到:研究人与人的互动关系及顾客视线移动时的生动效果;加强人与空间环境的关系,要创造展示空间戏剧性;除一般的展示设计外,注意重点展示空间的设计,使人在心理上对商品产生连续的引起"注意"和被吸引的感觉,但要与周围的展示设计相呼应。在当今社会中,消费文化是时代的象征和标志,应不断创造出适应顾客心理,具有新艺术潮流的展示空间设计。

3)商业空间是变化的空间

在日常生活中人们喜欢具有亲切感的空间,倾向于以不同的方式不断变换的空间。这在公共场所中尤为突出,亲切感的空间使人情绪安静,变换的空间使人由于不断的新奇感而减少疲劳。商业空间的变化通过分隔与联系的手法,利用柜架设备水平方向划分空间,这种划分形式使空间隔而不断,有着明显的空间连续性,室内分隔灵活自由,根据每组商品特点分隔区域,使整个商业空间富于变化。商业环境除采取分隔与联系的手法外,还可通过营业厅柜台平面组合形式加以变化,柜台平面组合形式主要有直线类、对称类、围合类、环绕类、向心类几种形式。顾客以柜台为中心,既有向心的意识,又有向外的意识,同时,与其他柜台和货架又有通道的关系。处理好柜台与周围环境的关系以及整体商业环境各功能不同空间的划分至关重要。在商业环境中,通过色彩的变化也可以改变商业空间的形象,同样一种商品,用不同色彩的衬景陈列,给人的感受也不相同。衬景就是商品放置的四壁、橱窗的后壁、陈列架、柜台的各个平面等。运用色彩对比可突出商品,如有商品的色彩是多种多样的,那么其衬景应当是白色或带中性色调的;相反,若衬景是五颜六色的,陈列的商品则应是白色或带中性的色调。总之,商业环境只有通过不断的变化,才能增加顾客的新奇而减少疲劳,使顾客在购买的过程中得到心理上的满足。

4)商业空间是信息的空间

在高度信息化的时代,信息对于人们现代生活来说至关重要。人们走进商店通过购物获得更多的信息,了解新产品的使用方法以及新产品对现代生活所产生的作用。商店可通过先进的电脑控制系统,使顾客了解新产品开发、产品市场价格等情况,为消费者与厂商提供准确的信息。因此，在商业环境中设置一些大型的电视屏幕，为给顾客传递新产品信息提供方便，它直观、明了、形象逼真，激发顾客的潜在购买欲，诱导人们的购买决策，促进了消费意识的改变，同时对环境气氛也起着一定的烘托作用。现代商业环境的变化决定经营者不断改变其经营方式和对策，把当今世界的最新商品信息传递给顾客，使人们在从事商业活动的同时，充分享受现代文明所赋予的精神快乐。

1.2.3 商业空间类型

随着商品经济的迅速发展，商店的形式演变成各种不同的样式，从不同的角度出发，商业空间会有不同形式。商业空间的构成组织形式复杂，种类多样。由于经营模式、规模、空间特性、功能性、交通组织等不同，产生不同的商业空间形式。

商业空间的分类有很多种，一般按行业类型、消费行为、建筑形式、规模及市场范围等对商业空间的类型进行划分。

1）按照行业类型分类

商业空间按照行业类型可以分为零售类、批发类、餐饮类商业空间。零售类又可以分为杂货店、专卖店、百货商场、超级市场、购物中心、步行商业街等。

杂货店，主要经营人们日常生活需要的商品。如报亭、烟摊、糖果店、水果店等顾客用在这类商品上的支出只占其收入的很小比例。这类商店的门面租金低，需要很小的服务范围、很低的购买力、较低的零售额就能生存，其区位选择具有很大的灵活性。

专卖店，定位明确，针对性强，风格具有个性，主要经营需求量小、使用时间长、价值很高的商品，针对特定的顾客群体而获得相对稳定的顾客，这类商店的门面租金很高，需要很大的服务范围、很强的购买力、很高的营业额才能生存，还具备企业形象和产品品牌形象的传达功能，如珠宝店、时装店、家具店、眼镜店等，就属于这种类型。

百货商场，服务面向整个城市，商品品种繁多，提供全面综合的服务。这类商店门面租金很高，需要很大的服务范围、很强的购买力、很高的营业额才能生存；其对区位选择要求高，数量也很有限。

超级市场，起源于美国20世纪20年代末的经济大恐慌时期。超级市场商品种类多，分布合理、便于人们日常生活消费，不需要高成本的门面装饰、店内货物由顾客自取而降低经营的费用，受到消费者的欢迎。

购物中心，功能齐全，集购物、休闲、餐饮和娱乐于一体，购物中心在规划中设置了景观、休息区等公共设施。购物中心空间一般分为单体型和复合型两大类，单体型是在单独建筑空间内，在不同楼层或区域中规划不同的商品种类，并设有健身、休息、娱乐休闲的设施。复合型是由多个建筑空间组成，不同的空间各自经营不同项目，用天桥、通道等设施将各单体建筑相连接，也具有停车、休息、娱乐休闲、景观等空间。

步行商业街，在区域内集合不同类别的商业空间，构成的综合性的商业空间，集休闲、购物、娱乐为一体。注重人口空间、街道空间、店中店、游戏空间、展示空间、附属空间与设施。

2）按消费行为分类

商业空间按照顾客的消费形式可分为物品业态和体验业态商业建筑。物品业态商业建筑是以商品销售为主，以物品作为基本经营模式，为顾客提供购物服务的商业空间形式，这种形式包括超市、百货商场、折扣商店、购物中心、商业街、专业店等。体验业态商业空间，指以消费者的感受作为第一出发点，为消费者提供某种身心感受的空间形式，根据合理的心理感受模式，形成一个合围的、具有向心力的、聚合力的空间，此类包括娱乐、休闲类商业空间。

3）按建筑形式分类

商业空间按照建筑形式的复合程度可以分为单体和综合商业空间。单体商业空间是建设在独立地块上的商业建筑项目，而综合商业空间是在商业建筑中复合了其他项目包含住宅、酒店、写字楼等建筑形式。

4）按规模分类

我国商业空间设计，针对不同投资者、不同的行业对商业空间的规模划分标准也是不同的。一般将商业空间的建设规模分为大、中、小三大类：大型商业空间，指建筑规模在7万平方米以上的商业空间项目，这类项目的数量不多，但其市场范围影响力很大；中型商业空间，建筑规模在2万~7万平方米左右的商业空间项目，此类商业空间的数量较多，覆盖面比较广泛；小型商业空间，是空间规模在2万平方米以下的商业空间项目，这一类商业空间比较常见，分布范围大，围绕着消费者的日常生活场所。

5）按市场范围分类

按照市场范围划分，可以将商业空间分为：近邻型商业空间，主要市场范围是附近周边的消费人群；社区型商业空间，主要为社区的消费者提供服务；区域型商业空间，主要面对周边几个区域的消费人群；城市型商业空间，范围扩大为城市的大部分区域消费者；超级型商业空间，市场范围最广主要客户群覆盖城市及周边城市区域。

2 商业空间景观

2.1 商业空间景观概念

在希伯来语的《圣经》里"景观"一词的出现是用于对宗教圣地耶路撒冷的美丽景象的描述。这里"景观"体现的是视觉方面的感受，表达的含义是美学意义上的概念，与汉语中的"景致"、"景色"、"风景"等词相似。

如今，景观的概念在许多学科中都有所涉及，如生态学、地理学、建筑学、艺术学、旅游学、园林学等。生态学中景观被解读为生态系统；地理学中景观是一个科学名词，指的是一种综合自然地理区地表景象，如乡村景观、草原景观等；建筑学中的景观是建筑或构筑物周围配景或背景；艺术学中的景观被看作是用于表现或再现的对象，等同于风景；旅游学则把景观作为一种资源；在园林学科中景观指的是一切具有美感的或自然或人工的地表景色。

商业空间景观就是在商业空间中，为促成商业活动的进行和商品交换的最终达成为目的，而建立的空间辅助组成或直接参与商业活动的景观环境。

然而随着时代的发展，商业从传统的"展示—销售—购买"单向的模式，转变成为"网下体验—网上销售"，"标准化服务—个性化定制"……看似矛盾的多元化方向。现代意义上的商业空间景观必然会呈现多样化、复杂化、科技化和人性化等的特征。其概念也会产生更多的不同解释和外延。

而从字面上来看，"景观"一词，可以理解为"景"，即"景色"，强调以人为出发点所感知的客观对象，以及"观"强调人的主观感受，且并不局限于视觉范畴，包括其他的感觉方式，甚至已不局限于感觉层面，而在知觉、思维层面上讨论了。因此，景观的概念，是包括了客观对象和以视觉感知为主要途径的主观感受两个方面及其综合。

由此，商业空间景观就是商业空间中所有的客观环境，包括营造空间的建筑环境、商品仓储、展示、销售、体验等场所，与商业有关的公共基础设施环境等，以及由此造就的视觉为主的五感乃至文化感知的两个方面及其综合。

2.2 商业空间景观特点

1）人性

商业发展的基础是消费，消费主体是人，因此，商业空间景观是为了人在其中能获得更好的消费体验而创造的。随着人们消费观念的转变，愈发注重消费的精神享受，能充分满足人们的精神需求的购物过程，远比单纯的购物更具有吸引力。商业空间体验的主体是人，因此充分考虑人的行为模式和特征，迎合顾客的消费需求，增加商业空间中娱乐、休闲、餐饮等行业门类，配备人性化的商业和休闲设施，让人们得到倍感愉悦的体验感受，增加逛街和购物的乐趣，能最大限度延长消费者在商业空间的滞留时间。商业空间景观注重塑造以人为中心的商业场所，体现了人文关怀，具有人性化特征。

2）矛盾

商业空间景观中的矛盾性由经济效应问题牵涉出来，矛盾集中在经济效益、销售量、人流量、店铺量、整体环境舒适度、商业活动发生和成功的概率等几个要素之间。

商家总希望城市和商业区的商业建筑越多越好，但是随着建筑的增多，环境质量亦会下降，相应的会降低人流量和商品活动成功发生的概率；为了提高环境质量，必须减少建筑量，但是店铺的减少又减少了商品的数量，商家收益亦要降低。矛盾因此产生。

随着网络化、信息化、广告化的社会发展趋势对传统的商业形式造成了巨大的冲击，商业必须要适应这种发展趋势才具有活力，相应的商业空间景观也需要与时俱进，然而随着新技术、新思维发展越来越快，景观营造的周期性与之形成了特定的时效上的矛盾。

从历史上看，商业活动从来就不是孤立存在的，往往和其他社会活动交织在一起。特别是近年来城市景观、环境艺术的重要性已逐步得到人们的认同，以人为本的设计思想深入人心。以商业步行街为例，在步行街的景观设计中，通常需要街道上的各个店面既有独立个性，又要服从整体街区形象的群体协调，并要求左邻右舍的建筑单体之间以及建筑立面与装饰招牌的处理相互协调。其规划思想是要达到使人们从心理感知的角度感觉到街道的统一的美感。但是在实际中就衍生出一个不可避免的矛盾：对街道内各店面协调变化因素与重复因素的要求与商店的实际需要之间不可能形成固定的比例关系。因为不同经营范围的商店业主出于商业目的和经济利益的考虑，必定对自己的店面经营空间有各自复杂的具体要求，而且不同的经营背景使得其店面和空间环境设计定然出现迥然不同的差别。这种需求往往会导致商业空间景观整体性的破坏乃至环境景观的破碎化。

3）多元

商业空间景观要更多地考虑顾客购物行为的各种方式，调动潜在的消费性，发掘综合商业价值，并在购物活动之外，兼顾游览、娱乐、聚会等方面的行为，将其体现在景观形式和视觉感知上。

如今，商业空间不再是简单的购物、餐饮等功能的载体，而将各种休闲娱乐活动的差异性进行模糊的空间组合，可以使人们来到此地，在不经意间获得体验的感受激发消费欲望。这种模糊且富有动感的商业空间，注重体验的多元性，以让人们在那种随意、任性、“我消费故我在”的心态中进行消费体验，不会使人有约束感，迎合并体现人的个性及自我实现的文化精神。

4）文化

商业空间景观需要通过叙事的方式，运用文化、空间、景观、色彩的变化等手段，体现城市形象和地域文化，传递一种独特的环境感受，通过人们的亲身体验激发探索的兴趣，满足人们精神层面的需求。不同城市特色和地域的文化带来的不同商业特色正是体现商业空间景观文化性的基础。

“上海新天地”这一案例便是对石库门地区在殖民时期遗存的历史建筑进行重组，充分挖掘历史文化背景，将遗留的空间和建筑用现代的手法加以利用设计，创造出具有独特历史文化特色的商业空间，其文化体验价值超出了传统商业空间。由此可见，重视城市文脉和地域文化特色，突出其独特的文化特性是商业空间景观的重要特征。

2.3 商业空间景观的功能

1）展示功能

现代商业空间是商业业态高度聚集的场所，各种业态为了在有限的空间中获取更多的人气，努力通过各种途径在商业空间中进行展示吸引人流。商业空间景观中门店、广告牌、展台、服务设施、景观小品、花草树木等都能向人们展示一切与商业活动相关的信息。

2）服务功能

商业空间景观是以“人”为中心所审视的“物”与“空间”所组成的景观环境，为人提供各种有形或无形的服务，这种服务包括有偿的消费服务和无偿的服务，如交流、体验、休息、审美、愉悦等。

3）休闲功能

在节假日或周末时，人们会带上家人约上朋友，选择到那些购物环境舒适的商业场所，享受愉悦的消费过程，成为一种新的休闲方式。商业空间景观营造了让人享受到舒服、愉快的购物环境，有便捷、完善的公共设施，有丰富、独特的文化氛围，散发着轻松愉悦的休闲气息。

4）文化功能

“城”是一定地域起到防御功能的构筑物，它与“市”相结合，即形成了具有交换职能的“城市”。商业空间景观能体现出城市经济和社会发展的程度，传达城市特有的商业文化特征。在各具特色的商业空间里，承载着以人为主体，进行的“买”和“卖”双方的行为活动，反映了人们不同的消费习惯和需求、休闲方式和审美需要。

5）生态功能

随着社会进步、科学技术的发展，自然资源日趋紧张，生态意识深入人心，生态环保理念在社会生活的各个方面都有所体现。商业空间景观作为城市景观环境最为重要的一部分，其在建筑节能、新能源、废弃物循环利用、生态植被环境营造、城市棕地再开发等方面都发挥了举足轻重的作用。为了满足人们对生态环境的需求、吸引消费，商业空间景观已经成为城市生态环境建设最为先锋、最为活跃的一部分。

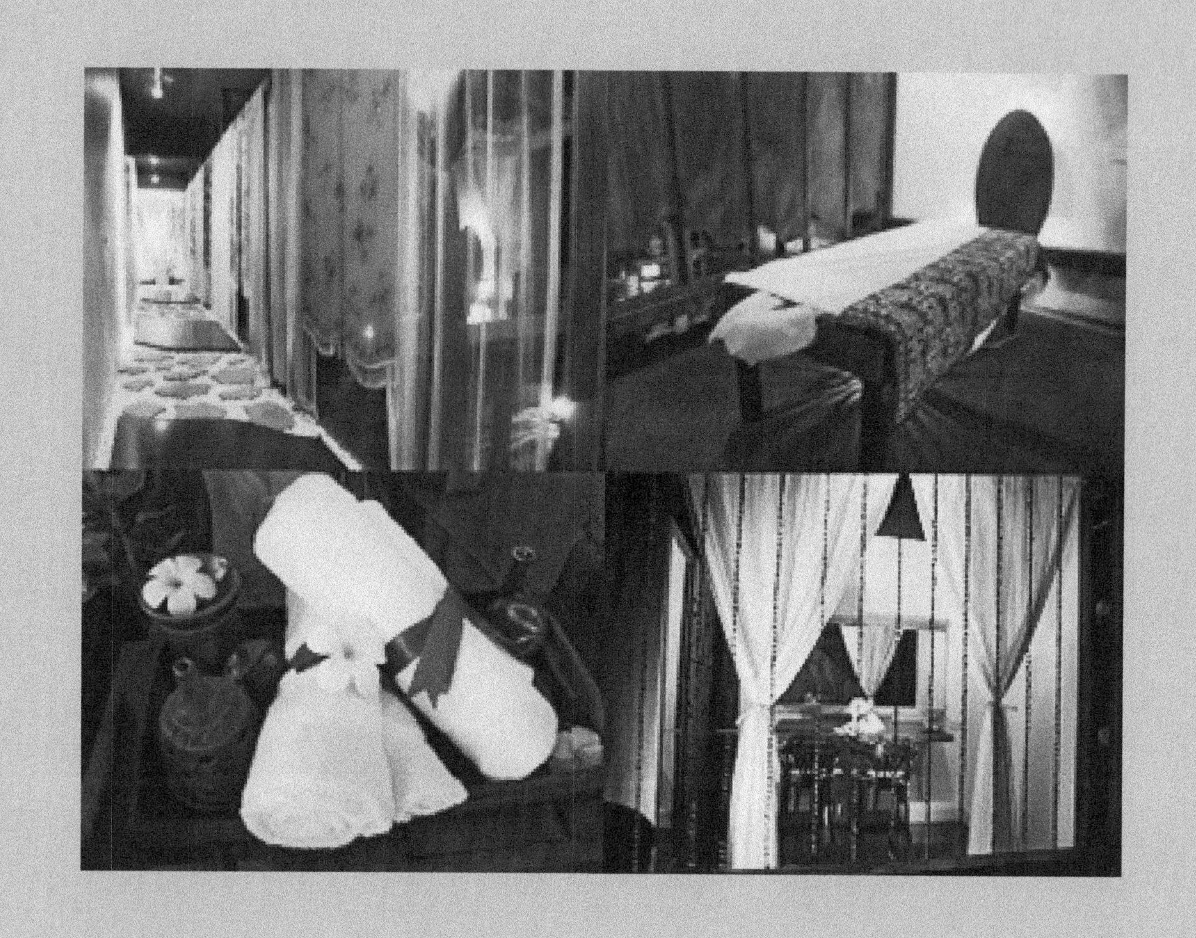

第一篇　商业空间景观设计概述

城市商业空间设计

城市的商业空间就是指在城市中从事商业活动的场所，比如办公、销售与服务场所，也包括商品的陈列与展示空间。商业空间设计的研究是一个有着丰富内容，涉及广泛领域并随着时代发展而不断充实其内涵的课题。各种世界规模的交易会，比如迪斯尼乐园及各类商品展销会，各种商业空间无一不是我们熟悉的例子。尽管这些空间在规模和性质上有着很大的差别，但在设计性质上有着相近的特点。从商业空间设计的角度而言，设计的目的并不是展示本身，而是运用一些手法通过空间规划、平面布置、灯光控制、色彩配置以及各种组织策划，有计划、有目的、符合逻辑展示的内容展现给大众。从某种意义上说，是特殊形式的商业广告。

就现代人的需求而言，人们的物质需求与满足感正在变得更多样化，更丰富，除了物质商品的满足感以外，人的其他需求和欲望正由体验和文化交流等活动过程来呈现，现代的科技提供互联网和虚拟现实的交流成为社会的新景象并由此进入商业领域。当人们的工作日常生活成为逐渐格式化的形式后人们便开始会寻求种种不寻常的体验与交流活动来丰富自己的生活。这种欲望与需求催生了现代社会商业服务类型的转变，同时也推动了许多的创新的商品文化，引导并激发了人们的欲望与需求。我们也渐渐懂得了商业设计规划中体验与文化流的重要性。他们突破了原来单纯购物的概念，将商业场所、空间演化为一种体验文化交流的空间序列。为购物、休闲娱乐、消费过程提供多样丰富的空间环境和内容线索，让商品与服务能够参与、触入空间场景与顾客有交流、互动、进而引导、激发感染人们的体验，留下轻松而难忘的记忆。

1）城市商业空间具有哪些特性

城市商业空间具有独特性和针对性。

一个城市的商业空间设计将会作为交流与沟通的空间媒介，使人们能通过分析他们的内容信息含量来了解这个城市。一个城市的形象或丰富、或贫乏、或真实、或虚假、或开放、或封闭，都会通过商业空间这个媒介展现出来。因此，城市商业空间的建设对于城市形象的塑造有着特别的意义，它影响着整个城市的文化形象、经济活动。比如博物馆的设计，一个大型的综合性的博物馆往往在一定程度上反映了一个城市，乃至一个国家的文明水准。这类工程是一个可以长期置放的，在设计上要求具有逻辑性和连续性。空间设计考虑到交通流线、照明采光、展品安全、观赏效果、观众休息等各方面的因素。同时，也对空间的艺术效果提出更高的要求。比如展览会的设计，城市商业经济的发展离不开博览会和展销会。这类设计要求的是一种强烈的形成感、创造热烈的气氛、追求强烈的感观印象，在设计上除了考虑商品的展示外，还必须考虑所谓在商业空间的设计上保证具有一定的洽谈和销售空间。

2）怎样构造一个成功的城市商业空间

（1）主题与变奏。

在寻求地方性文化传统与当地习惯的特色的过程中。商业场所应该是最敏感、最直接、最多样的体现。无论是在建筑的空间布局和形态结构、材料环境、色彩图案上。20世纪80年代开始的传统历史文化主题的回归，它们已经越来越多地被附加在商业的内容上成为城市交流活动和体验的场所。这种设计的主题内容会以历史片断、电影场景等复制出现，让人们经历种种日常生活中的欣喜与快乐。使人跟随着主题内容身临其境地重塑生活经历。这种在真实与虚拟空间的场所体验也丰富了人们的真实的快乐生活。通过主题内容演绎着丰富多彩的商业内容，结合不同的业主导演着一场场不同场景、情节的故事。不论是儿童世界的童话王国主题，还是美丽的自然与风情主题，还是奢华堂皇的宫廷主题，这种空间、情节序列与日常生活场景虽然有距离感，但在其中体验消费，很容易融入环境中，获取难忘的经历。而这种过程弥补了现代城市中机械单调的节奏生活，让工作、生活之外有了一种惊喜的体验，也满足了人们多样丰富的消费需求。

（2）环境与融合。

创造商品文化与地方性特征的环境融合。将当地的历史传统、文化元素、环境特征等内容组合到商业规划设计中。商品文化的升级会促成环境的塑造与商业发展相互匹配的商业环境并影响着人们的日常消费生活。一些大型的商业项目除了与周边的自然环境和城市建筑文化的相互的呼应、融合外，会自然形成一配套完善的环境。强调布局和空间环境上的相互关系，把自然的植物、石材、水体引入商业空间中与休闲、餐饮、体育、影视、广场活动等空间组合，创造特殊的场所体验与消费的即时场景与商品本身的吻合。这种体验式消费模式融合了环境，迎合了当代的商业文化与人的多方面的消费诉求。

（3）整合与细节。

现代商业的成功关键在于整合的力量与执行力的细节。而综合的商业是城市消费前沿最敏感和直接的场所，是商品的价值创造与实现的重要一环，也是人们需求激发与满足的理想之地，它集聚了太多的新信息与商品、欲望与需求。商业规划设计综合了商业开发与商店经营、商品文化、顾客的要求、体验、场所环境等多方面的因素整合各自的特长与优势。从商业空间的布局与控制、专业的配置与经营模式，到消费的习惯与整体规划思考，注重各行业的功能特点，与相互的关系和交通路线。停车场的设置，大卖场、折扣店、主力店、药店、餐饮、百货、电影院、体育城、儿童乐园、广场、绿地、咖啡等的配置以及功能特点与空间秩序上的逻辑关系与经营上的相关度的评判。同样在“细节”上注重人性化来满足顾客。商业空间的完善要通过许多小的系统来表达，如绿化环境、喷泉水池、广场铺地、灯光、标识、座椅、小品、广告旗帜等，来满足人们集合表演、交友、聊天、娱乐休息、体育活动等不同的要求。

3）城市商业空间设计面临哪些问题

目前，商业空间的建设所面临的问题，主要表现在不能够处理好时间与空间的关系，缺乏历史的传承，没有个性与特点等等。民族的就是世界的。民族风格的新发展是一件让设计师共同追求的课题。现代社会单纯地说某种东西是民族风格是比较幼稚的，新风格的出现也是新文化到来的预兆。商业空间的设计同样需要注入新的血液，需要新的设计风格的出现。

4）城市商业空间的最高境界是什么

我认为城市商业空间的设计的最高境界是和谐，但要使一个空间区域内的不同建筑群与环境形成和谐的“交响乐”，基本上是很难的。而公共环境商业空间艺术正是这样一个将人类执着追求的美在现实中艰难的付诸实践的过程，这个过程也体现在对美、对人、对自然、对历史文化的尊重上，这个过程需要纯正清晰的理念，对秩序的追求和崇高的理想。

城市是有生命的，它是历史轨迹的美好延续，是过去与未来的真挚对话，而公共环境商业空间艺术正是这种延续的升华，这种对话的焦距。芬兰沙里宁说过“让我看看你的城市我就能说出这个城市的居民在文化上追求的是什么。”公共环境商业空间艺术就担负着这样的重任。它是一座城市智慧的体现，是一座城市对理想未来的肯定。

（唐哲人）

变革经营模式，降费逐利构建商业景观适逢其时

城市化不但影响着人们的生活方式，也不断倡导着新的消费观念。消费者更加关注消费时间的支出及在有效时间内采购消费品种类的多与少，同时考虑消费价格的因素。符合消费者这种消费观的网络购物对传统经营模式的商家带来极大挑战。据中国电子商务研究中心发布《2012年度中国网络零售市场数据监测报告》显示，截止到2012年12月中国网络零售市场交易规模达13 205亿元，同比增长64.7%，已占当年社会消费品零售总额的6.3%。而该比例数据在2011年仅为4.4%。电商正在改变零售业格局(见表1)。表1为2008—2013年中国网络零售市场交易规模。

表1 2008—2013年中国网络零售市场交易规模

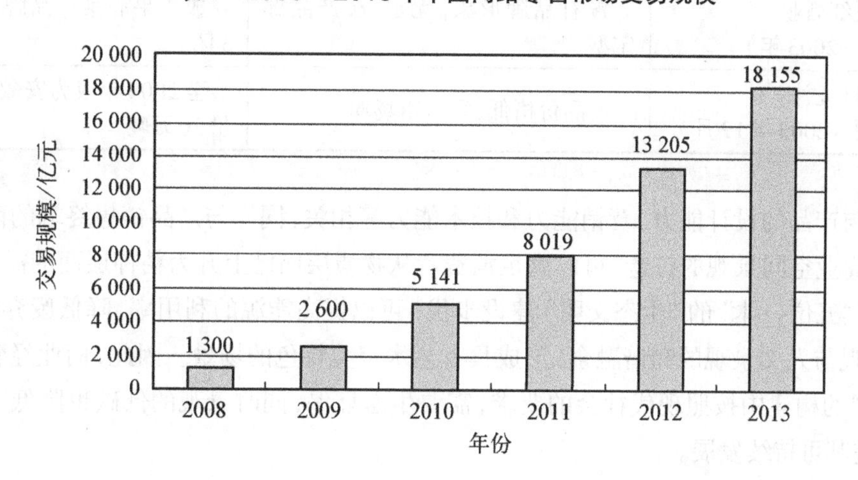

2012年零售行业总体增速有所放缓，社会消费品零售总额较上年下降2.8个百分点。百货、超市、专业店三大业态销售增速较上年均有下滑。传统百货面临自身的盈利水平与盈利能力大幅下降、运营成本费用加大以及网购抢占市场份额等压力。据统计，已公布业绩的单纯百货企业中，销售总额的增长幅度大部分都在10%以下，广百股份、百盛百货、成商集团等的净利润大幅下降，同比分别下降幅度达到了9.75%、25.60%、23.03%。

在社会消费品总零售额下降的情况下，重庆百货、家乐福中国、红旗连锁等企业2012年的销售额却保持10%以上的增幅，这也说明零售业的市场空间，在经营模式符合消费者需求的情况下，依然拥有活力（见表2，表3）。

因此，现阶段对我国商业经营模式结构进行调整，具有重大的理论和实践意义。

表2 2012年度中国零售企业销售统计（不完全统计）

业 态	序 号	企业名称	销售额/亿元	销售额增幅	净利/亿元	净利增幅	门店总数
百货	1	重庆百货	281.20	12.43%	6.99	15.59%	
百货	2	百盛集团	172.11	4.80%	8.50	-24.20%	54
百货	3	百大集团	12.25	-5.58%	0.87	10.45%	

（续表）

业　态	序　号	企业名称	销售额/亿元	销售额增幅	净利/亿元	净利增幅	门店总数
超市	4	联华超市	289.90	5.33%	3.40	–45.77%	4 698
超市	5	高鑫零售	778.51	14.30%	24.09	50.60%	
其他	6	宏图三胞	142.48	5.59%	2.35	17.08%	
其他	7	成商集团	21.46	5.21%	1.50	–23.03%	

表3　经营模式变革前后的比较

对比 / 商家	变　革　前	变　革　后
口子集团（1999—2003年）	没有差异的支柱产品，不懂现代营销手法	销售额从2亿上升到7亿，成为第二集团的首位
宁夏红酒业（2002—2003年）	没有品牌形象，无定位，产品部定型	成为果酒第一品牌，销售额突破3亿
华润（龙津）（2011年11月~2003年12月）	产品价格低，餐饮市场弱	至2004年成为安徽啤酒第二，产量20万吨

变革不仅与产品的设计能力、营销能力和技术能力等相关，同样与产品销售终端的商业空间景观有关。良好的商业空间景观的打造，可以满足消费者从物质层面已上升为精神层面的需求；可以加快“四位一体”到“五位一体”的“生态文明”建设步伐；可以提高能源的利用率，降低废弃物的排放；可以实现自然景观与人文景观的和谐融合，形成具有艺术审美特色的场景。因此，商业经营模式需要景观体现，而景观的构建中按照现代社会的要求，需要生态环保，同时景观的低碳也降低了商业经营模式的成本，促进其可持续发展。

1　商业经营模式变革方向

从形态单一变革为多样化。传统的商业经营模式只满足了商业的基本需求，而现在的经营模式变革为多样化，在满足消费者基本购物需求的基础上，还增添了人文功能、景观功能、展示功能等。如餐饮业一直为人们所注重，近几年来，随着商业经营模式的变革，由满足酒足饭饱的传统餐厅出现了很多新的服务类型，如自助餐厅服务、汽车餐饮服务、小吃餐饮服务等。这些餐厅不再以往常单调的餐饮模式出现，而是具有各自的特色，包涵了内在的经营理念、经营方式、经营文化、独特的服务来满足不同的消费者。多样化餐厅的出现，让消费者可以很好地作出选择。

从宏观管理变革为精细化。过去的商业管理只是单纯的完成营业额指标，而忽略细节。而现在的商业管理，要完成营业额指标必须从小做起，每一个细小的环节都要把握。

精细化是一种意识、一种观念、一种认真的态度、一种精益求精的文化。精细化管理是一个全面化的管理方式，把精细化管理的思想和作风贯彻到整个企业的所有管理活动中。随着市场的迅速发展，行业的竞争也与日俱增，要在激烈的市场竞争中求得生存发展，由传统的宏观管理变革为精细化管理是商家打开商场局面，扩展发展空间的重要环节之一。

从形态稳定变革为多变化。过去的商业经营模式较为稳定，而现在稳定的经营模式可能会引起消费者的视觉疲劳、损失客流，也缺乏对新一群消费者的吸引。为了使商场更好地发展，现在的商业经营模式需要经常变化。这种形态稳定到多变性的变革需要了解消费者的心理需求，观察商业整体的运作情况与邻近商家竞争的特点。通过改变可以吸引更多的消费者，促进消费能力，使商家更多地获益。

从产品导向化变革为便利化。过去的商业将卖商品作为唯一的目标，而现在的则是方便消费者，为消费者提供便利。传统商业经营模式以随工业革命而兴起的百货商场及稍后出现的杂货店、小百货等为代表。欧美的早期城市，是在市内交通尚不发达的情况下形成的。因此百货商场与专卖店杂货店的区位选择遵循接近性（accessibility）原则，即商业网点尽量接近顾客住地，以便顾客就近购物。

城市商业经营模式的发展是与城市化的进程息息相关的。二战后尤其是50年代以来，由于城市过于集中的问题与城市交通网络设施现代化的推动，欧美的城市发展相继进入了"郊区化"阶段。居民不再像往常一样统一地趋向于市中心，而是以住宅郊区化为先导，从而引发了市区各类智能部门郊区化的连锁反应。首先迁往郊区的就是商业部门，商业是为城市居民提供服务的，以往市区居民的外迁势必会影响到商业的营业。以富裕阶层为主要人口，导致了市区购买能力的下降。为此，市区尤其是CBD的一些商业企业不得不追随消费者而迁往郊区。虽然此时交通便利，家庭轿车已得到普及，驱车购物也成为可能，但由于现代生活节奏的加快与生活方式的改变，人们"一站式购物"的意愿越来越强烈。为此，出现了商品种类繁多的新型经营模式，如超级市场、购物中心等，这些商业部门占地面积广，往往建于地价便宜的城郊接合部。以这些商业部门中心为核心，一些便利店、专卖店等也聚集在其周围从而形成了郊区商业中心。

郊区购物中心不仅服务于郊区居民，而且也吸引了相当部分的市区居民，因为市区道路陈旧，交通不便，顾客驱车到市区边缘带的高速公路沿线的新商业中心购物反而省时方便。商业"郊区化"的发展降低了市区CBD与城市中心的商业功能与作用，例如美国芝加哥1950年市区商业企业职工占总数的73%，郊区仅为27%，到1970年则各占一半，而1977年美国城市郊区商业零售额已超过了市区。国内有研究表明北京零售业出现"市中心商业区衰落，边缘商业中心崛起，社区商业中心蓬勃发展"的态势。

此类经营模式的变革，使商家不再盲目地销售商品，而是通过为消费者提供便利来促进商业的发展，由此可见经营模式转为便利化的重要性。

2　景观构建的必要性

遵循生态规律降低商业成本。经营模式多样化层面的变化对景观构建提出了横向要求，因为经营模式各种各样，所以所需要的建筑材料等的数量是非常巨大且种类繁多，如果不生态，将会带来大量的污染，而低碳化可以大大降低成本。"虽由人作，宛自天开"的造园艺术最高标准，在现代商业运营模式中大行其道。

人们越来越注重绿色消费和低碳概念，新的经营模式中以生态餐厅的出现与发展最引人注目。起初，生态餐厅的出现是由温室增设简易餐饮开始的，逐步演变成为利用现有温室生产，结合景观设计风格和植物配置来塑造一个具有生态效应的环境。温室生态餐厅指的是利用生态学原理和方法，通过一系列环境控制手段，达到植物生长所需生态因素与人体最适度平衡发展，以温室为基础的模拟自然环境、节能、绿色、环保等多功能为一体的综合餐厅。这种餐厅在不影响观赏效果和顾客饮食的前提下，让建筑能源最小化，即建筑技术和建筑材料都能在一定程度上实现能源最小化。照明能源最小化，即生态餐厅的设计布局要充分考虑如何利用太阳的光源，选择利用率高的光源。烹饪能源的最小化，即选择节能高效的烹饪设备，如选用电磁炉，微波炉等其他新的且比传统高效的电子技术设备。应尽量使用取材方便的生物材料，这种生物材料燃烧价值高，降低污染环境的可能性，同时还可以作为可再生能源继续使用。温室生态餐厅如图1所示。

生态餐厅是现代餐饮业发展的一个趋势，且是一个研究热点话题。这种新型餐饮模式的出现，给

图1 温室生态餐厅

餐饮业注入了新的活力，并富有自己的特色。在遵循生态规律的基础上，对传统餐饮的经营模式进行了变革，充分考虑了景观要素，符合人们绿色消费、餐饮文化、追求自然的心理。

构建细节景观创造企业价值。经营模式精细化层面对景观构建提出了纵向要求。在当前社会，企业的价值创造是通过一系列活动构成的，这些活动可分为基本活动和辅助活动两类，基本活动包括内部后勤、生产作业、外部后勤、市场和销售、服务等；而辅助活动则包括采购、技术开发、人力资源和企业基础设施等，这些互不相同但又互相关联的生产经营活动，构成了一个创造价值的动态过程，即价值链，每一个细节都会对整个价值链产生影响，因此在每个细节都要体现生态化以降低成本，而把握细节，进行景观构建，进而构建全局是生态化的前提。

如根据单一的成本效益原则，停车场通常都是灰色的，设计中不会包含任何美学的因素。这些停车场是商业景观中煞风景的部分，在新型的商业经营模式中，通常会将它们隐藏起来，或者干脆用浓密的植物将它们挡住。而位于柏林东部马赛大厦（以节能型著称）楼下的停车场，却很独特（见图2）。BÜroKiefer的设计团队与MartinRein–Canon景观建筑设计事务所合作，打破了传统观念，将停车场的沥青路面涂成斑斓的游乐场，为当地的孩子创造了一个游乐空间。整个地面被漆成铁蓝色，作为背景色。设计中应用了各种路标，但是在这里它们有着不同的含义。场地中间有许多数字符号，鲜红或明黄的色彩点缀其间作为装饰，白色的较粗的边界线将它们分隔开。这个设计非常具有独创性：没有将这块场地停车场的性质进行否定和掩盖，而是完美地将它融入了城市的景观之中，以其特有的方式创造了一个新鲜而活力四射的空间。白天这里作为儿童游乐场使用，夜晚则作为停车场，将停车场和游乐场两种截然不同的功能结合在一起，创造了一个独一无二的空间，这个设计是恢复和修缮城市空间的顶峰之作。停车场作为游乐场的使用而吸引了大量的儿童，从而增加了人流量。曾经被人忽视的停车场，通过景观设计，带来了意想不到的商业效果。这种因注重了细节的景观构建而影响了整个价值链，正是当今商业经营模式精细化层面变革所需的。

注重景观可持续性促进销售稳定增长。经营模式多变性层面对景观构建提出时间上的要求。商业景观需要经常改变，因此采用可持续的景观构建，可以降低成本、减少重新布置、装修时的人力资源、能源等，而且节省时间。

如位于五角场的百联又一城地下美食街于2012年进行了装修（见图3）。又一城美食街直接通往地铁10号线江湾体育场站3号口，交通便利，人流量较多。过去通往这里的消费者以两类人群为主，一为由商场去往地铁的人群，一为由地铁去往商场的人群。因此该美食街以零食铺和快餐小吃类餐饮业为主，如奶茶店、冰淇淋店、三明治店、关东煮店等。这些店铺为过路的消费者提供了快速且简洁的消费，定位性强。但随着到五角场的消费人群显著增加，过往美食街的人群也从以前的“地铁通道”

图2 马赛大厦停车场

转变为来这里的主要目的是消费。为满足广大消费者的需求，适应新的消费趋势，该美食街于2012年进行了装修。此次装修改变了以往单一的经营模式，既保留了固有的零食铺和快餐店，还增加了以经营国际知名食品品牌和特色美食为主的中高档进口食品超市。装修历时两个月，充分注重了景观的构建方法。不是大规模否定了以往的空间布局，而是根据需要，对布局进行了改变。美食街内场以进口食品超市为主，外场为各类知名茶点小吃。进口食品超市没有采用单一的围栏方法，而是开放布局，以食品货架为主要分隔物，出入口也用与周围相似的材质，起到了自然的过渡。消费者在路过时会被琳琅满目的货物所吸引而进入超市，在不知不觉中带动了商场的消费。超市外围设置有售卖盆栽植物的店铺，在这样川流不息的美食街中，点缀了一缕生意盎然的气氛，很好地缓解了人们因应接不暇的物品而产生的视觉疲劳，也为拥挤的美食街净化了空气。以往的零食铺和快餐店的位置没有太大变化，只是在原有的基础上进行了装修，统一了整条美食街的风格。以暖光源和红砖材料为主，给消费者一种温馨之感。这样的布局既很好地改变了经营模式，也起到了消费者的分流作用。整条美食街虽风格统一，但因合理的布局与可持续的景观构建，内场与外场的分隔明确，还是易于让消费者明确消费方向的。

百联又一城美食街经此次装修，改变了传统的经营模式，并在装修时注重了景观的构建和可持续性的发展，从而使装修时间短，节省大量资源并将以健康的美食，卓越的品质，丰富的品种，周到的服务有效聚集五角场商圈及周边消费人气，促进了百联又一城更好地发展。

改善景观空间降低联络成本。经营模式便利化层面对景观构建提出空间上的要求，因为要研究消费者，满足消费者便利的需求，因此要采用相关的景观构建方法来降低联络消费者的成本。

如屈臣氏（见图4），为让18~40岁的这群消费者们更享受，在选择方面屈臣氏也颇为讲究。最繁华的类商圈往往是屈臣氏的首选。有大量客流的街道或是大商场，机场、车站或是白领集中的写字楼等地方是考虑对象。上海来福士广场地下一层的屈臣氏就是成功的选址象征。除了选址，店内经营更有讲究，为了方便顾客，以女性为目标客户群的屈臣氏货架的高度从1.65米降到1.40米，并且主销产品在货架的陈列高度一般在1.30米至1.50米，同时货架设计的足够人性化。每家屈臣氏个人护理店均清楚地划分为不同的售货区，在商品的陈列方面，屈臣氏注重其内在的联系和逻辑性，按化妆品-护肤品-美容用品-护肤用品-时尚用品-药品-饰品化妆工具-女性日用品的分类顺序摆放。在人们视线易于达到的地方，会摆放畅销品、折扣品等消费者经常购买的商品，并会标明折扣力度与怎样购买才会更加实惠的方式等。这些货柜也与普通陈列品的货柜有所不同，主要以方格为主，区分于其他的带状排列，让顾客在店内不时有新发现，从而激发顾客的兴趣。商品分门别类，摆放整齐，这些方法都为消费者提供了便利，让人们在消费时既省时又省力。

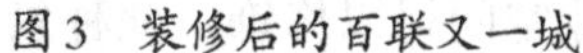
图3 装修后的百联又一城

图4 屈臣氏

屈臣氏改变以往产品导向的销售模式，变为更加注重为消费者提供便利的经营模式，屈臣氏注重了人群的定位，从而对商场的选址和空间的布局有所把握。货架高度的变换，产品的陈列空间格局等，都会影响商品的销售，而这种变化，既节省了材料费用，也促进了商品的销售，因此突出了便利化层面中景观构建的重要性。具体如表4所示。

表4 注重景观构建方法的比较

层面＼对比结果	忽略正确的景观构建方法	运用正确的景观构建方法
多样化	不生态，污染环境	节约能源，降低成本
精细化	缺乏美学因素	增添趣味性，增加人流量
多变化	费时费力，成本高	减少人力资源，节省时间
便利化	浪费资源，无法更好突出产品	节省材料，促进产品销售

3 景观构建的原则

研究发现，人们的生活已不再满足于过去“吃、住、行、游、购、娱”的基本要求，而是升华为“产、学、研、康、艺、情”的高品位生活。为了让新型商业经营模式更好地继续发展，有必要通过景观的构建来发挥商业空间的多功能性。

重视绿色消费理念，营造生态化的商业环境。绿色消费已悄然成为主流。毫无疑问，采用生态材料来构建景观会受到消费者更多的青睐。减少建设建造过程和构建生产过程中，甚至是建筑日常使用过程中的能源消耗；基于场地本身、地热技术、利用地下水基岩等能源来采暖降温；尽可能地在白天使用自然光，不使用人工照明；注重商业建筑的使用期限等将使商业环境更为生态、更加具有可持续性。

运用新型多样化的经营模式的商家，不仅具有自己的经营特色，而且注重了生态效益，尊重了人类和自然的环境，顺应了“可持续发展”的基本要求，更加培养了人群地方性、社会性的责任感，符合当今的商业潮流，也可以吸引更多的消费者。

注重场所设计细节，呼应“分解”“整合”的理念。整个商业景观的构建要遵循“自顶而下”的原则，将复杂的大问题分解为相对简单的小问题，找出每个问题的关键、重点所在，然后精确地思维定性、定量地去描述问题，即将整个项目的低碳化指标逐层分解，逐步精细化处理。就是要在确定商业经营模式的基础上，注重每个设计细节，正如“勿以善小而不为，勿以恶小而为之”的道理一样，要考虑到每个细节的设计为商业所带来的影响。

在“分解”的同时，也要遵循“自底而上”的原则，在设计具有层次的商业空间中，先去解决问题的各个不同的小部分，然后把这些部分组合成为完整的空间，即分部设计每个部分的景观，逐层整合，最终形成景观整体的构建方案。

这两种设计原则相呼应，由“分解”到“整合”并“整合”到“分解”，这样的景观构建方法符合变革的商业经营模式的精细化层面。

利用各种资源材料，变化商业空间的景观。为了达到更好的经营模式，商业空间的变化是必不可少的。在进行改造的同时要注重采用可持续、可再生的材料，尽可能保留以往的框架结构；统一整体风格，在区分功能布局时以利用本有的隔离物进行空间分隔为主，如货架栏、店铺广告等；在商业空间中的景观小品可利用店铺本持有的物品，如植物店铺中的植物、画材店铺中的壁画等，这些店铺可作为商业空间中的特色店铺出现，将其位置空间摆放在人群的视觉中心处，得以让消费者欣赏，这样的方法既可以使商家节省购置景观小品的费用，也可使新型的商业空间得以修饰。此种景观构建方法，可使商业空间每次改造时最大限度地利用已有的景观资源。可以帮助商家尽可能地节省资源，并在更短的时间内完成商业经营模式的改造，使得多变性的商业空间得以更快更好地呈现给消费者。

——了解消费人群心理构建便利消费的场景。新的商业经营模式注重为消费者提供便利，为了便利消费者，需要根据消费者的身体与心理的需求，给消费者提供便利的服务导向模式。

在构建此类型商业景观时，首先要对消费人群进行定位，以满足定位人群为主，对商业空间进行景观构建。便利销售，货架与产品的陈列是关键。通过了解消费人群，对货架的高度与空间位置进行改变。据调查，消费者人群以女性为主，则货架高度以1.30~1.50米为佳，如化妆品销售店；面向大众的商业部门，则货架高度以1.80~2.00米为佳，如超级市场。货架的陈列方法也是商品营销的关键，既然是为消费者提供便利化的商业营销模式，让消费者迅速找到自己所需购买的商品也很重要。这就要考虑货架的摆放位置与造型，促销品、畅销品等此类商品的货架应与普通货架做出区分，可摆放在人群过道处，或以具有特色的货架来陈列商品。

了解消费人群，采用景观构建的方法指引消费者如何便利的消费，同样是商业经营模式变革的重要层面。

4　总结

商业空间是城市景观空间中的一个重要系统，无论是景观空间的布局，还是构成元素中点线面的构成，都对商业景观空间的表现发挥了重要作用。将这些景观空间与商业经营模式的变革紧密地联系在一起，从消费者的角度出发来研究怎样构建更好的商业景观，系统地、整体地探讨如何构建新型经营模式的商业空间景观，运用艺术创作的手法，遵循生态原则，以此追求自然、社会、经济效益的最大化。

（柴晓彤）

商业空间的美化问题初探

商业空间这一名词是顺应时代的发展而提出的，商业的本质含义是交换，生产力的发展导致了商业活动，也由非定期到定期，由最原始的赶集成为集贸，由流动的时空进至特定的时空。而商业空间也就应该理解为上述活动过程中所需的各类空间形式。

商业空间根据闭合形式可以分为封闭式空间和开敞式空间。在从具体使用性质上又可以被分为文化展示（如博物馆、博览会、展览馆等）、餐饮娱乐（如酒店、饭店、影剧院、迪厅夜总会等）、商务办公（如写字楼）、购物休闲（如商场、超市、美容美发店、专卖店、步行街等）等。然而随着时代的发展，现代意义上的商业空间必然会呈现多样化、复杂化、科技化和人性化的特征，其概念也会产生更多不同的解释和外延。

1　商业空间的设计美化

1）商业空间美化的原因

商人的行为目的在于通过交换获取价利润，于是如何有效地进行商品交换便是商业设施的基本功能所在。然而商业活动日益繁荣化，仅通过最简单的交换模式早已无法满足顾客的需求。必须更全面、充分地考虑使用人群感受或者以新的建筑方法和材料应用于商业空间设计中，增强商业空间的科技感与时尚感，才能使消费者对购买的商品产生信任感并催生购买欲。商业空间美化顺应而生。

2）商业空间美化的概念及设计基础

美化，即美丽地描绘。商业空间的美化既可以是外饰的美化，也可以是深层意义上对于精神感受与知性的需求的美化。而后者似乎显得更为重要，由内而外散发的美才是真正的美。商业空间的各类建筑设计、装饰设计、环境设计，实际上是要针对消费者去做的，也就是针对市场去做的。如果没有这个前提条件的话，所有的后续工作都是没有基础去评判的。所以设计归根到底是要创造一个符合现代人们生活方式的商业环境，这是设计的本源，也是设计的基础。

2 美化色彩

在商业空间设计中，影响审美结果的主要因素包括物体的形态、质感、色彩、光影等，而色彩是其中最重要的因素之一。

色彩在对人产生各种生理反应的同时也会引起不同的心理联想，如庄严、轻快、刚强、柔和、富丽、简朴等，造成不同心理反应。

例如红色，具有前进、靠近的视错觉（见图1）；黄色，让人觉得温暖、愉悦；绿色可以从生理上和心理上，感到平静、松弛（见图2）；而紫色给人精致富丽、高贵迷人的感觉等。与此同时，色彩对人引起的视觉效果反映在物理性质方面，如温度、距离、尺度、重量等。

图1　鲜艳的红色给人活力

图2　Twitter公司办公室一景

在商业空间的设计中，色彩配置应注意以下几个方面：整体统一和谐，恰如其分的处理色彩关系是创造空间气氛的关键；符合合理构图，色彩配置是必须符合设计在构图上的需要，充分发挥室内的美化作用，正确处理统一与变化、主题与背景的关系；人对色彩的情感规律，不同的色彩会给人心理带来不同的感觉，如黑色一般只用作点缀色，青年人适合对比度较大的色系，儿童适合纯度较高的浅蓝、浅粉色系；体弱者用橘黄、暖黄色，使其心情轻松愉快等；满足空间功能需求，如办公、居室等这些空间可多使用纯度较低的各种灰色可以获得一种安静、柔和、舒适的空间气氛，而纯度较高鲜艳的色彩可营造一种欢乐、活泼与愉快的空间气氛。

3 美化照明

光影照明是创造商业空间的重要因素，明亮的商业环境比之暗淡的环境更为人们所喜欢。

在设计灯光照明之时，首先不应该忽视自然光源的实用和装饰价值。透过玻璃窗射入室内的阳光，将天空变幻的色彩和气氛送入室内，使之生机盎然。图3是台湾会展中心效果图，室内植物、展具等光影斑驳，构成含蓄朦胧的图形，创建出情感丰富的环境氛围。同时，部分空间需对漫射自然光进行适当控制，使之符合设计要求和预期目标。灯光照明在相当程度上可改变空间效果，弥补空间不足。对过大过高商业空间可采用大吊灯、组合吊灯或组合灯架等形式来降低空间、控制空间以改变空间形象（见图4）。而顶部偏低矮的空间，如选用满天星、发光顶棚等形式照明，即可获得深远的感觉以弥补空间的遗憾，如图5所示。

图3　台湾会展中心效果图

图4　大型组合灯架降低了空旷感

图5　Twitter总部

商业空间中照明一是要满足消费者在使用与活动中的合理照度；二是要满足观众对商业环境陈列品的形式美感要求。在商业空间照明的要求下，照明的种类和形式又有直接与间接照明、折射照明与反射照明、立体照明与漫射照明、采光照明、顺光与逆光照明等。此外还有强光与柔光照明、顶光与侧光照明等多种形式。

商业空间照明的目的是强调商业的特征，引导顾客，促进商业活动进行。空间照明设计对完善空间功能、营造空间氛围、强化环境特色、定位场所性质等都起到至关重要的作用。根据商业空间功能需要，可采用不同区域的光照处理，强调空间侵害和分离，在大空间中获得相对安静的局部亲切区域。因此，照明在商业展示空间中的作用比在其他任何类型建筑空间中都重要。

4　美化绿植

商业空间的绿化设计是指依照商业空间内环境的特点，利用植物材料并结合园林设计的常用手法，完善、美化、柔化它所有的空间，协调人与商业空间的关系。这种绿化装饰以人们物质生活与精神生活需要为出发点，在调节室内生态环境、组织空间形式、美化室内装饰、营造商业空间氛围等方面发挥着重要的作用。植物通过有机组合，起到对室内空间的限定与联系作用，发挥它的建造功能。

商业空间中的植物绿化有以下几个作用：① 分隔空间，例如在各店铺交界处、楼层之间放置植物，或在某些大空间内以植物分隔出私密性要求不同的小空间，还可以用绿化对室内外之间、室内地坪高差交界处等位置进行分隔（见图6）；② 联系引导空间，绿化在室内进行连续布置，从一个空间延伸到另一个空间，特别是在空间的转折、过渡、改变方向之处，有意识地强化植物突出、醒目的效果；③ 填充空间，在商业空间中，会出现由于建筑构造本身或装修而形成的角落，这些角落通常是较难处理的，但可以通过绿化的方式来填充（见图7）；④ 柔化空间。商业空间多直线形和板块构件所组合的几何体，生硬冷漠。利用绿化植物特有的曲线、多姿的形态、柔软的质感、悦目的色彩，可以改变人们对空间的印象并产生柔和的情调，从而改善大空间的空旷、生硬的感觉，使人感到宜人和亲切。例如，在突出的柱面栽植常春藤、抽叶藤等植物作缠绕式垂下，或沿着显眼的屋梁而下，从视觉上弱化梁柱表面机械刻板的直线感觉，从而制造出清画意般的情趣，增加顾客的消费欲望。

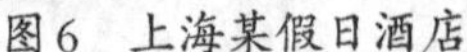

图6 上海某假日酒店

图7 拐角处的植物布置

5 创意美化

随着商业活动的繁荣和发展，仅仅通过最简单的交换模式早已无法满足顾客的需求。所以商业空间的环境因素，附属的休闲娱乐设施，以及当代科技迅猛发展所带来的“知性的满足”亦愈发重要。新的建筑方法和材料也不断应用于商业空间设计。科技感与时尚结合的商业空间使消费者对购买的商品产生信任感并催生购买欲。

商业活动在整体消费王朝的影响下也在向更高层次发展，除了更新产品加强销售活动之外，更重视商业的机能性与环境塑造，以及空间的创意性以满足消费者，并最终促成商业活动。

Twitter公司最近搬迁到了旧金山，这个新的地方比起以往的办公地点地方更大、更新也更有创意。办公室空间变大了，在每个地方也增加了许多摆饰，而Twitter的代表性标志如m^2@m^2或是m^2小鸟m^2更是随处可见。请问，有谁会不想在这里工作呢？Twitter公司的创意设计如图8，图9所示。这是办公场所中一个很好的例子，这样的办公环境对于员工的工作效率以及积极性有很大的提高。

图8 Twitter公司的创意设计

图9 Twitter公司的创意设计

另外，在其他的商业空间，例如酒吧、酒店、餐厅、商场休闲区域中，也可以在满足了功能需求的基础上，利用多变的设计元素，营造充满情趣的小场所，如图10~图13所示。

图 10　彩色的窗

图 11　颇具设计感的餐厅吊灯

图 12　整体统一又明快的吧台座椅

图 13　不规则的墙壁

6　结语

商业空间美化的需求是随着人们生活水平的发展而发展的，人们在满足了物质需求后更加重视起了精神方面的需求。随着经济的高速发展，商业空间在人们的生活中占有了越来越高的比重，因此，商业空间美化需求的产生是必然的。那么，在进行商业空间的规划设计之前必须要将人们使用感受更多地考虑进去，而不仅仅只是美观。此外，在遵循基本的设计原则下，还要注意将创意与设计的可持续发展融入商业空间的美化当中，创造出一个与时俱进的商业空间以满足人们日益增长的精神需求。

（林诗华　严丹凤　杨梦雨）

浅谈城市商业空间的人性化

当前“城市”一词几乎与“商业”形影不离，凡是在发达国家或发展快速的国家，总有一些充满商业文化的城市。人们生活在一个充满商业的时代，几乎每时每刻都存在着交易与交换，如何提供一个能够充分满足人性需要的交换场所便显得格外重要。

1 商业空间的人性化的定义

1）商业空间、人性化

商业空间，是商业活动过程中所需的各类空间形式：由非定期到定期，由赶集成为集贸，由流动的时空进至特定的时空；商业空间，也是人类活动空间中最复杂最多元的空间类别之一。

人性化指的是一种理念，具体表现在美观的同时能根据消费者的生活习惯、操作习惯方便消费者，既能满足消费者的功能需要，又能满足消费者的心理需求。人性化就是要使技术和人的关系协调，即让技术的发展围绕人的需求来展开。

2）商业空间的人性化

商业空间基本上是由人、物、空间三者之间的相对关系所构成。人是流动的，空间是固定的。因此，以“人”为中心所审视的物与空间，因为需求性与诉求性的不同，产生了商业空间环境的多元性。

总而言之，商业空间的人性化就是指在特定的、与商品交易交换相关的空间场所，通过对该空间的色彩、质地、围合等方面的综合性设计、管理，从而满足人类所需的基本生理、心理、情感等多种人性需求。

2 商业空间的人性化的重要性

现代的商业空间是城市商业的基础，是满足消费者综合需要的重要载体。随着不同城市的地位的不断提升，商业也不断升级，这样的变化以及商业中心的不断演变促使现代商业空间景观的重要性凸显出来，而且也表现出一些新的特征和功能。

商业空间的人性化的范畴很广泛，本文主要针对商业空间的人性化设计的重要性与人性化管理的重要性进行分析讨论。

1）人性化设计的重要性

关于研究“人”的思想自古就有，从过去的古希腊到文艺复兴的人文主义发展到现在的科学人本主义。科学人本主义的代表者——马斯洛（A.Maslow）指出：“整个现代科学的理论都面临着一次伟大的变革，这场革命指的就是客服主题与客体的分裂”。他要求，科学必须把注意力投射到对真正的人，对完美的或永恒的人的关心上来，真正建立一个充满人性的科学观。

人性化设计的之前被称作为人体工程学，起源于欧美。起先是在工业社会中，然后开始在大量生产和使用机械设施的情况下，探求人与机械之间的协调关系，作为一门独立学科有40多年的历史。

至今，社会发展向后工业社会、信息社会过渡，重视“以人为本”，为人服务。人体工程学强调从人自身出发，在以人为主体的前提下研究人们衣、食、住、行以及一切生活、生产活动中综合分析的新思路。

2）人性化管理的重要性

人性化管理是一种在整个企业管理过程中充分注意人性要素，以充分开掘人的潜能为己任的管理模式。具体内容包含很多要素，如对人的尊重、充分的物质激励和精神激励、给人提供各种成长与发展机会、注重企业与个人的双赢战略、制订员工的生涯规划等。

人性管理，从本质上说是一种针对人的思想的“稳定和变化”，同时进行管理的新战略。人性管理以“人性化”为标志，强调跳跃和变化、速度和反应、灵敏与弹性。它注重平等和尊重、创造和直觉、主动和企业精神、远见和价值控制。它依据信息共享、虚拟整合、竞争性合作、差异性互补、虚拟实践社团等，来实现知识由德到显的转化，创造不同商业的竞争优势和商业价值。

3　商业空间人性化设计的具体表现

1）满足生理需求的人性化环境设计

人性化空间是指能满足人在物质与精神等各方面需求的生存空间。长期以来，“建筑决定论”在建筑界颇有市场，不少的建筑师很自信，以为建筑将决定人的行为，使用者将按照设计者的意图去使用和感受环境。

然而随着人工环境的增加，人类逐渐丧失了很多自然环境，大地上的整个环境正在日趋恶化。为了更好地满足人性最初的生理需求，我认为在商业空间的设计中需要注意以下几点：

（1）首先必须要有自然光线的引入，自然光线比人工光线相对更柔和，从生理角度考虑，自然光线也更容易让人接受。

（2）其次，安全总是人们考虑的重要因素之一，不同的商业空间必须根据自身不同的地理环境、具备的条件，从而进行安全防灾设计。只有在充分保证安全的前提下，职工才可能安心高效地工作，顾客也才能放心消费。

（3）健康环保设计也尤为重要，类似绿色植物的配置以及资源循环利用等，这些细微的设计往往带给人最深刻最直接的影响。当然，现在社会中残障人士的现象也需要设计师们引起注意，无障碍设施等的设计恰恰是体现商业空间中人性化特点最明显的地方。

2）满足心理需求的人性化空间设计

随着人的生活质量不断地提高，人对行为场所的需求不仅仅是停留在生理上的物质条件满足，对于受尊重以及个人领域空间权、私密性等精神上环境条件的需求也越来越强烈。因此，在进行商业空间的人性化设计时，设计师就应该多注意以下几个方面：

（1）在进行空间划分的时候要充分注意块与块之间的尺度关系，例如：如何在较大的场所中营造温馨的感觉，怎么样让空间本来不足的场所显得宽敞亮堂等，把握好每一个空间之间的尺度关系是至关重要的。

（2）在区分好每一块场地后就要进行第二步的设计，可识别空间设计，作一些标志性较强的设计，使每个空间都能让人一目了然，知道是什么用途。同时，不管是什么用途的空间都需要导向性设计，能够起到实质引导性的作用，这样无论办公还是休闲就都能方便自如地使用这些商业空间了。

（3）通常人们多多少少会有厌烦心理，所以设计最初就要考虑到这一点，在可能本来有些枯燥乏味的商业空间中增加多一些多样化空间的设计，例如：摆放一些趣味茶几和桌椅、定时更换室内外的植物、偶尔喷洒一些空气清新剂等。多变是这个世界最很久的不变，所以在生活中多一些小变化也是必不可少的。

3）满足情感需求的人性化环境设计

在满足了人性化的基本生理、心理需求之后，自然的、商业空间的人性化设计便需要更上一层楼。如何让人们在自己家庭以外的商业空间中，同样放松并且能充分感受空间的舒适感就是一个难题了。以下总结三点影响人类情感的重要设计因素：

（1）自然空间环境：我们每到一个地方，必然都会先看到它的外在环境，而这个外在的自然空间环境通常就是利用植物的色彩、质地、形态以及搭配形成的。设计师在营造外部空间环境时，要根据不同商业空间的用途从而考虑具体的植物选择和配置。

（2）人文地域空间环境：如果某个商业空间的外在空间不在设计范围内，那么设计师同样不能忽视人文地域空间环境的营造。同时，在营造所需的空间前，设计师必须先实地考察，充分掌握当地的地域环境特色以及风水人情，只有这样，设计出来的空间才能真正满足使用者的情感需求。

（3）艺术空间环境：艺术氛围的营造属于更高层次的情感需求，当然不是苛求每个商业空间都必须具有，但是一些特定的场所，如博物馆、美术馆等这样本身就极具艺术性的商业空间，艺术的设计自然是必不可少的。另外，类似餐厅、KTV、电影院等，这样人们日常生活中参与性较强的商业场所，如若在空间场所中加入一些具有象征性的艺术设计，相信一定如虎添翼。

4 结语

其实，生活在当下的我们，多多少少会对这个充满交易交换的城市产生厌倦，在我们疲乏、孤独、不知所措的时候能想到的大多是回家。"家" 这个词汇对我们大多数人有着太多的特殊含义，我们似乎很难在别的地方得到一样的安定感与安慰。

本文就此主要阐述如何在家以外的城市商业空间中获得最大的满足。伴随着人类快速发展的脚步，在未来的城市商业空间设计中会越来越注重人们的精神需求。与此同时，"人性化设计"、"以人为本" 这样类似的词眼将成为主导设计方向的关键性因素。

（池晓瑜）

浅析上海市商业步行街景观现状

1 引言

伴随着城市化和汽车工业的迅猛发展，城市建设日新月异，城市居民的生活水平迅速提高，同时也使得城市膨胀，交通拥挤，环境质量下降。为了在喧嚣的城市中寻求惬意、安稳、繁华的娱乐购物场所，在部分区域禁止机动车辆的通行，不用担心交通安全、尾气污染、噪声扰乱，形成了步行街的雏形。

现代商业步行街作为集购物、餐饮、休闲、观光于一体的新型商业街区，不仅是人们的日常社会活动中心，更体现一个城市的经济水平、社会文化及精神风貌，代表着城市的形象，被誉为 "城市名片"。如法国巴黎的香榭丽舍大街（见图1）、英国伦敦的牛津街、西班牙巴塞罗那的那拉斯柏丝大街、北京的王府井等闻名世界的步行街。

2 国内外商业步行街的发展

今天，欧洲商业步行街的建设范围已经从原来单一的街道扩展到了整个区域，成为旧城复兴的有效手段和重要的城市旅游资源。北美商业步行街发展则集中到室内外两种方式。

我国的商业步行街建设始于20世纪80年代，许多城市将步行街规划和建设作为城市建设和形象提升的重要内容。经过几十年的发展，全国从大城市到小城市，甚至县城，已有大大小小、数千条风格各异的步行街，成为城市耀眼的风景线，如上海的南京路、北京的王府井、南京的夫子庙、广州的上下九街等，吸引数以万计的人。

3 我国目前商业步行街景观的现状及存在的问题

商业步行街的快速发展，使得国内不乏有特色突出的商业步行街，但是与国外相比，在步行街景观整体塑造和个性设计上，还有一定的差距，需要继续探索。

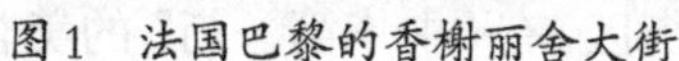
图1 法国巴黎的香榭丽舍大街

图2 湖北路穿过南京路步行街

1）设施不完善，缺少人性化的设计

由于城市建设规划的不合理，目前还有许多城市的商业街道仍被交通干线穿越（见图2）。各种街道设施，如街道照明、存包处、公共电话、公厕、交通图展示板、休息亭等，设施不配套，缺乏系列化、标准化的设计。很多店铺门口设计成台阶，不便残疾人、老人、推车妈妈通行，也并没有为其提供的休息和服务设施。街道空间不丰富，不能为市民公共活动、娱乐休闲等内容，提供场所和必要的支持，很少考虑为市民提供交往空间，造成逗留性和可坐性差，不能满足人们的使用要求。

2）传统文化保护不够

我国大多数商业步行街是通过对传统的商业中心或古老街区改造而来的，其本身承载着城市的传统商业文化，所以对其自身文化的保护、挖掘、再现就变得相当重要。然而，在我国城市的快速发展中，为了追求片面的经济效益，通常是以损失其历史人文景观为代价，未保留和延续街道“自我”的特点，结果导致商业步行街的历史人文景观遭到严重破坏，失去建立其独立个性的基础，与一般的街道无甚区别。

3）缺乏个性和地域特色

我国商业步行街发展多是借鉴国外的经验，仍处于探索阶段。许多城市，特别是中小城市的商业步行街建设多是模仿或复制。盲目追求西欧式步行街“宽”“大”“洋”“阔”的视觉环境，街道尺寸过大，沿街建筑的色彩、材料、形式等趋同，环境设施、小品设计相互抄袭，个性特征不明显，缺乏人文内涵。招牌、广告随意乱贴，不能体现其时代特色，导致千楼一面、千街一面的现象普遍存在。

4）缺乏整体性

商业步行街改造和更新后的新建筑，尽管在一定程度上体现了时代性，但并没有完全尊重街道原有的结构、特色、文脉等，忽略了其原真性，一味追求现代化、复古风、欧陆风。新建筑、构筑物与原有建筑错落、杂乱无章。招牌、广告、灯箱等室外饰物失控安装，破坏建筑空间的立面效果，给人们留下的直接印象就是混乱、“拼贴”感强、风格不统一，缺乏整体性。

5）忽视绿色生态环境建设

在步行街景观建设中，大多数城市只重视人工环境的建设，而忽略了绿色生态环境的建设，促使环境恶劣，生态质量下降。诸如绿化系统不健全，缺损绿化修补不及时，绿化带位置、绿化树种选择过于随意，甚至盲目把大草坪作为空间绿化的主要形式，造成面积过大，阳光过强，过渡空间空旷，不能营造绿色环境气氛。单纯重视绿地率，忽视绿地分布的均匀性和科学性，大片的绿地使城市居民可望而不可即，浪费了有效的绿化面积、资金，又使市民使用率低、生态效益差。此外，在对步行街进行绿化造景时，有些城市盲目模仿西方街道的绿化景观设计，不考虑自身条件，忽略我国的国情及文化的差异，忽视景观生态系统的自我调节能力，使绿化造景因过多的人为维护和修理，有太多人工的痕迹，失去了景观应有的自然效果和美感，增加了城市街道造景的成本。

4 以南京路步行街为例

上海作为国际性的大都市，在城市现代化建设日趋完善的过程中，新建或改建了一定数量的商业步行街。景观建设比较成功的有南京路商业步行街（见图3）、城隍庙商业街、新天地步行街、吴江路步行街等，在设计思想、方法上取得了许多成功的经验，为我国城市商业步行街的建设提供了借鉴的依据。本文着重以南京路步行街为例，分析其景观设计中的亮点，以体现其作为上海标志性地段的景观功能。

南京路步行街是集购物、旅游、休闲、商务为一体的综合街区，有“中华第一街”的美誉。东起河南中路，西至西藏中路，长度大约1 033米，是连接人民广场和外滩的主要路段。

1）交通

南京路步行街有良好的立体交通网络，地面公交线路、地铁线、内环高架路线、黄浦江水运线等，充分保证了游客吞吐量。同时为避免穿过繁忙的城市道路，在西藏中路采用了地下通道方式，处理步行街与机动车道的交接处。此外，步行街内许多条小街、小巷，形成了相互交错、相互补充的街区。

2）建筑

南京路步行街由于历史的原因，沿街历史建筑众多。虽然建筑群的檐高、层数、窗户比例等形形色色、各不相同，但建筑外墙以砖石黄色、泥土色等为底色，贴加蓝色和白色等冷色调的颜色，构成了步行街的颜色谱，保持了建筑立面形式上的整体性及街道的归属感，沉稳却不失活泼，浑然一体。

3）金带

南京路步行街地面铺装，均采用花岗岩板材，形成别具特色的“金色地带（金带）”如图4所示。“金带”以外采用灰色火烧花岗岩，简洁醒目，形成开敞流动的空间，为流动区、购物区。“金带”以内采用毛面花岗岩，端庄大气，设有垃圾箱、灯箱广告、花坛、雕塑、座椅等服务设施和景观小品，供人休息、交流、观赏，为闲暇区。

4）行人服务亭

南京路上的行人服务亭代表着“微观城市”的设计理念，具有各种功能。有纪念品销售、票务销售（见图5）、ATM自动取款机（见图6）、手机充电、自动贩卖机等，还有杜莎夫人蜡像馆（见图7），可口可

图3 南京路步行街

图4 金色地带

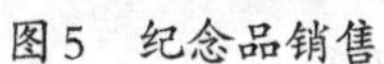

图5 纪念品销售

图6 ATM自动取款机

图7 手机充电、自动贩卖机

图8 可口可乐亭

乐亭（见图8），以宣传品牌。行人服务亭是以20世纪30年代现代风为灵感的热融花纹玻璃，材质的选择与沿街建筑相互呼应。亭顶配置的太阳能板提供LED照明，是环保节能的示范模型。

5）绿化

南京路步行街上的绿化，主要是运用可移动绿化景观。以香樟树池、桂花树池点缀环境，分隔空间，间或放置栽有金叶女贞的种植箱，缓和行道树、商店、灯箱广告之间的矛盾。步行街中间的“金带”，有长方形、圆形、八边，且四周均设有坐凳，是观光休憩、盛夏纳凉的好息处。其中长方形花坛造景绿化中采用了多样化的植物配置形式，用小乔木、灌木、草花，甚至景观石，相互搭配成不同的小区域景观，或营造出江南园林的风韵，或体现海派大盆景园园艺造就。圆形花坛中则是树龄达百年以上的枸骨树，突显其珍贵。而八边形花坛中植的油麻藤（见图9），似一把把张开着的绿色大阳伞，为人们遮阳庇荫。此外，南京路上还以林荫大道，可移动各种花坛、花钵、树池、造型榕树等，营造了多处别具惬意的私密空间和开放空间，以适宜不同需求人群的停留休憩。还采用少面积的空间立体绿化（见图10），发挥其功能和环境效益。

6）其他

此外，南京路步行街上还有具有城市历史或现代化气息的景观小品（见图11、图12）、雕塑，观景空间节点，休闲咖啡座等，还有满足市民公共活动的户外广场。既有建筑的内容，又有行人的参与，人与步行街景观产生了良好的互动，动静交替的观景，使得空间充满活力。

图9 八边形花坛形的造景花坛

图10 少量立体绿化

图11 观鱼

图12 LED屏幕

7）不足

当然，南京路步行街也存在着一定的不足，比如绿化主要是移动绿化，地栽绿化相对较少；选择的植物没有一定的文化主题；没有喷泉、跌水等水体景观；遮阳天棚较少；座椅是石材，没有考虑天气因素；停车设施可达性不强、缺乏美感。

5 商业步行街景观设计理念的展望

商业步行街的景观不是一蹴而就的，它需要一个长期的形成过程。

1）完善景观设施，体现以人为本的原则

随着社会的发展，人们的物质消费向精神消费过渡，商业步行街不再局限于单纯的购物，渐渐向功能休闲化发展，为了满足人们娱乐休闲，观光旅游、展览聚会、节假日庆典等活动，步行街将更加趋向于“以人为本”。根据人们的使用需求，完善步行街的基础服务设施、信息和标识设施、雕塑小品、无障碍设施等，造型简捷、清楚明确，个性、适用，符合环境心理要求，贴近人的亲切尺度。同时，街具小品作为步行街景观的重要组成部分，还必须美观，与整条街的风格保持一致。充分考虑人的参与，尊重使用者的需求，创造不同类型的空间景观，营造轻松、舒适、独具特色的功能环境。

2）完善商业步行街景观文脉，发挥“城市名片”效应

一位国外教授把步行街景观划成了六个等级。第一级是叹为观止，第二级是景致卓绝，第三级是别具风格，第四级是风光宜人，第五级是平淡无奇，第六级是举足轻重。按这六个等级来衡量，要建设高水平步行街的关键，是要有地方文化。没有文化底蕴，只有传统的或现代化的建筑，绝对达不到一级二级的水平。欧洲的步行街之所以能够达到叹为观止，是其有文化内涵的。教堂、市政大厅、古建筑、广场，都跟步行街相连。欧洲最著名的一条步行街——德国慕尼黑步行街，有2个大教堂，还有老、新市政大厅，以及施特劳斯的喷泉等，连起来形成一条文化内涵丰富的街道，让人走在上面流连忘返。

因此，在商业步行街的景观设计中，我们应该充分研究当地的历史沿革、地域文化、生活习惯，分析传统行为方式和活动，结合现代生活的需要、美学价值等，运用引起地域文化共鸣的城市家具，形成明确的城市风范，继承商业步行街的文化脉络，延续与更新传统文化活动，获得人们的认同感，并使之更具活力，更有发展。

3）建立商业步行街景观的整体设计理念

城市商业步行街景观是一门综合艺术，也是一个复杂的人工系统。受人的视觉思维和主观感受的影响，直接作用于城市的面貌，空间的风格。所以，在设计中要注意把握整体有序的原则，运用“从

整体到局部，再从局部到整体”的思维方法，从规划一开始就统筹安排各条道路、小品、灯光等景观构成要素，并与自然环境、建筑等相互汇合、渗透、交叉，展现当地的自然风貌，达到景观空间设计的整体性，流畅性。

4）健全生态绿化设计观念

植物是街道景观最为特殊、活跃的元素，商业步行街宜人的环境需要植物景观来烘托。植物景观不仅能创造优美环境，提供美的视觉享受和良好的空间暗示，还能改善生态功能，满足生理需求。设计师在步行街绿化造景时因地制宜，选择适合生长的植物，结合现有的物质基础、技术能力、风格地方性等，利用园林设计的方法再现自然，在有限的空间中体验自然的清新。同时，设计师应尽早树立可持续发展的观念，并将其作为步行街景观环境生态规划的长期发展目标，以实现未来商业步行街景观生态环境的平衡，达到“人—城市—自然”协调共生。对于不利于维护步行街景观生态环境的做法，应该加以拒绝。

6　结语

商业步行街景观不仅能带来视觉上的享受，还影响着城市经济建设。创造富有特色的、宜人的街道景观，让人们在其中体验人文特色，最终促进城市的精神文明建设。

（贾　革）

商业街商铺交流景观创新运用

随着社会经济的迅速发展，商业空间作为城市商业中心开发建设的主要内容，其开发地位变得愈加重要。其中，商业街作为商业空间的一个重要组成部分，受到了消费者与商家越来越多的重视。然而，21世纪电子科技虚拟世界的盛行使得网上消费成为一种流行趋势，消费者更倾向于便捷高效、足不出户的消费过程，为了缓解这一现象，商业街除了提供一个供人娱乐游憩的场所外更要营造一个具有品位特色的交流性景观环境。

1　商业街商铺交流景观欠缺因素

1）缺乏地域特征与商铺氛围的文化交流

现代商业街一般都地处繁华的城市中心，改革开放以来，由于城市的不断发展，大量的外资外企及农村人口涌入城市，使得城市的地域文化特征流失严重，商业街失去所处城市的固有特征，导致商业街商铺交流景观千篇一律、缺少当地特色。如一些商铺摒弃原有生态特色，一味追求高楼林立，景观奢华的视觉体验，与其城市定位不符；一些商业街商业气息浓重，商家为谋求更高利益将商铺打造成品位低端的商业空间；商品销售的过程是一个品牌企业与消费者的文化交流，一个好的产品拥有一段属于自己的历史，而消费者无法从商铺氛围中感受底蕴。

2）缺乏硬质建筑与软质植物的质感交流

城市商业中心地价昂贵迫使建筑向空中或地下发展，以求得在有限面积上获得最大利润，这一做法往往忽视了商业街景观与建筑之间的联系。一方面，商家因为利益驱动见缝插针在商业街空间超额扩建商铺，使得商业街密度上升，硬质建筑的增加破坏了大气简洁的原建筑构造。另一方面，建筑自身的周围景观与地下或空中的商业街景观缺少相似联系性，绿色植物仅以少量的盆栽形式布置于商业街内，无法软化建筑的生硬本质。建筑的大量密集，植物的少量排列，往往促使热量淤积，加速形成空气混浊不流通的密闭商业空间，消费环境气温过高，质感缓和不足，容易产生视觉、感觉冲击感。

3）缺乏服务人员与消费人群的情感交流

部分商家只考虑销售商品获取利润的结果，忽视销售过程中对消费者人性化的考虑。消费者对商家的企业文化、经营风格、销售理念、商品质量等缺乏适当了解，容易对商家产生怀疑；同一类型产品在价格、质量、口碑上存在差异，消费者易对其产生比较心理，此时消费过程中的商店服务态度、商铺营造氛围、背景音乐色彩灯光等均会影响消费者的喜好及判断。现商业街商铺中存在的情感交流问题主要表现在：① 约25%的服务人员服务态度专横，对消费者缺少文明购物指导语言。② 约39%的服务人员对商铺内商品信息缺少了解，无法为消费者提供合理消费建议。③ 约67%的服务人员对不同类型消费者（如年龄上的差别、社会地位上的差别、性别需求的差别等）未能提供符合该类型消费者的对应服务。

4）缺乏商铺自身与相邻商铺的过渡交流

商业街商铺销售往往面向不同购物需求的消费人群，因此销售产品的类别也千差万别，一条商业街中包含的商铺种类繁多，商铺与相邻商铺间存在的关系有同种类型商铺与不同种类型商铺。如何解决商铺与商铺衔接交流中的隔断生硬问题、过渡景观问题已成为商铺交流的重中之重。大部分商业街中商铺缺乏与左右商铺的连接，消费者往往离开一家商铺的装修特色后，进入另一家店又感受另一种风格，这种现象导致整条商业街没有统一风格定位，显得凌乱没有整体感。

2 商业街交流景观创意解决对策及运用——以上海美罗城五番街为例

2.1 铺装元素对交流的作用

铺装在商业空间中有着举足轻重的作用，商业街中特色铺装往往能够作为交流景观的一部分增进消费者与商家的交流，帮助消费者了解企业文化。

铺装作为交流景观的两大功能：

（1）物质功能：在五番街中，铺装满足消费者基本使用要求的同时（例如散步和交通通行），作为交流景观的元素之一，铺装在功能上还有更多的要求，比如提示作用，划分空间，有时甚至是作为一个商家的铺垫，给游人进入商店前就对商铺的风格有了一定的了解等。

（2）精神功能：满足消费者在商业街中的美学和心理学要求，给消费者亲切感和认同感，有时运用恰当便可满足商铺的企业文化，商家通过铺装的艺术组合给消费者明确的方向感和尺度感，增进消费者和商家的理解。

1）铺装陈列布置，融入商家企业文化

有特色的铺装组合可使林林总总的商家店铺构成一个和谐梦幻的快乐空间，使得购物休息不再仅仅只有物质性，而成为一种“文化”事件。将企业文化融入铺装设计中，有利于增加消费者对所买产品的认识和理解，加深对该企业公司的交流和氛围感受。例如五番街商铺“无印良品”（见图1），其商家提倡简约、自然、富质感的生活哲学，因此其店内铺装采用简洁明了的木质条状铺装，给人明快轻松之感，同时行走起来也很舒适，契合了其简洁、良质的企业文化。消费者走进店铺的瞬间就会被其所吸引，仿佛同时与其企业经营理念产生了交流。同时符合工作族在忙碌工作之余追求简洁，优质生活的理念，融入公司理念的同时兼顾了服务人群与地域特点。

2）铺装线条方向，整体空间指向局部

在一个高速发展、现代化程度极高的城市，商业街交流景观可适当加入一些具有线条十足和设计

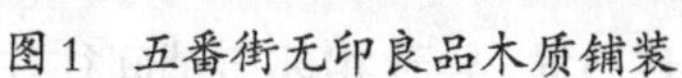

图1 五番街无印良品木质铺装

图2 五番街线条感特色铺装

感鲜明的铺装，既可突出该城市的地域特色和文化，又可明确商业街内部商铺指向性。例如徐家汇的五番街地处繁华都市上海的黄金地段，因此尝试使用了具有线条感的特色铺装（见图2），射线沿着商业街的曲折方向发射，指引消费者沿街行进购物，如同一个无形的导游，与消费者产生了交流，为消费者带来了方便。此外，黑白两色对比强烈，给人深刻印象。

3）铺装色彩明度，区分各商铺间种类

通过不同颜色铺装的组合可以清晰划分出不同的功能使用区域。不同色系的铺装符合不同年龄层段、不同消费群体的心理需求。铺装的色彩、明度、大小、材质等均会增加服务者（即商家本身）与消费者的情感交流（见图3）。例如五番街内不同性质的店铺会使用不同色彩的铺装，如饮食类商铺使用暖色系色彩、中高明度的铺装，不仅挑起食欲，还给消费者愉快惬意的暗示；针对不同服务人群使用不同颜色的铺装，如年轻人较多光顾的潮店使用较鲜亮的色彩，而面向中老年的商家可以使用淡雅，幽静的色彩与消费者进行交流。

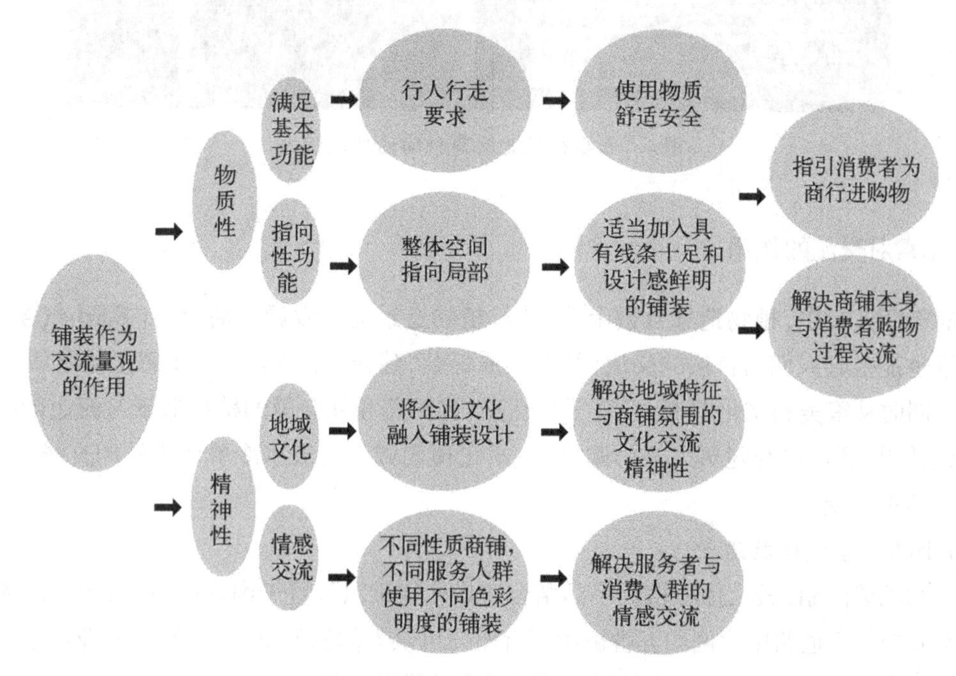

图3 铺装元素交流作用模式图

2.2 橱窗元素对交流的作用

商业橱窗曾经只是商品产品展示陈列的一个窗口，但当橱窗在商业街上被使用时，橱窗与商铺内部景观的各种创意组合，在向消费者充分展示自己的产品的同时，还产生一定景观效应，成为交流景观的一大亮点。

1）展示商家企业文化与销售特色

橱窗设计根据商家的底蕴及特色进行设计，根据商品的销售对象、经营理念、设计风格、做工规格、档次等要素进行呼应，这样可以让消费者有着更加直观的感受，使消费者不再处于弱势地位，可以更好地了解想要消费的商家，增进了商家与消费者的交流。现代商业街中的橱窗陈列设计的表现风格应具有传统文化及地域文化特色。不应只是借鉴外国的设计，而忽视当地的文化习俗。

2）解决商铺与商铺交流中的衔接生硬的问题

商业街上各家商铺的服务对象、销售产品、风格理念都相差迥异，导致相邻店铺间往往衔接生硬，缺少过渡交流。然而可通过创意橱窗解决两商铺间交流欠缺问题。例如五番街中的玻璃橱窗（见图4）简洁大气，展示商品的同时还能看到内部的商品陈列，由于四周店铺都开放式，或是以透明玻璃围合，使得玻璃投景橱窗与四周环境衔接自然，达到没有因服务对象、商品不同而缺乏交流的效果。

图4　五番街过渡两商铺间的玻璃橱窗

2.3 植物元素对交流的作用

在目前的商业街中，植物造景数量十分有限，植物造景能有效调节商业街内部小气候条件，同时那一份绿意也能唤起人们与自然的交流，缓解硬质铺装、建筑、小品与周围质感上的矛盾，增加质感、情感交流。同时从审美和文化上说，融合了自然美、艺术美和社会美的植物造景对商业街可以起到高品位的美化效果，还可以与建筑风格协调统一，柔化现代城市建筑冰冷单调生硬的直线条，给人以自然、宁静、艺术的感受。

1）与小品结合式植物造景

由于空间功能限制，较大体积植物小品结合造景往往难以放置于商铺内，而设置在商铺附近商业街的集散空间或较宽道路中。例如五番街中带有座椅可供人休憩的植物造景，在商业街中增加了供人休息的座椅，同时调节人的心情。有效缓和弥补现代商业建设给人带来的负面影响，使消费者充分体会到商家的人性化，增加买卖双方情感交流。五番街这方面采用了创新的造景手法，值得借鉴。在人流集散，休憩的公众交流场所，伴以墙壁隔壁种植垂直绿化，提高了商业街的绿化率，对消费者的身心健康都十分有利（见图5）。

2）盆栽式植物小景

人源于自然，有着亲近自然的天性，然而碍于商铺空间面积及使用目的的限制，大体积的植物造景无法在商铺中实现，此时可通过点缀一些小型盆景来帮助人们舒展身心。植物对人的心理有着镇静作用，还能带来亲切感，在商铺购物，休闲用餐时，如果能有植物小景与其产生交流，会使得消费者产生好感，无形中为商铺加分，增加商铺吸引力。但也需要对植物的种类特性，以及布局有着仔细的考虑，不然就会觉得本来就不宽敞的空间显得更加狭小拥挤。盆栽式植物小景适用于店铺内外，体型小巧，甚至在桌上及墙壁上也能使用（见图6）。

图5　五番街创意植物造景墙

图6　五番街某商铺植物盆栽小景

3　总结

交流景观的创新运用势必会为现代商业街商铺注入新的活力与机遇，为解决商业街景观问题提供新的解决对策。通过铺装、橱窗、植物造景等景观元素的全新应用，一定能为人们营造更好的消费、购物环境。

（徐佳一　侯彬洁　张建华）

浅析商业街过渡景观设计

——以五番街过渡景观为例

正事物在发展过程中，由量变到质变的重要标志是其间有一不稳定的过渡态。研究过渡态对揭示事物的发展过程及其规律是很重要的。这是哲学上关于过渡态的诠释。园林上也存在这样一种过渡态，是一个空间向另一个异质空间转化的过渡空间，它涵盖了丰富的内容，依靠多种造园要素而构成，有时是建筑，有时是植物，又或是他们的集合体。商业街过渡景观通常是指不同商铺间的连接带，强调景观与建筑相融，其在整体商业街景观视觉形象的塑造及功能性的充分体现中扮演着举足轻重的地位。合理设计商业街过渡景观有利于提升商业街景观的价值，通过吸引顾客的眼球，产生市场吸引力刺激消费，从而产生经济效益。反之，将会降低消费者的消费欲望。因此，作为商业街商铺景观的纽带，过渡景观带的科学规划是至关重要的。

1 五番街过渡景观现状

五番街位于上海徐家汇美罗城，其面积达5 000 m^2，是一条主售日本进口商品的日式地下步行商业街。作为一条新兴的城市商业街，五番街以其精致的空间设计和独具特色的商品服务在上海徐家汇展现了优美的商业姿态，吸引了成千上万的游客前来休闲购物。

1）景观文化特色化

文化是景观的灵魂，任何一条商业街都有自己特定的历史背景和文化内涵，这种文化特色的展现能增强景观品位使商业街景观更具有可赏性。五番街相对一般商业街而言其异国品牌归属感更强，非本土化的商业形式在中国这个异国土壤上茁壮成长，这与五番街入乡随俗同时不失本色是分不开的。五番街作为日式商业街首先适应了上海的商业气候，高雅的商铺，高端的商品及热情的服务为其在上海的发展打下了夯实的基础。其次，深具特色的日式商品及日式过渡带景观为文化特色的保留提供了良好素材，五番街的商铺过渡景观中使用了日式水景（见图1），具有浓厚的文化气息，增强了景观的特色性，同时创造了景观识别性。

图1 特色性景观节点

2）景观布局统一化

作为商业街的过渡景观带要求其具有很好的连续性，这种连续性的创造往往通过统一的空间布局来实现。目前五番街过渡景观带布局具有明显的统一性，竖向空间景观上，其利用相同质感、相同色彩和相同尺寸的大毛石墙（见图2）来分割整个商业街的过渡景观，奠定了过渡空间的稳定协调性，具有良好的连续感。横向空间景观上，统一的纯白波形天花板（见图3）贯穿整个过渡空间，现代化的地面铺装（见图4）布满下方位空间。如此，从上中下3个空间连续了此过渡空间景观，具有强烈的整体视觉感。

图2 统一的毛石墙

图3 统一的波形天花板

图4 统一的地面铺装

3）景观设计精细化

在寸土如金的城市里，景观设计精细化对商业街景观的打造具有重要意义。五番街属于小型商业街，在满足商业用地的同时又需要在有限的过渡空间创造怡人的商业景观实属不易。五番街过渡空间景观设计时充分利用了一些细部小空间来创造景观增强视觉丰富性。例如在电梯的转角处设置了一个精巧别致的水景，一些商铺外空间还进行了垂直绿化，利用毛石墙粗糙的材质特点种植小型藤本植物（见图5）。空间景观的细部化使空间利用率得以增强，同时丰富了过渡空间景观。

图5 垂直空间绿色景观

2 上海地下步行商业街过渡景观存在的问题

1）空间用地分配商用有余，景用不足

合理规划用地是景观设计的一重要步骤，空间用地分配合理与否直接影响景观效果。作为地下步行商业街，其过渡空间景观应当休闲化，满足人们游憩、娱乐、购物。五番街过渡空间占地面积不大，目前过渡空间被许多小商铺占用（见图6），小商铺的占比达到近30%，人行空间占50%，真正用于非直接经济性的景观用地只占整体的20%左右（见图7）。这样的空间用地分配，容易让整个过渡空间产生局促感。

图6 过渡空间商铺

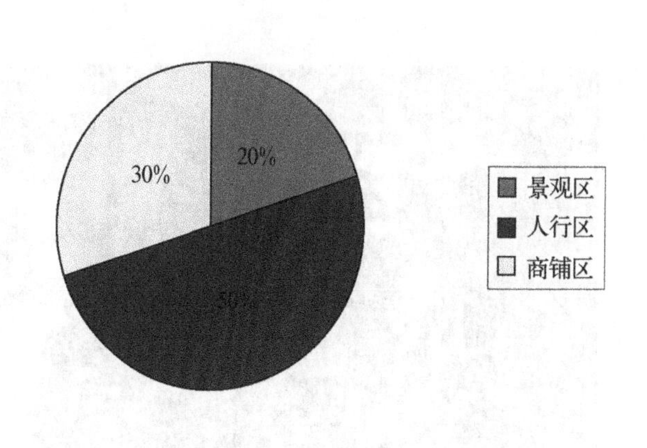

图7 空间用地分配

2）整体布局统一有余，变化不足

商业街过渡景观不同于一般的景观，连接不同的商铺或商铺群的功能目的要求其必须具有很好的统一性来实现空间的连续性，同时又需要有一定的变化性来达到空间的可识别性。五番街在过渡空间景观设计中通过统一的大毛石墙、天花板及现代化的地面铺装从上中下三个方位的空间很好地营造了空间的整体感，但由于变化不足，目前此过渡空间显得相对严肃，这与商业街休闲特性相悖，同时使得商铺可识别性降低，景观指示作用不强。

3）景观要素取材硬质有余，软质不足

商业街的商用化性质决定硬实感为其景观质感的基调，从商铺本身到铺装已给商业街景观强烈的硬质感，利用有限的过渡空间增加绿地面积来缓和钢筋混凝土对人视线的冲击是十分必要的。五番街过渡空间中硬质景观占比比较大，绿地面积相对较少，除了中央的一个小型座椅花坛便无其他绿化，少量的移动式塑料盆栽植物，虽给空间增加少许绿意，却因其失真性而达不到很好的视觉效果和净化作用。硬质景观与软质景观的不合理搭配深度影响商业街整体景观视觉形象的塑造。

3 商业街过渡景观设计策略

商业街过渡景观设计手法多样，仁者见仁，智者见智，本文就五番街过渡景观现状分析，总结提出商业街过渡景观设计的理念上的过渡、手法上的过渡和重要设计元素在景观应用中的过渡。

1）商业化向人性化过渡

商业街景观不同于一般的景观，其商业目的性较一般的景观要强许多，为此在景观打造过程中经济利益永远是最终的目标。在这样的目标指导下，一些商业街的景观设计者忽视了人的主体性，在景观设计中只注意表面化的效益，一味地增加商铺的数量进行营业，造成商铺数量过度饱和，景观性不足，给消费者造成不好的生心理感受，无形之中影响了经济效益。因此在商业街景观设计中应充分地考虑人的物质需求和精神需求。不同形态的商业街其过渡景观设计应立足于各自消费群体的需求特征，从生理学和心理学角度出发，打造怡人的商业街景观。从生理学角度看，商业街景观设计应符合人体功能学，借助不同的景观要素来满足人们视觉、听觉到触觉的各项生理需求。在商业街过渡景观打造中尤其需要有供人们驻足休憩之处，五番街过渡空间中就设置了方形木质座椅方便过往的人们停留休息（见图8）。从心理学角度看，消费者的满意度受多方面的因素影响，除了生理需求的被满足，心理需求也是至关重要的，这需要将景观与消费者的认知感、生活习俗，甚至宗教信仰等相结合。通过创造具有象征意义的景观小品来赢得消费者的认同感，其中景观指示牌在商业街中十分重要（见图9），给消费者创造心理上安全感。总而言之，商业街景观设计应以人为本，将景观从商业化向人性化过渡。

图8 休憩椅

图9 景观指示牌

2）风格统一化向形式多样化过渡

风格的统一有利于增强空间的视觉整体感，但如果没有形式的变化会使空间变得单调乏味，没有识别性。形式的多样化可避免空间的单调感，但如果过分复杂，又会给人杂乱无章过于繁琐的感觉。因此，为取得空间的整体感又不产生单调乏味感，需要很好地处理统一的风格向多样的形式间的过渡。处理这两者间的过渡，首先应根据所设计商业街的历史文化背景、社会因素、经营特点等来确定商业街过渡景观的风格。其次，从整体到局部时，综合考虑各方面因素，用与主题风格和谐的适量变化的设计形式来营造空间的形式动感。稳中求变，创造空间的控制力和自由性。

3）景观元素失调化向均衡化过渡

色彩和质感是景观效果的重要影响因素，在过渡景观中空间的统一和连续往往通过色彩和质感的巧妙过渡来实现。色彩可以直接影响空间的视觉效果，在商业过渡景观中，应充分考虑过渡空间两侧的商铺固有色彩来设计过渡空间景观的色彩，做到相得益彰，产生和谐美。色彩的过渡可以使用对比色和相近色。对比色过渡方式可以产生视觉冲击力，增加空间的可识别性。相近色过渡方式能增强空间的整体感，统一性。商业街过渡景观中，应以相近色为主辅以局部的对比色，在大部分过渡区域使用两侧空间景观的相近色，在重要景观转折处使用对比色，增强视觉提示。例如在不同性质商铺转换时利用地面铺装色彩的强烈转变来强调空间变化（见图10）。物料与色彩相比不仅具有可视性还具有可触性，从人体功能学角度讲，其从视觉和触觉同时影响人对景观的感受。商业街景观由于其特殊的使用属性，硬质空间相对其他类型的景观而言更大，因此在创造商业街过渡景观时应尽可能使用丰富的软质物料合理处理两侧硬质空间的过渡。在室内过渡空间中软质物料的使用，绿色植物是上好的选择，通过植物的合理配置，营造不同的空间感同时还可改善商场的空气环境。植物与硬质景观间的过渡应立足于商铺的空间走势、人行空间特点等因素，在一些重要景观转折点设置别致的植物景观小品来增强空间识别感，此外，在植物的应用中，应充分利用商业街垂直空间及一些转角空间来配置植物，打造多方位景观，如图11所示。

图10　色彩对比

图11　材质过渡

4　结语

商业街景观将消费群体、商品、消费空间三者有机地结合起来，商业街过渡景观涵盖了消费者与消费空间，良好的商业街过渡景观环境有利于提升商业街景观的整体视觉形象。此文通过对五番街案例的分析，初步提出了商业街过渡景观的设计要点。从商业街文化确立，商业街景观风格定位到具体景观形式的落实，时刻将人作为设计的服务中心，围绕景观主体的生心理需求来展开景观的设计，让其成为商业街的一道亮丽风景线，为商业街制造隐形的消费力。

（兰雪英　张建华）

养生 SPA 场所景观构成及上海都市 SPA 景观的营造

SPA正以健身、养生和美容相互兼容的功能，受到不同年龄阶段人的争相推崇，并逐渐成为一种新的时尚。资料表明：SPA较早风靡于澳大利亚、西班牙、意大利、日本、肯尼亚等国；各地的SPA都以当地的自然气候、环境特点、风俗民情及生活习惯为依据，设计各类健康、养生、美容的体验过程，期望创造最直接、最愉悦的身心体验和精神和谐效果。随着时代的发展、经济一体化进程的加快及各国各民族文化的广泛交流，人们的生活水平、消费要求和审美水平等精神需求在不断地提高。SPA使在紧张、快节奏工作之余的人们，满足了在养生修身的同时，享受安静温馨舒适的环境氛围并且得到放松快感的要求。因此，探讨在不同文化和时代背景下的SPA场所功能空间特性，对景观型SPA场所的设计规划具有积极的意义。

1 养生理念与SPA场所的兴起

1）需求的提升与变化

根据马思洛理论，时代的变迁、经济的发展以及整个社会的进步，人们在满足了基本的生理需要和安全需要后，将更重视被爱的需要、尊重的需要和自我实现的需要，即从简单的物质追求转变到了精神及心灵的享受。越来越多的人开始不满足于物质生活的享受，而更多的追求身心的共同升华。我国在改革开放以前，人们摆在第一位的是物质生活，消费能力也相对较低。改革开放以后，随着经济的发展，生活水平的日益提高，人们在满足了自身物质需求的同时，开始追求和享受精神生活上的满足体验。现代SPA也恰恰符合了人们追求精神生活需求的理念。

2）养生SPA的溯源

据考，在比利时有一罗马帝国时代就闻名遐迩的小镇“SPA”镇中有一温泉，因泉水中含有丰富的矿物质和芳香精油成分；经常在水中泡浴，人会变得特别舒畅，皮肤变的雪白光滑，身材会变的匀称、丰满，且能消除很多疾病。用泉水洗脸，能消除色斑，增加皮肤弹性与光泽。一时间，小镇成了“天使的故乡”，许多人不远千里慕名而至，连彼得大帝也带皇后及王妃们来此沐浴，以治疗疾病和获得魅力。久之，人们便称这种水疗环境和方法为“SPA”。近代科学家揭开了SPA温泉的秘密，原来SPA小镇温泉中的精油成分源自当地山上成千上万种花卉草本的浸积。现代SPA因在都市中很难找到自然的水疗环境及特殊水质，故常常人为地模拟建造一些水疗及相关“五感疗法”的环境，用一些特殊物质溶于水或作用于人体，刺激感观、神经及大脑，使其对人体具有健康或健美的作用。现代SPA关键是水资源及水设备，常见的有桶浴、干蒸、湿蒸、淋浴及水力按摩浴等，常用各类矿物质，海底泥，花草萃取物，植物精油等来改善水质和作用于人体。

虽然SPA产业在中国发展的时间并不长，但中国有着源远流长的“洗浴文化”，自古就有沐浴而朝，斋戒沐浴以祀神灵这种说法。水疗（见图1）SPA可以追溯到唐代杨贵妃的华清池，据说一代美人杨贵妃的一大爱好就是到骊山之麓沐浴温泉，她的玉脂凝肤就是由此洗练而成。而现代休闲SPA场所产生于20世纪90年代后期的都市消费型商业空间，在消费内容上要求一种以服务为主的空间软件及带有景观特色的空间硬件，主要功能包括美容、洗浴、健身、休闲等诸多范畴。SPA空间所特具的商业性明确指引都市人在短暂抽离原有工作生活场所的空间经验后，去感受新的生活体验，从而得到舒解平日工作压力、放松心情的效果。

3）养生SPA的分类

SPA场所一般都集美容、养生、休闲、水疗于一体，是一个综合性的休闲体验场所。SPA是个笼统的概念，根据社会和现有条件的需要，一般形式上可以把它归类为3种：一是利用当地自然环境景观和地势气候资源的自然名胜式SPA。二是大型酒店或旅游度假场所所提供的室内外SPA。三是都市型SPA（见图2）即养生、美容保养中心，注重的是专业级的按摩与保养。前两种是以追求与大自然融为一体为主，利用丰富的自然资源以及室内外宽阔的视野达到SPA养生效果，使消费者切身感悟大自然的奥妙，如置身桃源仙境般。例如巴厘岛度假场所的室外SPA，旅客可自行选择在室外泳池边、椰子树下或热带花园中享受芳疗师带来的全身心的放松。而后一种融合了大都市的背景特征，在室内进行一

图1 温泉水疗

图2 都市型SPA会所

系列美容保养。

4）养生SPA的发展趋势

21世纪，随着消费的社会化趋势越来越明显，故在消费领域由消费者承担的消费服务的比重逐渐减少，而由社会提供服务的比重不断增加。作为第三产业——服务类行业的养生SPA，在这种趋势下，无疑也得到了快速的拓展和提升。国内市场的养生消费也不再属于奢侈消费，而是更多地走入寻常百姓。新兴的养生理念的传播，使得养生消费在家庭支出中所占比重呈快速提升的趋势。同时，消费者对SPA场所、SPA环境和服务质量的要求也越来越高，规划和设计创造具有时代特征、文化内涵和舒适圆融，使消费者能穆然深思，精通奥理；悠然遐想，妙悟游心；享受愉悦，怡养性情的SPA场所环境，是SPA这一新型的服务业类别稳步上升发展的关键。

2 SPA场所的空间及功能特征

1）SPA场所的空间特征

SPA场所是供消费者休闲放松，调整身心的场所，它在空间与功能上应满足不同消费者的需求。故无论是室内还是室外SPA，在空间上，都具公共性与私密性这两个特点。“公共”一词，泛指不专属于某一个人或者某一群人的空间，即“非私密”。SPA场所的公共性，即公共空间的开放化。当今社会，全球化、景观化、生态化的理念直接影响了人们的生活方式，公共空间的开放化如今是消费者适应新的生活方式的主要特点之一，也是现在的流行趋势。从公共空间的开放化的概念中表现出人与人、人与自然之间试图通过各类资源包括景观资源的共享和谐相处。SPA的公共性主要表现为水疗泳池的公共性和水疗空间的公共性；而室外主要表现为其形式上的开放。如泰国露天的SPA美容水疗。泰式SPA利用其得天独厚的气候条件，以四处密布的森林、各式各样的花草以及天然的美景来营造SPA公共空间的环境。

SPA场所的私密性（见图3）主要体现于消费者消费时所需的单独专属空间。追求私密性是人的本能，它可以让人具有个人感和安全感，并按照自己的想法来支配环境，在没有他人在场的情况下充分表达自己的情感。

2）SPA场所的功能特征

SPA场所的功能设计议题主要在于如何去提供及创造一个私密抑或是开放的空间场所，能使消费者跳脱惯常生活或工作的紧张压力和困顿疲乏的身心状态，能让消费者放松身心、美容养生，可以倾诉、可以沉思、可以放松、可以摆脱一切。由于消费者是个性化的，所以SPA场所功能也应多样化。室内室外空间布置应有所差别。室外空间，以享受自然、开放为主；室内空间，以静谧和谐、私密为主。

图3 室外私密性的营造

图4 光线与空间

这就要求设计者在熟知消费者心理需求的前提下，将自然、人文、建筑等各种设计元素组合成一种景观，并以此与现代服务理念相结合，使之成为现代社会的一种文化景观，营造一种新的生活体验。

3 景观元素在 SPA 场所设计中的应用

SPA的作用在于水疗美容及养生，无论是冷水浴、热水浴、海水浴、温泉浴，首先都应具备养生的功能。创造一个静谧和谐、舒适怡人的SPA场所环境（见图4），利用山石水体、建筑小品、花草树木和天光云影等景观元素就成为一种必要。

1）山石景观元素的应用

中国造园艺术源远流长。传统园林效法自然、凿池开山、栽种树木，并常以假山、漏窗为屏障分隔视线，有移步换景之妙。传统园林中，山石占据着重要地位。在SPA空间设计中，应用山石景观元素，可在某种程度上打破室内造景的呆板、僵硬，使室内景观更生态化、自然化。转角处设置一些山石小品，楼道间设置流水叠石可点缀环境，形成视觉焦点。山石景观元素也可和植物、水体、建筑等结合形成特色景观，创造有独特意境的空间，体现人文文化历史和时代特征。山石景观元素应用的原则是：力求与环境谐调，注重表现自然野趣和朴实的审美效果；用石简洁，择要处而置，提倡以少胜多，以简胜繁；置石形式"置"多于"叠"，在空间中以布、列为主，垒、叠为辅；山石追求神似，也善于拟形象物，增添情趣与活力。此外，在空间上应简洁、明朗，注重景观效果与使用功能的结合及意蕴、情调的表现。山石景观元素的应用可适应现代人亲近自然的心理要求。富有时代气息的山石作品，可媲美富于生机的自然景观，创造出清新宁静的空间环境。

2）"水"景观元素的应用

水使生命成为可能。地球和人类的历史也是水的历史，无论何种文化和宗教，水都象征着生命的创造和传宗接代。河流、水溪、池塘、瀑布和海洋蕴涵着巨大的生命力，人类可通过水与灵魂对话。水是SPA空间的主要组成部分，也是SPA空间最壮观、最活泼的因素。水有动静之分："静水"一平如镜，碧澄明澈，可与周围富有节奏感的形体相对比，形成空间的一个休止符号。蓝天白云，绿树红花，水面倒影幻若鲛宫，虚幻的空间启人遐想。"动水"声渲乱石中（见图5），当能给人一种轻松、愉快的感觉。泉瀑激韵、水流湖池、传神幽雅，可带出空间的音乐感。滴水传声也可陪衬出幽静的环境，激发人们

图5　石与水的结合

的联想，增添空间的意境，给人以音乐美的享受。水也是素淡的。万物之色，水色归为淡雅。“素入镜中飞练，青来郭外环屏”，清淡沉郁、天然佳妙的水色增添了空间不同的情趣。水还可用于沟通内外空间、丰富空间层次，曲水流觞可唤起人们对时空的动态联想，去追溯那不尽的源头。

“水”景观元素应用的原则是：力求与自然相近，塑造水的开合收放，形成断续隐现的水景，使空间因景而成，又总会萦回环绕。通过水的流动、跌落、撞击发出声响，形成涓涓细流、断续滴落、喷涌不息等效果，也可以开凿小水池点缀建筑与自然环境，在SPA空间中与其他景观元素相结合，追求“咫尺之内而瞻万里之遥，方寸之中乃辨千寻之峻”的意境。

3）天光云影景观元素的应用

神经学家理查德·沃特曼认为：“光是仅次于食物的最重要的控制机体功能的环境输入。”光线是观察事物的先决条件，是塑造环境氛围不可或缺的因素，是空间环境的灵魂与生命。在SPA空间的设计中，可以充分利用光线色彩的塑造性与环境的摆设、空间的颜色及其他景观元素的色调，营造出或淡雅、明快或热烈、温暖的氛围（见图6）。与单一的室内人工光线（见图7）相比，自然光线显得更加活跃和生动。也可将自然光线引入，在身心放松的同时，让消费者直接了解到室外天气条件的变化，更亲近和感知大自然。光的强弱、光色的冷暖、光的照明形式、光影的关系赋予了环境巨大的魅力。“光”景观元素应用的原则是：从人的情感出发，从SPA空间环境出发，旨在增强空间环境的美感与舒适感，把空间与光影相融合，创造丰富的艺术效果。

4）花草树木景观元素的应用

植物是生态系统的基本成分之一，也是景观视觉的重要组成成分。植物是生命的景观，随着时代的推移变化，基于人们对自然界的一种向往，对绿色生命基底色调的拥护，植物景观的创造成为SPA场所设计中不可缺少的组成部分。自然界植物千奇百态、丰富多彩，具有自身独特的生态意义和美化装饰的效果。在追求空间的改善与美化当中，植物景观成为不可替代的因素（见图8）。花草树木景观元素应用的原则是：合理应用植物的形态、色彩、线条、质地，做到主次分明、疏朗有序。强调人性化的植物配置设计，做到景为人用，充分考虑花草树木的质感，与周围环境结合，形成景观的韵律美。在SPA

图6　室外氛围营造

图7　室内光元素

图8　具有植物景观的室内空间

场所中，选择合适的植物景观，创造出自然与艺术相结合的绿色世界，追求天然之美，打造"虽由人作，宛若天开"的意境。给消费者带来生理和心理上的满足，使其犹如处于宁静、优美的自然环境之中，与SPA场所的装饰和优良的服务相得益彰。

5）建筑小品景观元素的应用

建筑小品作为景观的构成要素之一，是景观中不可缺少的一部分，也是SPA场所设计中不可或缺的部分，具有点睛之妙。无论是实用的桌椅小凳，还是具有欣赏作用的雕塑，或是空间内的装饰配件，甚至是图案、材质颇具特色的铺装等都是点缀SPA场所的重要一笔。建筑小品不仅美化环境、装点景观，还具有各种实用功能，是集实用与美观于一体的景观元素。具观赏意义的建筑小品是艺术品，是精神生活的享受，能够愉悦身心，达到美的体验；具实用意义的建筑小品打破了传统的建筑模式，为现代SPA环境注入了新的生机与活力，在实用的基础上突出艺术修饰。建筑小品景观元素应用的原则是：以人为本，结合人的行为特点、心理要求综合考虑；要与环境有机结合，以点缀装饰环境为主，在走道或入口布置实用建筑小品，创造一个优美的景观，同时与环境融为一体，起到美化的作用，在满足审美要求的同时，表现一定的文化内涵。

4　上海都市 SPA 场所的应用设计探讨

上海是中国的大都市，世界名城，具有"东方明珠"的美称。并朝着经济、金融、贸易和航运中心方向努力。作为一座具有深厚的近代城市文化底蕴和众多的历史古迹的都市，十二五规划提出了建成新兴的旅游目的地城市的目标。都市旅游项目设计中，都市的休闲性无疑是一重要的指标，而休闲SPA将是添彩的篇章。

众所周知，不同的地域有着不同的SPA文化，造就不同的SPA理念和类型，上海的都市型SPA显然应不同于东南亚地区的泰式SPA和印尼巴厘岛SPA（见表1）。

表1　不同地域的SPA文化比较

地　域	文化底蕴	环境条件	SPA类型
泰国	富有佛教色彩的文化内涵	位于中南半岛中南部，迷人的热带风情，长年青绿的椰林，蓝天碧水，沙白如银	自然名胜式SPA
巴厘岛	文化从内容到形式都与宗教有关，充满深厚宗教色彩的艺术之岛	地处热带，且受海洋的影响，气候温和多雨，土壤十分肥沃，四季绿水青山，万花烂漫，林木参天	度假休闲式SPA
上海	江南传统文化与西方欧美文化融合，既古老又现代，既传统又时尚	属亚热带海洋性季风气候，温和湿润，四季分明	都市型SPA

泰国位于亚洲的东南部，泰式SPA以传统的泰式按摩见长，在西方香熏按摩的基础上加入泰式香料，形成自己独特的SPA风格。泰国SPA提倡简约而又现代的概念，"重生"是它的精神，离开喧嚣的都

市红尘，通过SPA让生活重生，SPA场所的设计颇具东南亚的原始风情，场所内会布置随处可见的莲花佛像和木刻还有缥缈的烛香，恍惚间有如时空交错，置身于天堂之岛。

巴厘岛是印度尼西亚最著名的旅游景区之一，它以典型的海滨自然风光和独特的风土人情而闻名于世，岛上不但一年四季鲜花盛开，绿树成荫，还有世界上最美的沙滩，宛如人间仙境，其丰富多彩的文化和独特的风俗习惯更是闻名于世。也正因为如此，巴厘岛这一度假胜地带动了SPA产业的发展，巴厘岛的SPA独具特色，其选址精良，充分利用自然景观资源，结合水疗、按摩和香熏主题，营造出仙境般的休闲SPA。

上海都市文化既继承了传统的江南文化，又融合了外来的西方文化，“得风气之先、开风气之先、敢为天下先”是上海都市文化的核心所在。故上海都市型SPA在形式应打破了中国传统文化的封闭性和保守性，造就兼容并蓄、多元并存、不拘成法、锐意创新的特点，并具有传统性、时尚性和发展性。

1）上海都市SPA的传统性

上海是个极具文化底蕴的城市，有着极其丰富的地域文化。在都市型SPA空间的营造上，应充分反映其传统的地域文化性：用古典园林“缩山为石”的手法，在SPA场所内的转角、走道、入口和房间内可摆放假山盆景；或是用石作汀步、踏步，既起到引导作用，又可丰富空间景观。把古典园林中的水导入SPA场所中，与山石结合，以山石置于水中，四面环水，做到池中理山，相得益彰；也可造水为形，在入口处设置水体相衬山石体现古典园林依山傍石的效果，或是在室内中央设置水池，配合装饰照明、建筑小品形成丰富的景观效果。在植物配置方面，选用适应上海气候条件和地理条件的植物，可以在沿墙、角落、过道摆放文竹、风信子、杜鹃、吊兰等观赏性植物；在理疗房、水疗室内的按摩床上撒上白玉兰花瓣、玫瑰花瓣等营造芳香的氛围，在水池边或茶几上放置小盆的兰花、球兰或配以插花，墙壁上配以垂吊植物或攀岩植物都可增添装饰画面，在意境中体验身心的享受。也可以在SPA场所内摆放富有上海江南文化特色的建筑小品，如立于小溪上的木板桥、矗立在门口的小雕塑、各个房间门口的装饰物等，卵石、青砖、青石板、碎石等铺装地面也是增加室内文化氛围的景观小品，用瓦片来装饰或拼装花纹，组成图案精美色彩丰富的地面，将具有中国文化的小品装饰运用到SPA场所设计中，可使室内更为古朴自然，增添了美的效果。在上海都市SPA中，现有许多SPA场所是运用传统古典风格来营造空间氛围的。例如上海一家SPA馆，它位于市中心商业区一条狭窄街道上，它使用了一座20世纪30年代的旧的市政厅。水疗吧给人的空间体验特点是在中心楼梯的每半段都有小型房间，墙壁是使用不同的材料和颜色。独具特色的是，一面墙的表面铺盖黏土，另一面墙使用自行设计的墙纸，其他的墙壁在粗糙的石膏上喷上乳状彩绘，而旧的木质天花板椽被部分暴露在外。淋浴和水厕隐藏在独立的带有洗手盆的镜面墙后，水疗吧的内部由于不常见的颜色和结构，让人一开始感觉亲切丰富，也让人同时感受到老上海和上海的未来。

2）上海都市SPA的时尚性

时尚是个包罗万象的概念，它带给人一种愉悦、优雅、纯粹的心情，赋予人们不同的气质和神韵，能体现不凡的生活品位，精致、展露个性，追求时尚即是追求艺术。上海是个现代化的城市，引领时代的潮流，是时尚的风向标。在都市型SPA场所的营造上，应充分运用时尚特性，展现新的风貌。在城市SPA空间中，可以把自然的山石与水景结合，在水体中随意摆放几块石头；在走道上铺上玻璃材质的透明砖块：透明玻璃的下面设计流动的水体加上一些小石子，若隐若现，犹如踏在溪流河间上；将石块置于入口、台阶、转角，结合空间搭配花木，形成空间小品。花草树木的装饰上，选用应时的花卉盆栽，结合现代的插花艺术，讲究摆设的时尚化。现代SPA场所的环境的植物配置可向空间发展，采用“占天不占地”的方法，选用垂吊植物为佳。这些植物的长势参差不齐，垂落的效果给人以动感；也可把室内室外融合形成自然过渡，采用在入口处设置盆栽；在门厅做绿化装饰；更可通过借景的手法，通过透明的玻璃窗，使室内外的绿化景色相互融合相互联系。著名设计师贝聿铭的神来之笔——北京香山饭店的四季厅是我国现代室内设计的杰作：阳光透过玻璃屋顶洒在绿树茵茵的大厅内，明媚舒适。大厅两旁各植有几株棕榈和芭蕉等热带植物，大厅正中是会客厅，几张方桌，几排浅灰色躺椅，倍感清净、适宜。光线的运用也给场所的设计增添了一笔亮色，可以是利用落地的玻璃窗引进室外自然光线，在享受沐浴芳香理疗过程中体会大自然的景色；也可以通过人工照明随心所欲地控制室内的光环境，根据消费者的需求，使用不同明亮度的光源，保持适宜身心的光环境；在外围空间上，与水体结合，形成美轮美奂的效果，如在水晶水口处布置灯光形成流动的光效，引人入胜；与景观小品结合，利用光影的对比效果，增添小品的质感。而在房间内，使用柔和的光线令雕塑小品处于柔和散漫的光影中，显得格外静谧、幽雅。

3）上海都市SPA的发展性

上海是个与时俱进的城市，世界的发展带动上海的进步。经济和文化的发展带动人的生活质量的提高，发展是社会进程的必然。因此，在上海都市SPA的设计应用上，更要体现未来的风貌，结合先进的医疗技术、人类心理健康治疗加上日益发展的科技展现新一代的SPA。在SPA场所景观元素的应用上，SPA场所内可以布置水体例如小喷泉的形式，摆放长有青苔的石头，起到消音的效果，既是一道美妙自然的风景线，对营造安静舒缓的理疗氛围又有一定的帮助作用。在理疗房内的地面上布置流动的水系，水流的汩汩声、啪啪声、潺潺声如同水在轻吟，在房间内的水系中通过小碎石的不同摆放创造出不同音调和音质的流水声，可使人心情平静而放松，有催眠效果，为室内空间增加了动人魅力。科学技术的高度发展给SPA场所在花草树木上的应用提供了有利的条件，比如良好的温、湿度及人工光照条件，可以在SPA馆的走廊、楼梯间、浴室、水疗池等摆放各种具有吸附有害气体的绿色植物，释放和补充对人体有益的氧气，如芦荟、吊兰、虎尾兰、龟背竹等，它们都是天然的“清道夫”，都有利于身处在SPA场所内的任何人保持身心的健康。在水疗房和前厅处可放置具有芳香气味的植物，让消费者在享受水疗按摩的同时感受花香四溢的梦境，在触觉、嗅觉上达到一种浑然忘我的境界。苏东坡曾经说过“宁可食无肉，不可居无竹”，花草树木对于创造一个良好的SPA空间是一个不可或缺的部分。在光线的设计上，着重色彩和照明度的控制，对SPA环境及其他景观要素进行局部刻画和重点照明，以呈现静态、动态和各种充满艺术魅力的效果。光在SPA场所中的合理运用直接能够给消费者带来不同的冲击力和治疗效果。都市SPA在医疗技术方面，可以引用先进的科技，如在SPA场所内设置特殊水疗池如超音波按摩池，其对酸痛、风湿神经麻痹均有益处；如旋涡池，它强烈的旋涡水流，让人造成回转效果，体验身心舒畅的感觉。都市SPA也可以导入心理健康治疗理念，坚持以人为本，采用隔音效果良好的材料，导入自然的元素再配以舒缓的音乐，创造声、光、热和新鲜空气等令人愉快的环境，让每个进入场所的消费者感受到稳定安心的理疗环境。

5 结语

基于中国几千年的文化底蕴，上海都市SPA的发展应该更全面、更科学、更和谐。不能完全模仿泰式或印尼式SPA，应充分利用自有的资源优势，在医疗、心理健康、科学技术上打造一条新的养生理念。上海都市型SPA旨在以全新的理念开辟新的中国SPA之路。

（陶静红　张建华）

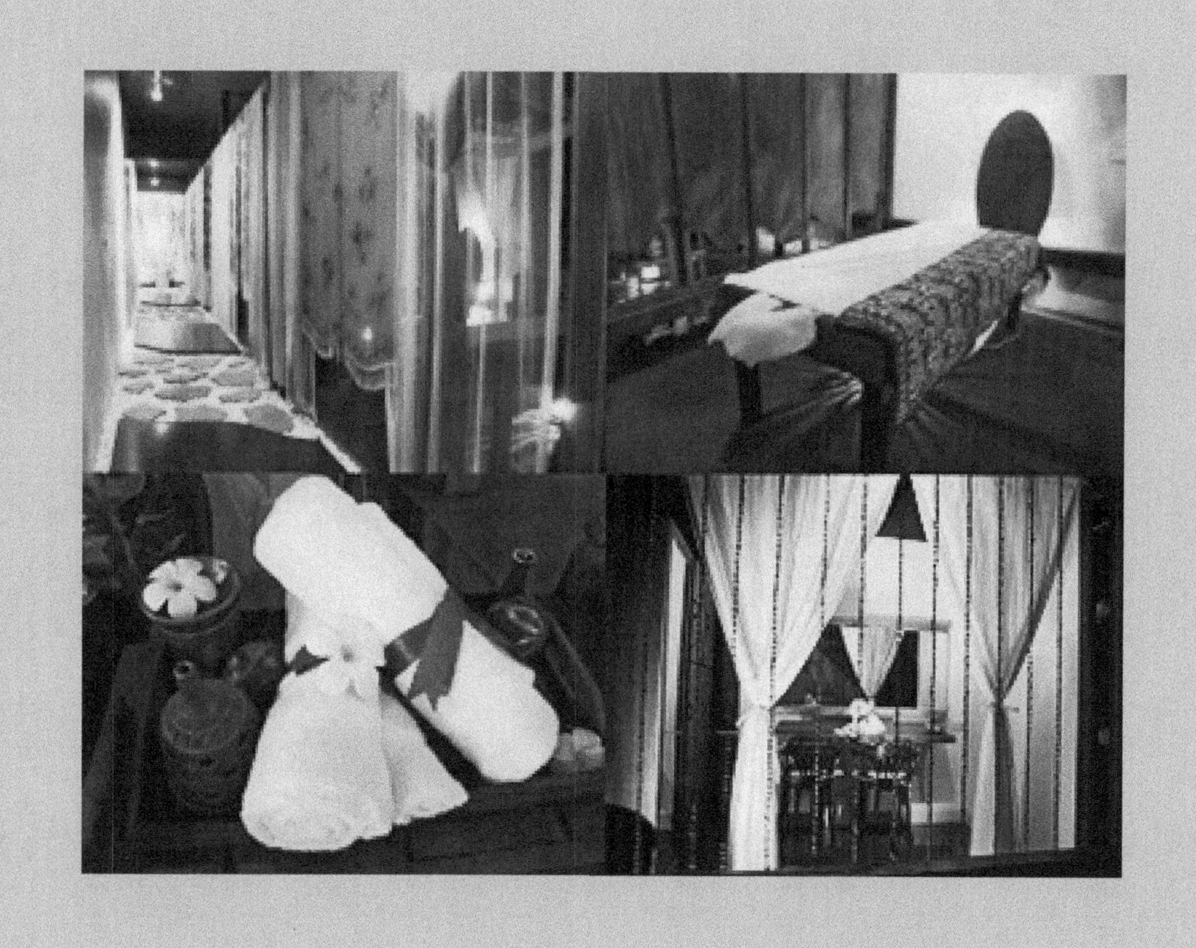

第二篇　商业空间景观构成

商业空间结构

浅析线性景观在商业空间中的应用

线性景观就是人沿某一线性空间移动时对周围环境所产生的综合认知，其景观在形状上呈现“线”的特征，包括直线和曲线两种形式。作为景观的一个元素，线性景观连接着不同特定空间的景观，将各部分组成一个整体，给人在感官上有一种时间和空间的持续性。

所谓商业空间，是指当前社会从事商业活动或者商业行为所需的空间。即实现商品交换、满足消费者需求、实现商品流通的空间环境。在商业空间中，线性景观是指作为联系各个商业区域所呈线性景观通道。包括商业步行街、商业步道、商品小区道路等线性的商业场地。商业空间的线性景观是连接商业空间中同质或异质的景观廊道，具有明显可与其外围景观区隔的元素。这种呈线性的景观设计既满足商业空间的流动性，同时引导人的视线，使识别区域和道路变得简单、容易。

1　商业空间中线性景观的特点

“线性景观”并非是近期提出的一个新的设计理念，世界许多著名古典园林都有应用。中国皇家园林，沿轴线规整的布局，庄重大气；欧洲三大园林之一的法国园林更是突出线性的规划，突出布局的几何性，产生了丰富的节奏感，从而营造出多变的景观效果。面对现代社会快速的城市化和商业化发展的压力，城市人口数量不断增加，商业空间中用于景观用地变得十分紧缺。而随着人们的生活水平不断提高，公众对于环境的美化和生态的要求也越来越高。将线性景观用于商业空间中，可以将快速扩张的空间变得紧凑，从而更好地整合成高质量的商业景观。商业空间中的线性景观主要可以概括为以下几个特点：

（1）以一条呈线性主导景观为轴进行商业空间规划，形成丰富、多变层次。商业空间中的景观规划以一条主要景观带作为景观轴向周围延伸形成景观视线观赏线，同时提供一条连续的、以平面透视效果为主的富有变化的视觉景观效果，为商业空间创造出具有特色的商业景观。日本大阪的难波公园就是一个线性景观与商业建筑相结合的典范。商业区的线性布局，店铺楼房分布在两侧，绿色层叠的商业街与城市的嘈杂形成强烈对比，融合了自然的理念，使得商区错落有致。

（2）连续的视觉效果，连接商业空间各区域，指示、引导公众商业行为。商业空间通过呈线性景观的划分编织肌理，使得空间整体分隔明确，形成多个呈几何形分布的功能区域，整合空间形成一个有机整体，连接各节点，指示并引导消费者的视线。另外，作为一条商业空间中连续的景观带，考虑到人的生理需求，线性景观也具有游憩的作用，来为人们提供一个良好的休闲、娱乐和消费环境。充分利用商业空间的自然地形进行景观规划。考虑到商业区的地形，特别是以河道为特色的商业街区，发挥其地理优势，运用直线或曲线的景观形式进行规划设计。

乌镇第一坊商业街等依据其特有的地形，结合当地的民俗民风打造观光旅游、休闲购物的商业街区、商业空间中的线性景观的优势。在面积定的条件下，线性理念让景观更具延展性。

根据数学理论可知，面积相同时，圆的周长最小，而线性图形的周长最大。这意味着边长更长，划分或衔接区域的功能更强，近距接触景观的条件更多，景观本身对地形的要求也更低，因此，对于线性景观归纳其优点如下：

1）分散空间景观，缩短时空距离

较之于传统的景观不同，线性景观的优势之一就是能分散空间景观，增加人随机的获取景观面积。

在商业中间景观面积固定的情况下，集中式的景观分布人随机获取景观的面积与线性分布的景观相比要少得多。在商业空间面积相等时，若传统的景观布局设计要增加人随机获取景观的面积，则需增加景观面积缩减商业建筑面积，而线性景观则能够很好地为商业空间节约用地资源，通过这种呈线性分散式的景观既满足了空间的景观需求，又节省了商业用地，对快速发展的现代社会的景观规划有重要意义。

2）联系商业版块，整合斑块分区

传统的景观设计通常是呈“点状”或者呈“面状”的空间格局，因此往往使景观空间呈现版块破碎化，不仅影响美观，而且也使空间在使用上带来麻烦，可能日渐被孤立或隔绝失去其自身景观价值。

线形景观是商业空间的连接体，将各版块联系起来。通过景观道路，使得破碎化的景观通过线性自然联系，加强了各组团之间的关系。比如厦门蓝海湾商业住宅区利用溪流、水系和道路，通过两条线性景观带联通主要小区景观节点形成线性分布，从而创造一种开放、沟通的景观环境。

3）柔化空间边界，引导顾客视线

景观的特点之一便是能够柔化建筑边界，让原本冷峻的建筑轮廓变得不再生硬。运用线性景观编织成的景观网络，不但能形成各版块的过渡边界，同时将各种硬质区域变得柔和、富有韵律。

结合线条的方向性，线性景观给人在视觉上形成了方向的暗示，从而引导顾客视线。根据“线”的多变性，将直线与曲线的造型相互配合，时而整齐、规律，时而潇洒、轻盈。有开有合，收放自然，营造出风格变化的景观特性，重点突出主要空间范围，使空间富有层次变幻。

4）贯穿空间整体，诠释商业空间主题

作为空间景观的一部分，线性景观，特别是作为主要轴线的景观，不但连接了商业区域，它还是商业空间的中心地带，显示出商业空间的主题，展现商业空间的特色景观，既增强了空间的标识性，又愉悦人们的心理。

线性景观的连续性给人带来一种长时间、持续性的视觉停留，增强了商业空间的景观的主题性，强化了不同主题商业空间在人脑海中的印象。不仅能吸引顾客，同时能为自身创造经济效益和社会价值。

以重庆洪崖河为例，将城市的旅游景观、人文景观融入商业空间中，根据山势，运用最富巴蜀特色的“吊脚楼”作为商业主体，形成奇妙的“立体式空中步行街”，别具一格的线性道路空间，吸引了众多来往的游客。洋货精品街、天成巷巴渝风情街、盛宴美食街及异域风情城市阳台，四条极具特色的商业街，把餐饮、娱乐、休闲、保健、酒店和特色文化购物六大业态有机整合在一起，不但显示了重庆新的娱乐生活方式，也带动了重庆夜生活的新风向。

5）为公众提供游憩休闲功能

线性景观的带状特性使得商业空间中，人与景观有了更大的接触面积，人们可以更方便地参与到景观中。因此从景观设计的人性化角度出发，考虑到人性的需求，线性景观的游憩休闲功能无疑为顾客提供了很大的方便。

通过与各商业空间的有机结合，形成一个活动、交流、休闲的开放式空间，极大程度地增加了商业空间的服务区域。因此，线性景观根据其所处区域、同时也为商业空间承担着部分的商业功能。

2 商业空间中线性景观设计的建议

1）融合多种元素，形成特色造型

自然界中的造型为设计提供了相当丰富的资源，同时也能给设计师带来各种奇特的灵感。在商业空间的线性设计时，将多种造型元素应用其中，使得空间景观不再是呆板的线条组合，而是富有符号象征的形态特征，从而令商业空间更富有特点。

根据空间主题，运用不同的线形符号造型可以引起人在感官上的共鸣，引发人对其无限的想象。比如，灵动的乐章能给人一种节奏感和韵律美；长长的胶片则会使人联想到那令人怀念的流金岁月；粼粼微波能为人带来一丝海风的清凉……在具体的设计中，根据现实条件，实际情况来处理其形式，做到与主题紧密地结合，风格相统一，形成商业线性景观的特色。

2）增强景观与环境协调

在进行商业空间线性规划的过程中，应当结合商区在城市中的环境位置，考虑周边环境资源，根据周边现有道路网络进行合理的设计规划。

地形作为环境的主要组成部分，在线性景观的设计上要进行充分的考虑。运用现有的山地、河流等自然景观资源以及古城墙、老街、废弃的轨道等进行商业空间景观规划，使商业空间成为富有吸引力的景观，减少对原有环境资源的破坏，避免对地形的任意切割，力求做到与周围环境融为一体。

植物作为景观中不可缺少的一部分，不仅有美化的作用，还能形成天然的分隔带，最重要的是其生态功能，为空间提供一个绿色、健康的环境。利用植物的景观特性参与造景，使商业空间成为一条融于自然的绿色生态景观道，在刺激的消费行为、商业活动中慢下来，享受自然所带来的愉悦。

3）注重人文关怀

在景观设计时，应当注重“人的需求”理论，从“以人为本”的角度出发，根据顾客商业活动习惯，结合设计要求和准则，对商业空间进行规划设计。考虑到线性景观主要是呈线性分布的特点，设计时应尽量避免过长的直线路段，通过绿化、小品等设计增加视觉变化。同时在主要轴线景观沿线上配置服务设施，如休息座椅、垃圾箱、标志系统、停车场等，方便人们使用。

另外，在设计过程中，还应关注特殊人群的需求，合理规划残疾人步道，在沿线道路上设置残疾人设施，为整个商业空间创造一个健康、安全的通行环境，为顾客提供一个舒适、满意的消费空间。

（朱莉莎　张建华）

论商业街景观与建筑风格一致性的运用

——以五番街为例

1 引言

商业街是一种特殊的购物场所，它是由众多商店、餐饮店、服务店及各种景观要素共同组成，并按一定的结构、比例规律排列的繁华街道。

商业街由来已久，我国的商业街可追溯至唐朝的街市，如唐长安街东市与西市，这时的商业街为传统步行商业街。随着工业化的发展，城市化进程的加快，小汽车"涌进"商业街，造成人车混行、交通拥挤、环境恶化，人与车、人与环境的矛盾日益突出。20世纪90年代末，由于经济的快速发展、产业结构的调整、城市竞争的加剧以及响应提高城市环境质量的号召，商业街得到了城市规划者和建设者的高度重视，呈现蓬勃发展之势。发展到当代，商业街则成了一个城市综合实力与整体形象的标志，代表了一个城市经济、社会、文化及景观的实力和状况，是一个城市的缩影和精华。

然而，由于对自身定位不合理，缺少合理的规划、设计，专业人才缺乏，景观与建筑相分离，环境意识淡薄等诸多原因，现代的商业街呈现出千篇一律的无景观或者景观与建筑风格格格不入、无特色、无亮点或者照抄照搬、同质化等诸多现象，根本不能满足消费者休闲、娱乐、观光、体验、交友、集会等日益多元化、特色化的需求，从而无法得到消费者青睐，无法增加客流量，商业街市场达不到规划、建设的初衷。

美罗城五番街，充分意识到了营造和谐优美的景观与建筑风格一致性的景观空间对商业街发展的重要性，在认真分析总结了自己所处的地理位置、市场环境、消费者的多元需求等多方面的因素后，大胆创新，求新求异，打造了一个新奇、独特，景观与建筑风格和谐一致的具有浓郁日本风格的室内步行商业街，不仅改变了如今商业街缺规划、少设计，无景观、无特色、景观与建筑风格格格不入，照抄照搬、同质化等诸多不利现状，还拉动了美罗城营收千万级增长，在同质化竞争日趋激烈的商业街环境中脱颖而出，为未来商业街的开发、建设提供了很好的借鉴和启示。

2 相关概念

1）景观

"景观"一词最早在文献中出现是在希伯来文本的《圣经》（The Book Psalms）中，用于对圣城耶路撒冷总体美景（包括所罗门寺庙、城堡、宫殿在内）的描述。目前对这个词的理解有很多不同的含义。刘滨谊认为景观是客观存在的景物景色在人们心目中的感受和印象以及在人们主观感受中的体现。而有的学者认为景观是多种功能（过程）的载体，因而可被理解和表现为：① 风景，即视觉审美过程的对象；② 栖息地，即人类生活在其中的空间和环境；③ 生态系统，即具有结构和功能、具有内在和外在联系的有机整体；④ 符号，一种记载人类过去、表达希望和理想，赖以认同和寄托的语言和精神空间。由以上不同的理解，可以把景观笼统地定义为土地及土地空间和物质所构成的综合体，它是复杂的自然过程和人类活动在大地上的烙印。

目前还没有具体的文献资料给商业街景观下过确切的定义，在此根据景观的笼统定义，把商业街景观定义为：在一定的经济条件下实现，能够满足人们休闲、购物、观光、体验、会友等多种功能的，由地形、植物、水体、建筑物、构筑物、绿化、小品设施等构成要素组成的，各要素协调均衡布置、与周围环境和谐统一的综合景观艺术形态。

2）建筑风格

建筑风格是指建筑设计中在内容和外貌方面所反映出的特征，主要在于建筑的平面布局、形态构成、艺术处理和手法运用等方面所显示出的独创和完美的意境。因政治、社会、经济、建筑材料、建筑技术等的制约以及建筑设计思想、观点和艺术素养等的影响而有所不同。按现中国建筑风格分类主要有欧陆风格、新古典主义风格、现代主义风格、异域风格、普通风格和主题风格。因下文论述的需要，在此只引出异域风格和主题风格两个子概念。

异域风格，即建筑大多由境外设计师设计，其特点是将国外建筑式"原版移植"过来，植入现代生活理念，同时又带有其种种异域情调的空间。

主题风格，即以策划为主导，构造建筑的开发主题和营销主题，规划设计依此为依据展开。

3　五番街景观与建筑风格

在论述五番街景观与建筑风格前，先了解日本的景观与建筑风格。

1）日本景观与建筑风格

日本景观。日本景观在当代的特点主要表现为在环境设计时，多运用单纯的直线、或几何形体、或具有节奏的、反复的符号化图案、或者小波浪形状、锯齿形状反复运用进行边缘处理、画有细密格子的板面、反复凹凸的肋拱板面等，结合素材肌理效果、色彩变幻效果，使这些板和线的垂直、水平交错地构成关系产生有音乐意境的空间效果。室内陈设的家具、绿化、照明等也像音乐一样有节奏地进行组织配合，形成"视觉空间"或者"音乐空间"。

日本建筑风格。日本现代建筑经历了不同的发展阶段，在不同的发展阶段呈现出不同的特点，按其不同的发展特点可划分为4个阶段：模仿阶段，积累阶段，融合阶段和回归阶段。模仿阶段，严格按照西方的比例尺度及构造方法建造，由传统的木结构建筑转变为砖木混合或砖石结构的"洋风建筑"；积累阶段，采用条窗作为立面的基本构成单位，呈现底层架空、轻盈剔透、简洁大方的特点；融合阶段，将东西方科技进行有效的融合，在彼此的交融中找到了自身的定位，内部空间经济、实用，外部形式既有东方的灵动又有西方的现实主义精神，整体空间丰富多变，具有流动感；回归阶段，把极简主义发挥到极致，追求纤细柔韧、轻盈巧妙、平面化、抽象化、纯净空灵以及与大自然充分融合接触的，能真正代表自身民族精神的设计。在当代，受后现代著名建筑师汉斯·霍莱的影响，在暗示使用功能的同时，强调设计的单纯性和抽象性，运用几何学形态要素以及单纯的线性和面的交错排列处理，使空间具有简洁明快的时代感。

2）五番街的景观与建筑风格

五番街景观。五番街景观融合了日本景观与上海地域景观特点，在与周围环境协调统一的基础上运用形式美法则将植物、构筑物、铺装、公共设施、小品、灯光等造景要素与建筑风格进行有机统一，手法上多运用单纯的直线、曲线，几何形体，反复的符号化图案，波浪形图案等进行垂直或水平交错，并结合建筑体构成的小空间以及室内柜台、商品、照明等要素进行有节奏的变化。

五番街建筑风格。五番街的建筑风格融合了日本建筑各个发展阶段的特点及老上海的地域特点，在充分表现日式设计的精致和空间利用的高效率的同时融入了老上海商业建筑的古朴和商业文化，整条商业街呈现出一个多元融合又特色鲜明的风貌。从中国现建筑风格分类来看，五番街的建筑风格既属于主题风格又属于异域风格。主题风格，即：以主题概念街"五番街"为开发主题，以"日系品牌"为营销主题，依此创新、开拓有个性、有特色的以日系品牌产品为主，以年轻一族为目标消费群体的五番街新市场空间。异域风格，即：五番街的规划设计是由聘请的日本著名商业规划师完成，规划师将日本建筑不同发展阶段的特点与上海地域特色进行有机融合、统一，把日本传统与现代的装饰元素、几何图案、简洁明快的空间呈现在100余米L形小街上，每一店铺，每一细部都经过精心设计、处理，具有浓郁日本民族特色。

4　五番街景观与建筑风格一致性的运用

4.1　可视化建筑布局与可视化景观

五番街为条状式单层室内步行商业街，集中了街区式商业街和集中式商业街建筑布局的双重优点，可适应不同的地域、不同的季节、不同的气候条件，受天气状况影响较小，景观营造的方式较灵活，景观对整个商业街人气的提升作用较大，打造可视化的商业街景观对商业街的发展作用尤大。全商业街仅有一根主要动线连接所有商铺，动线的可视性强，沿着建筑的主动线走，顾客只需上下左右环顾即可看到街区全景。五番街有两个中庭，顾客在中庭范围内不仅能够看到当前层的铺装、店铺、街道天花板，还可通过中庭看到上线层的店铺及中庭天花板。在五番街这一可视化较强的建筑布局空间里，其商业街景观也以可视化为营造目标，打造了可视化或者说完全可视化的商业街景观。五番街可视化的景观体现在全街区地面、建筑立面及街道天花板由黑色花岗岩直线带、暖色系灯光和流畅曲线进行统一，在景观节点处、三角区域处重点打造。

五番街地面由不同材质或同种材质不同颜色的砖石铺装划分出不同的区域，不同的区域、不同的地段呈不同的几何形态，但黑色花岗岩直线带贯穿于全地面空间，通过不定向的穿插将不同的几何形态空间进行了统一；五番街店铺各有各的装修风格，风格不一，形体多样，然而暖色系灯光的运用很好地将风格不一、形式多样的各家店铺进行统一，形成了一个统一的整体；五番街街道天花板包括当前层街道天花板和中庭天花板，天花板的空间位置不在同一平面，但流畅曲线的运用打破了空间位置的限制，将两个不在同一平面的天花板统一在了同一个平面空间；五番街景观节点处，要么打造开敞空间，如入口广场；要么设置坐凳、休憩椅，如街道“L”形拐角处，或者设置植物小景，接通地铁站，如街道出口处景观设置。五番街三角区域处，打造可亲可近可观可赏的景观小品，如建筑与扶手电梯形成的三角区域设置了日本茶亭园林缩景。整个五番街通过可视化建筑布局与可视化景观的营造，呈现出一个可视化的景观与建筑风格协调一致的景观商业街空间，整个空间即是一个可视化的艺术品。

4.2 形式美法则的同步运用

形式美法则包括和谐、对比与统一、对称、衡器、比例、重心、节奏与韵律、联想与意境。五番街形式美法则的同步运用，指运用形式美法则的相关法则合理配置各景观要素与建筑要素，使景观与建筑风格协调统一，营造出和谐的、美的、有特色的商业街空间。五番街运用到的形式美法则主要有对称、比例、对比与统一、节奏与韵律、联想与意境及和谐。

对称。全五番街店铺以单一动线为主轴，呈不完全对称排列在“L”形街道两侧。从建筑形体和数量上，呈不完全对称；从商铺经营的商品或服务性质来看，左侧以家居服务商铺为主，右侧以小吃美食为主，也呈不完全对称。对称法则的运用，为五番街可视化景观的营造提供了基础和前提。

比例。五番街整体空间比例以人的尺度为标准进行规划、设计，整体空间比例宜人、亲切、协调，商铺空间如同家居空间，景观要素与建筑要素比例适当、美观。

对比与统一。即颜色的对比、人工与自然的对比，整体与局部的统一、由对比而形成的统一。五番街颜色运用了两对比色系，暖色系和冷色系；材料运用了两对比材料，“真”与“假”，“石”与“木”（“真”即真植物、真花；“假”即塑料假花；“石”即石材，石雕塑；“木”即木材、木桌椅、木柜子）。对比强烈、明显而又在对比中形成统一，形成整体，整体与局部协调均衡。

节奏与韵律。五番街有入口广场，有景观节点，有过渡空间，有出口站点；在空间的曲折变化和动态的序列演进中，体现空间的节奏和韵律美。

联想与意境。进入五番街，仿佛来到日本商业街；进入店铺，仿佛回到家里。五番街运用联想与意境的形式美法则，营造了一个居家的具有浓郁日本风格的商业街空间，让顾客联想到日本特有的小巧、精致，联想到家的温馨，从而产生身居异域国度和家的意境。

和谐。整个五番街景观与建筑、整体与局部协调统一，即体现了“和谐”这一形式美法则的运用。

4.3 景观与建筑的共生性运用

从生物学角度，共生指两种不同生物之间所形成的紧密互利关系。共生生物不仅仅是一起生活、一起工作、和谐共处的普通角色。大部分共生生物并不知道自己正在帮助另一种生物，它们只是选择了对自身最有利的生存方式，是一种自然选择的本能行为。

从建筑与景观的角度解释“共生”一词，则是延引生物学共生的思维、理念。景观与建筑是一种共生的关系，无论从建筑学的角度认为景观是建筑的一部分，还是从景观的角度认为建筑是景观的一部分，二者就是一种互利共生的关系。正如生物学中“大部分共生生物并不知道自己正在帮助另一种生物，它们只是选择了对自身最有利的生存方式”一样，景观与建筑也各得其所，它们并不知道自己正在帮助对方，而是存在在自己该存在的空间。但无论是景观，还是建筑，都是人建造的，为“人”而建造的，自然景观的美丑是人划定的，从人的角度出发，商业街的景观与建筑就是一种互利相帮的关系。景观可软化建筑的生硬、美化建筑，建筑为景观提供营造的空间，两者相结合创造出美的和谐统一的空间环境和意境。

五番街景观与建筑共生性的成功运用主要体现在五番街各景观要素与其建筑在空间、形体、装饰、肌理四方面共生性运用，从而营造出一个特色鲜明、和谐统一又具有浓郁日本风格的室内商业街。

4.3.1 空间的共生性

1）平立面空间

平立面空间包括地面空间、立面空间和顶面空间。

地面空间。五番街建筑在平面布局上呈不规则几何形有序系的排列，其建筑墙体所围合而成的各个单体空间也呈几何形，有规则的，也有不规则的。景观要素依整体建筑布局而排列，随建筑布局和建筑空间的变化而变化。整条街的地面用五种不同材质或同种材质不同种颜色的砖石铺装形成几何形的铺装图案，并根据不同空间的性质和用途而变化，与不同性质和功能的建筑空间相统一并突出其空间的功能和性质。如在五番街主入口处，用灰色自然面弹街石铺装成一个灰色圆形图案，与石柱、装饰性盆栽及品牌宣传单一起构成入口广场，弹街石铺装图案既屏蔽了石柱的突兀，又与石柱及其他造景要素一起形成了一个特色鲜明的入口广场景观，体现了在地面空间中景观要素与建筑的共生性运用。

立面空间。五番街的建筑立面空间由方形自然石石柱、砖材墙体、玻璃墙体有序地连接、分割、围合而成，每个被分割或围合而成的小空间呈不规则几何体。各景观要素的选用、搭配、布置依不同的建筑空间、建筑形体而定，同时不同的建筑形体、不同的建筑空间又因不同的景观要素的选用、搭配、布置而产生不同的场景效果和意境。以玻璃幕墙和植物在立体空间中的运用为例。

玻璃幕墙的运用。玻璃幕墙的运用主要在于玻璃透明和反光的特性。用玻璃材料作幕墙，可使建筑的外部空间和内部空间既相互独立，又相互渗透，同时兼具反光的视觉效果。在街道上行走，透过光滑的玻璃幕墙可看到店铺内的柜台、绿化及各种商品摆设；在店铺内，可看到店铺外的人流、铺装、植物小品及对面店铺的商品摆设、绿化、买卖。既增加了外部空间的视觉范围，又扩大了店铺内部的视线广度。内外空间相互渗透，避免了店铺外部空间的单调和内部空间的狭小。然而，玻璃材料的运用，是以自然石墙面与砖石墙体为依托，在立体空间中，两者的共生运用，产生了似真似幻的视觉效果和似遮似透场景空间，实现了景观与建筑风格一致性的运用。

植物的运用。植物的运用在于植物依不同的建筑立体空间、建筑墙体而布置，运用形式多种多样，或以植物盆景、或以植物墙、或以花台、或以家居花店、或以园林小景，与建筑空间及墙体一起构成了景观与建筑风格协调一致的五番街立体空间。

植物盆景。如主入口小广场“五番街”标牌立柱前布置的装饰性植物盆栽，立柱由自然石块垒砌而成，方形，装饰性植物盆栽似人工修剪而成，顶上植物圆球形，花盆萝卜形，其大小、体量及其组合形式依背景石柱而定。装饰性植物盆栽与建筑立柱体现了植物与建筑的共生性运用，收到了良好的视觉效果。

植物墙。如“拉面玩家”小吃店左侧植物墙，以灰色砖墙为背景，以石板框架或垂吊栽植盆为依托，用常春藤、文竹、肾蕨、一品红四种植物疏密有致、高低错落的配置，形成了一道生趣盎然的绿色墙体。植物因墙体而立，墙体因植物而活。植物与墙体的共生性运用，既为店外行人提供一道生机勃勃的植物墙景观，又为店里的顾客营造清幽雅静的空间氛围。

花台。花台位于较长直线型过道中央，由防腐木种植框台结合座椅形成，其体量大小、尺度由两侧的建筑体和街道空间的大小而定，种植植物为凤梨和白掌，花台的布置为整个场景空间增添了一份别致的小景，为过往顾客提供一个休憩的平台；同时，直线型的街道和建筑体为花台的布置提供了空间，在这一特定的街道与建筑场景空间中，显现了植物的顽强生命力和座椅的重要性。花台与建筑空间的共生性运用，实现了各自最大价值。

家居花店。“家居”是指其空间尺度如同家居空间一样大小，装饰风格如同家居的装饰风格，消费者一见便产生宾至如归的归属感和存在感，而完全体会不到身居商场。如：五番街Hibiya-Kanda Style店，其空间大小与家居空间一致，装饰风格采用家居风格，所经营商品为干花，虽没浇水，却看不到一丝干枯、萎败，而是一副鲜艳、怒放的姿态。书架、鞋架、柜台，其尺度及摆放物品，与书房、卧室如出一辙，消费者一进入，便如同回家一般，瞬间有了家的归属感和存在感。家居装饰材料与商业街空间的共生性运用，产生了家的意境和氛围。

园林小景。园林小景位于楼梯与建筑形成的死三角。所用植物为万年青，结合洗手钵、石灯、散置石、木篱，营造了一幅日本茶亭园林小景，巧妙地与楼梯及建筑形成的死三角空间共生性利用，营造了特色更加鲜明、更能体现日式风格的场景空间。

顶面空间。顶面空间即天花板。五番街位于地下商业街，顶面空间要素包括B1楼天花板以及地上一楼至五楼楼体、灯具和中庭天花板。在五番街顶面空间所能看到的要素多为装饰要素及图案，在装饰的共生性一节详细论述。

2）色彩空间

色彩是设计的一个重要元素，在商业街景观与建筑的共生性运用中更是如此，若运用得恰当，可营造出良好的商业街景观空间环境，若运用不当则会造成视觉污染，破坏空间氛围。色彩能表达某些事物的重要性和特殊性，与一定的场景结合可产生特殊的象征意义。商业街景观设计中对色彩的合理运用和控制，可营造出良好的空间环境，实现景观与建筑的共生性运用，达到景观与建筑风格的协调统一。地下室内商业街色彩主要来自照明设施提供的彩色光源和物体本身所具有的肌理色彩。

五番街色彩的运用是其景观的一大特点，整个商业街景观与建筑风格的协调统一及其浓郁的日式风格、温馨居家氛围的营造大部分得益于色彩科学、合理的运用。所用颜色有黑、白、灰、红、黄、粉红、蓝、绿。黑、白、灰三色主要用于建筑墙体和地面铺装，根据不同的需要，而有不同的亮度和明度变化；红、黄、粉红三暖色，有干花本身所具有的颜色，也有照明设施提供的彩色光源产生的颜色，也依不同的需要有相应的亮度和明度变化，主要运用于各个店铺内部空间，将装修风格各异的店铺空间统一于整体大空间；蓝色，为天花板颜色；绿色，主要为绿色植物本身所具有的颜色。整个五番街，地面空间由地面铺装灰色系色彩进行统一，立面空间由红、黄暖色光源进行统一，顶面空间由蓝色进行统一，整体色彩丰富多变，运用科学合理，将景观各要素与建筑统一为一体，实现了景观与建筑的共生性运用，与日式建筑一起营造了和谐统一而温馨宜人的色彩空间。

4.3.2 形体的共生性

建筑的外部形体是其内部空间和结构形式的反映。建筑形体既要注重形体的凹凸变化、虚实处理，还要符合建筑的功能特点，与整体建筑风格相统一；景观各要素的形体应在与建筑风格相统一的前提下做到新颖、独特、美观。五番街建筑形体多为几何形体，大多为不规则几何形体；景观要素既要与建筑风格相统一，又要与建筑一起创造舒适、宜人而有特色的空间环境，其形体必须与建筑形体实现和谐共生。

五番街各景观要素的形体既新颖、独特，又与建筑形体和谐共生，与建筑风格和谐统一。以地面铺装的扇形图案和店铺的灯具造型为例：

扇形图案铺装。五番街扇形图案的地面铺装在商业街铺装中很少见，从而体现了其形体的新颖、独特；扇形为几何形，与几何形的建筑体风格和谐一致；扇形铺装的运用，丰富了整个商业街环境的地面空间，同时几何形建筑的商业街又为扇形图案铺装提供了空间，从而实现了铺装形体与建筑形体的和谐共生。

灯具造型。五番街各要素的形体中最富变化的便是灯具的形体，每个店铺都有自己独特的灯具造型，各种造型都是不同的形体，或小圆柱体，或三棱锥体，或如花朵，或如蘑菇……形体不一，各式各样，但都与几何形的建筑形体风格相映成辉。建筑体及建筑空间为几何体，灯具造型也为几何体；建筑体及建筑空间为灯具形体提供统一几何体风格，形体多样的灯具造型又丰富了几何形的建筑形体空间，二者和谐共生。

4.3.3　装饰的共生性

建筑装饰是建筑装饰装修工程的简称。建筑装饰是为保护建筑物的主体结构、完善建筑物的物理性能、使用功能和美化建筑物，采用装饰装修材料或装饰物对建筑的外表及空间进行处理的各种过程。装饰是对生活用品或生活环境进行艺术加工的手法。它必须与所装修的客体有机地结合，成为统一、和谐的整体，以便丰富艺术形象，扩大艺术表现力，增强审美效果，并提高其功能、经济价值和社会效益。

五番街景观与建筑装饰共生性的运用主要体现在材料的运用和细节的处理上：

材料的运用。景观所用的装饰材料有塑料、不锈钢、钢化玻璃、木材、石材、涂料、地砖（镜面大理石、弹石、花岗岩）等；建筑的材料为自然石块、砖块。景观所用装饰材料中，塑料主要用于制造塑料植物，不锈钢用于电梯扶手、电梯侧壁和玻璃墙的墙框，木材用于制作桌椅、橱窗、柜子，涂料用于墙壁的图画装饰，石材用于景观小品的打造。景观装饰材料的选用依所处建筑空间、所装饰的建筑体的材料而定，同时又与建筑材料一起营造美的空间。建筑材料因景观装饰材料的运用而愈显质朴、沉稳、厚重，景观装饰材料因建筑材料的质朴、沉稳、厚重而愈显华丽、灵动、轻盈，体现了共生性的运用。

细节的处理。五番街每一空间、每一角落无不体现细节处理中共生性的运用。以电梯与建筑形成的三角区域为例。电梯口与建筑形成的死三角，本是大部分商业街难以处理地空间，然而，在五番街，这个角落被充分合理地利用，打造出了为整个商业街增光添彩的景观小品，其原因就在于景观与建筑空间共生性的运用。在这个4平方米左右的三角区域里，设计师突破空间区域的特殊性及景观小品的装饰性双重难题，将日本的石灯、洗手钵、景石、盆景植物、木篱等元素进行艺术化的组合，营造了一个日本茶亭园林小景。洗手钵里泉水喷涌、跌水潺潺，盆景植物生机勃发，石灯亭亭玉立，石块自然散置，一幅茶亭园林景观尽现眼前，结合墙体上用涂料图画出的日本街活动场景、宣传图画，入口处不锈钢玻璃窗花束花装饰品，电梯侧壁由不锈钢材料打造成的镜面、镜面反射出的茶亭小景、墙壁上的日本街活动场景，内侧的木柜子，将整个死三角空间装饰得叫人拍案叫绝；同时，若没有这样的死三角空间，也打造不出这样让人拍案叫绝的景观小品。这是景观与建筑共生性运用的成功典范。

4.3.4　肌理的共生性

肌理作为视觉艺术的一种基本语言形式，同形体、色彩一样具有造型和表达情感的功能。肌理不仅可以表现物体的不同质感，同时，也使画面呈现多样的视觉效果，不同的肌理对比，可以使人感受到不同的审美意蕴。肌理并不都是美的，只有当它在一个特定的空间、特定的环境、特定的光线之下才能呈现出某种美感。在立体构成中，肌理可增强形体的立体感和层次感，丰富立体形态的表情，同时还具有情报意义，即不同的肌理可提示不同的功能和用途。

五番街属于室内商业街，其整体构架造型为不规则几何形，风格为日式风格，地处地下一楼，光线及色彩来自动态变幻的灯光。在五番街这一几何形的立体空间中，丰富多变的景观要素肌理与自然质朴的建筑体肌理共生性的运用，既增强了整个五番街环境空间的立体感、层次感，丰富和传达了各景观要素与建筑体的形态表情、情报意义，同时使整个商业街空间美轮美奂、特色鲜明，具有独特的审美意蕴。以玻璃肌理与石墙肌理的共生性运用和植物肌理与石墙肌理的共生性运用为例进行论述：

玻璃肌理与石墙肌理的共生性运用。玻璃墙细腻光亮，反射光的能力强，给人以轻快、活泼、冰冷的感觉，而自然石墙粗糙质朴、不反射光，给人以生动、稳重和悠远的感觉，两种完全不同的肌理组织在一起，对比强烈、鲜明，增加了整个墙体的立体感和层次感，同时，在室内店铺暖黄色灯光的照射下，整个建筑形体空间温馨宜人、舒适惬意。

植物肌理与石墙肌理的共生性运用。植物的肌理轻软疏松，给人以轻盈、活泼、生机勃勃的感觉，而石墙的肌理厚重坚硬，给人以笨重、沉稳、安静质朴的感觉，两种不同的肌理组织在一起，相互映衬、相互烘托，使人感受到不同的审美意蕴，体现了肌理的共生性运用，可使景观与建筑风格和谐统一。

5 五番街模式给未来商业街规划建设的启示

1）明确定位，打造有浓郁民族特色的景观商业街

五番街的成功就在于其定位准确、目标明确。以主题概念街“五番街”为开发主题，以“日系品牌”为营销主题，以年轻一族为目标消费群体，打造了一个具有浓郁日本民族特色的处处体现日本民族文化的景观商业街。一个商业街要想具有浓郁的民族特色而又得到消费者的青睐，单靠经营民族品牌往往是不够的，还必须通过建筑风格的定位，景观的营造来创造一个新颖、独特而又与时代同步或走在时代前沿的景观商业街空间，才能在保持民族特色的同时具备长久的竞争力。所以在未来商业街规划建设中，应先定立明确的开发和经营主题，认真研究民族文化，真正打造有特色、有创意、新颖独特而具有浓郁民族特色的景观商业街，而非一味地复制、模仿，光有形式而无内容。

2）运用形式美法则营造景观与建筑风格一致的景观商业街

运用形式美的法则营造商业街景观，能够使商业街建筑与景观达到形式美与内容美高度统一。形式美法则的运用形式与方式多种多样，在未来商业街的规划、建设、改造过程中，综合运用形式美法则，可打造出景观与建筑风格一致的，新颖、独特而兼具美的景观商业街。

3）运用共生的思维理念，打造景观与建筑和谐共生的景观商业街

随着城市化进程的加快，城市人口的迅猛增长，城市用地将会越来越紧张，然而人们对环境的要求并不会因为城市人口的增加而降低，相反，人们对环境的要求，对商业街景观空间的要求会随着城市的发展而越来越高。寻求解决这一矛盾的呼声也将越来越迫切。

景观与建筑是一种和谐共生的关系，运用和谐共生的思维方式和理念可打造出景观与环境和谐共生的景观建筑空间，解决人口增长和用地紧张的矛盾，满足城市人口日趋多元化和特色化的景观商业街空间的要求。

4）满足顾客多元化的需求，打造以人为本的景观商业街

未来的时代是休闲的时代，城市是休闲的城市，商业街是城市休闲的标志及重点，因而能提供众多休闲功能的，满足顾客多种休闲需求的景观商业街无疑能赢得消费者的青睐。

商业街是一种以人为本，以人为中心的线性商业区，因而在未来商业街规划、建设、改造时，要充分考虑人的需求，一景一物要以满足消费者多元化的心理和活动需求进行设计，以人的需要为标准打造舒适、宜人、便利的景观商业街。

6　结语

景观与建筑是一种和谐共生的关系，打造景观与建筑风格和谐一致的商业街，不仅能满足消费者休闲、娱乐、观光、购物、集会、交友等日趋多元化的需求，还能为商家带来可观的利润，促进整个城市经济的发展，同时提高整个城市的环境质量和品位。本文以五番街景观与建筑风格一致性的成功运用为例，引出打造景观与建筑风格和谐一致的商业街的诸多思维、理念与方法，以引导和启示未来的商业街规划、建设者规划建设出景观与建筑风格和谐一致的、能满足消费者多元化需求的、顺应时代发展的景观商业街。

（刘　碑　张建华）

试论商业步行街主入口空间的景观设计

商业步行街主入口空间是指商业步行街主要出入口部分的空间及其周围环境，是商业步行街与城市空间（包括建筑、城市干道）之间的过渡和联系空间，也是具有一定秩序的人造环境。由于商业步行街的主入口空间是人流进出集散的场所，人流量大停留时间久，展示需求显著，且作为步行街的地域标志，具有一定的识别性特点，因此，丰富造景元素、运用多样的造景手法努力提高商业步行街入口空间的景观品质，有助于树立商业步行街的整体形象，对商业空间，乃至整个城市综合体亦有积极的影响。

1　商业步行街主入口空间的功能及重要性

商业步行街主入口的功能一般分为基本功能和衍生功能。基本功能是指步行街主入口作为人流汇聚的节点而承担的交通功能，包括容纳和分流功能、过渡空间转换的功能和地域标识功能；而优秀的步行街入口，不仅应该发挥基本结构作用，还需兼具形象展示和精神指向的功能，打造良好的景观视觉效果、发挥景观效益以吸引游客的目光、引导进入街区，同时帮助树立城市人文精神风貌，给人以舒适感、亲切感、归属感，引发文化认同，体现该商业步行街、该地域，乃至该城市的文明程度（见图1）。

2　当代商业步行街主入口空间的主要类型及景观现状

按平面构成方式的不同，商业步行街主入口设计可分为广场型、院落型、路线型三种基本类型。广场型商业步行街主入口的主要识别特征是具有较大面积集散广场，往往在步行街形成节点、吸引关注，是较常见的入口设计形式；而路线型步行街的特征是无广场，亦不设立空间，仅在主入口设置标志物以明示商业步行街在此开端，如多伦路文化名人街入口的标志物是旧上海的卖报童，以此揭示上海风情文化街的序幕；院落型多用于商业步行街区，在设计手法上常融入中国传统庭院空间意向，典型的实例如新天地黄陂南路四合院形式的庭院入口，多处设置隔景，“曲径通幽” 得将人步步引入步行区胜地。

图1 堪称全球最长步行街的武汉光谷步行街不仅仅是商业中心，还是武汉的旅游胜地、亮丽的城市名片

在我国，商业步行街的入口空间设计亦是目前较为关注的话题，一些商业步行街已投入或准备进行入口处的重新设计改造，以改良步行街景观现状。现步行街入口仍存在一些设计上的问题，主要有：① 入口标示不够鲜明、有些步行街未设立标志物，空间界定模糊；② 缺乏高识别度城市雕塑、无法体现地域特色；③ 缺乏休闲游憩设施的公共空间、难以留住行人，不能体现休闲空间的实用性；④ 人性关怀不足，未能提供足够的便民设施，座位、导购牌的缺乏在国内商业步行街入口空间中非常普遍；⑤ 场所设计缺乏亲切感，比如将广场空间过大且呈离散状，使人们对其产生较大的心理距离。

3 商业步行街入口的设计原则及建议

3.1 商业步行街入口的设计原则

1）整体协调原则

主入口处作为商业步行街的重要节点，既是亮点，具有一定的自我特色，同时又作为商业步行街的一部分，也应与步行街整体风格相协调，以完整商业步行街的结构，流畅场所气氛。因此，用统一的手法和风格规范整条街道，并且与城市精神统一，与社会环境背景协调融合，是景观设计要达到和谐之美的基本要求。

2）地域标识原则

商业步行街作为活力开放的公共空间，往往还被旅游界定为城市的标志物之一，代表了城市的风貌。商业步行街入口形象应是商业步行街形象的凝练、更是城市形象的重要标志。在入口处恰当位置设立具有鲜明特征的标志物，不仅给人以深刻印象，吸引游客入内，同时也传达了场所信息，强化了地域特征，对提升城市形象亦有积极的影响。

3）以人为本原则

在做商业步行街入口设计时应对步行者的心理需求和行为习惯作相应研究，尽量满足人的需求，让设计体贴人心。只有符合人性的商业步行街入口空间才能留住游客的脚步，聚拢人气，使人们都愿意在购物之余在此驻足留念，享受闲适的生活情调，感受浓浓人情关怀的氛围（见图2）。

4）符合场所特性原则

商业步行街入口具有商业性、文化性、休闲性的多重特性。商业性是整体商业环境本身的属性，而文化性与休闲性则是设计追求打造的结果。凯文·林奇曾言："一旦某个物体拥有一段历史、一个符号或某种意蕴，那它作为标志物的地位也将得到的提升。"入口景观一旦能被赋予丰厚的文化内涵，就能架起有力的支点，承担起代表城市精神的重责；休闲性是入口空间作为公共活动场所而需具备的特性，入口空间氛围应该是轻松的、闲适的，才能成为城市休闲生活的展示舞台（见图3）。

图2 南京路步行街主入口售票厅、座椅的设立体现了人性关怀

图3 沈阳中街展开的书册小品表达了街区的文化性

3.2 商业步行街入口的设计建议

丰富商业步行街入口的设计元素，是改善商业步行街入口景观的重要着力点。入口设计元素如标志物，作为入口景观的鲜明主题，可以直观地体现标志性；再配合景观雕塑，能打造层次丰富独具特色的入口景致；合理的环境设施的布置显得富有人性关怀；植物景观的营造在人工商业环境中更添盎然生机，展示自然亲和力；另外，水景的融入可以烘托步行街特有的休闲气氛，古道铺装的存留营造出具有历史厚重气息和文化韵味的场所感……以下就分别从入口标志物、景观雕塑、环境设施和植物配置这四个运用最广泛、可塑性最强的设计元素提出若干设计建议，希望能为今后商业步行街入口空间设计的优化提出些许参考，打造集美观性、标志性、人性化、场所感于一体的商业步行空间。

1）入口处标志物的设计建议

入口标志在入口空间环境中不仅起着界定空间的作用，其自身作为鲜明的标志物，代表着商业步行街的形象。如上海南京路步行街西藏中路入口处题刻步行街名称的大理石块（见图4），结合生活雕塑，形成了富有特色的景观小品，成为游客来南京路步行街观光留影的首选之地。据某项南京路步行街的调查表明，83%的游客第一次经过南京路步行街会在步行街标志碑处留影，另有62%的人会被入口标志物吸引进入步行街，77%的人认为缺少标识牌和入口雕塑会减少步行街入口处的可识别性。可见入口标志设计的重要性。

图4 南京路步行街标志已成为游客拍照纪念的首选处所

传统的入口标志物的形式和内容可以多样。形式如牌、碑、墙、石品，不拘一格，在追求装饰的区域更可专造门架（如深圳一横街），以表现纪念性与表彰性；至于标志的内容，不论形式如何多样目的只有一个，就是点明地域特征，既可用文字直接点名，也可结合艺术表现形式创造抽象元素，以增加文化意蕴。如篆书书写并稍加艺术演变，壁画中融入江南建筑标志性的翘屋角或圆拱门，以展现中国传统文化和江南地域特征。

2）入口处景观雕塑的设计建议

在商业步行街入口空间设立景观雕塑，可在树立景观标志的同时大大提高商业步行街的品位，展现文化内涵。城市公共空间的景观雕塑，尤其是在商业步行街这类人群密集，据地方代表性的场所，景观雕塑的设立应符合城市形象、城市精神、城市文化、城市历史以及城市审美特征，具有标识性、地域性、文化性、时代性和艺术性等特征。另外，考虑到商业步行街的环境普遍有信息超载的现象，不宜再追求另类的视觉效果，造型简洁微妙，以给人舒适放松之感。

以造型风格划分景观小品的类型，可将商业步行街入口常用景观小品简单分为抽象雕塑和具象雕塑。两者相比，后者的辨识率更高，这与人对雕塑的理解水平和实际有关系，尤其是富有生活情趣的雕塑更能引起人们感情上的共鸣，如南京路步行街西藏路入口的三口之家亲密的雕塑，生动展现了都市家庭休闲的乐趣，给人以亲切感，使得整个步行街空间富有人情味，展现城市生活风貌；相比而言抽象雕塑更加前卫、理想化，传达了象征意义并体现时代感。如美国环球影城步行街入口，金属泛光的地球雕塑结合喷泉水景，让人不仅思索起宇宙的奥妙。而雕塑语言的选择要视场所文化的具体表达的要求而定。

3）入口处环境设施的布置建议

在商业步行街入口空间巧妙地布置电话亭、垃圾箱、路灯、休息座椅等公共街具设施，使其不仅能满足人们使用需要，也可作为景观装饰的一部分，与其他景观元素共同提升商业步行街主入口的整体形象。

合理的入口处街具布置需要考虑人的行为和心理，符合人性尺度和使用特征的环境设施能发挥良好的使用功能并给人以舒适感，体现人性关怀。例如休憩设施给人提供了休息放松的条件；照明控制设施美化了夜间景观、营造商业氛围；自动售货机、导购图、自助存包机的增设，都体现出了环境设施对人的关怀，便民利民的设计原则……另外，环境的设计还应注重美观性原则，使其能作为一种装饰，点缀于入口空间，给人带来美的享受。总之，入口环境设施的选择和布置要符合人性化原则，才能带来更多的舒适感和休闲感，吸引人的参与，活跃空间氛围。

4）入口处植物景观的设计建议

绿化是景观的重要载体，优秀的入口植物景观设计并不只是简单的栽花植树，而是同空间本身的特点联系在一起。植物景观要注重打造丰富的形式，通过丰富的形式，与其他造景要素共同创造轻松、雅致、舒适，具有生活气息的商业步行环境。大体量植物景观，如花坛、花架的设置能让人徘徊于其中放松身心短暂歇息，为处于喧嚣忙碌的工作环境中的人们提供一份自然的惬意；而小体量植物景观，如花钵、花车更具艺术视觉效果，其形式的多样百变，可于不同的节日营造不同的景观氛围。如南京路步行街、近百联商场的入口空间，经常变换主题，不断制造惊喜（见图5）。小体量植物景观在

图5 花坛、座椅和植物景观小品的结合，丰富了街景景观效果

商业步行街的另一优势是植物盆栽和植物小品的布置不受场地限制，几乎可以与其他任何景观元素搭配，相得益彰。如在富有魅力的雕塑底座周围布置错落有致的宿根花卉能起到衬托雕塑的效果，而对于景观效果较一般的造景元素，如灯柱可利用低矮的宿根花卉布置与其下转移注意力，或用攀缘植物缠绕起到装饰的效果。

4　结语

商业步行街主入口作为商业步行街空间的重要组成部分，是人们进出步行街必经的“门面”也是步行街的开端“序幕”，入口的景观效果影响着人们对整个商业步行街风貌的感知，合理的主入口设计对商业步行街整体风貌的展示有着关键性的影响，可以界定空间、渲染氛围、传达精神、提供休闲集散场所，并且起着引导的作用，成为人们步入商业步行街的重要一环。

（陈丽昀　张建华）

景观小品

商业空间的小品设计与研究

随着经济的发展,人们生活水平的持续提高,商业活动已经成为人们日常生活中不可或缺的组成部分,单纯的商业活动已无法满足人们日渐提高的需求,体验式商业应运而生,根据国际购物中心委员会(ICSG)对体验式商业的定义。这一商业模式是:“位于密度较高的住宅区域迎合本商圈中消费顾客对零售的需求及对休闲方式的追求,具有露天开放及良好环境的特征,主要有高端的全国性连锁专卖店,或以时装为主的百货主力店,多业态集合,以休闲为目的,包括餐饮、娱乐、书店、影院等设施,通过环境、建筑及装饰的风格营造出别致的休闲消费场所”,这是一种融餐饮、文化、娱乐、休闲等为一体的互动式综合性街区的商业模式。

1 景观小品在体验式商业空间中的重要性

景观小品是景观中的点睛之笔,一般体量较小,色彩单纯,对空间起点缀作用。景观小品既具有使用功能,又具有精神和文化功能。按景观小品的使用功能主要分为下面六类(见表1)。

表1 景观小品类别

类 型	特 征
休息类	为游客提供休息的各种小品设施,包枯各种类型的靠背椅、凳、桌和遮阳的伞、罩等
装饰类	对景观环境起装饰作用的小品设施,如花盆、花坛、树池、旗杆、雕塑等
照明类	主要是为了方便游人夜行,渲染景区效果,如路灯、草坪灯、水下灯及各种装饰灯具和照明器
信息类	为游客提供诸如名称、环境、导向、警告、时间、实践等各类信息的小品设施,如导游图、指路牌等
服务类	为游客提供服务的各类小品设施,如垃圾桶、电话亭、饮水泉、洗手池等
游乐设施类	供游客娱乐的各种设施,如秋千、滑梯、跷跷板等

体验式商业的最大特点就是强调其体验性、参与性。体验就是要把人的一切知觉都调动起来。人的视觉、听觉、嗅觉、触觉和味觉都可以衍生出体验的元素。而景观小品对体验氛围的形成起着相当重要的作用。虽然景观小品一般体量较小,但它的影响力深,作用力大,体验的感受比其他的景物深。在体验式商业中.景观小品能美化环境,增加趣味,为游人提供文化、休闲和公共活动的方便,又能使游人从中获得美的感受和良好的教益。任何一个景观小品都会影响到整个体验式商业空间的总体效果。

2　体验式商业空间景观小品案例分析研究

1）上海大宁国际广场

上海大宁国际广场是一个综合性、多功能的商业房地产开发项目。商业广场具有8大功能：商务酒店、办公楼、零售、餐饮、文化、娱乐、教育和城市生活配套设施等。上海大宁国际广场是在满足周边区域居民家庭基本消费的同时，为商务人士及中高收入青年一族提供一个集购物、餐饮、娱乐于一体的体验式商业空间。

上海大宁国际广场延续上海市民"逛街文化"的特色，采用开放式的格局，由露天商业街连通。步行街每隔20~30 m设置小型景区或雕塑、模型等人文景观，共计80处。上海大宁国际广场的这些景观小品自成体系，有着可圈可点之处。

上海大宁国际广场结合开放式的街区布局，通过建筑景观的整体设计，大型LED显示屏的烘托，配以休闲景观小品的装饰，营造出休闲、轻松的氛围，拉近了与消费者的距离，增强了消费者的体验感受。

2）美国摩尔购物中心——MALL OF AMERICA

美国摩尔购物中心——MALL OF AMERICA（又叫美国商城），位于双城（明尼阿波利斯市和圣保罗市）附近的布鲁明顿市，是目前美国规模最大的购物娱乐中心，其商业模式即是体验式商业模式。建筑面积约39万平方米，共分上下4层，据说能装下两座胡夫金字塔。

美国商城代表了一种新的模式：娱乐零售，即让消费者在休闲娱乐体验中消费。美国商城对建筑构件和细部的处理极其到位和仔细，加入了更多的体验元素，引入了特殊的建筑风格和标志性建筑物，细部构造采用特殊夸张的处理手法，其目的就在于为消费者营造一个新颖独特的体验式商业空间，让消费者在其重获得休闲、娱乐的同时进行消费。

而美国商城的这种做法无疑是成功的，它不仅改变了美国西北部地区人们的购物习惯，也成了全球闻名的旅游景点。目前，商城的年客流量为4 250万人次。其中，有不少人把这里当成了休闲度假的好去处，全家人远道而来，在附近的旅馆里住上两三天，尽情体验逛商店的乐趣。

3）两个商业空间的景观小品比较

"体验式"商业中心强调消费者购物过程中感官的立体享受，成功的体验式购物中心对消费者购物心情的控制设计非常巧妙和体贴，从上面两个例子中不难发现，景观小品对于体验氛围的形成相当重要。上面两个例子中：上海大宁国际广场和美国摩尔购物中心——MALL OF AMERICA都是根据自身的主题定位来设计自己的景观小品体系，通过景观小品渲染自身的主题，达到氛围塑造、视觉区分的目的，是消费者产生愉悦心情，在不知不觉中把每个楼层都逛一遍，每个商铺都体验一下，无形中就增加了消费的可能性（见表2）。

表2　两个商业空间的景观小品比较

商业中心使用功能	上海大宁国际广场	美国摩尔购物中心MALL OF AMERICA
休息类	除餐厅设置的室外餐桌椅外，无室外休息凳	设置休息桌椅
装饰类	步行街每隔20~30 m设置小型景区或雕塑、模型等人文景观，共计80处；喷泉水景；沿街绿化	种植大量丰富的室内绿化
照明类	特色路灯，草坪灯以及各种装饰灯具	完善的室内照明以及各种装饰灯具

（续表）

商业中心使用功能	上海大宁国际广场	美国摩尔购物中心MALL OF AMERICA
信息类	自成一体的业态标识牌；各类指示牌	各类指示牌
服务类	各类服务设施齐全	各类服务设施齐全
娱乐设施类	沿街步行街设有供消费者代步的“当当车”；特色表演活动；不定期展览	占地20 000平方米的中心主题乐园；水族馆；冒险高尔夫；飞行模拟器；喜剧星；特色表演活动

3 景观小品在体验式商业空间中的营造

景观小品在体验式商业空间公共环境中的营造可从以下四个方面着手：

1）以增强观赏性、吸引顾客为主要手段

景观小品作为一种艺术品，它本身除了具有休息、装饰、照明、展示等实用功能外。还具有肌理、质感、色彩等的特点，加上成功的诠释，本身就是体验式商业空间环境中必不可少的元素。景观小品与其他空间要素相互辉映，互相衬托，加强了空间的艺术氛围，满足人们的审美要求，给人以艺术的享受和美的感受。

2）以组织景色、引导顾客体验线路为目的

景观小品除了具有为顾客提供文化、休闲和公共活动的方便外，还可以把外界的景色组织起来在体验式商业空间中形成无形的纽带，起着引导和组织空间画面构图的作用；此外，还能在空间中构成完美的景色，产生诗情画意的意境。

3）以渲染气氛、调动顾客情绪为目的

景观小品除了具有以上两种作用外还能起到渲染气氛的作用，将功能性比较明显的小品予以艺术化、景致化。例如旋转木马，不但参与的人得到体验，享受到快乐，而且也是一种视觉体验。此类活动参与性强，功能性比较明显，可以良好地聚集人气，形成高潮，塑造氛围。

4）以内涵意境、加深顾客回忆为目的

优秀的景观小品本身就拥有独特的内涵和品位，它们给顾客留下深刻的印象，以至于顾客会因此对该商业空间留下深刻的回忆或再次光临。

4 小结

体验式商业空间景观小品的设计应该从每一个细节出发，充分考虑商业中心的主题定位，充分做到人性化设计，为顾客营造一个舒心愉快的购物场所，让顾客充分感受到体验式消费的魅力所在。

（张彦婷　张建华）

古典景观小品在现代广场景观中的应用

建筑大师密斯说过：“建筑的生命在于细部。”同样，在城市景观中，景观小品也影响着城市的形象。

景观包括景观小品、铺装、植物配置、路径等小体量元素，每个元素都影响着整体效果。但在我国景观小品的作用要么常常被忽视，要么设计缺乏精神功能，毫无美感。

虽然城市景观小品是置于室外的艺术品。“虽然艺术是个老话题，然而一旦我们将艺术与环境整体性、人类文化研究联系起来并在艺术和设计形态之间建立一种不可分割的关系，那么艺术研究就会被赋予新的意义，并对景观设计产生巨大的影响。”景观小品作为艺术品与其他形式的艺术品相比，其更加注重公共交流与互动，体现“社会精神”。并将艺术、自然与社会这三者融为一体。

1 现代广场景观小品的探究

广场，是人们聚会休憩的空间，是城市中不可缺少的重要因素之一。引用巴赫金的话来说，广场就是“集中一切非官方的东西，在充满官方秩序和官方意识形态的世界中仿佛享有‘治外法权’的权力，它总是为‘老百姓’所有的。”广场体现了一个城市的建筑、文化、人群以及活动的显著特征，同时也是市民与大自然互动的场所，而广场必然对景观有所需求。

1.1 广场景观小品特点、特征

景观小品与广场结合，可创造出使人心怡的空间，可协调人与自然和谐统一的关系。优秀的景观小品能烘托出优美的城市空间。景观小品在广场中的运用方式主要有：观赏、组景、渲染气氛。因此，在广场景观中景观小品应具备以下几点特征：

1）构思与布局要有立意

立意是设计的灵魂，组景要是没有立意，景观小品的设计则只能是空洞的形式堆砌。要使景观小品的构思有深度、不落俗套。设计者思想境界就要达到寓情于景，借景抒情、情景交融的地步。并在空间构成关系上注意主次分明、重点突出。景观小品的摆设要与地形、周围建筑、水体、植物相协调，同时也要考虑到人流的走向与空间的封闭性。

2）色彩与质感要有新意

景观小品的色彩与质感的处理与公共空间的艺术感染力密切关联。色彩的冷暖、动静、轻重；材质的刚柔、粗细、隐现；纹理的曲直、深浅、宽窄都给人们的心理带来不同的感受与联想，这同时也影响着人们的心情心境以及对于广场的第一印象。色彩与质感掌控着空间环境的氛围，两者相互影响又相互协助，共同承载着广场空间给人们的心理感受。

3）与城市人文历史背景结合

广场作为一个城市形象的代表，其景观小品必定要能突出该城市的人文历史。不能忽视广场景观小品的文化精神层面，应突出城市的文化的内涵。

4）注重多样性及统一性

“最伟大的艺术是把最繁杂的变化变成最高度的统一”，正是生物的多样性才能更好地维持这个自然界。同样，景观小品的多样性才能构成丰富多彩的景观空间。在一定程度上保持景观小品总体艺术风格的统一性，才能使景观小品统一而不单调、丰富却不凌乱。

5）以人为本，满足人性化需求

如今的广场已不同于传统意义上的广场，更注重于在人群与客观环境的相互渗透。在广场景观小品的设计上，应在保证美观的程度上更加注重小品的功能性及人性的需求。

6）符合大众审美要求

广场作为城市的客厅，一个开放式的场地，其设计一定要注重功能与人性化的概念。广场同时也是一个城市文化、形象的体现。广场景观小品在设计上不仅要优雅美观，还要充满活力，符合大众审美要求。

1.2 现代广场景观小品常存在的不足之处

1）盲目生搬硬套，缺乏个性

对国外优秀景观小品盲目地生搬硬套，导致目前我国城市景观大同小异，缺乏个性。设计师在设计广场时，往往忽视，甚至无视当地传统历史文化的沉淀，大量模仿西方景观小品的设计，既不展现自己国家特有的文化底蕴和内涵，也造成我国传统园林的精髓及地区文化渐渐流失，使我国景观逐渐失去了其特有的韵味和风格。一个有责任的设计师，应在熟知各种设计风格的基础上，取其精华去其糟粕，结合传统风格，呼应周围环境相，设计具有鲜明个性的作品。

2）背弃城市历史、文化背景

现代广场景观小品都大同小异，一个景观小品在好几个广场都能看见，成为广场景观设计中套用的公式，导致各个城市间景观相似度极高，根本无法体现自己城市的历史与文化。套用别人的成品、没有设计主题以及立意、也不符合整体设计的景观小品，没有灵魂，更像任人随意摆弄的积木方块。

3）人性需求的关注不够

"设计的最大价值在于重新诠释'每一天'的概念并赋予其新的定义。"这是"设计的善意"。这是2011年10月在北京开展的"北京国际设计三年展"的主题词。在国家经济快速发展的今天，忽视了人类本身、一味追求形式上的美观，无形中，就给市民们带来了不便。那些华而不实的设计也成为潜在的垃圾。重新思考设计的本意——设计是为了让人们更好地生活而改变就成为必然。设计应以人为本，相比于美丽浮夸的景观小品，广场中更需要功能实用的景观小品。就像一个人说的"没有善意的设计，自然也就没有了人，没有了人，也就没有了所谓百年基业。"应认识到人性需求的重要性，重新审视设计的意义及初衷，不能为了自身的利益而放弃设计的原则。

4）忽视植物的重要性

景观小品往往离不开与植物的组合搭配，例如常见的松与石的搭配、彩色植物与绿色植物的搭配等。中国传统园林景观能成为园林之母其不可或缺的因素之一就是——植物。我国因为地理的优势，植物种类繁多，在景观小品的设计中忽视对于植物的运用，从根本上减少了城市的绿化，使景观无法达到平衡自然环境的作用。

2 西方当代景观小品与中国古典景观小品的比较

西方当代景观小品起源于20世纪初法国巴黎的"国际现代工艺美术展"。在二战结束后，一批景观设计师通过大量的实践和理论的探索，深化并扩展了景观设计的内涵，使景观设计在发展的道路上，具备了强烈的创新意识，通常能够让人耳目一新，而且更注重景观的利用价值。

当代欧洲景观设计正处于蜕变与成熟的关键点上，面对重重困境，当代的景观设计师追随各民族多样性的文化和进取的精神，重新审视传统的文化并积极汲取新技术，努力维护各民族的地方特征，并向全世界开放，促进交流学习。通过对人与自然关系的独特见解，完美诠释了历史与文化的内涵。相比之下，我国的"城市美化"却不得其道。著名的美国当代风景园林大师——西蒙兹说："规划与无意义的模式和冰冷的形式无关，规划是一种人性的体验，如果景观规划是有机的，它也会同样美丽。"景观设计无疑就应该考虑环境、尊重自然同时也要尊重当地历史传统，因地制宜并充分利用自然的环境，这样设计才能突显出一个区域的人文风情及历史文化背景，使传统与现代相结合。

西方当代景观小品相对于中国古典景观小品来说，是一个发展的过程。随着后现代主义的思潮的涌现，景观小品的设计吸收了其大量的设计思想，能多元化地体现现代景观园林的魅力。但其选材单一、不够大胆。样式基本一致，没有大的变化，不能用借势、借物来达到为使用者服务的目的。不够自然，局限了生物的生长空间，植物缺少多样性。总体来看，景观小品的创新度不够。设计思维被局限。设计与施工无法协调统一，常达不到预期效果（见表1）。

表1 西方当代景观小品和中国古典景观小品的比较

	西方当代景观小品	中国古典景观小品
艺术表现形式	雕塑、壁画、景墙、叠水、艺术装置、座椅、电话亭、指示牌、灯具、垃圾箱、健身、游戏设施、建筑门窗装饰灯	叠石假山、水池、亭廊榭舫、水岸、桥、石刻、墙垣及漏窗、门洞及空窗、艺术铺装、植物等
材质	木材、石材、混凝土、陶瓷、金属、塑料、铁材、钢材、GPC、FRP等新型材料	土、形态大小色泽不一的石块、水、植物、木等来自自然的材料
特点	多元化设计、吸收大量外来文化、注重景观小品的观赏性及功能性、注重节约能源	模仿自然山水、天人合一的自然崇拜、诗情画意的表现手法、舒适宜人的人居环境、巧于因借的视域扩展、循序渐进的空间序列、小中见大的视觉效果、委婉含蓄的情感表达
功能	供休憩、服务、引导、具有装饰及展示作用	供休憩、赏玩
不足之处	1. 选材单一、不够大胆，对于一些新型材料无人敢用 2. 样式基本一致，没有大的变化，不能用借势、借物来达到为使用者服务的目的 3. 不够自然，局限了生物的生长空间，植物缺少多样性 4. 总体来看，景观小品的创新度不够。设计思维被局限。设计与施工无法协调统一，常达不到预期效果	1. 材料消耗大，占地广 2. 实际功能少，不适用在现代景观中 3. 材料选择范围小，选材单一，缺乏变化 4. 缺乏色彩感，色相变化小。较难与城市景观色彩融合

3 现代广场景观借鉴古典景观小品的对策

1）直接引用

把古典景观小品直接引用到广场景观中，这需要注意四周建筑与广场风格，而不能随便引用。例如新东安大门的假山广场上的置石，就是直接引用了古典景观小品，用其表现自然的风采。

2）利用现代材质表现古典景观小品的韵味

如表1中所体现的，现代景观小品其材质的运用是很广泛独特的，这是古典景观小品所缺乏的，那我们也可以跟随科技的步伐，在景观小品的材质上进行改变。例如图1中所看见的一样，重庆世博园中这个景观小品的花纹与颜色选用了独具中国特色风格，而在选材的运用上则是选用了现代化的材质，但却不失中国风，形成了独具风格的中式景观小品。

图1 重庆世博园中的景观小品

3）古典的形结合现代的意

设计灵感来源于传统景观小品中的形，对古典景观繁杂的造型简洁化，用简约的现代美来表现传统景观小品的立意，把传统景观小品的形态运用到现代广场景观设计中。如红太阳广场的设计方案，取太极八卦的形设计出水景——“园中园”；取传统水纹与窗棂的形而引出广场中水景与道路的形态关联。

4）以现代表现手法突出传统图腾

三亚亚龙湾中心广场的图腾雕塑群，以高约27米的图腾柱为中心，与三圈石阵，一圈二十四节气雕塑组成，气势宏大，用材质朴，形象独特，体现了中华民族的原始自然崇拜和对吉祥太平、丰收富足的美好追求。同时，图腾柱和雕塑群和谐地融为一体，构成强烈的中国古天文意识和东方神秘色彩。这样的广场不仅是市民的休憩地，同时也是中国文化的载体。它把中国古典文学作为广场的灵魂，使人们对中国的文化有更深入的了解。

5）古典元素与现代元素的融合

现在有许多景观小品或是建筑或是别的设计都有结合古典元素与现代元素，这也就是所谓的新中式和新古典。但这种风格不单单是纯粹的元素堆砌，而是通过对传统文化的认知，将古典元素与现代元素相结合，创造出符合当今社会人们的审美观同时又不失去中国传统韵味的作品，让我国传统艺术文化在当今社会上得到合理的体现。

4 创新不能脱离传统和历史

不可否认，中国古典园林是世界园林的鼻祖，它深远地影响着整个世界的园林。抛开中国古典景观小品的设计手法与设计理念，忽视那些天人合一的自然崇拜、仿山模水的景观类型、诗情画意的表现手法、舒适宜人的人居环境、巧于因借的视域扩展、循序渐进的空间序列、小中见大的视觉效果和委婉含蓄的情感表达等古代设计师智慧和结晶，一味地追求简约大方的现代景观小品，总有一天我们的城市会失去自己的魅力、自己的灵魂。现代景观小品的设计中，利用古典景观小品的建造手法与艺术表现形式，并对其形态加以创新和改造，无疑将能够创作出和谐融于现代环境并有思想有深度的景观小品。

古典与现代的结合能给人带来不一样的感受。重点在于用什么样的手法去接合、突出什么。在此创新很重要，但创新不能脱离传统和历史。因为有了传统，创新才更有特色，与众不同，才能给世界展现出一个充满自我风情的人文社会，而不只是冷冰冰的设计作品。

（黄圣芫 张建华）

商业街标志性景观打造新思路

标志性景观指某一区域、场所中位置显要、形象突出、公共性强的人工建筑物或自然景观或历史文化景观，它能体现所处场所的特色，是人们辨别方位的参照物和对某一地区记忆的象征。商业街景观标识能够直接反映出商业街的品牌形象。在商业街内，其商业形态、产品定位以及文化内涵，需要标志性景观来向人们传达。标识性景观创造了一个富有人情味的空间，人们能在其中自由、轻松购物、娱乐。

地处于上海地铁1、9号线徐家汇站出口的美罗城五番街，人流众多，是典型的地铁商业街。美罗城五番街延续了日本五番街精致生活的概念，打造了一条以日本商品为主的，集购物、休闲为一体的日式商业街。商品涵盖了饰品、美妆、服饰、家居等范围，有ZOFF眼镜，也有在日本拥有70年历史的大型药妆公司SEGAMI，还有首次进入中国市场的日本家具连锁品牌FRANCfranc，更有各式日本美食，如花丸乌冬面、拉面玩家、食家物语、鲷鱼烧等。商业街整体氛围年轻时尚、小巧精致却不乏休闲居家，有一定经济能力的年轻人是它主要的消费群体。

1 五番街标志景观

标志景观主要分两大类，分别是具有指示性的标识景观和象征性的标志景观。标识性景观重在传达环境信息，是一个导向系统，让人了解整体空间，以便在其中活动、交流；象征性标志景观着重展示空间形象，并用艺术的手法，将空间划分或连接，使空间和谐统一，创造一个让人印象深刻的视觉系统。

1.1 指示性标识景观

1）入口标识性景观

商业街入口是一个重要区域，它是商业街对外展示的窗口，又是两个空间的分界。商业街入口标识性景观既要起到指示引导人流的作用，又要开门见山将品牌呈现，这将直接影响到顾客对商业街的第一印象。商业街入口标识性景观一般包括平面图导览标识、节点导向指示、形象标识等。

（1）平面图导览标识及节点导向指示。

五番街三个分区的入口，都设置有平面图。在平面图上，粉红色、灰色、草绿色区块区分了ABC三个区域，分别是购物区、过渡区和餐饮区。平面图上标出了各商铺的经营品牌，并用大红色符号标出了通道、出入口和洗手间等。

直升电梯口是A区的主入口，人流量相对较小。在商业街平面图的下方，设置有商场导购，对商业街商品品牌及配套设施有着简洁、统一的介绍。C区则连接地铁，人流量大，是以餐饮为主的区域。所以在入口的平面导览图下方设置了食品商铺介绍，配以诱人的食物图片。B区是一个过渡区，连接A区和C区，因游客在通道时间停留较短而没有设置商场平面导购标识。

五番街设有三部自动扶梯，扶梯前方都设有“五番街”字样的指示牌。指示牌的样式，也根据商业街的风格而设计。指示牌底色是富有禅宗意味的黑色，与洗手间、直升电梯等指示牌共用一套标识式样。

（2）形象标识。

A区入口处，在富有日本禅意的灰色石纹立柱上，悬挂的是不锈钢金属的宋体logo“五番街”，巧妙地运用了质感的对比，加之蓝色灯光衬托，给人带来日式简洁、时尚的感受。下方则是白色瓷瓶与仿真绿植，增加了居家、生态的轻松氛围。

B区入口因人流量大，同样的灰色石纹立柱上，直接悬挂了文字灯箱，醒目地立于道路中央。文字字体是宋体、熟褐色，文字背景选用了日本樱花的紫红色，简洁明快地表达主题。

2）其他标志性景观

119警报系统被很巧妙地融到文化石贴面立柱上，镶嵌入立柱的饰面中，使标识既醒目又不突兀。安全出口标识或悬挂在天花板上，或镶嵌在地砖上，间隔为5~8 m，保证了紧急状况时人流疏散的效率。

1.2 象征性标志景观

（1）地。地砖的铺装很讲究，不能一味地追求样式的繁多，而是要考虑功能与风格的统一。在五番街白色地砖上，大尺度黑色线性条形铺装肆意穿插，黑色条形铺装方向根据人流方向变换着，虽是普通的平面构成，但它在功能上，引导了人流，在视觉上，给人以视觉的冲击。过渡区域的地面铺装则是用灰色弹石砖，铺装样式有普通的十字铺装，也有根据人流方向设计的扇形铺装，但体现日式简洁味道，同样也是五番街时尚的象征。

（2）顶。顶部空间是一个容易被忽视的空间，但商业街顶部空间的设计容易影响顾客对空间的整体感知，或宽敞、或狭小、或死板、或灵动。五番街顶的装饰，创造了一个宽敞灵动的空间。五番街顶部较高，中间有开敞的中庭，纯白色流线波浪形的顶面装饰，贯通整条商业街，从一定程度上区别于楼上的商业购物中心，使自己有了较强的整体性。平行的线条间又起伏交错，给人以动感，加之蓝白色系灯光，形成了室内流动的波浪，无不体现着五番街的现代感。

（3）墙。五番街内商家众多，种类齐全，每个商铺店面都有着自己的装修风格。不同于其他地下商业街将五花八门的品牌直接安排在整齐的门面中，五番街巧妙地使用了米白色文化石贴面和灰色石纹立柱，还有白色流线型顶部装饰，始终穿插在商铺之间，不仅起到自然过渡的作用，也统一了商业街的整体风格。在B区电梯旁的墙上，贴有包含五番街logo的巨型海报，海报底面是樱花树林，挂有红色灯笼，与logo的红色背景相称，让人仿佛进入了日本街道。在一些墙体上，五番街运用藤蔓植物打造了立体绿化，在角落安放了创意日式绿植小品，将人带到居家、生态的商业空间。

（4）其他。五番街没有忽略空间中的嗅觉标志。进入以服饰、日用品为主的A区，空气中弥漫着商家的香水味。香水没有奢侈品商店的华贵，而是清新淡雅，让人精神放松。再往B区行走，甜点香味飘来，引导着人们向C区（餐饮区）走动。C区食物种类虽多，但是因为商家的合理设置，商场里的食物香味并不混杂。

2 商业街标志性景观发展建议

1）指示标识合理、美观

标识导向在景观中起着重要的作用，标志作为人们认知空间最直接的方式，是景观中不可或缺的一部分。人们通过标识，认识到自己所处的位置，找到目的地的方向，所以一个清晰合理的标志系统是非常重要的。在设计景观标识时，要对其准确性、合理性、可见性进行考量，同时考虑该标识的设置是否能达到其最大作用等。

指示性标识，作为商业街标志景观的一部分，不能够脱离整体而单独存在。标识导向的设计要与环境调和，并以功能为主导，寻求与环境的和谐、与商业街风格的统一。

2）标志景观深入人心

商业街标志景观要通过视觉元素来表现出商业街性质、内容、特征，同时反映商业街品牌、风格、定位，并运用心理要素，打造深入人心的景观标志。

3）运用视觉要素，传达空间主题

商业街标识景观的视觉要素主要有：图形、色彩与灯光、尺度。精心设计的文字图形、符号标志，不论是具象还是抽象的，都能比单一的文字更加直观深入地给人留下视觉映像、产生共鸣。

人们对色彩的注意力是很强的，它比文字表达更加直观，它可以营造一个整体的氛围，创造意境。合理的色彩搭配，合适的灯光强度，能够让消费者自然地融入其中，促进消费。在尺度的考量上，必须运用科学手段，达到功能性原则，然后综合考量标志景观给人的视觉及心理的影响。

4）运用心理要素，传达文化特色、人文关怀

图形比文字容易记忆，立体图形却能加深记忆，这往往是人们记忆信息的心理。在商业空间中，合理运用文字、平面图形、景观小品，再用嗅觉、触觉等感官，能够打造深入人心的标志景观。

在设计标志系统时，应研究文化、传统，提炼后变为视觉要素传达给人们，成为人文精神的载体。

合理的空间的划分及利用，入口处景观的打造，或者是不起眼处小品的放置，都能深化商业街的品牌形象。转角处体现商业街风格的小品、柜台上的鲜花、墙上的绿植、精心设计的坐凳抑或是贴心的文字提醒，都能传递出人文关怀。

商业街的兴起带来的是经济的增长，但现今大多商业街景观千篇一律，不能够给顾客带去新鲜消费体验。标志性景观作为商业街整体形象重要的一部分，能给顾客带来舒适的体验，能加速商业发展、促进消费，五番街值得借鉴。

（刘清源　张建华）

创意商业街装饰小品的构建

随着人们生活品质的不断提高，人们的购买欲望也与日俱增，伴随着这巨大商机而来的便是商业街的兴起。商业街逐渐成为城市的地段象征，而创意商业街的崛起便是代表着商业街的设计已从老式向现代化迈进的证明。本文将为读者浅析创意商业街装饰小品的创意运用。

1　商业街装饰小品利用现状

现如今的商业街多以商店店铺内部设计为主，对于店铺以外商业街街道却是未有投入过多的设计力度，大多数商业街的装饰小品仅仅满足了点缀之用而无更多的设计创新抑或是创意利用于其内。诸如商业街的灯光小品、过道处的座椅、植物盆景等，都只满足了其本身具有的照明功能、休憩功能和观赏功能，而未能更大地发挥出商业街装饰小品的作用。随着市民生活水平的提高，单一功能的设计小品已无法满足人们的审美需要，为此装饰小品的创新运用将是商业街发展中不可忽视的一大重点。

2　商业街装饰小品的创意运用

商业街除了需要琳琅满目的商铺以外，装饰小品虽为陪衬但却有着不可忽视的重要作用。创意装饰小品构建手法的不同可以为商业街营造出不同的空间感受，为人们带来诸如生态空间、文化空间、人性空间和感官空间等，同时运用不同形式的装饰小品可以构建出具有浓郁文化特色的地段，如具有浓郁禅意的日式文化商业街或是具有中国文化特色的商业街。根据装饰小品运用手法的不同可以构建出具有不同特色的创意商业街。

2.1　利用装饰小品营造空间

1）生态空间

目前，世界各国都殊途同归，选择回归到“可持续发展模式”。对于城市空间建设而言，即是选择“城市生态化发展”。商业街作为城市的一环在生态化上一直都是发展微弱，未有大力开展生态化，随着人们环境意识的增强，人们对于只有硬性景观的商业街已不再具有兴趣，而是转向具有绿意的商业街，为此利用装饰小品营造生态空间，不单单迎合了城市生态化发展的需要，同时也迎合了大众的审美需要。

为营造生态空间，可以运用大量的植物小品连片使用，并配以商业街本具有的良好的通风环境。大面积运用植物小品，并保留商业街的行道树种，可以形成生态走廊，达到良好的隔音、防尘的生态效果。整个商业街的装饰小品采用“现代尽现代、自然尽自然”的手法，达到人工空间与自然空间融合的创造生态环境的目标。平立面同时配以大量的绿色植物装饰小品，加强立体绿化，平面立面相结合，发挥商业街区有限的空间潜能，扩大植物覆盖面积，形成一定的绿化系统。于商业街过道处如五番街一样设以大量植物小品做点缀，同时座椅也植被化，让人们在坐下歇息的同时也有种被自然围合之感。（见图1、图2）。在大面积使用植物装饰小品的同时，对于植物种类的选择也是重要考虑的环节。园艺疗法的引入不但不会对商业街整体的生态空间及美观造成任何影响，而且植物所营造出的宁静氛围、清新空气、不同花色、芳香气味以及简单的园艺活动都可以调节商业街行人的身心健康，同时运用诸多如罗勒（挥发油能安抚神经紧张、消除忧虑）、白术（挥发物能改善微循环、降低血压增加脑血流量）等芳香中草药植物不但在视觉上嗅觉上为人们带来极大的美观，同时也对人们的身心带来有益的疗效。

利用植物小品营造生态空间并非没有先例，于1997年竣工的德国法兰克福商业银行大厦便是极好的例子。整个大厦每隔几层便设有“空中花园”，运用成片的植物小品构建出生态空间（见图3），良好地将植物生态空间融入了硬性的建筑设计中。它虽非商业街设计，但在生态空间的打造手法上却是一个极好的先例（见图4）。

图1　五番街植物小品

图2　五番街植物与座椅结合

图3　法兰克福商业银行大厦的“空中花园”

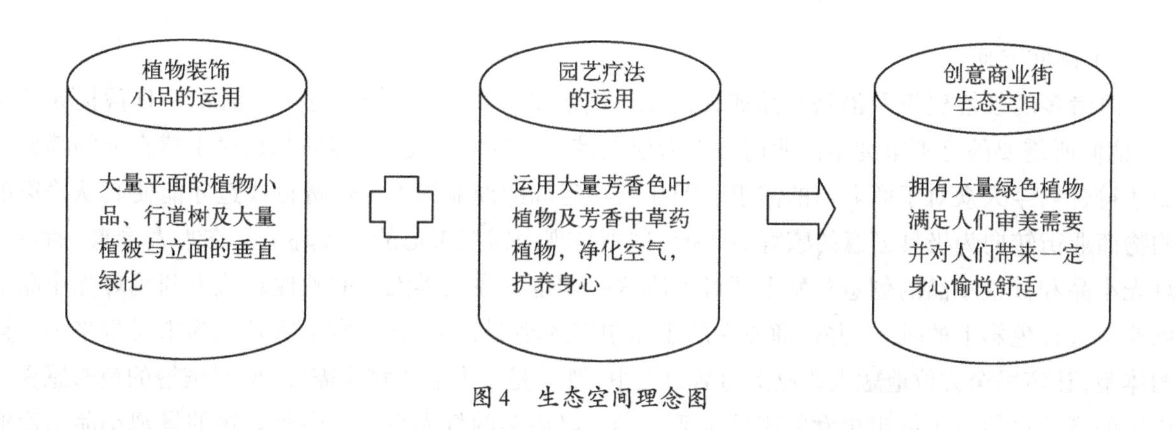

图4 生态空间理念图

2）文化空间

装饰小品随着种类的不同，构建手法的不同可以营造出不同的空间感受，除了生态空间，装饰小品同样也可以打造出文化空间。利用极具当地文化特色的装饰小品以及凸显手法搭配上四周商业街的建筑格调，便可使得商业街有别于其他纯商业性质的商业街，形成独具特色具有文化韵味的创意商业街。如拉斯维加斯威尼斯人酒店内的运河商业街区，整体以呈现威尼斯环境氛围为主，利用大量欧式小品路灯，欧式古吊灯作为建筑的配成，搭配极具威尼斯水上文化的小品——威尼斯小舟，并且将天棚做了艺术改造，形成另类的装饰小品，通过变换光影色彩来模拟出威尼斯的晨曦及晚霞，让人们仿若置身于真正的威尼斯水上城市一般。整条商业街小品与建筑、运河完美结合，完美呈现出了威尼斯的水上文化，如图5所示。

图5 拉斯维加斯威尼斯人酒店内的运河商业街区

3）人性空间

《雅典宪章》曾言："人的需求和以人为出发点的价值衡量是一切建设工作的成功关键。" 以人们的需要为出发点方才是商业街构建的基本要素。"人性空间" 是基于人文主义思想基础之上，以体现 "对人的关怀" 为宗旨，使人们在空间中通过各种行为活动获得亲切、舒适、轻松、愉悦、尊严、平等、安全、自由、有活力、有意味的心理感受和体验。为营造人性空间，商业街的小品应多以提供人们舒适环境为主，要具有精品意识，于商业街各处细部做处理，多设座椅，提高供坐能力，并在凳椅旁设置废弃物回收桶抑或是残疾人专用通道及专用设施，以便民作为第一要素来铺设商业街小品，为市民带来舒适感。并且在便民的同时，也要多设水池小品、花坛、景观小品等供游人观赏之物，以此来提高市民来此的观赏性，为市民带来亲切感。

4）感官空间

由诸多的硬性建筑及沿路小品或许已无法满足部分民众的需求，对于生活水平日益提高的大众，他们所需要的已不单纯是商业街购物为他们带来的物质享受，更多的则是对于感官上的饕餮享受才符合当今大众对于商业街的需求。即在已成定局的商业街上如何进行改造才能使其从普通的购物商业街转向为极具创意的感官商业街，这则是现今需要考虑的重要环节。在本人看来，商业街灯光小品和其他小品的创意开发上便可解决这一难题。在枯燥无味的硬性建筑上利用灯光小品对商业街进行色彩上的融入，并在商业街的小品中置入小型音箱，在视觉上听觉上为市民带来不一样的体验，让市民全方位地融入商业街的活力之中，既满足了人们的物质需要，同时缤纷的色彩感受及优美的音乐也缓解了都市男女紧张的生活节奏。以诸多的灯光小品及内置音箱的景观小品为商业街带来不一样的氛围，打造出感官空间，在为人们带来不一样的体验之外也为商业街带来不一样的创意。

例如以“赌博体验”为主题的弗里蒙特步行街（见图6），设计师在原本只是一条长廊步行街的两个地块进行改造，搭建拱形圆顶并安装了诸多灯管小品和扬声器，通过电脑控制，随着扬声器播出的音乐节奏不同，灯光也做相应的色彩变化，给人一种绚丽夺目的感觉，为城市注入了活力的元素。

图6 弗里蒙特步行街

2.2 利用装饰小品电子化商业街

随着社会科技的不断进步，电子产业现已经达到了相当高的水准，如若将电子产品置入商业街的装饰小品之中，那将构建出极具高新科技的电子化商业街。如将商厦的宽大电子屏幕压缩至商业街装饰小品之中，播放邻近商品的介绍、播放当日商业街的活动、播放优美景观视屏，这样不但能刺激群众的消费欲望，同时也能将商业街的全部信息及全貌展示给大众，抑或是电子宣传报、电子投影、电子播放器等，将这些电子化的商业街装饰小品融入现代商业街之中，将更加符合E时代的大背景。

3 结语

商业街的装饰小品它不单单的作为点缀环境之物出现在商业街之中，它也可以作为商业街的一道主景呈现在商业街之中，呈现在人们的视线中，根据不同的构建手法及创新设计，装饰小品可以为商业街带来不同的空间氛围，为人们带来不同的感官享受，对此，我们应予以极大的重视，商业街的装饰小品不再是商业街的陪衬，它同样可以主导商业街的整体氛围及整体感受。

（韩金竹 张建华）

创意商业街休憩座椅的设置

1 座椅的类型与功能

1）座椅的类型

座椅的形态大致有两种，即凳子和椅子。凳最初作为建筑物的一部分设置在走廊相缘，多具有目的性，不仅可坐、躺，还可供人们下棋等。凳子按材料通常可分为木凳、石凳、塑料凳等；按用途可分为马凳、画凳等；按型式可分为方凳、圆凳、长凳、工字凳、折叠凳等。

椅本来是凳的衍生物，以"座"这一单一机能为主要目的，附设靠背和扶手。椅子按材质通常可分为：实木椅、钢木椅、玻璃椅、铁艺椅、塑料椅、布艺椅、皮革椅等。按使用通常可分为：办公椅、餐台椅、休闲椅、躺椅、等候椅等。

除此之外还有亭、廊、花架、花坛等设施，同样属于休憩座椅。

2）座椅的功能

（1）休憩功能。

休憩是座椅最主要的功能。路边走累了坐下休息，商场逛累了坐着休憩。坐憩设施为人们提供憩之所，正体现出它的基本功能与价值。

（2）提供交流娱乐的场所。

人与人需要交流与沟通。座椅就起到了促进人与人的交流的媒介作用。比如大部分居民小区里的小广场虽面积不大，但亭、廊、花架、石凳椅等设施样样俱全，给居民提供了一个舒适宜人的交流活动场所。居民可以坐下来轻松地交谈，闲话家常。公园里，座椅提供了亲友间私密交谈的空间。

（3）景观小品的形式之一。

座椅作为设计元素，其本身的造型设计、在空间中的摆放布局和与空间中的景观相映衬，可以更好地体现景观小品的形式。良好的座椅设计与布局使得空间更具有吸引力，使整个环境和谐有序。

图1 淮海路街头座椅

2 创意商业街座椅设置中存在的问题

通过对上海部分创意商业街的考察可以看出，创意商业街中休憩座椅的设置还过于单调统一，缺乏变化性、合理性，主要体现以下四个方面的问题。

1）空间布置不合理性

休憩座椅的摆放位置、摆放距离、摆放数量等在许多商业街中都存在较大的问题。比如，上海淮海路的人行道本身非常窄，却在人行道一侧设置座椅。在这种人群几乎是拥挤着走过，不会有停留的狭窄街头摆设座椅无疑是没有意义的（见图1）。

上海的南京路步行街全长1 033 m，休憩场所少，有特色的街头酒吧、茶坊、咖啡屋饮料亭更少，数量有限的休憩座椅远远不能满足游客的需要。据几年前统计的数据来看，南京路步行街上基本座位共有约200个，户外咖啡座的数量不超过50个。而南京路平日客流量在80万人次以上，节假日更是达到150万人次以上，这样数量的座位根本是供不应求。又如徐家汇美罗城地下的五番街，虽然本身并不长，每日慕名前来的消费者也并不少，但整条街只有四个木质休憩长椅，其余的则分布在各个商家店铺内。

商业空间座椅的设置要满足人们在购物之余最基本的休憩需求，也需要合理地安排其摆放的空间格局，以免在数量上符合要求却无人问津。

2）与环境风格不协调

商业空间的座椅设置需要符合其本身的特色。如淮海路的街头座椅（图1）。淮海路本身的定位是高端时尚的路线，它是全上海公认最摩登的一条街。淮海路段建筑古典与现代并存，并紧随世界潮流，各大高端品牌汇聚于此。但这样的一条创意商业街，路边的座椅并未体现出它本身的特色与定位，座椅的样式随处可见，与大部分公交站等候椅并无区别。

在创意商业街座椅的设计常脱离于其创意之外，自我个性太明显，反而与周围环境格格不入，无法与创意商业街发展相协调。

3）设计缺乏特色

以日本进口商品为主打的五番街，其店家具有浓厚的日本本土风味，它的座椅更是以木质、大方的特点体现其日式风格。但是这类木质长椅并未体现造型上的特色，而是随处可见与花坛相结合的普通造型（见图2）。

图2　五番街座椅

座椅的特色可以从细处体现出创意商业街的创意所在，使用具有特色设计的座椅对商业街的未来发展更有利，对吸引客流也有一定帮助。

4）破损与损坏

因材料选择不当、工艺粗糙、回收加工处理困难的座椅的投入使用，以及工作人员的维护不当，导致许多座椅的损坏。尤其是户外商业空间中的座椅，常常能看到铁制的生锈座椅，虽然人们需要坐着休息，但根本不会选择布满铁锈的座椅。因此无论在设计还是在选材、施工、制作的过程中，必须考虑座椅日晒雨淋的自然条件和人为破坏等情况，有关工作人员必须加紧监督，及时看管维护。

3　创意商业街休憩座椅设置的建议

随着创意商业街的发展，座椅的合理设置不仅体现了商业空间满足人们的各类需求，更是在细节上展现了以人为主的创意发展道路，有效地营造了合适的空间氛围。为了最大可能地满足消费人群的需求，为创意商业街休憩座椅的设置提出了以下几点建议：

1）安全性原则

所有设施需要满足的最基本的原则就是安全。所有的设施都是为人的方便而建的，因此座椅的安全性也是不可忽视的。座椅作为公共设施的一种，与人体直接接触，其表面材质的选择与应用需要谨慎考虑，尽量选择光滑不易伤人的材料。座椅的造型设计必须符合人体工程学，尽最大可能体现其舒适性，避免人们因座椅的不舒适以及长时间的坐姿引起伤病。

2006年时曾经有这样一条新闻：一名幼童在浦东正大广场地下2楼休息时，不幸被座椅间的缝隙卡住腿，经民警和商场工作人员的合力救助，最终顺利脱险，并无大碍。

在这条新闻中，正体现了座椅摆放的安全性，不仅要考虑座椅本身的安全性，更是要选择合理的摆放距离以免悲剧发生。座椅的安全性需要加强重视，切不可等事发后才重视，那就于事无补了。

2）合理性原则

座椅的合理性主要体现在座椅的数量，空间布置的科学性、整体性、功能性、艺术性与互动性。

创意商业街座椅的数量需要与其日均客流量相符合，每天经过此处的游人有多少直接决定了座椅的数量。如果不考虑客流量而盲目地设置座椅，会因公共设施的缺乏而造成客流量的减少。

座椅空间设置的科学性主要体现在位置的合理性。根据商业街本身的长度与客流量的综合考量，在合适的位置摆放足够数量的座椅。其中合适的位置可以体现在露天商业街座椅的庇荫性、座椅给人提供的相对私密性等。座椅是否与周围环境相融合体现了其整体性。不同的店铺因其本身的营销策略与商品风格不同，内部装潢也有不小的差异，同样导致了内部家具的相异。选用合适的造型与材质，搭配相同风格的座椅，能够更好地营造出店铺的氛围，烘托并渲染了所希望营造出的气氛，也能较好地体现座椅本身的功能与艺术性。如图3所示，在搭配上主要选择与内部装潢相近的颜色与材质。图3（a）座椅采用与木地板相协调的木质材料，并且使用颜色相近的颜色。图3（b）则因其点心类店铺的特性，采用比较现代化的装潢方式，座椅颜色与地面及桌子相呼应，并与墙壁相互紧贴，提供更多的休憩空间。

互动性是座椅的功能之一。采用合理的座椅摆设方向及位置，为人们交流休憩提供更好的场所。

（a）

（b）

图3　五番街中与店铺环境相协调的座椅

3）多样性原则

座椅需要更多样的变化。适当增加辅助性座椅的数量，比如简单的一块石头、一个矮木桩、路边起到隔离作用的石球、花坛，甚至雕塑等不但是景观小品的一种，更是可以作为座椅来使用。这些多种多样、形态各异的座椅的出现，无疑会为创意商业街的创意性提供更强有力的支持，为吸引客流做出贡献。

4）独特性原则

时代日新月异的发展，人们对各类奇特事物的好奇心也逐渐增加。为了更大地体现创意商业街的创意性以及吸引客流，需要更具有创新性和独特性的座椅出现。利用先进的科学技术、多样的使用材

图4 日本设计师的独特座椅

图5 五番街内的特色座椅

图6 五番街内某快餐店座椅

料以及更新潮的思维方式创造出不同于以往的别样座椅（见图4，图5），使特色商业街具有独特的风格，避免与其他商业街座椅千篇一律地重复应用，更体现其趣味性、艺术性与创新性。

5）简单化原则

五番街内大部分座椅主要以食品店铺内的座椅为主，具有较大的流动性。为了更多人群使用的需要，座椅的形式与材料应该做较为简单化的处理，避免因过于舒适的座椅引起人流的长期滞留。图6为五番街内一家快餐店的座椅，相比较木头与皮质材料组合而成的座椅，边上的沙发似乎显得过于舒适了。快餐店本就是人流聚集与流散的地方之一，食物快速地送达，而人们快速进食快速离开，而不应该使用这种过分舒适的沙发，显然无益于人流的流动性。

6）文化性原则

座椅本身所处的地域有其历史与文化，因此在设计的时候必须结合当地的传统文化与地域特色，提高创意商业街的精神文化品质，体现其场所精神与文化内涵，使商业街现代化的同时又不乏历史厚重感。

五番街以日式商品为主，更引入日本本土商铺，因此在座椅的设计时，应适当加入日本本土的特色风格，充分体现其“和风味”，会使游人在游览时更有与日本相贴近的感觉。

4 结语

创意商业街有自己的特色与个性，人们需要对现场资料进行分析，再决定是否在这一区域内放置“座椅”、在哪里放置它们、设置多少以及设计成什么样类型。通过座椅的创意性，能够从细处体现创意商业街内在的特点与细致。

（董 慧 张建华）

景观小品在主题餐厅的设计运用

1 综述

主题餐厅是以一个或多个主题为吸引标志、具有一定特色的餐饮场所。由于主题餐厅需要传达特定的文化主题，其室内环境设计格外注重情境的表达，而景观小品正是其中为了装饰空间、营造气氛、表达个性而存在的室内艺术品。一般认为，在餐厅空间中，除了它的餐具、功能性家具以及地面、墙面、顶面等基础构件，其余内容都可认为是景观小品，如水景、雕塑、珍玩、植物装饰等。美观性、文化性是景观小品的主要特征和价值，而多元的设计元素、丰富的内涵、在数量和位置上灵巧的变化以及多样的表现手法更是使其在主题餐厅装饰中不可或缺的原因。把握景观小品的特征，在主题餐厅中合理运用，发挥出使用价值、美学价值和精神价值，以营造休闲、舒适、情调的就餐环境。这也是将园林景观元素融入商业空间的一种途径，让景观设计成为美化环境、愉悦生活的重要手段。

2 主题餐厅中景观小品的主要类型及功能

景观小品在餐厅中的类型一般分为功能性景观小品和装饰性景观小品。功能性餐厅空间景观小品是指具有兼具使用价值和观赏价值的室内艺术品，如观水族箱、艺术灯具、演出设施（钢琴）、休憩设施、卫生设施（洗手钵）、展示设施（珍奇品、古董、书画）等；装饰性景观小品仅以观赏为主，如雕塑、水景（水池、鱼缸）、自然装饰（植物、石头）、空间设计小品（屏风、展示柜）等。

景观小品在主题餐厅的功能主要有：基本使用功能（如丰富空间层次、分割空间、带来生态效益）、美化环境功能以及精神指向（如表达文化内涵）、主题营造的功能。在主题餐厅环境中尤其注重满足主题营造的功能，这也是评价景观小品是否合理运用的重要项目。

3 国内主题餐厅中景观小品的应用现状

景观小品虽然一般无特定使用功能、不是餐饮环境中必需的元素，但由于它优美的造型和丰富的内涵，能为餐饮环境创造文化氛围、提高环境的层次与品位，因此在注重环境装饰的主题餐厅中频繁出现。目前国内主题餐厅中景观小品在数量、形式和个性化程度已较20世纪90年代后期主题餐厅刚兴起时有了很大的提升，并且在观念上也对景观小品的运用更为重视，在餐厅设计之初便考虑融于景观小品元素并纳入设计方案形成体系，创造配合主题的景观小品，与整体环境相得益彰地融合，而非在装修后期作为填补空间而购买累砌。

根据这几年的市场检验，相当一部分的主题餐厅经营状况并不乐观，只有少数餐厅能够维持下来，生命周期普遍较短。而这些曾经红极一时，却随后转盛为衰的餐厅，往往在装饰设计上有所缺失，尤其在景观小品的设计方面存在以下的不足：

（1）内容较晦涩：景观小品的设计盲目追求另类，内容不适应大众口味，不能迎合大众口味。如“国旗餐厅”中的政治色彩浓郁的国旗装饰，其严肃庄重也与“就餐”环境并不协调，或许也只能吸引一些年轻人体验新鲜感，而对于严肃传统的人群或从政人员来看太过尖锐。

（2）设计感不强：对休闲餐厅中景观小品缺乏的正确认识，仅仅作为一种摆设装饰空间，缺乏艺术指导，造成凌乱和不适宜。

（3）文化性缺失：很多主题餐厅在布置小品时一味追求另类、以猎奇为噱头，而忽略了餐饮文化。

图1　台湾“MARTON马桶主题餐厅”

景观小品若有悖于“食精神”（如“马桶餐厅”（见图1）或许让人体验新鲜过后无再度前来就餐的想法），或无鲜明主题特色、沦于泛泛、缺乏吸引力。

总结失败经验是为了以后更好地设计运用做准备，需要本着景观小品创作的基本原则，并从主题、材料、表现和布置手法上创新，在主题餐厅空间中合理运用景观小品，以发挥其美学价值、精神价值及氛围营造价值。

4　主题餐厅中景观小品的设计原则及新思路

4.1　景观小品在主题餐厅中的设计原则

1）美观协调原则

餐厅的氛围一定程度被其内部陈设物的造型、色彩、质感左右，美观大方一直是景观小品设计的核心原则。此外，由于餐厅空间中内部陈设物会与餐厅环境的各界面相互作用，相辅相成，构成餐厅室内整体环境，作为陈设物一种的景观小品，需要与餐厅的墙面地面顶面及空间结构相协调。此外还需与其他陈设物，如家具、餐具以及窗帘这类的软装饰在风格上达成统一，以达到“和谐”的人工设计最高境界。

2）围绕主题原则

与一般的餐厅相比，主题餐厅不仅是简单的提供饮食，更提供着以某种特别文化为主题的服务以满足特定需求。在餐饮环境上应环绕该主题进行装饰，切合该餐饮空间文化特色的景观小品可以很好地烘托出主题氛围，让顾客身临其境、体验到在特色环境中就餐别样的趣味。还能形成特色、建立品牌，吸引新顾客和留住回头客。

3）符合场所特征原则

由于环境氛围总是与场所性质相联系的，个性的发挥受现实要求的约束，合理的餐厅空间应该是理想与商业性的结合，在不失场所感的前提下表达风格特色。就休闲餐厅中景观小品的设计，应符合餐厅装饰的基本特点，即创建舒适、休闲的“就餐”环境，充满人情味及文艺幽思的情调，并充分体现“宾至如归”的服务特色。这就要求景观小品的设计必须符合餐饮空间的尺度规范，体现人性化，与就餐环境相协调。

4）时代文化导向原则

只有迎合时代需求，符合社会认识，才是经得起时间考验的作品。在经济全球化的今天，“全球化”与“本土化”的双向发展已成为当今世界的基本走向，社会发展大背景对室内设计和艺术设计的总体趋势有着指向性作用，这也影响到餐厅空间装饰风格和景观小品的创造理念。尤其是“本土化”的趋向，弘扬了本民族的文化与风情，将中国传统文化推向世界，创造属于自己的设计风格，是主题餐厅打造的绝佳方向。

4.2　景观小品在主题餐厅中的设计新思路

1）设立文化主题

餐厅主题的选择可以某地域特色（民俗、异域）、某种元素或以某特定时代文化为背景作为切入点，用突出的个性给人以难忘的印象。景观小品这类的细节装饰能体现设计者的个性品质和精神内涵，也能反映出餐厅管理者的领导理念，树立品牌形象，创造品牌价值。

在以地域特色为主题的餐饮空间中，景观小品也应该具有地方特色。如中式主题餐厅可运用古玩、书画、宫灯、藻井等传统元素，借用园林造景的艺术手法，施法自然得布置，以营造中国传统的餐饮文化氛围；而在西式主题餐厅中多摆设艺术雕塑，参考如极简主义、洛可可主义的艺术形式，突出高雅情调。如目前热门的以东南亚风格为主题的餐厅采用了具有地域特征的棕榈科植物、结合地方雕塑，以敞亮明快的手法创造了浓烈的异域情调。

将某种元素作为主题是当代主题餐厅的创意点。灵感元素是取之不尽的，有过成功经验的主题元素如音乐、茶艺、体育，主要运用了钢琴、茶具及球星塑像等，贴合主题。

还有以某特定时代文化为背景的主题餐厅，通过景观小品的布置，再现当时生活场景或片段，唤起人们对往昔岁月的追忆，产生情感共鸣。如北京的红色经典主题餐厅正是通过人物雕塑、车床农具、党报招贴等装饰成功塑造了餐厅的主题文化，每天都能吸引到络绎不绝的顾客前来光顾；知青餐厅是有共同经历的知青好友聚会的极佳选择，在餐厅空间中尝味的不仅仅是食物，仿真拖拉机、老式电视机等小品，更让人触景生情、追忆当年的情谊和故事。

2）选择合适材料

景观小品材料设计元素中，对人的影响最突出的是其体量、造型、光色、质感和功能。要形成个性化的休闲餐饮环境，不仅依赖整体环境的烘托、材料本身就应该体现设计体现特色，才能从背景环境中脱颖而出、成为视线的焦点，起到画龙点睛的作用。优秀的景观小品正应该是人与餐饮空间环境沟通的介质要根据空间的主题、性质、定位，选择合适的材料，充分利用材料营造良好的空间意境。

景观小品材料设计过程中，就体量而言，亦采用适中的尺度，尤其是功能性景观小品。如在设计景观洗手钵时，应符合人性比例，避免一味追求艺术效果而夸张尺度，影响实用性。就造型而言，空间中的几何形体能给人特定的感受，且造型往往与传统习惯的结构形式相呼应而诱发联想，应很好地利用这一点利用景观小品激发人的情感体验。如阿拉伯酋长国迪拜的海特旅馆餐厅中用帐篷式天幕，使人们如同置身于天方夜谭式的神话世界中。光色作为视觉表达最直接的影响要素，影响了休闲餐厅空间意境的营造，如红色橙色容易让人联想到太阳、辣椒，让人感觉温暖、刺激，蓝色绿色让人联想起大海、森林，让人觉得寒冷、平静，暖色调活跃了氛围，冷色调营造神秘气息，并且通过通感影响人的食欲和味觉，在餐饮空间中可谓是最值得玩味的设计元素；不要忽视质感的表达作用，人的习惯不仅依靠视觉、还通过触觉感知实体物质，石料的沉稳华贵、木材的自然亲切、织物的温暖柔软、金属的冷漠新潮，都能在人的心理上产生反应；景观小品还具特殊的精神功能，容易诱导人的行为、增加实用性，还能诱导情景联想，如船长主题的休闲餐厅可以用渔民的生产工具作为小品摆设，富有生活气息并产生强烈的感染力。

3）丰富表现手法

任何事物的价值体现不仅要靠自身因素，还与表达方式有着密切的关系，同样可以通过丰富景观小品的表现手法提升其效用价值，而为美化环境服务。常用的艺术表现手法有：对比衬托、夸张抽象、渐变过渡、渲染烘托以及协调组合等。

主题餐厅中的景观小品，一般至少存在两种以上的材料，其卧与立、动与静、大与小、疏与密、虚与实，必然产生了形式上的对比的关系，需分清主次、突出重点，才能有助于主题的表达；抽象夸张是景观小品单体设计时可参考的手法，优势在于视觉传达效果鲜明，直接切合主题，如渐变过渡讲究的是韵律美，其在时间和空间中位置的连续变换、相邻空间的延续和变化引发人们丰富的感受，尤其是当景观小品在餐厅空间中线性成列时；渲染烘托是休闲餐厅景观小品的重要表现手法，景观小品需配合营造环境氛围，因为材料的选择上应为主题服务，如织物材料的装饰带来的浓浓乡土人情；当然，协调一致是总体的设计手法，指导者人细入微的全局设计，细节可以变化，但整体仍然保持一致的、视线空间设计的协调性。

另外，也可选取某种艺术风格丰富艺术手法。目前世界上关于室内装饰的趋向大体分为平淡、繁琐、现实和非现实，景观小品在休闲餐厅的展现也可参考这四种类型。平淡风格是精简装饰，景观小品宜少宜精，以创造闲适无忧的餐饮环境；繁琐风格是一种新的洛可可主义、景观小品极尽装饰之能事，追求高档品味，给人以富丽之感；现实风格中的景观小品多注重实用、美观、大方的特点，中规中矩，成败莫辨；而非现实风格是把休闲餐厅讲究情调张扬个性的特质发挥尽致，主题休闲餐厅如"监狱"、"太空"等正是实例。

4）优化空间布置

景观小品这类的装饰元素毕竟是餐厅空间的配角，不可太多、造成喧宾夺主，也不可太少，显得冷清、装饰不足，而如何处理好景观小品的大数量、位置是空间布置的关键。

在餐厅空间中，景观小品可依据点、线、面、体布置。点布置给人以醒目的提示，其样式多变、随时随地、可大可小的特点能再空间中产生丰富的变化，活跃餐厅空间的氛围；线布置具有方向性，水平或垂直的布置拉伸了空间尺度感受，斜线布置别具动势美，在人的心理产生感受；成面布置一般是指嵌入墙面或借助装饰架陈列小型艺术品、在垂直方向形成面、以吸引关注的布置手法，注意水平地面方向不宜成面摆设景观装饰，以免造成视觉障碍和交通障碍；最后，成体的布置强调组团的效果，常见的组合有将植物和石品、雕塑与装饰台、烛台和花艺、文房四宝与古董家具有机结合而形成美感丰富的景观小品块组。最后，从总体上说，空间的布置应做到疏密得当、层次丰富，还可考虑景观小品分割空间的作用，提高空间利用率，优化设计。

5 结语

人们对精神的追求随着社会的进步和经济的发展不断提高，在选择餐厅的过程中，餐饮本身已不够满足需求，餐厅空间的装饰、品位、氛围才是吸引顾客的制胜砝码。在主题餐厅空间中合理运用景观小品，美化就餐环境、营造文化氛围、表达个性主题，是打造主题餐厅的重要因素，应引起设计者的关注。

（陈丽昀）

光影色彩

对商业街照明创意的思考

1 商业街照明现状

1.1 商业街照明的分类

（1）一般照明。即为环境照明，是采用少数种类的灯具无方向性地对整体销售场所提供的基础照明（见图1）。因此一般照明要求比较均匀、适当的照度，适当的色温和较高的光源显色性。它不会随着店内商品配置的改变而改变，具有较强的灵活性和适应性。商店照明设计者在选择照度时，应当考虑灯光的色彩，创造舒适的空间环境，调节商店的空间情调。

（2）重点照明。是集中照射某以特定物体以吸引人的注意，主要是强调事物的形象、质感、色彩等特性，达到展示的目的（见图2、图3）。通常用照明系数（聚光的亮度与一般照明亮度之比）来描述重点照明的程度及效果，不同的照明系数会产生不同的视觉效果（见表1），通常用在展示橱窗、logo（见图3）。

图1　一般照明

图2　橱窗重点照明

表1　重点照明系数及其效果

重点照明系数	效　　果
2:1	明显 被照物体表面亮度高于环境亮度，物体与环境相比反差不大

（续表）

重点照明系数	效　　果
5∶1	低戏剧性 被照物体表面亮度高于环境亮度，物体被凸显出来，并且与环境照度产生中度反差
15∶1	戏剧性 被照物体表面亮度远高于环境亮度，物体被凸显出来，并且与环境照度产生较大的反差
30∶1	生动 被照物体表面亮度远远高于环境亮度，物体被凸显出来，并且与环境照度产生大的反差，可以看见物体上的细微部分，从而塑造出相当强烈的视觉效果
50∶1	非常生动 被照物体表面亮度远远高于环境亮度，物体被凸显出来，强调出来，并且与环境照度产生巨大的反差，可以看见物体上的细微部分，从而塑造出极其强烈的视觉效果

图3　logo的重点照明

图4　外形美观的灯具

（3）装饰照明。是用来提升商店整体形象及美化空间，从而打动顾客心理的照明，它可以营造出一种具有独特的风格和魅力，表达商场特定的空间旋律，体现商品的个性与特征，渲染室内环境氛围。通常装饰照明手法有：① 采用外形美观的灯具（见图4）；② 吊灯的排列（见图5）；③ 天棚灯图案布置（见图6）；④ 墙面灯饰版面设计（见图5）。

图5　吊灯的排列装饰、墙面灯饰

图6　天棚灯图案布置

三种照明方式的优缺点和实现手法如表2所示。

表2　照明分类、优缺点及实现手法

照明分类	优　点	缺　点	实 现 手 法
一般照明	传递店面信息清晰，整体感强，均匀分布光使效果中规中矩，容易控制，容易被大多数顾客接受	效果不易有出奇之处，功能性大于艺术性，可变化的视觉效果较少	常采用均匀分布灯或单元布灯
重点照明	视觉重点突出，容易吸引顾客	整体感较弱	增大重点照明系数
装饰照明	变化丰富，有强烈的艺术感，能增强视觉的冲击力，富于个性变化，视觉效果突出	整体效果感难以控制，艺术性大于功能性	（1）采用外形美观的灯 （2）具吊灯的排列 （3）天棚灯图案布置 （4）墙面灯饰的版面设计

1.2　商业街照明的问题

1）一般照明缺乏多样性

由于一般照明要求功能性大于艺术性，因此商店的一般照明的变化性较少，常采用均匀分布灯或单元布灯，这样造成了一般照明的形式过于单一，缺乏变化。也就是说无论商店的位置在哪里、商店里销售的商品是什么、商店的品牌定位是什么，所有的商店都采用类似的一般照明方式，与商店的内在特性没有任何联系，使得消费者难以留下特殊的记忆。

2）重点照明破坏空间整体性

重点照明产生了丰富的视觉效果，但是由于一个商店里多处采用重点照明，如展示橱窗、logo等，使得空间的整体照明效果被打破；不同商店采用不同的重点照明系数，使得商业街整体的视觉效果下降；商店内不同的重点照明处采用的色彩不同，使得颜色混乱，影响了商店的整体形象，等等问题都使得商业街重点照明的视觉效果受到了不同程度的破坏。

3）装饰照明缺乏特异性

装饰性照明是为了提升商店的形象及美化空间，它与商店的内在品质、品牌定位、文化内涵等都有很大程度的关系。但许多商店没有考虑自身的内在品质、品牌定位等因素对照明的需求，效仿其他知名品牌的装饰照明，比如水晶吊灯随处可见。这种现象使得商店失去了自身的特色，也使得消费者失去了购物的欲望。

2　商业街照明的对策思考

2.1　丰富一般照明的手法

商店的一般照明要求适当的均匀照度，可以采取一般商店的照明手法，但是对于如何丰富一般照明，可以从以下两个方面考虑：① 将一般照明与室内装潢相结合，改变一般照明的外在形式，从而丰富照明的手法。因为一般照明本身可变的因素不多，因此在满足了一般照明的基本要求前提条件下，通过改变灯具组合的形式、高与低的错落、藏与露的对比来达到目的，从而体现商店的内在品质、品牌定位。② 改变灯光的色彩，色彩是商店信息传达的有效方式，使用正确色彩可以拉近消费者与商品的距离。不同照度下，不同的色表会给人不同的感受，比如暖色表在低于500 lx的照度下让人感到舒适，而冷色表在大于3 000 lx的照度下才能让人感到舒适（见表3）。同时不同的色彩给消费者不同的心理感受，如红色让人兴奋，蓝色让人安静等；不同的色彩也能让消费者联想起不同的东西，比如绿色让人联想起生命，橙黄色联想起激情；除了以上两点还有色彩本身的性质，如紫色幽雅高贵，黑色沉闷等。在灯光的颜色选择时要考虑到环境所要呈现的兴致，是幽雅浪漫还是严肃沉闷。颜色是商店品牌定位、受众人群的最明显的区分方式，所以要慎重选择灯光的颜色。

表3　各种照度下灯光色表给人不同的印象

照度/lx	灯光色表		
	暖	中间	冷
<500 500~1 000 1 000~2 000 2 000~3 000 >3 000	舒适 ↑ 刺激 ↑ 不自然	中性 ↑ 舒适 ↑ 刺激	冷 ↑ 中性 ↑ 舒适

一般照明是商店最基本的照明，但往往也是最容易被忽视的照明，单一化的照明手法，使得现代商业缺乏了新的活力，消费者的停留欲望得不到满足，因此丰富一般照明的手法成为商业发展的必要。

2.2　生动重点照明的效果

重点照明通常使用在商店的展示橱窗、logo。橱窗将商业空间和街道分隔开，是消费者与商店间的视觉沟通，同时也对销售商品的种类、商店的状态、氛围，甚至商店的素质做了说明，所以正确的使用橱窗照明是商店销售活动重要的一步。很多商店最常使用的橱窗形式是封闭的，而对于这类橱窗的照明最理想的手段是采用两个照明回路，一个用于白天，一个用于晚上。这样可以使得整个橱窗在不同的时间段出现的视觉效果不同。白天由于自然光的存在，需要较多的光照平衡较亮的自然光线；晚间则不需要太多的光线（见表4、表5）。同时橱窗内的照明应当结合商店的风格、橱窗的风格，在此前提下可以改变照明的状态，使得照明的效果更加丰富。比如可以采用动态的、可变幻的又容易控制的照明方式，改变现有的、静止的照明方式，实现与顾客的互动效果。橱窗的装饰效果对整个商店来说是不容忽视的，橱窗的照明可以使用彩色光源，使得橱窗更加绚丽，达到装饰性效果。

表4　白天橱窗的照明要求

类型	向外橱窗照度/lx	向内橱窗照度/lx	重点照明系数AF	一般照明色温/K	重点照明色温/K	显色指数Ra
最高档	>2 000（应）	>一般照明	10∶1~20∶1	4 000	2 750~3 000	>90
中高档	>2 000（宜）	周围照度的2倍	15∶1~20∶1	2 750~4 000	2 750~3 500	>80
平价	1 500~2 500	比周围照度高2~3倍	5∶1~10∶1	4 000	4 000	>80

表5　夜间橱窗的照明要求

类型	向外橱窗照度/lx	向内橱窗照度/lx	重点照明系数AF	一般照明色温/K	重点照明色温/K	显色指数Ra
最高档	100	1 500~3 000	15 : 1~30 : 1	2 750~3 000	2 750~3 000	>90
中高档	300	4 500~9 000	15 : 1~30 : 1	2 750~4 000	2 750~4 000	>80
平价	500	2 500~7 500	5 : 1~15 : 1	3 000~3 500	3 000~3 500	>80

Logo虽没有橱窗显眼，但是logo的照明对商店有着极大的影响。对于logo的照明商店可以更具自己的风格而定，选择适合自己的照明方式。比如logo显示的色彩可以与店内的照明色彩形成对比或互补，同时logo本身的形态决定了适用的色彩范围，logo的背景也影响了色彩的选择；logo可以适当地采用流动的、变化的照明方式。以上两种方式的结合，不仅仅可以从外形改变logo的照明效果，还能从内在改变照明的方式。

因为橱窗、logo的照明手法的不同，使得整体的照明效果得到了破坏，所以不断完善重点照明的手法成为发展的必要。一个商店的重点照明整体性不被破坏可以从以下几个方面实现：① 形式手法的统一，各个重点照明处所用的照明形式手法应力求相同，在统一的前提下，寻求局部变化，突显各个橱窗的特性；② 色彩运用统一的基调，商店中重点照明的灯光色可以与商店内部的灯光的基调相同，重点照明在此基础上丰富照明色彩；③ 以静为主，动为辅，动静结合，以静态来控制部分动态的照明，既不会破坏整体的照明效果，反而使得照明更为生动，丰富了商店的空间。

2.3　异化装饰照明的风格

装饰照明是所有照明方式里变化最丰富的照明方式，因此解决装饰照明缺乏特异性的方法有很多：① 选择适合商店品牌特性的吊灯。吊灯是最常见的装饰照明，因此对吊灯的选择是极为重要的。比如一个传统的中国品牌商店适当选择中式的吊灯，强调商店所特有的文化内涵、品牌定位等；而对于现代的欧式的品牌商店则适合选择欧式吊灯，在理性中彰显华丽与奢靡。② 结合商店建筑物，比如楼梯、墙体、顶棚等。比如纽约的伯格多夫·古德曼（Bergdorf Goodman）店，使用聚光灯强调钢和玻璃楼梯，这是20世纪60年代后期的不落伍的古典设计作品，不仅仅起到了装饰性的作用，而且功能性也能得到充分体现。③ 采用外形特异的灯具。外形特异的灯具可以抓住顾客的眼球，勾起消费者购买的欲望，如上海美罗城五番街中采用的特异的灯具（见图3），不仅仅是一种灯饰，还是所买商品的形象展示。

3　总结

现代视角下，无乱是一般照明、重点照明还是装饰照明，都要以环保节能为前提，避免光污染等问题的出现。商店的照明是商店推销手法的重要体现，一个舒适的照明环境可以使消费者的停留时间延长，可以增加消费者的购买欲望。

（邓小凤　张建华）

时尚都市与“色”的演绎

早在2007年的吉林长春曾有过这样一个想法：就是想要对楼体进行统一颜色的粉刷，并就各区选用什么颜色征求市民意见，得到的反响非常热烈，以至于之后其他很多城市都对自身所在区县开始抱有不同程度的色彩幻想。

城市的“色彩基调”这一概念开始进入人们的兴趣探究范围，其文化衍生的速度也是随之上升。而如今，又特别是在上海这样一个充满商业气息又极具时尚品位的繁华都市，因其建筑年龄跨度很大，再加上多元化的风貌，很难给它确立一个固有的感观色调。

当然这也是上海这座商业城市的魅力所在，无处不闪耀着与“色”碰撞所产生的火花，上演着一幕幕的精彩邂逅，让所有身临霓虹街景的一切人，事物都散发着“时尚”的韵味以及对“色彩”的流连。

1 演绎原则

1）区域原则

区域的概念分为两种：时间区域和空间区域。

从时间区域来讲，上海的都市色彩在其发展过程中已经经历了千变万化，最初还是江南小镇之时，以白墙黑瓦的传统民居为主，步入近代后砖木结构房屋成为主流，其中红砖的洋房和青灰色的“石库门”代表了当时上海的两种“主流色”。如今，上海的各种现代建筑并存，色调与原来的砖房、公房又有所不同。

而从现今的空间区域来看，正如同上述所说的“色彩基调”，大上海的“大”造成了区域与区域之间差异。这里所指的差异并没有谁好谁坏的界定，而是不同区域对于“时尚”二字的看法以及对于“色彩”的要求一定存在不同的见解。一个地区、一种文化，所以在看待商业氛围较强与较弱的不同区域，在处理景观与色彩设计的方面一定是求同存异，符合不同区域居住人群的口味。这里就有个例子：上海“一城九镇”之一的浦东高桥新城，几乎照搬了荷兰卡腾布鲁克小镇，既然“拷贝”荷兰小镇，其整体色彩就有着浓浓的“荷兰味”——悠悠旋转的风车、橙色的廊桥、红白相间的尖顶欧式住宅……

尽管没有总体的色调规划，但在局部地区可以有所探索。例如，青浦朱家角是个古色古香的江南小镇，其整体色调应该保持传统的黑白为主，给人以水墨画的淡雅为好。黄浦江滨江地区是近代上海的发源地，见证了一个世纪以来上海的风雨沧桑，整体应该保持成熟稳重的冷色调，两岸的建筑色彩不能太鲜艳。

2）商业用途原则

人们可能已经很自然地将商业氛围浓重的地区归为时尚都市的代表区域，那色彩的基调就着实体现在其商业性质上。浓烈的色彩不适合宁静的商业环境，比如书店、家具店、咖啡店……平和的色调不适合人流较多的商业空间，比如百货商场、快餐店……

办公大楼不适宜采用招摇的颜色，但我们不能说办公大楼就不可以属于时尚景观的一员，在认定好演绎原则之后我们就要通过不同的新式手段，将每个都市商业景观都能与色彩演绎得淋漓尽致。

2　演绎手段

2.1　刚性材质

演绎色彩的方式早已不局限在涂料、墙纸这些“二次创作”的途径上了，很多设计师选择装修材质的同时，已经将色彩进行了定位。

通常“玻璃”是最好的演绎手段，自带色彩的玻璃不像普通透明玻璃那样明朗，可以一下就看穿了玻璃另一侧的一切。因此，彩色玻璃在空间围合上已经创造了一定的私密性，但也不至于像墙体那样密实，那种若隐若现的感觉最具诱惑性，吸引人们去一探究竟，可谓是魅惑的不二选择。而且玻璃的不同质地也会产生不同的效果，钢化的玻璃和一般的有机玻璃无论在视觉还是在触觉上给人们的心理暗示多少会产生出入，但这并不影响玻璃对于时尚景观的勾勒作用。

2.2　软性材料

所谓软性材料，字面解释就是不同于外观材质的刚性。它的变动性很大，多数是用在大面积装潢修饰上。不过，它的作用也是举足轻重。最具代表性的应该是“流苏线”，设计师在抛开硬质布置的第一时间就想到流苏线是时尚景观塑造的最佳演绎方式，那些珠帘、碎纸长条……都是流苏线的最佳演绎品。

除了这些大面积的铺设外，其他还有软性材料也不容忽视。比如：植物、灯笼、气球……

植物大多以点缀方式出现，应景的植物，不管是塑料材质抑或是真花真草，都各具时尚品位。除此之外应景的就是传统文化的灯笼、气球，它们的色彩对于适合时宜的景观布置来说，是在增添喜气的同时演绎出别样的时尚风味，尽现大都市的浓情和惬意。

2.3　灯光照明

灯光对于色彩的诠释，不仅仅在于色彩的切换上，更多的是它变换的时间、频率决定了它所演绎的色彩所处的地位到底是主角还是就只是一个附件。

现今的商业景观作为个体存在的时候，已经很少运用灯光色彩的变化去吸引人群，多数是把心思花在亮度的调节和情调的奠定上。闪闪烁烁的霓虹灯跳跃得已经让人再也感觉不到时尚，但是在整座城市的照明工作看来，它的确又需要不同的色彩。

1）柔和分散性

此类灯光适宜大面积运用，也比较常见。若非特殊场合，灯光的颜色不会过深，否则会造成心理上的恐惧，这也是演绎时尚的一种最普遍的方式。

2）强烈聚光型

此类照明方式多数用于特殊场合，比如酒吧、KTV等，去消费的人群大多需要寻求刺激，这就特别需要构造环境的灯光效果，我们也就不难看出色彩在通过聚光之后让人心醉神迷的本事了。

一盏灯，一个故事；一排灯，一座城市。

因为有着对色彩无数种不同的诠释，才会有着对时尚无数种不同的要求。

3　演绎效果

3.1　流行趋势

够得上“流行”，那就称得上“时尚”。据笔者观察，当下都市流行的色彩有红、绿、蓝、金、紫这五种主打色。

1）扮靓冬日　红

红，是喜庆的颜色，也是温暖的颜色。逢年过节，从居民区到商业区都会用布满红色来图个吉利。不仅因为红是代表中国的颜色，也是因为红可以振奋人心，视觉上强烈的冲击力让人们的内心无法不因此受到鼓舞，艳丽的红色扮靓了每个寒冷的角落，实乃演绎都市时尚的头号人选。

2）源于自然　绿

世博会闭幕不久，国内盛会也接二连三，人们对于绿的亲切感又增添不少，为什么这么说呢？绿作为大自然的原始色本身就具有很强大的归属感，再加上近期国内盛会中军人的风范给大家留下了深刻的印象，所以对于都市色彩的要求可能更趋向于追求生态、追求次序、追求亲切。

此外，绿色是永不落伍的颜色，都市人对于绿色可以说是区别于红色的另一种崇拜。外高桥新市镇森兰楔形绿地是上海市八块市级楔形绿地之一，其规划主题就是"森兰水岸、绿色演绎、时尚风潮"。可见，绿色是都市不可缺少的一色，也是引领时尚的主打色。

3）新兴贵族　蓝

形容蓝色给人的感觉，"深邃"一词再恰当不过，大海在蓝天的倒映下蓝得使人着迷，所有广阔无垠的自然现象都和蓝色一样发人自省。中国最具代表的应该就是北京的水立方，在国际上的高度评价足以证明蓝色是与时尚都市的成功演绎作品。

4）异常高调　金

金色，是奢华的代名词，可以说在都市商业景观中的应用也是经久不衰。

没有人能拒绝金色带来的诱惑，繁华都市那绚丽多彩的一面可以由金色一种色彩来全权概括。象征高调的金色被某些特定人群所瞻仰、所朝拜，可谓演绎都市繁华的最佳靓色。

5）艺术色调　紫

象征神秘的紫色历来不缺乏大批的拥护者。它虽没有红色那么亢奋，却也让人感觉激动；虽没有绿色那么悠闲，却也让人感觉自在；虽没有蓝色那么冰冷，却也让人感觉傲骨；虽没有金色那么奢侈，却也让人感觉优雅……所以说要想成功演绎一个时尚都市的深层另类，舍紫色其谁呢？

3.2　文化透视

知晓都市在色彩的包装下可以变得异常时尚之后，我们不禁会想要去窥探一下在那一个个色彩演绎的背后，究竟有着怎样的故事。大家不妨带着轻松的心情去了解每一种色彩给我们带来的视觉演绎，与其说摸索不如说是享受。

遵循着上述提及的演绎原则，我们就可以很容易地根据建筑外观色彩来透视其主要风格，大家熟知的应该有徐家汇公园的红砖小洋楼、田子坊的幽幽弄堂、新天地的石库门改造，其固有建筑结构的外墙色彩就像是在自述着一个个充满回忆的故事，谁又能说不是由色彩演绎出的另一种时尚呢？

4　结束语

色彩是都市用来装点时尚的永久性素材，无论白天还是黑夜，它们都以各种形式出现在都市的每个角落，或以主角的身份吸引住你，又或会以配角的身份陪伴着你。都市凭色彩演绎着自己的时尚，都市借色彩演绎着自己的繁华；我们追求着时尚，我们享受着繁华……

（吴晓琼　顾仙雯）

时尚色彩在商业空间中的景观应用

随着现代生活节奏的快步发展，难得有闲暇之余的人们开始寻求一种在视觉上的满足，如同你未必会仔细去追究每天从自己身边掠过的剪影，但是一定会有舒适入眼的感观要求。

那些整天进进出出的商务大楼、来来往往的商业工作区，千千万万的上班族早已将它们收入自己的眨眼之间，那些由繁复所带来的视觉疲劳如何才能消除？

答案，就是通过“色彩”。

要想在商业空间营造一个既可以体现节奏又不失环境感的，最直观的就是通过色彩。

利用色彩造景在商业空间的设计中从来都是不可或缺的重要部分。而在如今的商业空间中，人们追求的更是一种时尚。大到一个空间小到一件商品，无一离不开时尚的追求和色彩的塑造。

1 流行色与生活

1.1 糖果色

“糖果色”是当下很流行的一个词汇，糖果色为2009年夏天开始盛行的流行色彩，以粉色、明艳紫、柠檬黄、宝石蓝和芥末绿等纯色，代表甜蜜的女性色彩为主色调，之所以取名为“糖果色”，是因为它的色彩像儿时收集的糖纸。跳跃的颜色一时间掀起了轩然大波，不管是饰品还是衣服，糖果色的单品总是能很轻易地得到大家的青睐，因为炫目、闪亮、抢眼才是时尚的代名词。于是商业空间毫不落后地将它添入了景观应用之中，很快它便成了室内空间装潢的宠儿，知名涂料公司多乐士在立马推出糖果色系的油漆同时也得到了许多办公室的首选，对于习惯了黑白灰世界的白领一族来说，高调选择糖果色，绝对能给办公室带来不一样的视觉享受。

1.2 自然本色

“亲近自然、亲近绿色”这是近几年大家一直在讨论的话题，当然商业空间对于自然本色的运用不会局限于象征蓝天、白云、草地的蓝白绿三色，更多的则会是通过植物来诠释一种生活态度。

在充满着几何形体和线条规律的生活中，人们更愿意去发觉自然本身带有的奇妙，它不具备任何体形，也不受任何框架的束缚。可惜的是，那些处处可见的植物似乎让人只记住了它那作为大自然本色的绿，却忘记了它也是有千千万万种色彩，这些色彩装扮了它们自己，着实也丰富了我们。虽说人类是大自然的子集，但是有空间就会有束缚，因此大多以点缀形式出现在商业空间中的它们，在无形之中拉近了人们与自然的距离。

1.3 金属色

说到金属质感的景观应用，大家的第一反应大多会是工厂金属网之类的景观，可能对于上海世博会瑞士馆还有点印象的人会记得它那特殊的金属外围网。当下金属已经不单单作为一种化学物质而存在，它的自带色彩已经成为一种设计元素，金银二色尤其是典范，由它们衍生出的“bling bling”一词也是近些年很流行的一个时尚奢华代言词。

1.4 原木色

原木色，顾名思义就是木头原本的颜色，不同于自然本色的它，在某种程度上或许更能代表自然。长期被家具制作广为应用，近些年也成为一种流行色，更是大范围进入到商业空间的景观设计的原料行列当中。由原木色装修的空间给人以返璞归真的感觉，同时加了深漆的原木好似更添了复古的味道。返璞是态度，复古是时尚，这是现代人的生活品位，也是现代人的生活时尚。

2 色彩的利与弊

曾在某段时间每天下午时分都会路过上海永嘉路的酒吧一条街，还没开始营业的家家店面不知用什么方式使路人停下了脚步，想一探究竟的过路者对每扇紧关的门背后都充满了很多的疑问，但同时又感受到自己实在不愿出入那样的商业环境，这种无法解释的距离感让人无法释怀。

同样的感觉可能会出现在一种色彩对比很强烈的商业空间中，大家不妨回忆一下，大多奢侈品商店的装修布置采用的色调都比较暗冷，在色彩上透露出的距离感彰显了它奢华的品质，让人难以亲近。

因此，商业空间在色彩运用上很可能出现搭配出错的问题。抛开部分奢侈品专卖店不说，毕竟平实的商业空间比较适合大众，相对冷漠的色彩，你可能更喜欢原木色带来的温暖以及糖果色带来的喜悦。

所以，好的商业景观在制造个性的同时绝不能忽视色彩会给人带来的生理反应。为此笔者总结了一些主要色彩的运用利弊（见表1）。

表1 主要色彩的运用利弊

颜 色	物理性质	给人的感觉和联想（利）	给人的感觉和联想（弊）	代表场所
红色	极暖	代表喜庆，会让人兴奋、觉得充满热情，可以联想到美艳、活跃	紧张、躁动不安，可能会造成血压升高	火锅店
橙色	暖色	明快、欢乐；带给人温暖；诱发人们的食欲，也会使人联想到收获的季节	与红色相近，会使人感觉躁动，时间久了会坐立不安	快餐店
黄色	明度高、暖色	舒适和愉悦的感觉，像阳光般明亮	与橙色相近	儿童乐园
绿色	中性色	充满生机、寓意希望、代表和平与安全，有助于人镇静，达到身心平衡		茶室、家具店
蓝色	极冷	感觉清朗、凉爽，使人联想到天空、大海	易联想到冷淡、忧郁、寒冷	水族馆
紫色	半冷半暖	高贵、古朴、庄重	易产生疲劳感，联想到阴险、邪恶	主题类酒吧、餐厅

根据表1我们不难回想出生活中一些类似的场景，比如大家极为熟悉的一些快餐店：肯德基（颜色）——红色；必胜客——橙色；红色与橙色应该是快餐店常取的颜色，因为这两个暖色可以刺激食客们的食欲，并且使大家感觉兴奋，因此也是学生族聚会首选的餐厅。当然还有一些不同于快餐厅的高级餐厅，同样也是利用色彩使人产生的生理反应，使在座的客人们可以感觉到不一样的奢华，仿佛

自己成了一名贵族一般，这类餐厅大多会选用暗色系，容易创造一个隐秘空间，适合约会的情侣和追求雅致格调的顾客。所以说色彩是抓住消费者心理的不可或缺的一个物理手段，这也是色彩所能够创造的经济效益。

3 色彩运用的对策研究

在一些特定的商业环境中，色彩在主调上会给人以强烈的印象，不同的色彩赋予的情调也是各不相同的，这也就是我们常说的人文效益。

1）宁和、平静

主打色：绿色、白色、蓝色

主打商业环境：茶馆、商务宾馆、医院

古时，修道士就认识到在花园四周所设的围廊是极好的静心修道之场所。如今人们大多不会再为花园建造类似回廊，但是营造一个具有围合感的空间还是大家所向往的，这样的色彩应该是充满和谐，而非对比的一种效果。最具代表的应该属茶馆了，每个去茶室品茗的都是内心渴望得到修养身心的效果，因此选择植物的本色——绿色，便为上佳。此外，一些商务宾馆也是需要这样的环境布置才能满足入住旅客的心理需求，一般住商务酒店的都是出差的人员，他们在宾馆里多半要用电脑写报告，规划谈判方案等，如果让他们看到艳丽的色彩，难免会顿生烦躁之情，因此时所住房间只是纯净的白色便足矣，那宁静协调的感觉便会让入住者思绪顺畅。医院作为同样需要宁静环境的场所当然是不可以缺少色彩的帮忙，蓝色、白色才符合病人的要求，有助于平静心态，使病情好转。

2）兴奋、活跃

主打色：红色、橙色、黄色

主打商业环境：幼儿园、购物商场、快餐店

规规矩矩的生活难免会显得单调，谁都需要放松的时候，除了上述提及过的快餐店在色彩上的利用，同样需要活跃人们心情的地方还有许多，百货商店的设计亦是如此。人们来此就是希望寻求到那种一下子可以抓住自己眼球的彩色生命力，好比许多人喜欢通过购物的方式宣泄某种情绪，那在百货公司里绝不希望看到类似黑、灰的色彩，这样只会使顾客失去购买欲望，所以颜色同样也要鲜艳。

鲜艳也意味着朝气，充满欢声笑语的地方都应该充满令人兴奋的颜色，并且它的确也是人们所需要着。

3）精致、细腻

主打色：绿色、粉色

主打商业环境：旅馆、家具店

我们常会听到有人说他想要过一种精致的生活，那何为精致？优雅更显细腻，朴素不失个性，这是我个人对于精致的诠释。我们常会去一些幽静的茶馆、某家独具特色的家具店寻找这样一种感觉，泡杯茶，独坐窗前。你觉得自己所在那个环境中每一个气体分子都充满着细腻的味道，你的目光往往聚焦到了某一株店内用作装饰的盆栽，从它的一草一叶到装载它的花瓶，处处好像在传达对精致生活的要求，之后的你就在这样的吸引下陷入了沉思……

在这张的环境中当然是不可能出现比较张扬的色彩，通常是浅色比较受宠。最能创造柔和意境的非粉色莫属，它可以同时具备素和艳，实乃代表精致细腻的不二人选。

4）高雅、深沉

主打色：黑色、紫色

主打商业环境：咖啡店、西餐厅

最先体会到高雅一说的应该是18世纪的欧洲贵族，从他们的着装到他们所到之处的每一个场景，无一不与经典有关，那种不同于精致的淡定，似乎处处彰显着高雅，让你向往，却又无法触摸。在这种环境里可以存在的色彩往往自身就代表着高贵，其中黑色当仁不让，你可以想象一下，紫色的背景墙下坐着一位身着红色小礼服的女士，桌前摆放着一朵黑色的郁金香，你觉得谁更像是主角呢？

商业空间在色彩上的设计目的只是为了拉近它所需要的消费人群。现在“小资”二字也可作为高雅的代名词，如果你想要装一下“小资”，那你觉得拿一台笔记本是坐在麦当劳里还是坐在星巴克里？哪个比较有感觉？

类似色彩创造的商业空间，它们的共同点就是在白天展现的是小家碧玉的乖巧，夜晚在昏黄灯光的映衬下那便是出落得高贵典雅，谁不会为此眼醉神迷呢？

5）其他

诸如照相馆、饭店、酒吧、婚庆布置等一些环境布置弹性较大的空间，他们不能单单用某一种颜色来代表，要视场所性质而定，必要时还需灯光的搭配。此时，色彩发挥的空间就更加广阔了。

由此可见，色彩可以为一个商业空间定下一个主基调，它的功能已不仅仅在于活跃环境、制造气氛，更是上升到了人们心里的一种追求和渴望寻求满足的一个落脚点。设计师们要善于利用它积极的一面，因为人们对色彩的感觉更主要的是来自主观联想，再而上升到理智的判断，可能存在一定的特殊性。当然色彩自身也具有它的特殊性，印象派大师高曾就说过：“没有不好的颜色，只有不好的搭配。”可见色彩是不分美和丑的，它的魅力就在于经过搭配之后增强的一种氛围，这就是设计的灵魂所在。因此在进行色彩选择时也应当具体情况具体分析，结合各种色彩在不同地域的象征意义，力求做到满足人们对色彩的感情规律、满足室内空间的功能需求，这样才可以创造出富有个性和情调的环境，将色彩的力量发挥到更完善的层次。

色彩不仅开发了人们的智慧，也激发了人们的情感。无处不在的色彩早已融入人们的生活并且像空气一样让人已无法离去，谁都没办法接受全世界只有一种颜色，谁也不会拒绝让色彩来得更丰富一些。它就像是造物主赐给我们的第二层阳光，让我们找寻到除经典的黑、白两色外的世界，带你走进你所要探寻的多度空间，了解不一样的情怀、寻求不一样的时尚、体味不一样的人生。

（吴晓琼）

材 料 工 艺

商业空间铺装设计现状探讨与前景展望

景观铺地在商业空间中有着举足轻重的地位，尤其在国外，早在20世纪80年代已经出台了一系列的条文和设计准则，并且在当时形成了一个基本完整的体系。这个体系把铺装问题与景观建设中的诸多问题紧密联系在一起。其中自然包括了城市商业空间设计，也涵盖了诸如景观主题选择、总体风格确立、城市道路设计、城市绿化设计、城市节点设计、街道立面设计和照明设计等。

随着人们日益提高的物质文化水平，对生活要求的多样化使人们在城市中的休闲活动日益增多，城市公共空间例如商业空间越来越受到重视。据统计，现代城市中公共空间用地一般占城市总用地的50%左右，商业空间重视程度的提升也伴随着商业空间景观铺装的发展，本文中所提及的商业空间指的是在城市中从事商业活动的场所。比如办公、销售与服务场所，也包括商品的陈列与展示空间。在城市商业空间中，人们越来越多地把视线集中在了铺装的形式和种类上，因此铺装不能再局限于单一的材料使用，而倾向于材料组合运用，赋生命于铺装，此处的生命仅存在于人们的意象中。对于追求生活水准的现代人来说，主题化、意象化、可持续化是铺装发展的大方向。

1　铺装的景观功能和设计考究

1.1　铺装的景观功能

从功能角度讲，城市铺装景观有双重功能，即物质功能和精神功能。

1）物质功能

物质功能是满足人们在城市生活中的具体使用要求，如散步和交通要求、方向性和尺度感要求、功能分区要求、休闲和交往要求等，它是铺装景观的基本要求。根据交通对象要求和气候条件特点，提供坚实、耐磨、防滑的路面，保证人车安全、舒适地通行，并通过铺装图案给人以方向感。

2）精神功能

精神功能是满足人们在城市公共空间使用中的美学和心理学要求，进而满足人们对城市的归属感和认同感等深层次的文化和社会方面的要求，它是铺装景观所刻意追求的功能。在城市公共商业空间中，铺装景观的艺术组合给人提供了明确的方向性和尺度感，满足人们对空间使用的物质要求。

1.2　铺装的设计考究

1）设计原则

从设计考究上来讲，应符合以下几个原则：

（1）城市铺装景观的设计应该与其所处街道的侧界面文化艺术效果相协调，与环境气氛相协调。西特曾提到“一个良好的原则就是各种设施应从属于它所在的空间性质”。在设计铺装时，必须考虑到铺装与空间性质的符合统一。

（2）铺装景观的设计构思同样需要立意，好的设计以一种表而不露的感染力，把所需要表现的内容，通过一定的造型、图像和空间组合将其巧妙地表现出来。

（3）色彩的选择和运用，应符合色彩的统一变化原则，产生适度的均衡美的效果。

2）设计手法

城市铺装可采用以下设计手法：

（1）点的应用点是一个基本的元素形态，能起到强调和突出的作用，具有醒目的特点，点的集合形成强烈的方向性。

（2）线的应用曲线和直线的应用使得空间富于变化，形成具有动态的空间。

（3）面的应用不同的流线型曲面组合极具现代感，使人感到空间的流动与跳跃。

（4）轴线对轴线的强调使空间具有方向性，形成序列空间，使人容易领会和把握空间，增加了空间的可读性。

2 商业空间景观铺装的类型

1）柔性铺地

柔性铺地材料的种类很多，从简单实用到装饰复杂的，从有机的自然物质到人工的产品，从昂贵的到便宜的。大多数柔性材料的铺装要比硬性材料经济得多，因为硬性材料的铺装需要坚固的砂浆地基柔性的地面覆盖物，包括像砾石和木片那样的疏松材料，沥青那样的密实材料，各种各样的建筑块料和“干”垒在沙地上的建筑块料及木头那样的硬质地面。

（1）砾石。砾石（见图1）是一种常用的铺地材料，包括了三种不同的种类：机械碎石、圆卵石和铺路砾石。砖头铺地是一种新颖的做法，它们能与天然石头或人造材料很好地结合起来，如混凝土或人造石板，它们能作为植物很好的陪衬，能够做出各种吸引人的图案，这类材料多出现在商业街前的小空间中。

（2）嵌草混凝土。许多不同类型的嵌草混凝土砖对于草地造景是十分有用的。它们特别适合那些要求完全铺草又是车辆与行人入口的地区，例如隐藏在商业街中的停车位，这些地面也可以作为临时的车场，或作为道路的补充物。

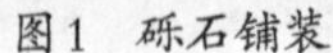
图1 砾石铺装

图2 瓷砖铺装

2）刚性铺地

刚性道路是指现浇混凝土及预制构件所铺成的道路，有着相同的几何路面，通常要混凝土地基上铺一层砂浆，以形成一个坚固的平台，尤其是对那些细长的或易碎的铺地材料。不管是天然石块还是人造石块，松脆材料和几何铺装材料的配置及加固依赖于这个稳固的基础。

（1）砖及瓷砖。瓷砖（见图2）是一种非常流行的铺地材料，它们能与天然石头或人造材料很好地结合起来，如混凝土或人造石板，它们能作为植物很好地陪衬，它们能够做出各种吸引人的图案。

（2）混凝土基层。城市商业空间中以商业广场为代表的一般面积相对较大、视野开阔，因此铺装在实际应用中选择的材料质地多为混凝土基层（见图3）的硬质铺装。撇开它呆板和冷漠的外表，混凝土面层令人满意的地面处理方式能够在广场布景中达到出奇制胜的效果。

（3）人造石。位于商业空间前的大面积空间多采用人造石及混凝土铺地，人造石通常用来铺筑装饰性的地面。

（4）天然石头（见图4）。在有些商业空间中我们会看到一些天然石头的景观铺地，不同类别的天然石块有着不同的质感和硬度，给商业空间景观带来别样的感觉。

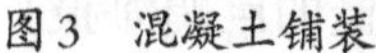
图3　混凝土铺装

图4　天然石头铺装

3　商业空间景观铺装特色探析

1）沉淀特色的商业空间景观铺装

"今天如果我们要寻找生动活泼的美和艺术，最好的去处也许不是传统的美术馆和大剧院，而是购物中心和街道两旁流光溢彩的商店。"

当代商业空间的意义绝不止于作为商品流通的场所而存在，它同时以林林总总的商品和蔚为壮观的场面，构筑起梦幻的超现实王国，甚至升华为"仪式化的快乐神圣空间。"购物失去了一种物质性，成了一种文化事件，于是商业空间景观铺装被更多地沉淀了当地的特色。

2）色彩主打的商业空间景观铺装

在一个社区的商业广场中，铺装景观利用不同色彩（见图5）划分出不同的使用空间，利用染色的砾石、混凝土嵌草并以聚焦的放射性形式，强调了广场中主要的使用功能，加强了人们的归属感和视觉集中感。美国得克萨斯州威廉斯广场是一个构思新颖、别具特色的现代城市广场，广场的场地设计运用了抽象原则，用开阔的场地象征得克萨斯州无边无际的大草原，将花岗岩块石的铺地色彩做了变

图5 不同色彩铺装

化，用来象征草原被水冲刷后所裸露出的地面。其铺地色彩的细微变化，既统一又避免了大面积铺地的单调感。

3）规矩中带变化的商业空间景观铺装

在一个以休闲为主的商业街中，多采用较柔性的材料满足步行要求、质地光滑细密，并体现出精致、高雅、华贵感。利用砌块类材料的砌缝解决防滑问题。铺装风格与周围建筑设计相统一、色彩多以明快色和暖色为主，烘托商业气氛。

在一个以商业为主的创意园中，利用外景铺装石料铺设形成规则图案，并且使设计富有变化。设计常用砖连续排列作边饰、里面种植香草植物，硬质铺装与植物组群形成质感的强烈对比。设计中砖块在图案中作分隔，几个种植区分别种植不同类型的香草。

4）主题化的商业空间景观铺装

在一个主题化的商业中心，铺装迎合着景观主题而变化。花园散步是日本著名的购物中心，它的特别之处在于，通过使用"隐喻"的空间造型设计，建成一座以花为主题的购物中心。花园散步是东京郊外的一个露天零售广场，它的商店屋顶是花瓣的形状，喷泉是郁金香的形状，表演舞台是向日葵的形状，铺地自然而然地也是花的形状，在面积达到1.5万平方米的购物中心内，到处装饰着花的实体或形态，有4米长的玫瑰花丛，2米长的塑料"荆棘"，展示出犹如"得克萨斯的黄玫瑰"之类的优美格调，鲜花和山茱萸开遍商场里的各个角落。

耐克是世界著名的体育休闲品牌，耐克城堪称膜拜耐克品牌的神庙，它们使用两个主题：体育馆主题和博物馆主题。体育馆主题利用铺装材料建一个室内的小篮球场，可见一斑。皮纳洛扎在提到芝加哥耐克城时写道："新世纪的旋律荡漾在体育鞋区，打网球和观众欢呼的声效使网球区生气勃勃，运动鞋与木地板叽叽喳喳的摩擦声、篮球入筐的嗖嗖声以及鼎沸的人声烘托着篮球区，让我忍不住想走过去打一场篮球……"店内供顾客们试穿篮球鞋的球场，不仅有光滑的木地板，还配有观众欢呼的声效。整个三层楼将近7万平方英尺的耐克城里，弥漫着MTV风格的音乐，大屏幕上放着许多经典比赛，像在电影院里一样，店里悬挂着代言人麦克尔·乔丹空中灌篮的巨幅海报。1996年，刚刚开业4年的芝加哥耐克城商店，超过艺术馆，成为当地最热门的旅游点，年客流量超过100万人。正如某些人所说的："有创造力的市场销售者模糊了市场和戏院的界限。"

4 商业空间景观铺装前景展望

1）科学应用铺装体现商业空间的时代性

随着科技的发展，新型的铺装材料，新式的施工工艺不断出现，商业空间铺装设计也趋于科学化，标准化。城市商业空间铺装景观设计既要重视装饰风格又要求地纹简洁、韵律明快、色彩丰富，更具时代性和流动感，切合当代人的生活习惯和心理需求。采用一些新型铺地材料和照明设施，如玻璃、金属板，引导了线灯带、光导纤维灯等，铺装与灯光相得益彰，相互辉映，丰富空间的独特艺术效果。

2）将生态理念灌入商业空间提高实用性

城市商业空间道路通常由大面积的硬质铺装构成，因而一个重大缺陷就是人为割裂了生态的竖向循环，比如雨水的循环，蚯蚓、地鼠等小生物的正常生活等。原先道路场地的有机自然状态也因为人为活动的介入而分裂破碎化。因此，在城市商业空间铺装景观设计的过程中应适当留缝、铺沙或镶嵌绿草等，在不影响正常使用的前提下尽量实现生态性要求。

透水透气路面，如透水性混凝土、透水性沥青、透水砖（见图6）、植草砖路面、吸声抗尘路面等节能环保铺地已经被广泛采用，可以改善植物和土壤、微生物的生存条件和生活环境，蓄养地下水，还可以增加路面湿度，减少热辐射，降低城市噪声，改善城市空间环境等。

图6 透水性路面

同时由于城市商业空间人流量的增大，运输承载的增加，传统路面铺装材料就其强度、平度和耐久性等方面，往往不能满足使用的要求。因此，城市商业空间铺装材料要求更坚固，更抗压，更耐磨等。

3）人性化布置铺装提升商业空间的舒适性

铺地图案的变化讲究呼应、和谐，并要有整体的规划。铺装图案的尺寸与场地大小有密切的关系。大面积铺装应使用大尺度的图案，这有助于表现统一的整体大效果，如果图案太小，铺装会显得琐碎。在园林铺装的应用中，一般通过点、线、形的组合达到实际需要的图案效果。有规律排列的点、线和图形可产生强烈的节奏感和韵律感、形状、大小相同的四边形反复出现的图案，如道路上的方格图案的铺装（见图7）会给人安静而有条理的感觉。同心圆和放射线组成的古典图案，产生韵律感的同时，具有极大的向心性。如果点、线、形的组合不遵循一定的规律而采用自由的形式，那么所形成的铺地就变化万千了。不同的铺装图案形成不同的空间感，或精致、或粗犷、或安宁、或热烈、或自然、或人工，对所处的环境产生强烈影响。

道路铺装不仅能够丰富城市景观，也可以反映城市的生活、文化和历史。城市商业空间铺装可以通过低雕、纹理、图案等具象艺术形式，通过隐喻、暗示、联想等手法来表达商业空间的意境和主题，体现商业空间的历史文脉和文化内涵，烘托气氛，抒发特定情感，从而引起游人的欣赏和共鸣，也是科普教育的一种独特的方式。

在一些纪念性的商业空间中，在道路的某一段采用石碑铺设的方式将刻有历史事件或人物生平文字的石板作为道路面层，可以让人们在行走的时候了解到这座商业空间所表达的特殊意义，具有主体性和纪念性。

4）主题化铺装明确商业空间文化性

由于商业的多元化以及市场的细分，城市商业空间的发展使商业形式向主题化、个性化的方向发展，早在政府大力发展特色商业区域之前，已经有很多开发商迫于市场压力早已迈出了转型之步，从铺装景观中入手，打造与商业空间文化相配合的主题，既本于自然，又高于自然，尽力把人工美与自然美相结合。

图7 有规律排列的铺装

有人为了抗议商业环境刻意营造的膜拜气氛和人在其语境下的主体迷失，在巴黎墙上写下标语："你消费得越多，你离生活越远。"为了易与环境调和，很多铺装必须在同质性上统一。但如同质性过强则会显单调补救这种缺点的办法是注重细部处理，在重点处着重用些具有强调效果的素材。采用对比调和也是解决矛盾的方法之一。如色彩方面可以通过色彩的冷暖和面积的大小关系获得色彩的对比印象，在色相、明度和纯度三者的关系中应寻求类似或接近，从而获得协调统一的色彩，并可用少量的色彩与环境产生色调的对比和变化，获得协调且富有变化的色彩效果。还有在同一种类型铺装内，尽量用不同大小材质和拼装方式的块料来组成。

另外还可将同一种材料处理成不同的质感，利用质感不同的同种材料铺地，很容易在统一中求得变化，达到和谐一致的铺装效果。小空间可在统一的前提下做细，要深入研究道路所在其他的景观要素的特征，以创造富于特色、脍炙人口的铺装来。欧洲许多著名商业空间其铺装都很简单朴素，只在重点部分稍加强调即可，同样达到预期目的，而且作为室外空间的商业街应以简洁为主。

5 结语

通过一系列的研究得出结论，城市商业空间的铺装设计不能脱离城市本身，铺装所形成的景观效果应当力求与当地的自然条件和文化相渗透，形成具有自身特色的商业空间，使其景观成为城市的一个重要窗口，能够直观地反映城市的自然环境、文化内涵及历史传统。

因此，改善商业空间的环境质量，铺装设计特色化已是商业空间环境发展进程中亟待研究的重要课题。而景观铺装（包括路面、人行道、广场、巨型建筑地坪等）能够表现城市商业空间的底界面的个性与生命，保证和提升城市商业空间的整体水平，满足人们对城市生活的增长要求。由此可见，对商业空间景观铺装的研究在目前来看有着迫切的需求和深远的影响。

（张文婧　朱永莉）

软硬质铺装设计与体验式商业空间的比较研究

铺装设计在体验式商业空间的营造中起着举足轻重的影响，日本景观大师都田彻曾指出“地面在一个城市中可以成为国家文化的特殊象征符号”。地面铺砖不仅在组织道路交通和美化城市地面上有突出贡献，而且在营造气氛和体现文化上也起着不凡的作用。然而，在中国作为新鲜事物的——体验式商业模式是什么，什么是体验式商业空间？如何营造体验式商业空间？还处在探索阶段，还存在很多疑问和不解。本文就体验式商业空间景观的硬质和软质铺装进行了一系列较为粗浅的对比研究。旨在为中国体验式商业景观中的铺装设计提供参考。

1 体验式商业空间的特点和含义

随着经济全球化的快速发展，中外文化的密切交流，社会生活方式的逐步交融使得商业模式进行了一系列的更迭。由最初的百货商店、超级市场、连锁店及Shopping Mall（大型购物中心）到适合这个时代特征的Lifestyle Shopping Center（体验式商业）。这种商业模式诞生于20世纪80年代的美国，1996年之后才得到广大消费者的认可，并得以迅猛发展。体验式商业相对于传统商业，具有些新的特点：第一，所有体验式商业都是开放式的，建筑形态人性化；第二，体验式商业空间的面积相对来说不大，商户是由比较高档的专卖店、餐饮和娱乐等多种元素构成，其中购物功能与传统购物中心相比，被明显弱化；第三，所有的体验式商业的设计要有氛围、独特、领先、时尚等。

而今，体验式商业的发展使得其形成了一个较为完整的体系和具有较为明确的定义。根据国际购物中心委员会（ICSC）对体验式商业的定义，这一商业模式是：“位于密度较高的住宅区域，迎合本商圈中消费顾客对零售的需求及对休闲方式的追求，具有露天开放及良好环境的特征。主要有高端的全国性连锁专卖店，或以时装为主的百货主力店，多业态集合，以休闲为目的，包括餐饮、娱乐、书店、影院等设施，通过环境、建筑及装饰的风格营造出别致的休闲消费场所”。这是一种融餐饮、文化、娱乐、休闲等为一体的互动式综合性街区的商业模式。

2　休闲式商业空间的意义

体验式商业模式作为第四代商业模式，不仅是一个新生事物，具有强大生命力，而且它的出现缓解了第三代商业模式出现的危机，带动了经济的发展和消费水平的提高，与此同时赢得了消费者的喜爱。在国内，人们对消费模式需求日益个性化和消费场所要求不断提高也是诱使体验式商业出现的两大原因。与一般商业不同的是，体验式商业更加注重消费的全过程，把重点放在为顾客创造愉悦身心的环境而不是单纯地提供消费者所需的丰富的商品。据相关资料显示，“在餐饮、娱乐、健身等方面，体验式商业目的不是为了让消费者坐下来休息，而是为了给消费者提供一个社交的场所，鼓励消费者在这里进行社交生活。”这就对体验式商业空间所能营造出的使人置身其中怡然自得的景观环境效果提出了很高的要求。

3　铺装设计在打造体验式商业空间景观性方面的作用

1）功能性

地面铺装作为景观空间的底界面，是人类活动的最主要界面，对活动的影响最大且是界定空间的第一要素，所以对地面的铺装设计是景观设计的重中之重。不论任何设计，首要目的就是满足人类的最基本使用需求，即满足其功能性，铺装设计也不例外。而体验式商业空间对地面铺装的功能性要求却不仅仅满足于其简单的使用性，例如，步行、通车、排水、防滑、健身等。

首先，体验式商业空间铺装设计在不论是在三维空间还是在二维平面上都能很好地起到划分空间的作用。其次，不同材质，不同色彩的有机组合，使得铺装在一定程度上能带给人方向感。良好的铺装设计能使人们置身其中不自觉地按照设计者事先设计好的路线进行浏览、休闲、娱乐、消费、社交等活动使人愉悦、放松、舒适、亲切的环境。

2）艺术性

在满足最基本的功能性作用的基础上，体验式商业景观地面铺装的艺术性作用不可或缺。诚然，我国现阶段大多数铺装设计对于以属性的表达还远远不足，对于艺术性所能发挥的巨大作用还不能很好地把握。例如，对地面铺装的平面构成形式和色彩构成形式考虑不充分。然而艺术性在提升景观空间的档次和提要艺术氛围上的作用却是十分巨大。把铺装材料的色彩、质地、线条、形状、节奏、韵律和图案等方面通过艺术性的组合能实现底面超越美观达到艺术品的境界，从而传达出丰富的内涵和情感。

3）文化性

文化性是体验式商业空间地面景观设计的重要特征。它表现在对传统文化历史的继承和对世界文化的去其糟粕取其精华，把抽象的文化通过具象的铺装表现出来。文化性的表达通常具备一定的主题，设计者围绕这个主题对包括地面铺装和环境因具有共同的文化而高度和谐统一。

4　软硬质铺装的景观性比较研究

一般商业空间与体验式商业空间景观的硬质软质铺装有很大差异，以下从硬质或软质铺装的功能性差异、艺术性差异和文化性差异三个方面进行。

1）功能性差异的对比

北京盈港SOLANA是典型的体验式商业，和传统的购物中心相比，在SOLANA连天白云代替天花板，自然清风代替了空调管道新风，原汁原味的欧式建筑、宽窄适宜的街道，再没有人潮拥挤的逼迫感，为消费者创造出了一个舒适迷人、富有亲和力的开放式购物环境，让消费者仿佛在数分钟内从拥挤的北京来到了浪漫典雅的欧洲。

更让人津津乐道的是，SOLANA蓝色港湾独有一条巧妙的8字形的动线，有地面铺装和空间的引导，消费者沿着这条动线行走，将不会错过SOLANA蓝色港湾的绝大多数店铺。在软质景观水景的设计中，强调与项目三面环水的天赋自然关系，在每个设计的细节都依据特定场所的环境、经验、意义和价值而构思，既有在动线节点上创造的局部水主题景观，也有作为自然景观的延伸，贯穿整个项目的整体水系，从而达到人与水的互动，实现视觉与水景的和谐关联，营造一个舒适迷人、富有亲和力的环境。

春熙路是成都一条历史悠久的、具有代表性、最繁华热闹的步行商业街。据《新周刊》推出的"中国商业街排行榜"，春熙路被誉为中西部第一商业街。始建于1924年，在2001年4月改造成功。全面改造过后的春熙路变得更加宽敞、地面由表面质感粗糙、奶污性强、透水性好且方便清扫的花岗岩与仿古地砖铺就，并铺以表现传统文化的铜质浮雕特色设计，在满足安全、树石、方便的基础上，具有历史感和特色性，不失为一件精巧的艺术品。

但是与SOLANA的地面铺装设计相比，春熙路的铺装较为单调，缺少变化，且在强调方向感与划分空间的功能性较弱。

2）艺术性差异的对比

在地面铺装设计的艺术性上，位于日本大阪的NamhaParks（难波公园）具有较高的成就。难波公园虽名为公园，其实是一座大型商业中心，就其外形来说似一座被绿茵覆盖的火焰峡谷，设计师创造了这样一个屋顶式花园的峡谷形态不仅仅是为了一个单纯的商业项目，更是希冀用巨大的开放绿地改善周围环境使其成为城市绿洲，吸引周边社区的人到这里观光、休闲、消费和放松身心。

这栋建筑本身就是一个完美的艺术品，内部空间的划分和利用更是绝妙，当然，地面铺装也是构成其完美的一部分。把朴实厚重的木质材料、纤细紧密的草坪和钢筋材质的护栏相结合而出现的碰撞来吸引人的眼球。再者，黝黑的木材与洁白的钢材的强烈对比更能突出中间青翠欲滴的草坪，停机坪模样的草坪也为这一块区域的铺装增色，巧妙地把硬质和软质铺装相结合，起着空间划分和引导路线的作用。

与之相对比的是全国最长的商业街——天津和平路步行商收街。被誉为"金街"的和平路商业街一直给人和谐的感觉，熙攘的人群、辉煌的灯火、鳞次栉比的建筑、五花八门的商品、时间与空间的交融、历史与文化的沉淀完美的融合，使人在此逛街也成为一种享受。改建后的步行街，在路口处铺以磨光花岗岩板材，点缀上青铜制的古钱币造型的大型铺装，细部刻画雷纹回旋图案，成为视觉的焦点。

但是就艺术性而言，和平路商业街相对于难波公园地面铺装设计缺乏个性，除了路口处的标志外，其内的铺装多是采用简单的条形排列，色彩单一，形状单调，不具有丰富的变化和艺术效果。

3）文化性差异的对比

在文化性的把握上，日本的难波公园的地面铺装设计也是十分出色的。雪白的椭圆容器、半球形种植的小草和厚重的木质铺砖设计把日本传统文化中的枯山水结合现代风格，以另类的形式表现出来。传统文化中以白沙为水、石为山，草木为林，而在难波公园里设计师别具匠心，为使景观兼具实用性和观赏性为一体，更好管理、风格统一，把传统文化融于现代设计风格之中，以木质铺砖为浩海，白色容器为陆地，半球形草皮为山林，让游客可以穿梭其中欢乐畅游。

武汉的江汉路步行街是汉口最繁华的商业区之一，集购物、休闲与旅游为一体。江汉路曾是清末英租界的"洋街"，实际上是华人与洋人的分界线。所以1 210米长的江汉路最耐看、最重要、最值得保护的就是道路两旁一字排开的各式建筑：罗马风格、欧陆风格、拜占庭风格、文艺复兴式、古典主义风格、现代风格……汉江路不仅仅是一条路，在武汉人眼里，这是一段记录着武汉百年风云的历史。因此，在汉江路的改造过程当中，设计师注重对历史文化严格地把握，提出了一个颇为大胆，却十分合适的设想——用石头"铺"出了江汉路的历史韵味。

为迎合周围建筑环境的需要，设计者主要使用暖色调的材料。且通过不同的材质和不同的色泽来表现光与影的变化。"江汉路新生广场的构思匠心独具，骆驼红、进连红配上兰麻和印度红，并点缀以印度白，呈放射状层次铺开来，让人看到一种银瓶乍破、凤凰涅后新生的形象。江汉二路节点以芝麻白、印度白、金花米黄为主铺装出武汉市市花——梅花，取梅花盛开时的美丽寓今天江汉路的兴旺。而芝麻白、金花米黄、芝麻灰三色的巧妙组合，则自然地表现出江汉三路节点的主题——日月同辉"。

难波公园的铺装设计具其意而不具其态，文化性上融合古今，且在舒适性上更称一绝，不仅在视觉上给人以美的享受，在文化上给人以雅的感受，更是在心理上给人以适的感觉；而江汉路的铺装设计仅仅是在追溯历史，追寻其辉煌的过去，却没看到当前，不具备现今的时代特征，于舒适性上的体现也是平平。

5 上海体验式商业空间铺装的对策

通过以上三个方面的对比研究得出结论，上海体验式商业空间的铺装的设计必须是以营造舒适、健康、安全的环境为目的，具有科学性和实用性、人文性与舒适性、生态性与人性化、创意与个性、趣味性和亲切感等方面特性的铺装设计。

1）硬质铺装

通过以上的对比研究可以看出，体验式商业景观中硬质铺装的设计比一般景观空间的硬质铺装更适宜人在此游憩。而对于上海如何进行体验式商业空间硬质铺装景观的营造，有以下3个方面对策：

（1）功能性：注重对科学性和实用性的把握。一系列的环境问题，唤起了我们对于城市环境的关注，科学的发展恰巧给提供了一个很好的机会解决。例如：位于西班牙北部的巴塞罗那，硬质铺装景观运用了大量的透水土石材料，产生了良好的生态效益，缓解了城市的环境问题，是科学性和实用性的完美体现。

（2）艺术性：充分考虑硬质铺装的结构形和节奏韵律等方面，即把铺装材料的选取、色彩构成、平面构成的应用相结合。

（3）文化性：人文性与舒适性相结合。在体现城市文化与历史的同时，注重对舒适性的营造，把文化，美感与人的心理需要相结合。

2）软质铺装

水是园林景观中最富变化的造景元素，而植物，即是景观季相变化的重要体现，又是文化生态性的重要载体。因此，在上海体验式商业空间中应十分为注重对软质景观的应用，并以此来创造出更为生动活泼的、富有趣味的商业景观。在对软质景观设计中应做到以下几点：

（1）功能性：要做到生态性与人性化的同意，以生态理念为指导和以人为本为核心。在营造体验式商业空间软质景观铺装时，不仅要满足于人的需要，更应该注重在此区域的动植物的多样性，充分保障物种的多样和和谐、生存与发展。

（2）艺术性：注重创意与个性。水体无形，设计师可以任意赋予其形态，再搭配景观、协调设计中起着不可或缺的地位。并且把立体构成设计结合植物、山石、建筑和灯柱等用创造性的思维强调出该体验式商业景观的个性。

（3）文化性：注重对趣味性和亲切感的营造。就以日本景观设计师佐佐木叶二基町Credo中的交流广场的设计为例，设计时充分运用了地面铺装的趣味性，在广场的铺装图案上做了处理，这些处理手法是城市空间尺度越来越接近人的需要，而且把与周边环境的过渡分成几个阶段进行细化，创造出一种渐变的过程，接近了广场和人的距离，突出了交流广场这个设计步骤。

6 结语

铺装景观作为城市的下垫面、作为体验式商业空间景观中不可或缺的一部分，在美化环境、保护环境、营造景观中具有十分重要的作用。商业景观中大多数的铺装设计只注重最基本功能性。而不注重艺术性、文化性和生态性从而影响了整体景观，破坏了生态环境。所以，必须唤起国内景观设计对于铺装设计的重视，让人们明白铺装景观不仅在传统商业空间中的作用巨大，在体验式商业空间中也同样重要，从而使铺装设计重新回到丰富多彩、结合文化、生态平衡的境界。

（陈霜霜　张建华）

浅谈创意商业街硬质景观的构建

美罗城地下一楼的“五番街”位于徐家汇商业区，是上海极具代表性的日式风格创意商业街，产品主要以日本品牌为主，例如PEACH JOHN、ZOFF眼镜店、Tutuanna、3Segami等品牌店以及日式美食小吃铺Razzle Berry、神户六甲牧场、花丸乌冬面等。2010年8月开业，开业首月，就获得了排行大众点评网“本周最热”的第一位，它拉动了美罗城营收入的成倍增长，在2012年2月，五番街获得了上海企业名牌的称号，并获得了上海市商业创新奖。五番街的成功源于它现代时尚舒适的商业景观环境，不少游客因此前来消费，对其极具特色的硬质景观的研究，能够为今后打造更具特色的创意商业街提供重要的参考与借鉴。

1 五番街硬质景观构建现状

1）景观材料

五番街的硬质景观环境时尚现代、设计人性化，给游客营造了一个舒适温馨的购物环境，它是一个以日式风格为主题的消费购物商业空间，在硬质景观的设计上亦是突出日式风格特点为主，给消费者一个真正体验日式主题的购物环境。硬质景观在选材上主要以石材、木材、塑料、金属、玻璃等为主要材料（见表1），不同材料巧妙搭配，形成了丰富的空间环境；材料的用色上，主要是以高级灰色为主。例如白色、灰色等浅系色的应用，营造了现代柔和的氛围，调和的色彩给游客舒适的视觉感；材料的搭配使用上主要有两种形式，一种是同一种材料应用在不同的地方，例如金属材料既用于铺装，又用于制作景观小品；另一种是多种材料应用于同一个地方，例如地面铺装同时用石材、金属等材料拼接组合。不同材料的多样组合让整个购物空间既丰富变化又和谐统一。

表1 五番街硬质景观应用材料简表

材料种类	材料类别	颜色	应用形式	景观特点
石材	地砖、花岗岩、弹石、陶面砖、石膏	灰色、白灰色、深灰色、浅黄色	地面铺装、景观墙体、景观小品	庄重、美观、大方之感
木材	软木、硬木	浅黄色	景观小品、铺装	亲切的自然感以及舒适的触觉感与视觉感
塑料	通用塑料、工程塑料	白色、绿色	景观小品、绢花	柔和现代的视觉感
金属	不锈钢、铝合金	银色	景观小品、铺装	现代时尚感和科技感
玻璃	钢化玻璃	无色	景观墙、景观小品、铺装	通透性强，给人视野开阔以及清爽的感觉

2）步行环境

五番街硬质景观步行环境主要由地面铺装、栏杆、景观墙等几个部分组成，它们在材料、颜色、质感上相互协调搭配，营造了一个集安全性、舒适性、艺术性于一体的步行景观环境。铺装主要使用以石材为主，将石材中浅色系的花岗岩、弹石、瓷砖铺成大面积不规则形状，再用黑色线形瓷砖将大面积铺装连接在一起，线性瓷砖不仅让空间显得现代时尚，还起到了引导游客视线的作用（见图1）；五番街的栏杆主要使用了塑料与玻璃材料，设计简洁时尚大方，安全性高，用色淡雅，符合周围环境的用色，消除游客的视觉疲惫（见图2）；五番街的景观墙处理比较成功，用材丰富，装饰与使用功能相结合，极具创新性的景观墙丰富了商业街的立体空间，景观墙的种类有以下几种类型（见表2）。

表2 五番街景观墙的类型简表

景观墙类型	艺术型	功能型	掩饰型
组合元素	a. 石材饰面＋金属提示标志＋灯光 b. 瓷砖饰面＋金属置物架＋绢花	单色涂料饰面＋创意门窗	石材或瓷砖饰面＋安全设备或门帘缝
创新点	多种元素多重组合，例如将灯光融合在景观墙中，为空间营造了意境；绢花用于墙壁立体绿化，营造清幽的环境	集合景墙的艺术性与功能性于一体，游客可以通过景观墙窗看到商店内部	将必要的安全设施或是不美观的装饰硬件掩藏在景观墙内，美化了景观环境
景观墙类型	科技型	居家型	文化型
组合元素	瓷砖饰面＋液晶屏	浅色涂料背景＋仿制门＋仿制窗	文化壁贴＋主题标志＋微缩景观
创新点	把液晶显示屏镶嵌在景观墙中，不仅让墙面变得动感，还向游客传递了最新的产品信息	仿制建筑外部的景观墙，融入门窗等元素，营造了居家的购物环境，让游客感到亲切与温馨	用富含日本文化的樱花壁纸结合日本特色石灯笼微缩景观，向游客传达了日式主题的购物环境

图1 五番街地面铺砖

图2 五番街栏杆

图3 景观小品石灯笼

图4 景观座椅

3）景观设施

五番街的景观设施完备，主要由景观小品、座椅、照明、信息标志等几部分组成，设计时尚，布局安排合理，集文化、居家、安全、人性等特点为一体。五番街景观小品蕴含日本文化内涵，颇有意境，让游客充满了遐想空间（见图3）；座椅造型创新（见图4），强烈的设计感吸引游客的眼球，让游客驻足休憩观赏，有的座椅与植物元素相结合（见图5），集合了艺术性与生态性于一体，座椅合理分布在商业街不同的位置，充分考虑了游客的休憩需求，布局人性化；景观照明把暖色灯光与冷色灯光相结合（见图6），在商店内主要用暖色灯光，营造了温暖的氛围，在商业街外部，特别是顶部主要用冷色灯光，营造清爽的环境，扩大了空间，让游客仿佛置身室外商业街，环境更加自然，不会因置身室内而感到压抑。

4）活动场所

五番街不仅为游客提供了“吃与购”的环境，还提供了“玩”的空间场所（见图7），主要有以玩电子游戏为主题的游艺城和体验新型产品的休闲活动区，游艺城为游客提供了例如“抓娃娃”、“投金币”、“模拟投篮”、“音乐魔方”、“模拟驾驶”等多种游戏，为孩子和青年提供了更多有趣的活动场所，在商业街的中庭区域设置了体验新型保健品区域（见图8），为更多成年人及老年人提供了保健产品信息以及聊天交流的活动场所，富有创意的休闲活动场所是商业街重要的组成部分，它能吸引更多游客前来体验。

图5　生态座椅

图6　景观照明灯光

图7　五番街游艺城

图8　保健产品体验区

2　美罗城五番街改进意见

1）增加室内绿饰植物，营造生态化购物环境

五番街绿化装饰多以绢花等塑料植物应用为主（见图3、图4、图9、图10），真正生态植物种类少，主要是凤梨、富贵竹、绿萝等几种少数室内观叶植物，搭配单一，配置方式主要是以盆栽放置为主，室内绿化环境不够科学生态。在室内商业步行街中，空间相对室外比较封闭，空气流通性差，让人感觉到沉闷，一些装饰材料还会释放出对游客有害的有毒气体，如甲醛、苯等。因此在室内商业空间中配置更多吸收有毒气体，净化空气的绿色植物变得至关重要，根据美国航空航天局（NASA）的B.C.Wolvertiond对关于净化室内空气植物的研究结果表明，在24 h照明的条件下，1 m^3空气中，芦荟可以吸收90%的甲醛，常春藤可吸收90%的苯，吊兰可吸收96%的一氧化碳、86%的甲醛，龙舌兰能吸收70%的苯、50%的甲醛和24%的三氯乙烯。能吸收有害气体的室内植物有很多，可以按照需求进行选择（见表3）。此外，一些景天科、龙舌兰科及仙人掌科的植物不仅能吸收二氧化碳，还能释放出氧气使环境中的负氧离子浓度增加，对人体大有好处，室内绿饰植物不仅能净化空气，还能够装饰商业环境，增加艺术韵味，吸引更多游客。

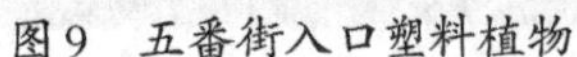
图9 五番街入口塑料植物

图10 柜台装饰绢花

表3 吸收有害气体的植物种类简表

室内有害气体	可选植物种类
双氧水（H_2O_2）	天竺葵、秋海棠、兰花
铀等放射性气体	紫菀、鸡冠花
氯气（Cl_2）	米兰、红背桂、棕榈、山茶、菊花
甲醛	芦荟、虎尾兰、吊兰
重金属微粒	天门冬
氟气（F_2）	金橘、石榴
氟化氢苯（HF）	常春藤、月季、蔷薇、芦荟、万年青、吊兰、无花果、仙人掌
硫化氢（H_2S）	月季、羽衣、甘蓝、樱花
二氧化硫（SO_2）	美人蕉、石竹、无花果、菊花、向日葵、黄杨

2）引入文化交流活动，体验主题化购物环境

五番街是一个以日式风格为主题的商业购物街，有很多日本著名品牌的产品。例如PEACH JOHN、ZOFF眼镜店以及日式美食小吃花丸乌冬面等。它们虽然属于日式特色文化的一部分，但这些只是静态的传达了日本文化，只有了解这些品牌的有限人群能够体验到日式文化的内涵，对于一般大众，五番街购物景观空间以及娱乐活动并不能让游客深刻明显地体会到日式风格文化的独特性与魅力。例如五番街内的游艺园与其他商业街的并无太大差别，因此应该引入更多文化交流的活动项目，让游客通过动态的方式了解体验日式风格的主题购物。商业街的主题文化可以从品位文化、环境文化、讯息文化、伦理文化、管理文化、营销文化等多个方面来创新利用，并与休闲购物的活动相融合，让游客动态深刻地体会到主题文化的趣味。例如在商业街中可以划分出一块空间，定期举办文化节让游客真正了解各个日式风格品牌的来源以及日本相关的樱花、和服、俳句与武士、清酒以及茶道花道等文化。传达文化的形式可以结合娱乐休闲项目来设计，例如让游客穿着和服参与茶道，花道的体验学习，或是购物就赠送日语书籍等。在商业街景观打造上，可以引入日本特色的微缩景观"枯山水"，为购物环境营造"禅"的意境，让游客在购物之余可以拥有遐想空间，深刻体会日本文化的内涵。只有从商业街的景观形式与商品内容上融入日本文化，才能真正体现出"日式风格"的主题，吸引更多的游客。

3）改善基础活动设施，展现人性化设计理念

五番街是市内商业街，为游客提供"吃、购、娱"的消费休闲空间，在商业街的基础设施设计上应

该遵循“以人为本”的理念，为游客提供舒适、温馨的环境。基础活动设施包括购物环境通风采光的设备、标记指示牌、入口、盲道、灯光、休憩等几方面。在室内空间相比室外空间而言比较封闭，不能利用自然光与通风条件，人流造成空气混浊，容易让人变得烦闷并产生压抑感。五番街地处室内，亦存在类似的问题，为了避免上述不良情况，应该根据人的生理需求，加强基础设施建设。例如通风、采光、除湿等的设备，创造良好的人性化自然购物空间环境；例如可以将五番街高层建筑的顶棚（见图11）改建成露天天井，不仅可以采光，还可以通风；五番街的指示牌不够明显，指示牌放置位置不科学，例如店面分布图置于商业街中部，按照游客的需求，应该将它置于入口处，让游客一进入商业街就能一目了然地了解到商业街店铺的分布，从而有目的有选择性地进行购物消费；根据马斯洛人体需求理论，人的需求是从生理需求到安全需求，因此在商业空间中合理人性化地安排休憩座椅很重要，它能及时消除游客的疲劳感，并且提供了游客交流的空间。五番街休憩座椅安置在商业街中间（见图12），这样的安排不符合人在公共场所的心理需求。在公共空间，人希望在相对有更多安全感的隐蔽空间休憩，其实在店铺与店铺之间的边界区域安置座椅才是满足心理需求的人性化设计。其次座椅数量较少，不能满足更多的游客驻足休憩的需求，应该根据游客数量，安排足够数量的座椅；五番街人行交通路线呈“L”形，流通性好，但道路缺乏盲道设计，没有兼顾到残疾游客的需求，欠缺人性化设计，五番街需要改善基础活动设施，展示人性化设计的理念，才能吸引更多游客前来购物消费。

图11　五番街建筑顶棚

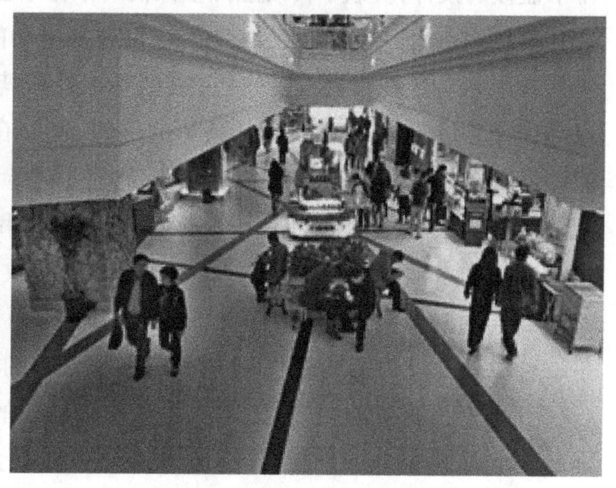

图12　五番街休憩座椅

五番街在硬质景观的设计上虽然存在一些不足，但总体上还是一条比较成功的创意商业街，在硬质景观的构建上有很多值得借鉴与学习的地方。在未来创意商业街的发展中，硬质景观的构建对商业街的成功与否起到关键性的作用，具有良好生态的购物景观环境及蕴含文化内涵的人性化主题创意商业街会获得更多游客的欢迎与青睐。

（胡　丹　张建华）

休闲型餐厅铺装的创意设计

随着人们生活步伐的日益加快、消费水平与收入比例落差的增大，幸福指数的衡量标准逐渐失去原来的重心。休闲景观，已成为现代城市中不可或缺的一部分和人们内心对于生活品质以及幸福与否的重要评判标准。人们会通过去商场、饭店、游乐场、酒店等场所，实现在繁忙后的休闲需求。但在目前的商业活动中，常存在着忽略休闲景观的现象。事实上，通过把休闲景观的定义引入商业，可使人在购物消费的同时体会到园林所带来的魅力，并反过来刺激消费。在欧洲，设计师和开发商都很重视商业中休闲景观的重要性。而铺装是商业休闲景观打造中极其重要的一环。

1 休闲商业景观中铺装的应用

对于铺装来说，用什么样的材质、颜色、风格等则是一个看似细小却又有着大讲究的问题。怎样增加环境的趣味性，怎样与植物搭配更加活泼，怎样具有分区向导功能等问题都是看似简单却在真正实施过程中极易忽略和表现的困难问题，但却又是设计成功与否的一个硬性标准。

1）铺装在商业综合体中的实例应用

深圳华润万象城，作为在中国具有示范效应的超大型商业综合体，其包括了商务、休闲、娱乐、餐饮等功能。其在硬质景观——铺装上的风格相当独到、样式丰富，整体上形成了一种大气、整洁、稳重的效果。

铺装设计上，商场敞开面对一些城市主干道的一面，铺装材料选择上侧重为以深灰色系的花岗岩为主，这样的材料会让人的视线转移到色彩更为缤纷的沿街商业上去，能突出商业中的重点部分。尤其是排水盖板的设计，突破了传统层面上人们对于排水盖板的沉闷感觉，让人有眼前一亮的感觉（见图1）。

其创意设计在于：① 流线型镂空板宛如流动的水一般，让人感觉到它的跳动。② 排水盖板两头的长条形灰白色花岗岩为其收边，能把排水处和其他地方很好地区分开来，同时又能起到局部视线焦点的作用。③ 其摆放呈现出长条形的趋势，能够在使视线聚焦的同时具有方向感。④ 流线型的设计能够增加与周边植物的呼应、增强人们的视觉体验性。⑤ 对于整体外空间来说，排水盖板还有分割空间的作用（见图2）。因为整个采用大块芝麻灰色和小块的青灰色广场砖组成的下沉式广场铺装，因中间被这条排水板阻隔着，从而形成了一种疏密有致的铺地感觉。

商场面对休闲商业街与相对高档酒店的一面，其入口广场铺装，令人赞叹。在这里，铺装不再仅是一种烘托环境的工具，而是能够让人感受到它的灵魂和生命力的设计。

其创意的成功之处在于：① 由于入口广场的空间较大，所以铺装的设计方面着意于形式感的表达。它运用ATRDECO的碎拼风格，讲究切割上的形式美，不断地重复出现增加了人的视觉记忆。② 形式美的创意给人一种轻松惬意的感觉，让环境跳跃灵动起来，打消了下沉式的环境所带来的沉闷感。③ 不同颜色的小砖能够与后面建筑的颜色相呼应，作为点睛之笔，让人感觉到空间的统一感。

图1 利用弧线的创意设计，将环境变得活跃起来

图2 排水板形成的弧线和谐的将两区域分开，增加环境乐趣

商场铺装的设计上，非常重视与植物方面的设计呼应。突破了传统的简易设计，从而能让人感受到设计的精巧感。不规则几何花坛的外围进行了折线设计，并利用两种不同的材质进行合理的区分，体现了整体的和谐之感。而当植物是采用列植的方式时，通过铺装体现出其统一性，给人一种连续柔滑的感觉，起到将一株株散点植物归为一体的作用。

2）铺装在商业综合体中应用的结论

深圳华润万象城这一实例的铺装应用过程中，不难发现，设计师打破了人们以往对于铺装的简单理解，而使铺装变得有据和生命力。

（1）在铺装总体设计方面，其形式简洁、统一，色彩运用较为稳重，体块较为清晰，让人感觉舒服怡然。在购物休闲的同时也能放松一下心情，人们可感受设计的生命性与灵魂性，这也是现代休闲创意景观的一个重要因素。

（2）在铺装细部方面，每块铺装都有自己的风格，互相衬托形成一个个亮点，每块砖其特有的方向与形式表达了设计师对休闲的理解。

（3）在与建筑的配合方面，重视整体感设计，并能够在视线上起到拉伸的作用，而不再只是单单停留在水平视线上。遵循铺装颜色与建筑相统一的原则，使整个商业空间的环境档次变高。

（4）在与植物等环境因素的呼应方面，铺装的形式感与其相统一，能够柔化植物种植方面的单一性与区域性，使整个效果更加协调和饱满。

2 将商业综合体中铺装对打造休闲餐厅的启示

通过对商业综合体案例的分析，不难发现这些室外空间的铺装设计同样也适合于在餐厅的铺装创意，如：室内空间若打造灵动感较强的环境，铺装可选择碎拼的手法，并使碎拼色尽量与周围墙体、座椅等实物相搭配；若要指引人们的走向，则可在两块大致相同的铺装中间加上不同材质或者不同颜色的铺装形成一条由特别的铺装所引导出的路线等。而对于室内空间来说，色彩的把握更加重要，因为在室外很少有很大体块的亮色系铺装出现，但是在室内，往往可以根据不同的风格要求进行大体块的亮色系铺装搭配，而这也成为一个休闲餐厅创意设计成功与否的关键。

在经济越来越发达的现在，人们对于休闲的需求也越来越高，而对于餐厅来说，什么风格、什么主题已不再是很特别的方面。而风格、主题与铺装进行合理搭配却可显其独特之处。

1）中式餐厅

中式餐厅往往希望能让人感到古朴、优雅、稳重。这与中国传统文化中人们对于生活品质的要求一脉相承。精致的茶具、中国味十足的柱子、几个灯笼等很是让人陶醉。但这一切都需要铺装进行互衬才能体现出其品质。在这种氛围下，铺装往往需要选择的是暖色调，花纹自然复古，有着一点时代感的设计。当然，在不同的空间划分中，铺装的选择也要多样性。

2）生态餐厅

当人们越来越忙着赚钱享受的时候，其内心对好的生态环境的需求就更强烈。生态餐厅也应运而生。生态餐厅中最显著的特点就是植物装饰，而商家往往选择摆放假花、假树来迷惑众生。这不仅由于真的花草打理麻烦，资金消耗过大，更主要的是没有好的铺装设计。如果能够创意地进行铺装设计，合理规划设计出一定的种植空间，才有可能通过最真实的花草树木，让消费者感觉到一个最真切的生态环境。

生态餐厅中的铺装一般在选材上不宜过于花哨，主要需要防滑、耐磨、坚固；色彩上尽量以自然的干净色系为主，能让人感觉幽静、清新。铺装的形式也应时时附有变化和动感，如结合汀步、石子路等，增加乐趣。

在与植物配合方面，应灵活对待，什么样的植物配合什么样的铺装、什么样的盆栽放在什么样的铺装上，都必须进行设计。如像红掌这类色彩鲜艳但枝叶不那么茂盛的盆栽植物，铺装的选择就应该搭配色彩较为淡雅，质地较为平滑的材料，这样才能凸显其艳丽的色彩和简单的枝叶。在转角或中心位置，其铺装的材质或是颜色等方面也应该是不同的，这样才能提示可能由于被植物所阻挡而不能清晰看到的转弯等，以免带来不必要的伤害。

3 小结

总之，在休闲型铺装设计中，以下三方面的理念是值得重视的。

（1）在现代休闲餐厅中，铺装的设计不单单要考虑其材质、尺寸、色彩，还应根据环境的需求进行调和。设计师不能只简单地了解铺装的定向应用，还应该将其与植物、建筑、水体等环境因素联系，互相映衬，互相搭配。而设计所需要的外界参考物并没有定性、定量，只有因地制宜，以整体为前提并能设计到细微处，这样才能让人们从设计中体会到设计师的心意与思想。

（2）在做创意设计时，视线不能只单一地停留在如室外还是室内，而不知道变通的将其看为一个不容拆分的整体。事实上，每个成功的设计都有其不变和通用的精髓，只要运用得当就能举一反三。设计师不能局限自己的思维，而应多思考，无论是什么领域都应该互相渗透，互相运用，这样才能称得上是一个成功的设计。

（3）在现代思想的引导下，人们越发重视建筑与生态环境的和谐共生问题，人们不再死板地认为商业空间中只有商业活动，生态也已成为不可或缺的商业环境衡量标准。因此，商业空间在重视休闲和经济效益的同时，其空间设计还必须做到节能、低碳、环保。从而更好地体现人性化、多元化以及艺术化的发展趋势。

（王紫君　张建华）

商业空间中墙体景观化

1 绪论

墙体在过去一般都采用砖墙，石墙，这类墙虽然很古朴，但是与现代社会相比，已显得格外地不协调。随着时代的发展，墙体已经不单单只是一种防卫的象征，它更多的是一种艺术感受。但是，尽管很多城市和地区已意识到了墙面景观营造，一些园林机构和绿化企业也积极开展相关新技术、材料研发来创造墙面绿化，但是墙体景观仍未得到大规模普及和应用。涂鸦作为一种新兴文化，受到了不少年轻一代的追捧，涂鸦的出现也为墙体增添不少生趣。尽管如此，由于涂鸦存在的一些不规范的因素，其与城市管理之间存在着冲突，因此在我国的不少城市，涂鸦已经被明令禁止。虽然在一些城市中推出了“涂鸦墙”，如北京、上海、广州、郑州等。但是由于很多涂鸦者往往是超范围进行涂鸦，这使得涂鸦与城市管理之间的矛盾日趋严重。

商业空间的景观设计虽然在景观中的规模不大，但是由于商业空间的使用率越来越高，商业空间越来越受到景观行业的重视，它的地位也越来越重要。墙体作为景观中重要的元素，在商业空间中的景观化研究显得尤为重要。所谓墙体景观化即通过绘画、雕刻、绿化以及科技等手段对墙体进行美化与改造。因此，针对国内外的现状，分析国内墙体景观化存在的不足之处，如何更加绿色、生态、经济、文明地建造墙体景观仍然是值得我们研究的课题。

2 商业空间的概述

1）空间的定义

"空间基本上是由一个物体同感觉它的人之间的相互关系所形成的"。人会有空间感产生是因为空间是具有形态的，空间的形态要素同时也是空间的限定要素，当形态要素按照一定的组织关系构成空间时，同时也有了围合空间的实体。正是有了实体的围合与限定，空间才能被度量，才有了体积，从而被人们所感知。而空间的大小、形状、围合方式以及限定要素的数量的不同都会形成不同的空间。

2）商业空间的定义

商业归根结底就当是交换。"随着生产力的发展，商业活动也由非定期到定期，由赶集成为集贸，由流动的时空进至特定的时空"。而商业空间就是在这些活动过程中所需的各类空间形式。

商业空间是人类活动空间中最复杂最多元的空间类别之一。商业空间，基本是由人、物及空间三者之间的相对关系所构成。其中人和空间的关系，在于空间为人提供了活动所需机能，包括物质的获得、精神感受与知性的需求；人与物的关系，则是物与人的交流机能；空间为物提供了加置机能，多数的"物"的组合又构成了空间，多数大小不同的空间更构成了机能不同的更大空间，由于人是流动的，而空间是固定的，因此，以"人"为中心所审视的"物"与"空间"，便产生了最多元化的商业空间。

3 商业空间中的墙体

1）墙的定义

墙在建筑学上是指一种重直向的空间隔断结构，用来围合、分割或保护某一区域，它是建筑设计中最重要的元素之一，早在远古时代，墙的产生源于人出于本能需要一个能被保护的空间，同时在活动中也需要一个限制和分隔的构件。在古代典籍中，墙有墉、垣、壁等多种称谓，《释名》曰："壁，障也，所以自障蔽也；垣，援也，人所依阻觉得援卫也；墉，容也，所以蔽隐形容也。"古代的墙十之八九是以土筑墙，所以与墙相关的字皆从土。

在中国几千年历史中，墙作为中国古代城市规划不可或缺的主要元素，呈现了墙壁、院墙、城墙，甚至万里长城，在中国园林雏形的帝王苑囿、民间园圃里，一圈圈代表墙垣或藩篱的象形，足见"园墙"早已有之。墙最初的形成原因与防有关，除了防风与风沙所形成的宅墙，还要防来自外民族的入侵，于是便产生了具有防御和阻遏距离内外功能的高墙。作为世界文化遗产之一、闻名中外的万里长城就是春秋战国时期，各国诸侯为了防御别国入侵，修筑烽火台，并用城墙连接起来，以后历代君王几乎都加固增修而形成的，之后墙被广泛地应用在了园林之中。明清阶段，墙体在园林中的地位达到了极点，明朝著名造园家计成编著的《园冶》中有这样的记述："凡园之围墙，多于版筑，或于石砌，或编篱棘"；"如内花端、水次、夹径、环山之垣，或宜石宜砖，宜漏宜磨，各有所制，从雅尊时，令人欣赏，园林之佳境也。历来围墙，凭匠作雕镂花鸟仙兽，以为巧制，不第林园之不佳，而宅堂前何可也。"

在园林中，墙是再平常不过的景观墙构成的建筑，围合了空间，但不论是对建筑或者是空间来说，墙只是一种手段、一种工具。它似乎很少能被大家所关注。墙自身拥有众多属性，这些属性以及各属性之间的相互关联，使其成为空间建构中重要的分隔实体。墙是一种"可进可退"的景观，它既可以成为空间的焦点，同时也可以作为背景存在！

2）墙的作用

墙作为日常生活中最为常见和最为重要的建筑形式，具有重要的作用：

其一，作为建筑物的外维护结构，需要提供足够优良的防水、防风、保温、隔热性能，为室内环境提供保护；

其二，墙是建筑师进行空间划分的主要手段，来满足建筑功能、空间的要求。它对空间有着明确的围合与限定作用；

最后，墙体本身就是一种景观，通过材质、形式、尺度可以刺激人们的视觉感知，从而更好地体现出意境。

3）商业空间中墙体的应用形式

墙根据材料、形式和功能的不同，可以分为很多种类，在商业街中主要应用形式可分为景墙、矮墙、围墙与建筑外立面墙这几种形式。

（1）景墙。

景墙是园林中常见的小品，它的形式不拘一格，因需要的不同，景墙的功能也不同，材料也是丰富多样。近年来，景墙在城市景观中的应用越来越广泛，许多城市都将景墙作为建设城市文化和改善城市市容的重要方式。

（2）矮墙。

矮墙是对环境外边界的处理手段之一，矮墙会使小环境具有较强的封闭感，它对空间界限的划定也最为明显。墙的高度和布置方式的不同，也会创造出不同的空间感，由于矮墙的空间界限很明显，因而在需要完全分离两个空间时，常常采用矮墙作为划分手段。

（3）围墙。

围墙在建筑学上是指一种重直向的空间隔断结构，用来围合、分割或保护某一区域，一般都是围着建筑体的。

（4）建筑外立面。

建筑外立面，指的是建筑和建筑的外部空间直接接触的界面，以及其展现出来的形象和构成的方式，或称建筑内外空间界面处的构件及其组合方式的统称，一般情况下建筑外立面的所指包括除屋顶外建筑所有外围护部分，在某些特定情况下，如特定几何形体造型的建筑屋顶与墙体表现出很强的连续性并难以区分，或为了特定建筑观察角度的需要将屋顶作为建筑的"第五立面"来处理时，也可以将屋顶作为建筑外立面的组成部分。

4 国内外墙体景观化的研究现状

1）国内墙体景观化现状

国内方面，随着对环境建设意识的不断增强，国内很多城市目前都已实施墙面景观化建设，其建设形式也在不断地更新。在墙面绿化建设中，尽管很多城市和地区已认识到墙面绿化的优越性，一些园林科研机构和绿化企业也积极开展相关新技术、材料研发，但是墙面绿化仍未得到大规模普及应用。其原因主要有两点，首先，墙面绿化建设和维护成本过高，尤其是绿化的后期维护，需要耗费一定的人工与管理费用。墙面绿化的特殊性也决定了其在建设过程、构建材料、施工机械、施工流程等方面和地面上的绿化建设是存在很大的差别的，建设和管理工作非常复杂，要求也非常细致。其次，墙面绿化种植空间局限性大，生长基质有限、水热条件差、植物生长朝向不同这些自身的特点，导致了墙面绿化稳定性和耐久性为薄弱，临时坚持墙面景观效果难度高。还有一些城市也开始将文化植入墙体，打造具有当地特色或者是代表着某种文化理念的文化墙。

2）国外墙体景观化的现状

国外方面，国外一些城市所谓的"墙"，或是雅致的栏杆，透空的铁丝网，或是生趣盎然的绿墙；

建筑物在“墙”内若隐若现，不破坏城市的环境整体美，不剥夺市民的视界空间所谓“绿色围墙”，就是利用植物代替墙体。不同于墙面绿化，很多的商业空间开始将墙面的景观化转向广告艺术。例如位于纽约唐人街最繁华地段的这座6层混合用途建筑是ABS Partners地产公司和First Pioneer地产公司开发的，设计者是纽约的Studios事务所。为了迎合周边建筑热闹和自由的特点，这座建筑的设计为将来的承租人提供了灵活性，其立面也可用于投放商标广告。立面采用了集成式数字“皮肤”，白天晚上都可以播放文字和图像。媒体立面用水平条带的液晶制作，不会影响承租人的视线。相反，它更像是一条水平的窗户遮挡物。它与外部的幕墙连接，可减少太阳能的吸收，以及落地玻璃窗所引人的刺目阳光。建筑的二三层是单个承租人的零售空间。由于它位于街角，将吸引更多的顾客进入。办公室的承租人将通过建筑后面的另一个大厅进入，无论单个承租人还是多名承租人都可以很好地利用这一空间。

5　商业空间中墙体景观化方式研究

随着经济的发展与社会的进步，人们对生活的需求已不仅仅只限于衣食住行方面，如今的人们在追求物质需求的同时，更注重于精神文化领域的需求。现如今，购物已经渗透到了我们的日常生活中，商业空间不再只是狭义上的商品买卖进行物质交换的场所，它已经成为一个为人们提供娱乐，消遣烦闷的休闲场所；它是一个充满时尚与品位的场所；一个让各界名流聚集在这里竞相展示社交才华、个人魅力的场所。商业空间不再是简单意义上的空间概念，它是一个社会的范畴。商业空间的文化代表着它所在的城市的面貌。基于国内外目前在墙体景观化领域的研究成果与现状，本文对商业空间中的墙体景观化提出以下几种方式：

5.1　墙体文化

墙体作为商业空间中的一部分元素，墙体所展现的文化能够很好地反映出商业空间的文化内涵与品位。什么是文化墙？文化墙最早是在西方20世纪60年代以涂鸦的形式出现的，随后在欧美许多地方，涂鸦渐渐被接受而成为一种艺术。柏林墙上的涂鸦是世界上具有代表性的现代艺术表现形式之一，它涂写在东西柏林边界上的一段长达20多公里的墙体上，形成了一道靓丽的大众艺术的风景线。虽然柏林墙最终被推倒了。但作为艺术，它是永恒的，它的历史、社会意义和创新及美学价值都是不可低估的。

20世纪80年代，随着改革开放的步伐，涂鸦文化走进了我国的北京、上海等地，涂鸦爱好者急剧增多，形成了众多的涂鸦墙。但是涂鸦艺术缺乏一定的规范性和相应的法制体系，在我国多数城市已受到了限制，取代涂鸦的文化墙便应运而生。它是摒弃了无章的涂鸦和粗陋的文字，集艺术美感和文化内涵于一体专业化设计语言。以郑州为例，据2010年《郑州日报》记载：伴随着几年的快速发展，郑州如今已经形成了一个“城在林中、道在绿中、房在园中、人在景中”的绿色园林城市。自1997年郑州市实施“拆墙透绿”工程以来，郑州街头的墙体一直伴随着城市的飞速发展而改变着。由最初的拆墙透绿，到墙体涂鸦文化再到今天的文化墙体。这一系列的改变，也展示出了郑州市的发展，更充分体现出了郑州这座古老而年轻的城市文化魅力。如今，畅游在郑州街头，映入人们视线中的那一道道国学文化墙、书法文化墙、国画文化墙成了郑州街头一道美丽的风景线。不少外地来郑州的朋友看到郑州市的文化墙，都纷纷表示：“文化墙不但有效地美化了环境，而且方便了大人和小孩共同学习传统文化，尤其是给家长教育子女提供了诸多便利，的确是一项很好的创意。”文化墙将文化流进了城市的大街小巷，处处都洋溢着文化的气息。

然而，尽管文化墙正在广泛地被应用中，但是文化墙的应用多数在一些公园和校园这类具有教育意义的场所中。在商业空间中，墙体的景观往往在墙体材质上和墙体的色彩上创新，打造出形式各样的墙体景观效果。那么，在商业空间中如何打造独具特色的文化墙呢？

文化墙主要分为喷绘、手绘和浮雕几种形式。在商业空间中，我们可以将当地的历史文化以及商业空间所打造的文化理念通过图案的方式雕刻或者绘制在墙体上面。让人们在休闲娱乐的同时，感受文化墙所展示的文化气息，了解历史，感受历史。现在越来越多的商家都看好墙面的广告效果，不仅在城市中，如今很多农村中的墙面也已经广告化。各种不同的广告标语和图案赫然标识在建筑物的墙体上面。广告的装饰可以营造出很好的商业氛围，但是无章的肆意的广告无疑是一种视觉污染，对人们的生活也是会有一定的影响的。将广告很好地融入文化墙中，美观、环保又能保证广告原有的告知性，对整体的商业氛围有着很好的烘托作用。文化墙的设计无论从材料、样式和图案的选择必须与商业空间中的建筑物风格及商业空间的整体风格相协调，反之则显得突兀。如果说文化墙是一座城市的名片，那么商业空间中的文化墙便是商业空间的一张名片。

5.2 墙体绿化

1）墙体绿化的现状及发展趋势

商业空间中，为了创造更好的、更有特色空间环境，建筑师们在墙体的质感与色彩上不断地创新。墙体绿化虽在早些年就已提出，但目前还未被广泛地应用到大型商业空间中。随着经济的快速发展，人们生活水平的提高，人们在追求居住空间景观环境的同时，也开始注重公共空间的景观环境“低碳”、“环保”。

“可持续发展”这些概念被越来越多的人提倡和推广，人们开始注重生态化的城市生活，这些促使人们对绿化的重要性有了更深的认识。但是现如今土地资源被越来越多地应用到房地产的开发中，大力推广和发展地面绿化是难以实现的。因此，越来越多的设计师和园林学者开始关注建筑物墙面绿化。垂直绿化的概念也由此被广泛地熟知和应用，近年来，垂直绿化更是得到更好的发展。以2010年上海世博会为例，据相关数据统计，上海世博园85%的建筑物在设计修建时都引入了一种全新的装饰理念——立体绿化，即在屋顶、墙体等地面资源以外的空间实施绿化。200多时尚的绿色建筑集中展示了各国在屋顶、墙体、室内等立体绿化的新技术，展示了新能源应用、节能减排的低碳生态新理念。如在法国馆内，整个建筑的中心区域都是植物墙，高达20多米、环绕整个室内空间悬空的46根绿色柱子让人为之震惊；印度馆中覆盖中央穹顶的绿色草皮；最吸引人眼球的世博会主题馆的东西立面上，由红叶石楠、常绿六道木、亮绿忍冬等绿色植物构成的绿墙，总面积达5 000平方米，成为一道独特的风景线，堪称世界最大的绿墙。垂直绿化的生态、节约空间的功能与人们对自然的向往和归属感使得墙体绿化必将成为未来城市中绿化的发展趋势。

2）墙体绿化对商业空间的作用

首先，商业空间中的墙体有利于绿化改善热岛效应，吸收热能，有助散热。商业空间作为公众聚集地，高楼大厦耸立。商业空间建筑外墙面为了美化通常采用金属或玻璃材质。这些材质都有着很强的反热性，尤其是在炎热的夏季，更为明显。建筑材料与公众聚集更加加剧了商业空间中的热岛效应。在夏季商业楼宇需要开放空调降低室内温度，由于空间的公共开放性，因此商业楼宇的空调温度都需要比一般室内更低。墙体绿化的吸热功能有利于降低室内温度，从而减低商业空间中的耗电量。

其次，墙体绿化有利于净化环境，改善空气质素：植物可以隔滤悬浮粒子。绿化用的泥土、隔滤层可以使用建筑废料，物尽其用。

再者，墙体绿化有利于美化商业空间。商业空间中的设施用房一般多采用植物绿篱的遮挡与围合，有时还会影响整个商业空间的整体美观性，墙体绿化的应用让这些设施房成为商业空间中景观的一部分。

最后，墙体绿化还有隔音、调节雨水流量的功能。

3）墙体绿化的植物选择

墙体绿化的立地条件都比较差，所以选用的植物材料一般要求具有浅根性、耐贫瘠、耐干旱、耐水湿、对光照条件有高度适应性等特点的藤本、攀缘和垂吊植物。目前可以用作墙体绿化的植物种类非常丰富，根据它们的生长形式可分为三种。① 蔓爬型垂直绿化，这类植物沿棚架、屋顶等四处蔓延爬行或攀缘生长，生长速度快，枝叶茂盛，能快速形成绿色覆盖。常见植物有：紫藤、多花紫藤、西番莲、凌霄、美国凌霄、葡萄、常春油麻藤、常春藤、丝瓜、伺首乌、爬山虎、五叶地锦等。② 攀爬型垂直绿化，这类植物栽植在地面或地面容器中.植物沿着墙面、篱栅、柱杆从下向上生长，形成下种上爬的生长格局。常见植物有：爬山虎、五叶地锦、凌霄、美国凌霄、常春油麻藤、爬行卫矛、薛荔、藤本月季、金银花、常春藤、牵牛花、笃萝、铁线莲等。③ 垂吊型垂直绿化，这类植物主要栽植在建筑物或花架上部、高架桥和立交桥上沿以及墙上的容器或花槽中。常见植物有：云南黄馨、红花忍冬、凌霄、蔓长春花、地被月季、常春藤、天门冬、花叶活血丹、金叶苔草、花叶燕麦草、佛甲草、垂盆草等。部分灌木也可以应用，如锦带花、金钟花、绣球等。

在商业空间中，建筑外立面墙体一般选用生长快、枝叶茂盛的攀缘植物，如爬山虎、五叶地锦、常春藤等。这类植物可以有效地降低建筑墙面和室内温度。针对不同方向的墙面，植物的选择也是不同的，北墙面应选择耐阴植物，例如地锦，它是极耐阴的攀缘植物，用于北墙比用于西墙生长迅速，生长势强，开花结果繁茂。而西墙面绿化则应选择喜光、耐旱的植物，如爬山虎等。对于材质不同的墙面，表面比较粗糙的墙面可选择枝叶较粗大的种类，如爬山虎、薛荔、凌霄等便于攀爬。而表面比较光滑的墙面则选用枝叶细小、吸附能力强的种类。随着墙面绿化的发展，墙体的绿化形式已不仅仅是攀缘植物。可以通过外部构件，将更多的植物应用到建筑立面之上。如在建筑物外部安装金属构件，将花盆等植物培育容器有序地排列在构件上，这样既具美观性又极大地丰富了墙面绿化的植物选择性。但是这种墙面种植形式在商业空间中，对其安全性和稳定性有很高的要求，选择时必须要慎重，要严格根据气候、技术、管理能力等这些客观性条件。

4）景观绿化的后期维护与管理

园林中常说“三分种植，七分养护”。园林植物的养护与管理有助于植物生长更良好、观赏效果更佳。墙体绿化与其他园林绿化形式一样，重点在后期的养护与管理上。很多墙体的绿化植物在建设初期效果非常漂亮，但是经过一段漫长时间，由于植后缺乏必要的养护与管理，植株往往在最后枯萎或者长势不佳散布在墙面上。商业空间作为人们休闲娱乐重要的场所之一，墙体绿化后期的维护与管理更加不容忽视。因此参考于攀缘植物的养护管理知识，本文提出了墙体绿化的养护管理措施。

墙体绿化的养护主要分为施肥、水分和修剪管理。墙体绿化植物的施肥方法同园林中其他树木的施肥方法相同。墙体绿化植物的生长发育中最显著的特点就是生长快，因此，要求施肥量大，次数多。除此以外，墙体绿化的施肥也要根据植物不同的功能特点进行施肥。墙体植物施肥的时间要根据最需和最佳时期、物候期、肥料性质等条件来决定，早春或晚秋对植物施有机肥最为基肥，之后再根据植物物候期进行追肥，在花期、花后、果实膨大期和采后恢复期进行施肥。在缺水季节，可以通过叶面施肥为植物进行施肥，叶面施肥方法简单、见效快。

墙体绿化植物的灌水方式可分为灌溉、喷灌、滴灌和地下灌溉。在植物需水期、苗期、抽蔓展叶期、开花期、果期和越冬期分期进行灌水。对于盆栽墙体绿化植物灌水时应掌握“不干不浇，浇则浇透”的原则，注意不浇“半截水”。浇水方法有浇、喷、浸三种主要方法。用水浇在盆土面上，使垂直绿化植物的根吸收，这是基本方法；叶面喷雾主要用于夏季高温季节；浸使用较少。浇水时间在春、秋季宜上午或下午浇；夏季高温时，宜在早晨或傍晚浇，忌在中午烈日下浇水；冬季寒冷时，宜在中午气温较高时浇水，而不宜在早、晚低温时浇水。

5.3 墙体与其他元素的结合

商业空间中，墙体景观化除了上述的文化墙与墙体绿化两种常见的方式外，墙体还能通过与其他元素的结合实现墙体景观化。如水景、灯光和多媒体科技等。

水景在园林中是非常重要的景观，水灵动、跳跃而又不失柔和。墙体作为硬质景观与水相结合成跌水景墙和流水墙等形式，柔化了墙体的线条。商业空间中，水景墙的设计迎合了人们的亲水性，让户外墙体景观更柔和、生趣。

在景观中，灯光的主要功能是照明，保障游人或行人的安全。其次灯光在景观中能增加夜晚的景观效果，LED景观照明系统目前普遍的被应用于夜晚景观之中。商业空间中将墙体与灯光相结合，在夜间可以让单一的墙显得更加丰富多彩，不同色彩的灯光打造出不同的墙体景观效果。结合投影技术，灯光在夜晚可以在墙体上投射出不同的影像，打造时尚的夜晚商业空间景观。

在广告业和科技如此发达的今天，多媒体早已普及化，商业空间中，目前已有不少商业建筑的外立面应用了多媒体技术，将墙体与多媒体结合，让户外广告不再停在平面形式上。但是多媒体的应用最多的还是在建筑物的外立面上，商业空间墙体景观化除了建筑外立面以外还有景墙、围墙等形式，可以将多媒体延伸到景墙和围墙中去，人们可以近距离地与多媒体接触。不仅以广告的形式，也可以以服务导航的形式。例如可以在墙上设置多媒体服务系统，人们可以通过触摸屏查询相关的服务信息和商场导航信息，让服务更加多元化。景观墙上还可以设置多媒体屏幕让人们在坐下来休息时也能如同在家一般享受视听娱乐。

6 结论

总之，如今的社会已步入商业化的经济时代，商业空间不仅是商品买卖的场所更是为人们提供娱乐和休闲的场所，在整个景观空间中的地位也越来越重要。墙体承载着建筑的构造和空间的划分功能，在商业空间中起着不可替代的作用，是商业空间实体的核心部分。本文分析了商业空间及墙体相关概念，借鉴了现有居住空间和户外公共空间中的一些公用设施和景观以及街道上的墙体改造项目，最终提出了在商业空间中，通过墙体绿化、文化墙、多媒体、水景和灯光等元素实现墙体的景观化的塑造。商业空间中的墙体景观化不仅美化了空间、改善了环境，更能丰富商业空间的文化内涵，打造商业空间的整体形象与品质，有利于吸引更多的消费者，为商业创造价值。

（江丽萍）

玻璃在城市商业景观虚空间中的运用

1 玻璃与城市商业景观虚空间

1.1 城市商业景观中的虚空间

城市商业景观现在随处可见，而玻璃又在其中占了主要的部分，两者有着密不可分的关系。首先讨论的就是玻璃与城市商业景观的虚空间。这里要明确的就是“虚实”。所谓“虚实”，具体为抽象、设想与真实的辞章条理，虚空间与实空间，虚实相生、相反相成，互为因果。商业景观虚空间是空间中与实空间并存的一个抽象概念。它是人们并不能用肉眼直接看见的虚拟形式，在设计中非常重要但却常常被人们所忽视。“天地万物无不在自身内兼含存在与虚无两者”，虚与实是辩证存在的，虚与实构成了空间的整体。虚，相对于实来说，有“空”、“不真实”的含义。如果说实空间是人们看得见、摸得着的真实物质存在，那么虚空间则是人们特有的心理上的需要，是对实空间之外于精神中的幻想，是对实空间内涵和外延的补充。建筑是一个封闭的实体，建筑在围合成群体时，又会产生一些虚体。这些虚体形成的空间，叫虚空间。因为在建筑实体的围合过程中，每幢建筑与每幢建筑之间会留有缝隙；或因建筑形体本身的凹凸，在拼合中产生空档；这些缝隙和空档就形成了虚空间。

1.2 玻璃的来源和特点

1）玻璃的来源

现代玻璃艺术是现代艺术的一个分支，它在创作观念上深受现代科学、哲学、美学、心理学的影响，对于城市商业景观也是不可分割的。同时，现代玻璃艺术也有其自身材料特性、独特的语言形式。玻璃是一个充满矛盾而又非常神奇的物质，人们运用日夜不停发展变化的雕琢精湛的工艺，将这个古老的材料展现得淋漓尽致。如今艺术玻璃已经运用在人们生活的每一个角落，它折射出的光明和美丽，给人们带来了无限的物质和精神的享受。本文通过对玻璃材料特点的介绍，以及分析艺术玻璃的审美价值和使用价值来说明艺术玻璃是如何在室内空间中应用的。

2）玻璃的特点

在诸多表现古典与现代的装饰材料中，玻璃真实、细微地展现出了一丝丝的奇异与梦幻的特性（见图1）。人们都说玻璃首先应当是艺术品，其次才是材料，因为它本身具有通透、光洁、简洁的艺术特征。艺术玻璃在不断发展着的新的技术与工艺的帮助下，逐渐绽放出非比寻常的光芒，给人带来全新的体验。玻璃的色彩绚丽，质感通透，再辅以新的现代工艺方法的结合和运用，使玻璃表现出不同的造型和质感，可以产生极强的视觉效果、装饰性及艺术性。玻璃具有透明和折射的特性，将玻璃与自然光以及各式各样的彩灯巧妙地结合起来，则可以创造美不胜收的艺术效果。玻璃可以移动、改变光线，可以根据人们的需要，把透明色演变成赤、橙、黄、绿、青、蓝、紫等多种大自然的颜色，营造出梦幻迷离的艺术效果。

图1 玻璃特点图

有设计师把玻璃称作是诡异和妖娆的装修元素，但是艺术玻璃并不是“绣花枕头”。仅仅是表面看起来，与不透明的材料相比，玻璃具有良好的通透性，因此艺术玻璃通常可以分隔空间，在空间环境中合理地运用，使设计与空间结构完美结合，是设计师们一直坚持不懈努力尝试和创造的最高境界。而艺术玻璃就是实用性和审美性完美的结合。以上可表明，玻璃材质是一种极具表现力的材质，同时艺术玻璃是具有审美性和使用性完美结合的特性。

2 玻璃运用与城市商业景观虚空间的现状

2.1 现代城市商业景观虚空间的几种形式

虚空间的运用及发展，是建筑文化的深入的表现。由于各地文化背景的差异性，空间构思与处理手法也都各有不同。大体而言，虚空间可以归纳为6种类型。① 四象围合：院子、中庭、敞厅；② 三象围合：广场、庭院、台坪；③ 两象围合：通过式广场、街、巷；④ 多象围合：复院、复合式商业街、中国园林庭院；⑤ 附加围台……情趣空间；⑥ 轴象围合：群组建筑、都城。

2.2 玻璃的造景手法

人的眼睛是艺术的父亲，视觉艺术的形象胚胎首先是由眼睛"塑造"的。在视觉艺术中，直接影响效果的因素，从大的方面讲，无非有三个——形、色、质。在艺术设计中，形所联系的是空间与体量的搭配，而色与质则涉及表面的处理。只有形、色、质完美地结合，才能更好地传达建筑语义，提升建筑的视觉冲击力。而在现在社会中，对于如何把握玻璃的形、色、质，还是存在着一定问题的。要做到三者融为一体，是相当有难度的。在日常生活中所见到的许多城市商业景观要么偏形，要么偏色，要么做到两者，都无法或者很少做到三者有机统一。这在艺术设计上是很难让人感到满意的。

1）玻璃的"形"

城市商业景观需要"形"。玻璃的"形"在视觉上包含两个层面，即玻璃用于建筑前的初始形态，以及用于建筑后所呈现出来的形态——造型。① 玻璃的初始"形"：玻璃在建筑表皮中使用时多采用面材的形式，形成建筑的外表皮。可以选用多种不同的玻璃材料，如：透明玻璃、磨砂玻璃、彩色玻璃等，从而给人以不同的视觉体验。玻璃表面将建筑包裹，形成或朦胧、或通透、或色彩斑斓的视觉效果，丰富了建筑的立面。玻璃砖以块材的形式出现于建筑之中，呈半透明状态。在视觉上具有一定的体量感，围合成的建筑视觉上空间感更加强烈，光线透过玻璃砖时会产生漫反射效应，透光却不透视，进入室内的光线变得柔和，从而渲染了室内环境氛围。从建筑外观上看，玻璃砖使透过建筑的视线变得朦胧，形成独特光线空间。多种色彩及带有不同的花纹图案和效果的玻璃砖又使建筑的立面变得丰富，视觉美感强烈。② 玻璃在建筑中表现出的"形"：玻璃在建筑中以点的形式存在会吸引人们的注意力，和相邻的面也产生鲜明的对比，从而使建筑立面更加生动，充满灵气；以线的形式出现时，会起到立面分割的作用，可以使建筑高度在视觉上得到提升或降低；以面的形式出现时，则带来了无阻拦的视线，使建筑更加通透，更具有视觉冲击力。在建筑中综合运用点、线、面等不同的形态自由变化地设计，可以使建筑视觉上得到多变的效果，使构图更具意味，显得活泼、富有生气。如：加拿大的加德纳博物馆在扩建工程中采用了玻璃的线与面相结合的表现手法，在视觉上富于变化，极强地丰富了建筑的立面效果，视觉冲击力更强。在现代城市商业景观中，对于玻璃的初始"形"都能做到很好的选择，现代玻璃的"形"千奇百变，颜色也艳丽多分。随着工艺技术的提高，玻璃的"形"变得是美不胜收。如何将玻璃在建筑中表现出来的"形"，却都不尽然。好比有一块好铁，如何变成一把好剑，这并不是所有铁匠都能做到的。因此在现在城市商业景观中，我们可以看到玻璃的"形"为什么和建筑显得格格不入，突兀、没有特点，对于玻璃"形"的设计，对于整个建筑来说都是一种悲哀。

2）玻璃的"色"

城市商业景观需要"色"。在视觉艺术中，人对于色彩有着特殊的敏感性，它会带给人第一视觉印象，产生最强烈、最直接的视觉及心理效应。不同种类的彩色玻璃具有自己的使用特点，利用不同色彩的玻璃作为建筑的外立面可以给人带来相应的视觉感受。彩色玻璃对于光线具有一定的阻挡能力，同时又反射了一部分太阳光，使建筑具有镜面的效果。随着光线角度的变化，经过反射后的光线传到人的视觉神经，从而产生光怪陆离的视觉效应。玻璃的色彩也是表达建筑的情感、与周围环境相融合的有效的手段。不同色彩的对比和互补可以使人们在视觉上产生非常丰富的空间感，模糊了建筑原有的色彩，使建筑变得更加富有生命力。城市商业景观需要"色"这一件外衣。往往色彩夺目、好看、绚烂都会给我们带来强大的视觉冲击。但是如果"色"搭配不好，整个城市商业景观也会毁于一旦，就如姑娘衣服，搭配得好就锦上添花，搭配得不好，就会让人唏嘘。所以现代城市商业景观，对于“色”应该更加重视，要么保守，要么奔放中与建筑相得益彰，千万不可杂而无序，乱成一团。

3）玻璃的“质”

城市商业景观需要“质”。玻璃在建筑上的视觉表现是和光线密不可分的。玻璃的“质”（见图2）作为一种与光密不可分的视觉表现形式，具有它自身的特殊性。根据玻璃材料的特性和使用方式的不同，玻璃可以在建筑中有多种存在方式。透明玻璃仿佛可以像魔术师一样模糊建筑空间应有的界限，表现为“不存在的存在”；半透明玻璃可以使建筑空间产生叠合，模糊空间的界限，给人的视觉和心理带来一种朦胧的感受；反射玻璃可以以虚映实。由于玻璃反射产生的虚像将建筑融于周围的环境而使建筑被虚化，白云、蓝天与建筑相互掩映，将建筑与周围环境融为一体。① 玻璃的透明性在视觉上提供着毫无阻挡的视线，这种透光性正是它区别于传统建筑材料的最显著优势，这也给玻璃在建筑中的应用提供了发展空间。透明玻璃毫不掩饰建筑内部的结构和构造，从而使建筑的室内与室外、建筑自身与室外环境完美地融合在一起，不但可以向外部展示其内部空间格局，而且能将外部空间的景色带到室内。透明玻璃的应用使视觉的层次感削弱，从而减少建筑的多重界面同时削弱了建筑的封闭感，给人以纯净、通透的视觉感受，同时具有固定的、超感官的视觉秩序感。② 半透明的玻璃如：有色玻璃、玻璃砖、磨砂玻璃、花纹玻璃等，其透明度介于不透明的实墙和透明玻璃之间，它的使用模糊了透明与不透明之间的界限，能够为内部空间提供充足而柔和的光线，室内的景色若隐若现地带上了神秘的色彩，带给人们无尽的遐想空间。同时半透明玻璃使透明与玻璃材料本身的关系又增加了更多的层次，建筑的外观更加丰富，室内外空间的界定含而不露，这种含蓄而隐约的介质使建筑变得更加扑朔迷离，更加具有视觉表现力。③ 镜面反射镜面玻璃由于它所具有极强的反射性而给建筑视觉特性带来了翻天覆地的变化，建筑的光影变换效果也从一元变成二元，模糊了建筑的表皮界面，它既能保证原有表皮的消隐，又虚幻地在表皮上体现周围环境的景象。镜面反射玻璃通过折射和反射改变了光照效果，建筑内部空间与室外环境不能直接对话，但是却能使建筑的内部与人、建筑表面与外部环境之间形成互动的联系，形成一种与众不同的视觉美感。玻璃的反射性可以把建筑周围环境中的树木、山脉、蓝天、建筑物等映射到建筑自身的表面，从而形成多种光影交织、色彩丰富多变的视觉效应。“质”在城市商业景观中起着不可忽视的作用，不同的“质”所呈现出来的效果也是千姿百态的。城市商业景观需要新鲜的“质”，很多大同小异，没有特点的质，都会带来审美疲劳。城市商业景观需要新鲜血液，在“质”的选取时应特别注重个性与整体的兼容。

图2　玻璃的“质”

2.3　玻璃在城市商业景观虚空间中的作用

2.3.1　视觉作用

1）柔化空间界限

墙壁、天花板、地面等建筑界面围起来的封闭空间能给人以安全、隐私的心理感受，但如果只是这些单纯的实体空间的组合，反而会给人一种生冷、憋闷的感觉。而玻璃由于其半开放的结构和通透的

图3 视觉效果图

视觉感受给人以缥缈、透彻的美感（见图3）。在室内设计中，利用虚实结合的空间构筑手法，可以弱化室内各子空间之间的界限，增加室内环境的亲和氛围，给人一种淡入淡出、自然而然的空间感受。

2）延伸空间尺度

一个空间的尺度，不只是以单纯的长、宽、高的物理尺寸为衡量标准的，人们对空间的心理需求也同样不容忽视。“空间的尺度要宜人”，就包含人对空间的心理要求。人们的视觉感受是灵敏的，视觉心理的反应也很强烈。通过镜面产生的第二空间，它只是第一空间的幻想，并不占据实际空间的位置，是不需要第二个实空间而增加的第二空间（虚空间），它扩大和延伸了第一空间（实空间）。以香港设计师梁志天在客厅沙发后侧的墙上装置镜面，在原来的实体墙面上，产生了虚空间，在不改变实体空间的前提下，拓展了空间感受，增加了室内虚实变化，营造了清新灵透的氛围。在无法增大实空间，无法利用实空间为第二空间时，虚空间就有了特殊意义。

3）融汇空间矛盾

在室内空间中，虚空间与实体空间断续相连。虚空间由于它不易被感知的通透性和镜面材料的写实性映射实空间，所以第一空间与第二空间是统一的，在感觉上是彼此融合的。如赣彩轩餐厅的设计，在结构限制下，大空间中的柱子有影响空间的效果。要想美化或弱化其效果，就可以采用玻璃或镜子等材料，利用其不易被感知的特点，制造一个虚空间，由于虚空间的融合性，柱子会融汇在实空间里，这样就从视觉上弱化甚至消除了柱子原来影响，同时产生了虚实对比关系。

4）增加空间动态

虚空间和实空间区别在于虚空间具有在时间和空间上的不定性。合理使用虚空间可以增加空间动态，参观者在空间中位置与视角变化，画面感也在不断变化。金意陶产品展厅的天花板与地面形成了互为反射镜面的空间，它所反映的空间有实有虚，有内部的流动，又有外部的渗透，所谓步移景异。人在移动时能够更多地体验到空间的变化多端。在颐和园石舫中，将一面大镜子镶在装有透明玻璃隔墙的舱内，虚实互照，构成了内外空间的连通，丰富了流动感，增加了空间的动态感。

5）丰富空间感受

合理地使用虚空间可以丰富人们的空间感受。虚实结合，虚与实相互照应、依存，相得益彰。实空间给人一种厚实、稳重的感觉，虚空间则是灵透与缥缈，两者结合促使人在感官直觉的基础上，依靠自己的想象，去品味作品实体内容之外的意蕴。这正是单纯的实体空间所做不到的。

2.3.2 心理作用

人的视觉可以感知实体空间，但不能感知虚空间。但是人的认知具有一种思维的定式，人们往往会通过以往的经验来认识某种事物。

（1）光影空间，在室内设计中，光与影的变化会产生奇幻的视觉效果，如在较暗的餐厅环境中，桌面上投射出的一束柔和温暖的光，构成了一个心理的虚空间。同样，露天餐厅中，遮阳伞下的投影也会构成另一种虚空间。这种虚空间是被人们感知的心理暗示的光空间，是一种会随着光线的变化而变化的动态空间。

（2）视错觉空间，人的认知具有一种思维的定式，人们往往会通过以往的经验来认识某种事物。

视错觉就是当人观察事物时，在客观因素干扰下，或因为经验在心理因素的支配下，对事物产生与客观事实不一样的感觉。在室内设计中经常会使用镜子、玻璃、金属、水面等，通过折射或反射出的影子，在有限的空间范围内，通过人的视错觉，起到扩大空间的心理感受。

3 玻璃在城市商业景观虚空间中的体系营造

在城市商业景观虚空间的玻璃运用中，应当充分利用玻璃特性，为其赋予特定的主题，让整个城市商业景观虚空间成为一个完整的体系。而设计是以美学为依据的，无论是造型、色彩、质感等方面都应建立在美学基础上，在体系营造时，主要的美学规律有比例与尺度、虚与实、和谐与对比、节奏与韵律等。

1）比例与尺度

比例是形体之间谋求均衡、统一的数量秩序，尺度则是指物体的整体与局部之间的关系，以及与环境之间的关系。体积同样的物体，若表面采用竖向分割，视觉高度就会高于实际高度，横向分割视觉高度则会小于实际高度。玻璃材料在建筑中的表现也遵循这一规律，适宜地分割、运用玻璃材料，将形成不同的视觉感受。在建筑设计时，相同的材料做出各种不固定的组合，在视觉上就会形成不同的尺度关系，形成丰富的立面效果。玻璃在建筑中与其他建筑材料的材质和视觉感官区别很大，在设计时运用它能带给人不同的比例和尺度感。如迈耶设计的罗马天禧教堂，用白色搪瓷钢板和大面积玻璃作为立面的主要材料。不同尺寸和层次的玻璃会吸引人们的视线，不同的比例与尺度让建筑物在视觉上层次感增加并且减弱大面积的玻璃给人的冰冷感，让人倍感亲切。在建筑表面上对玻璃的不同编排与拼贴可以表达不同层次的尺度。公共性较强的多层透空的空间一般会选用较大的格子玻璃，以体现建筑的整体性；而较小尺寸的玻璃或玻璃砖则被用在垂直交通空间、入口处等，这样亲切感会更强。

2）虚与实

虚与实，凹与凸在建筑形体中是互相对立又互相补充的关系。空间中玻璃的性质是非物质性的，所以分割的空间是开敞并且可流动的，是一种对人视觉心理的“虚拟”界定。因此玻璃是建筑中“虚”的部分，因为它的通透性，人们可以透过玻璃观察到建筑的内部空间，建筑也因玻璃变得轻巧、通透。像墙，从视觉感受上是力的象征，所以是建筑中“实”的部分。在设计建筑立面时，虚和实缺一不可。缺少“实”，建筑就会显得软弱无力、缺乏张力；缺少“虚”，建筑就会让人感到呆板、沉重。只有两者的有机融合，相互对比、相互映衬，才能丰富建筑的立面效果，使其既简洁清透又具有力量感。在建筑的造型和立面设计中，应将建筑中“虚”和“实”集中起来，避免两者不分主次，建筑应当实中有虚，虚中有实，构成良好的虚实对比关系。在建筑中利用虚实对比、凹凸交错、穿插，可以构成图案对比，在阳光的照射下建筑中凸凹的部分，会产生光和影的变化，玻璃在这种变化下，能给人带来更多虚幻的艺术感受。

3）和谐与对比

和谐是指事物在造型、色彩和材质方面的柔和与融洽。在建筑设计中，玻璃可与其他传统建筑材料及不同种类的玻璃材料相结合来达到视觉上的和谐。这种和谐包含诸多方面，如：造型的和谐、色彩的和谐等。① 造型的和谐：同一个建筑的立面设计上，玻璃造型要保持风格与形式的协调统一。例如立面设计中选用形态大小不一或风格迥异的建筑风格，就会破坏建筑的整体感。② 色彩的和谐：同一个建筑的立面设计上，用色切忌过多，一般不可多于四种色彩。在选定颜色的基础上可采用调和色、相近色或者色系中的色彩。③ 材质的和谐：同一个建筑的立面设计上，不可有过多种材质。玻璃要选择一个合适的方式与形式来与其他传统建筑材料融合，不然建筑就没有统一性，材料的质感搭配也会显得不和谐。

对比是指采用一定的手段来增强建筑各部分之间的效果。玻璃在建筑中应用的对比和谐可以通过大小、轻重、高低、多少、厚薄、粗细、宽窄、浓淡、明暗、凹凸等量的对比，以及强弱、软硬、粗细、尖钝、角圆、曲直等质的对比来增强视觉形式美。在建筑设计中要适度地运用对比手法，主要的方法是大面积设计和小面积设计对比，这样就可产生自然和谐的效果。

4）节奏与韵律

节奏与韵律是利用规律的重复出现或者有秩序的变化来激发起人们的视觉美感联想。节奏与韵律是缺一不可的整体，它们诠释美学的含义，是设计的关键。节奏和韵律可以通过重复、交替、渐变等手段来体现。节奏和韵律能加强建筑的整体性和统一性，并给予人丰富的视觉联想。在建筑中利用不同的玻璃造型，利用玻璃的透光性，来加强节奏感和韵律，使建筑化为了无声的音符。在伦敦牛津街建筑门面改造时，用了一种类似宝石切割的玻璃的正面，玻璃内部的重复有序的晶体状结构，排列出富有节奏感的组合，将牛津街的全景映照在每块玻璃面上，不同的角度，不同的玻璃反射出各不相同景色，各异的景色构成建筑的表皮效果，给人的视觉感受微妙且奇特。

4 展望

玻璃是具有一定实用价值的家具、器物、饰品。玻璃在建筑中具有装饰环境、塑造氛围的功能。玻璃不仅拥有犹如水晶般清澈迷人的外表，同时还兼具较高的硬度以及耐高温的特性，再加上不同的质感，使其表现出变幻莫测的艺术效果。由于它兼具使用性和审美性，现在艺术玻璃将被大众消费所接受，成为家居空间、消费娱乐场所中极具表现力的装饰材料。城市商业景观在未来的设计上会占有很大一片空间，就如图4、图5中对于未来的展望一样，现在城市商业景观中会体现未来之美。

1）艺术玻璃在家居用品中的展现

随着玻璃品类不断推陈出新，艺术玻璃被广泛地运用在各式的家居用品中，并开始与艺术观念结合起来。艺术家和设计师发挥着他们的创造力，使玻璃材料与艺术完美地结合，它与空间环境互相映衬，以色彩和造型的美感与室内环境灯光呼应，它作为空间材料营造出居室环境的气氛与品位，为人们提供精神与物质的双重享受。

2）各种艺术玻璃装饰工艺在空间的作用

设计师广泛地将玻璃以不同的形式应用在室内空间中，达到使用功能与视觉审美的统一。玻璃的装饰工艺也在不断地推陈出新形成了丰富的工艺手段。

图4 未来一

图5 未来二

城市商业景观在未来也会呈现出缤纷之美。图中的景观只是冰山一角，在之后的设计中，玻璃与城市商业景观将融为一体。从简单实用的现代主义建筑到现在多元文化的时代，玻璃艺术更是以多变的表现形态来满足人们的工作、起居空间需求，丰富着人们对艺术的认知。特殊的制作工艺，使彩绘玻璃图案不会掉色，不怕腐蚀，把质感、色彩及图案融入现代装饰，营造了空间的新的灵感。我们应该大胆地利用传统的工艺与其他的材料完美地结合并且更加凸显玻璃的魅力，创造出具有视觉冲击力的现代艺术品。与其他坚固且不容易破碎的材料结合，例如石、木或者金属等，也许会创造出意想不到的效果。

5　结束语

虚空间有着其非常深刻的哲学和美学意义，由于知识的有限，在此不能对虚空间的本质问题进行更深刻的探讨，只能从艺术与设计的角度来理解虚空间在设计中的产生和运用，并粗略地总结一下在设计中如何运用虚空间。空间一直是设计研究的主题之一。对与虚空间的理解将会让设计师更全面更深刻地理解空间，从而在设计中产生丰富的视觉效果和情感内涵。在21世纪的今天，多元文化的浪潮无疑将推动艺术、设计走向更为崭新广阔的未来。

玻璃作为一种有独特个性的现代建筑材料，有着自己与众不同的特点。玻璃质地纯明，在透明与不透明之间变幻莫测；玻璃能够融合不同的金属元素，呈现绚丽的色彩；玻璃能够在折射光线的同时也改变了光线。

玻璃的形、色、质可以直接赋予建筑强烈的个性和独特的视觉效果，在建筑设计中应以形式美法则为基础，将玻璃这种特殊的建筑材料更好地应用于建筑设计中。

玻璃艺术不管是在艺术创作还是在人们生活中的应用，都为构建人类生存的理想家园发挥重要作用，也为时代和历史留下更多完美的艺术结晶。人类将不断地努力探索将艺术玻璃再创一个新的高度。

（池晓瑜　张建华）

橱窗展示

浅谈商业空间展示设计

商业空间展示设计所创造的环境与氛围是城市景观构成的主要因素，琳琅满目的商场、超市、专卖店、酒吧、酒店、购物街、迪厅、美容美发厅等，是实现商品交换、满足人们消费需求、体验商品经济的前沿阵地，通过形、色、声、光的组成来适应人类各个感觉机能的愉悦空间（见图1，图2）。

现代科学技术的发展开拓了当代展示设计的领域，现代展示设计从一个物质转向非物质，从现实转向虚拟，从平面转向空间，从有限转向无限的阶段。然而，在今天的知识与文化创新大潮风起云涌的信息化科技化时代，现代展示设计呈现出了新的特点和发展趋向，如：设计人性化、参与互动性、信息网络化、设计多样化以及虚拟现实化等。

1　概论

1）商业展示设计的概念

商业展示设计是依靠视觉、空间、色彩和光环境要素的体现，传达着商品所要展示的目的与意义。其展示所达到的效果是依据商业展示设计者对商品所要传递的信息与展示空间的场所设计的合理安排与专业经验，特别是创新与视觉冲击力来感受商品所表达的信息。

2）商业展示的发展与变迁

自从有了商品交易活动以后，人们为了便于商品的交换或买卖，将商品有意识、有目的地进行整理与摆放，展示给交易者或消费者看，这样就形成了商品的展示活动。

图1　某水果大卖场

图2　悉尼伊索专卖店

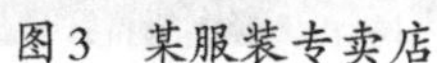

图3　某服装专卖店

图4　某奥林匹克展馆

随着商品经济的发展，各种商业展示活动进行得越来越频繁，商业展示活动的形式也越来越丰富（见图3、图4）。商业展示的作用已经不再是为了进行简单地销售为目的了，现代商业展示已经成为人们生活中不可缺少的一部分活动，是当代经济、社会、文化的结合体。

当今的展示设计被发达的现代科学技术所带动，现代展示设计从一个物质转向非物质，从现实转向虚拟，从平面转向空间，从有限转向无限的阶段。在知识创新大潮风起云涌的信息化科技化时代，现代展示设计呈现出了新的特点和趋势如：设计人性化、参与互动性、信息网络化、设计多样化以及虚拟现实化等。

2　商业空间展示设计的背景要素研究

2.1　世博会的举办给商业带来的契机

上海世博会的举办给中国带来了经济、社会、文化领域的突破，在科技化、信息化的今天，这种以“城市，让生活更美好”的主题，在大力开拓创新的前景下，无疑给商业带来新的契机，商业空间展示设计正式商业发展的途径之一，商家运用不同的展示手段来达到所预计的效果，在这种中国具有五千年的文化历史的文化底蕴大背景下，创造和谐的商业环境是最为重要的。

1）商业场所发展要素的研究

如果要发展商业场所，那么就要考虑到3个要素，一是商业“漩涡”，二是商业流向，三是商场内部设施。

所谓商业“漩涡”，其实就是在城市最繁华的商业中心，受知名度极高、品牌号召力极强的大型主力店的影响，以此为中心，并向四周的商铺强烈辐射，形成极为庞大的人流，此区域就叫作商业“漩涡”。比如上海的南京路步行街、徐家汇商业街（见图5）就叫商业“漩涡”。在商业“漩涡”中开发商业地产项目，很容易成功。

其次，开发商业地产还要注意商业流向。由于受种种原因的影响，人们的流向具有一定的规律，大多喜欢向某一区域或某一方向会聚，之间有一个分界线，在分界线以外，即使只有咫尺之隔，人们也不愿意光顾。

最后，还要注意商场的内部设施。商场的内部设施，关系到商场的商业氛围，关系到货品的陈列，关系到顾客的流向和销售情况等多方面，它将对顾客的购物感受和购买决策起到相当重要的作用，尤

图5 徐家汇商业街

图6 普拉达专卖店

其是对于那些吸引顾客再次光临将起到关键作用，因此开发商也必须有这样的意识。

2）专卖店

都市人追求品牌、追求时尚、崇尚奢侈，已经不仅仅是个时髦话题了，并且已经成为高尚典雅生活的典范。像这些高档的品牌所具有的独特符号，已经被人们所认同。人们在专卖店独特的氛围中，享受购物的乐趣。然而，就是由于品牌的理论、奢侈的概念与展示设计混为一体，才会有独特的设计与还快的购物环境。像PRADA（普拉达）在品牌、奢侈时尚的理念与展示设计显现出一种独有的品牌文化（见图6）。

2.2 消费者心理研究

我们知道，人的行为是受其心理活动支配和制约的。正如马克思所说的："人从出现在地球舞台上的第一天起，每天都要消费，不管在他开始生产前和生产期间都一样。"早期的消费研究主要是从消费者收集信息，为了便于制作更有效的广告。后来，把重点转向研究产品设计前后消费者的意见和态度。我们消费者关注的是在有限的价钱里获取无限价值的物品，这就需要商业的包装了。

2.3 商品有效性的研究

商业展示设计如果要在最短时间内吸引众多顾客，就必须大力发挥设计师的想象力，创造出标新立异的审美观念。同时，商业展示设计又必须商品的真实有效性，商家所卖出的商品必须是真实的、不虚构的、不夸大其词的，这是商品买卖的重要因素。否则，就会失去信誉，违背职业道德。但是，也不是说一味地否定表现手法的多样性。相反的是，我们可以运用独特的表现手法，给购买者产生一种视觉上的新奇感。

1）时代与民族的产物

商品经济是一定社会生产力和科技水平发展的产物。从一定程度上来讲，它体现着历史的演变和人类的文明与进步。所以，这种作为在消费者与信息媒介的展示设计也必将带来鲜明的特征与效果。商家利用现代化的技术手段，充分利用工业化社会大生产所带来的物质便利条件，通过各种媒介形式产生多变的视觉效果，来完成属于商业范畴的媒介策划，进而以崭新的商品观念去改变顾客的消费心理，让消费者在这种多样化的展示形式的感化下，对商品进行自由的选择。然而事实证明，那种具有时代感的商品最为消费者所关注，那种缺乏美感的商品不为人们所注意。

2）展馆周围的环境效应

商业展示的周边环境的好坏是在成功进行商品交易活动中起到重要的作用，因为它是构成城市人文景观的重要方面，因此，必须充分强调环境效应。要根据所处环境的色彩、道路、建筑、道路的宽窄和气候的季节变化等方面的特点进行综合考虑。

3　商业空间展示设计的设计要素研究

1）视觉要素

人们对商业展示物的关注度通常都是在极短时间内产生的。展示空间视觉效果是通过图形、符号等通过组合的方式进行传播，展现空间的独特的视觉形态。

把图形与图像完美地结合就形成了新的视觉传播模式，在有限的空间内创造出无限的虚拟时空。通过重复、变异的方式重新组成艺术形态，使人们在购物的同时能够被某一情景或形态所吸引，产生一种愉悦感。

2）空间要素

商业展示设计与空间是密不可分的，无论从展示设计的概念、本质与特征来看，展示设计的范畴以及展示设计的程序，大家都可以发现，“空间”这个概念是始终贯穿的。展示设计是一种人为环境的制造，空间的规划就是展示设计的重点。因此，在做展示设计之前，设计师必须把它当作基石来看待。

展示设计是一门艺术，这种艺术应该具有很强的实用性，任何一组设计都是为了某种目的去组织一些独特的元素从而使之成为一个整体。当今的商业展示艺术已经发展成一门现代化科技成果的综合学科，融入的手段相当多，如数码手段、声光电一体化的方法等。但是就展示环境本身而言，采用合理的空间组合是构成柔美的音律、顺畅的艺术效果的关键。

3）色彩要素

展示色彩包括展品色彩与环境色彩，两者是相辅相成的。色彩在展示中的作用实际就是根据欣赏者的心理感受而产生的。

就像大部分人都认为色彩的情感表现是靠人的联想而产生的。例如：紫色让人产生一种神秘感，红色使人们联想到太阳等温暖感，蓝色使人们想到大海与天空，产生一种清爽感，黑色使人们产生庄重、肃穆感，绿色象征青春，橙色象征热烈感等。由此可见，在展示设计中色彩的应用首先应该考虑欣赏者的感受，这个在整个展示设计中起到至关重要的作用，也是整个展示中的关键因素。

4）光环境要素

为了使展示空间既能够向欣赏者提供良好的视觉环境，又能够使光学辐射对其藏品的损害减少到最低程度，同时在不违背真实生活的前提下，可以更加有创造力地布置环境，制造出一种环境气氛，进行细部的特写与放大。

展厅设计应从展示与保管的角度来考虑照明要求，一是要考虑到技术和观光角度及观赏人的心理；二是要防止损伤展品。

为了使人们正确地欣赏展示品原来的形状、色彩和质感并且感受到柔美，作为展厅照明应具备以下几个视觉条件：

（1）光源的显色性应考虑到除去红外线和紫外线后能将物体的自然色彩真实地再现，应选用光色和显色性接近于日光的人工光源。

（2）背景与陈列品的配合，应该把背景对视觉的干扰度减少，因此应该使展示对象的亮度与展示品周围的亮度之比设为0.5~2.0之间便于调节。

（3）实践表明，当陈列面与主光源光线的夹角位于20°以下时就会对展品表面产生阴影，因此可以把光源限制在一定范围内，照射方向和光照强度等做适当的调整，即将光源设在有斜线包围的区域内。这样一来，就可防止光源反射的影像进入鉴赏者的视线内。

（4）展示品面的照度高低要考虑光和热的影响，展示品呈现暗时则照度要相对高一些。要使观赏者在馆内参观时感到安定、舒适，避免疲劳之感，应尽量将照度设计成不单调而又舒适的照明环境。

（5）展示品的展示有时会要求比较高的照度。为此，CIE和各国都提出了相应的展品全年累计曝光量标准。道易定律认为，在某一给定的光源下，对被照射物体产生影响的过程中，曝光时间与照度的乘积是一个定值，需要照度越高，展示时间应该相应缩短。所以应根据展品的光辐射敏感度，对博物馆内的照度及曝光时间加以限制。

4 商业空间展示设计的应用研究

1）*店面的展示设计*

在商家布置店面时，尤其要考虑诸多相关因素，比如空间的大小、种类的多少、商品的样式、灯光的排列与组合、道路的宽窄与服务台的摆放位置等。

店面的展示设计应该是反映整家店铺的精髓之处，让人们可以一目了然地获取产品信息。如果店铺要想获得好的经济效益，那么首先应该让消费者有想走进商铺的欲望，因此，店面的设计就起到了好的作用。

2）*橱窗展示设计*

一家商店的橱窗不仅是门面总体装饰的重要组成部分，而且是商店的第一展厅，它是以本店所经营销售的商品为主，巧妙运用布景、道具，以背景画面装饰为衬托，配以合适的灯光、色彩和文字说明，来进行商品介绍和宣传的综合性广告艺术形式。消费者在进入商店之前，都要有意无意地浏览橱窗，所以，橱窗的设计与宣传对消费者购买情绪有重要影响。

橱窗设计主要从两方面着手，一是色彩与造型，二是道具与主题风格的一致性。做好基础设施，运用形式美法则调动完美与和谐的气氛，运用道具突出主题，同时要协调好各部分的关系，突出主题，突出艺术性，用艺术手段营造气氛。

5 结论

过去的以“工厂生产什么消费者就买什么”的观念早已成为历史，取而代之的是“以商品为中心”转向“以消费者为中心”阶段发展。作为一名设计师，如何创造出一个有价值的展馆，很重要的是把握好空间造型基本要素的能力以及对这些要素及其组合规律的认识程度，这一点正是做好展示设计的重点。当代设计的观念关键重在创造价值，注重创新、发现新的开始。谁能够准确把握市场信息，谁就能够得到消费者的信任，这就是得以生存之道、做人之道。

（李旻吉 王启照 张建华）

对现代商业空间中橱窗设计的思考

橱窗是一种重要的广告形式，它不仅表现品牌个性风格，反映产品的风格、定位和价格信息，更重要的是，它近距离地将真实商品展示在潜在顾客面前，比其他媒体更具说服力和真实感。橱窗是一个城市的剪影，从这里可以获知季节的变化、流行趋势、节日的到来以及社会上重大事件的发生。橱窗也是一道风景线，它体现了一个城市的形象以及这个城市居民的整体审美水平。

1 橱窗的类型与功能

1.1 橱窗的类型

1）综合式橱窗

综合式橱窗一般是百货类的店铺使用，是在同一个橱窗中，将几种商品同时展示，并进行一定的规划设计。如根据需求设计成横向、纵向、统一斜度的布置或者是划分不同单元进行布置。

2）系列式橱窗

当橱窗面积较大时，可以按照商品的类别、性能、材料、用途等因素分别组合陈列在一个橱窗内。

3）专题式橱窗

专题式橱窗是以一个广告专题为中心，围绕某一个特定的节日或事件，组织不同类型的商品进行陈列，向媒体大众传输某个特定主题的橱窗。其可以分为：节日性橱窗和事件性橱窗，其中事件性橱窗是以社会上某项事件为主题，将事件以某种元素的形式加入到橱窗设计中来，达到与社会关注同步而吸引注目为目的的橱窗。

4）场景式橱窗

根据商品的不同用途，把关联性的多种商品在橱窗中设置成特定场景，为顾客创造进入另一世界的感觉，以达到吸引顾客目的的橱窗。

5）推介式橱窗

即用不同的艺术形式和处理方法，在一个橱窗内集中介绍某一产品，通过对该产品的重点展示或重复展示，提升该款式或类型的视觉冲击力，以推介某一款式或某一类型服装，能够起到让顾客走进店内首先指名要看该服装的效果。

6）季节性橱窗

季节性橱窗是根据季节变化而改变陈列商品的橱窗，一般是把应季商品进行展示，并使橱窗的色彩与四季的色调相协调，使人们的视觉以及心理产生舒适感。

7）情感式橱窗

通过橱窗中道具的不同摆饰，赋予其丰富的情感，并将其流露于公众眼前的橱窗。

8）生态型橱窗

生态型橱窗不是停留在盈利层面，而是要将橱窗提升到美化周围环境，促进顾客健康和缓解视觉疲劳的更高层面之上。这种橱窗多利用自然态动植物，让人们在商业气氛浓重的广场中也能体验到大自然的乐趣。

9）夸张式橱窗

通过对具有代表性或某种特定商品的夸张放大或缩小的手法，起到吸引顾客眼球的目的的橱窗。

1.2 橱窗的功能

1）商业橱窗是商品和消费者之间沟通的平台

当人们行走在街道上，难免会被某个设计别样的橱窗所吸引，于是习惯性地驻足凝视，不自觉地便会在心里做出自己的评价和判断，会思考它有多贵，会想要不要买下它，这个时候，其实就是在和商品面对面地进行交流，这种交流是建立在橱窗这个平台之上的，当驻足时，就是对橱窗展示的肯定，如果在它的吸引下，踏入店铺，那么这个橱窗最初的使命（吸引顾客进店）就已经完成。

2）商业橱窗是传播品牌文化的媒介

每个品牌都有自己的个性、风格和理念，通过赋予品牌深刻而丰富的文化内涵，建立鲜明的品牌定位，并充分利用各种强有效的内外部传播途径形成消费者对品牌在精神上的高度认同，创造品牌信仰，最终形成强烈的品牌忠诚，即所谓的品牌文化，而橱窗作为一种传播工具，恰恰可以简明扼要地体现某种品牌文化。

3）商业橱窗是艺术和营销的组合体

商业橱窗是活广告，通过综合运用艺术手法，巧妙地对橱窗中的服装、模特、道具以及背景广告进行有意识的组织和摆放，突出商品特色及卖点以吸引顾客的注意，提高和加强顾客对商品的了解、记忆和信赖的程度，进一步激发购买欲望，从而达到销售的目的是商业橱窗的根本任务。

4）商业橱窗是城市景观的重要组成部分

上海已然成为国际化大都市，来这里旅游度假的游客无不是被其繁华的街道景观所吸引。而所谓繁华，就是通过商业橱窗所流露出的大都市浓厚的商业气息。街道上的橱窗，已然成为人们视觉的焦点，其所拥有的景观效果亦不容忽视。

2 上海商业橱窗设计存在的问题

通过对上海部分橱窗的考察可以看出，上海的橱窗设计还过于形式化，没有内容，大多数橱窗的设计达不到吸引顾客的目的，主要出现以下五个设计方面的问题。

1）缺乏生态性

在生态性方面，现在的橱窗设计大多体现在使用生态木板墙或者生态木吊顶，但这种橱窗并非所谓意义上的生态型橱窗，甚至有些商家在橱窗中简单地摆放几盆仿真盆栽来增加绿化效果，但并没有多少生态意义。如图1是某品牌服装橱窗设计，图中应用了仿真绿色植物作为配景，将其修剪成规则式的绿色花球或花架与红色服装相搭配，在颜色搭配上似乎很和谐，但这种橱窗不会吸引太多关注，至少人们停留在它前面观看的时间不会太久，因为表面上的绿色缺乏生命力，没有内容，简单地修剪却并没有把人们的注意力集中到服装上面，反而让人忽视了服装本身。

2）缺乏艺术性

调查发现，上海的橱窗设计在艺术表现手法方面做的还不到位，某些品牌使用的手法表现力不强，或者词不达意，使得橱窗无亮点可看，从而导致人们在逛商场时产生视觉疲劳，对大多橱窗一扫而过不作停留，也就不能达到吸引顾客入店的目的。橱窗是艺术与商业的结合，它所表现的也不应只是它的商业性，更应该把它从美的角度进行设计，让人们以一种欣赏作品的感受来享受其中的艺术性，并通过它们使得人们感觉是在和设计者进行交流。如图2是某品牌刀具的橱窗展示，该橱窗采用了夸张放大的手法，将剪刀在形态上夸张放大，但这种手法只是简单地告诉了路人这里是卖剪刀的，并未将其性能等方面呈现，最终的结果就是这种橱窗只是在告诉那些正在找剪刀店的人店在这里，更多的路人只是好奇地多看两眼甚至在想这么大的剪刀拿来干嘛用？这就违背了橱窗设计的本意——吸引那些潜在顾客产生兴趣并进店细看。

3）缺乏互动性

橱窗，对于大多数人而言就是用一层防盗玻璃与顾客隔离的封闭展示空间。或许由于模特和道具价格昂贵，抑或是商品贵重或不耐脏，许多橱窗的设计都是封闭形式的，这就导致人们只能用眼睛来看商品，对于商品的很多方面不能很好地把握，例如服装的质感等，甚至导致一部分顾客兴趣的缺失。

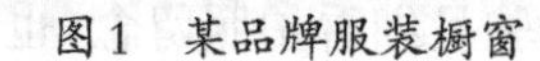

图1 某品牌服装橱窗

图2 某品牌刀具专卖店橱窗

图3 某品牌女装橱窗

另一方面，上海的橱窗几乎都是静止的，而大众是穿行于各橱窗与店面之间的，即大众是运动的，这就导致橱窗很难把商品的各个角度展现在大众面前。如图3是某品牌女装橱窗，玻璃的阻挡使人与商品产生距离感，在视觉的互动上还受到玻璃上英文字母的影响。

4）缺乏文化性

商业气氛浓重的商业街体现了一定的文化氛围，但这种文化氛围更需要通过橱窗进行熏染，让顾客在购物的同时享受到文化的感染。但通过对上海橱窗的调查可以看出，很多的橱窗设计还不能满足文化性需求。许多橱窗的展示甚至是没有背景的或者背景只是白色的墙壁（见图4），也没有各种道具进行场景设计，缺少文化内涵的这种橱窗会使得人们产生厌倦情绪，甚至使得店家的诚信度大打折扣。

5）缺乏故事性

一个优秀的橱窗会让人们止步不前，细细品味其中的寓意或者认真读取其中的故事情节，而这个故事如何传达需要设计者精心的布置。但就目前的橱窗来看，很少有设计者能把某个故事通过橱窗巧妙地传达出来。很多橱窗设计所加入的元素没有任何特定意义，是一种对橱窗的亵渎（见图5），在这样的橱窗面前，人们不会留下任何印象甚至对产品的质量有所怀疑。

3 商业橱窗的设计对策

随着商业的发展，从市场营销策略出发，对卖场进行规划，把橱窗作为系统宣传策划的一个环节进行规划与实施，提升现在的橱窗设计水平越来越受到广大商业人士的重视。只有打造出最大可能吸引游客注意力的橱窗才能换取更多的视觉焦点，吸引更多的顾客入店，赢得更多的利润。那么，针对橱窗设计所出现的问题提出以下几点建议：

图4 某品牌女装橱窗

图5 某眼镜店橱窗

1）增添生态性

作为城市景观不可或缺的重要组成部分，橱窗设计同样需有生态性，为大自然的持续发展做出自己应有的贡献。创造一些非营利橱窗展示。例如生态保护为主题的橱窗，将自然界的万物迷你化，加入到橱窗元素之中，加之以各种手法修饰，这将会激发一些生态购物者的兴趣，同时为店铺或品牌创造一个积极的形象。以可持续理论为依据推行绿色橱窗，将环境因素纳入设计之中，在橱窗设计和布置的所有阶段均考虑环境因素，在橱窗布置的整个过程中遵从本地化、节约化、自然化、进化式、人人参与和天人合一等原则，强调减量化、再利用和再循环，减少对环境的影响，引导产生一个更具有可持续性的生产和消费系统。如可以将海洋景观迷你化制作成生态鱼缸（见图6），在商业化的空间中为自然景观留有一席之地，展现天然氧吧生态美观效果，不仅能够吸引大众驻足细看拍照留念，也能使大众感觉亲近自然，当然更重要的是由此提高企业形象，吸引更多顾客入店购物。

2）打造艺术性

橱窗设计应该全方面地尝试各种艺术手法，也可以一直延续一种手法，创造出一种节奏美，但最终都必须达成吸引顾客眼球的目的。橱窗设计手法多种多样，突出特征法，对比衬托法，合理夸张法，以小见大法，运用联想法，赋予幽默法，以情托物法等，其中较常用的对比和夸张手法中，对比可以是色彩上的对比，灯光上的对比，质感上的对比，材料上的对比，方向上的对比，情感上的对比，通过对比，使得产品的特点和性能显明地呈现在顾客面前，使得顾客对此印象深刻，无形中使得顾客信赖产品质量。在对比中，色彩上的对比往往存在一些误解，有些人认为色彩对比越强烈越能对人产生视觉冲击力，给顾客留下的印象也越深，实际上，强烈的色彩对比会使人眼花缭乱，甚至产生厌倦情绪，使设计效果与欲达目的相背，所以，色彩选择应慎重。夸张可以是模特的夸大，商品特性的放大以及场景的缩放等，在强调商品实质的同时创造出一种视觉的冲击感，给人们留下新奇与变化的情趣。在各种手法的使用中，留白也是很重要的。橱窗的面积有限，在展示商品时应做到主次有序，为了使人们把目光集中到特定商品上，不仅需要灯光上的辅助，在商品摆放上也应当取舍得当，适当的留白往往会有意想不到的效果（见图7）。

3）加入互动性

在生活压力和工作压力日益增大的今天，逛街应当是人们放松的一种休闲活动，这就要求橱窗设计应当是能够缓解人们日常工作疲劳的，而这种作用的发挥需要引入互动理论，即应将橱窗设计与互动理论相结合，在满足橱窗功能的前提下增加更多的趣味性。可以从造型、颜色、材质、商品文化的表达以及情感的寄托等方面考虑，将橱窗设计的场景更好地融入人们的日常生活，使得橱窗设计更加合

图6 某商场外生态型橱窗

图7 某品牌橱窗

理、更人性化。互动可以是橱窗各元素之间的自我互动，也可以是橱窗与大众之间的互动。后者可以是各种感官上的互动，也可以是情感上的交流。例如在视觉上的互动，为了让商品的各个角度尽可能地展现在顾客面前，设计者还要以人体工程学为依据确定橱窗设计尺度及视觉范围，不仅要考虑到顾客静止的观赏角度和最佳视线高度，还要考虑橱窗自远至近的视觉效果，以及穿过橱窗前随意成景的效果。甚至某些橱窗设计可以将传统的玻璃橱窗撤销，以低矮围栏或其他围合性较弱的物品取而代之，从而使顾客可以近距离地接触商品。也可以利用炫彩的灯光闪烁、流动照明以及风向控制打造出一种橱窗模特在运动的错觉，为橱窗增添些许生命力，这需要设计者充分考虑各种可能，并尽可能地将这种错觉维持久一点。在情感互动上，可以多打造一些具有生活气息的橱窗，使得橱窗具有一种情感上的震撼力，但这种情感不应强加其中，而应从橱窗中自然而然地流露出来，在给顾客创造感动的同时商品也被顾客牢牢记住。如图8中的某品牌男装橱窗，橱窗中的男士右手拉着穿着白色蕾丝裙的小女儿，左手抱着宠物狗，脚旁还站着两个白色的兔子，虽然模特没有头部，却让人感受到一股慈爱之情，貌似父亲怜爱的面容和女儿欢快的面容就在眼前。这一橱窗的真情流露能够打动过客，让他们认为穿上此品牌的服装都是有爱的人，使顾客愿意入店细看。

4）提升文化内涵

橱窗是一个小舞台，在这里，可以创造出多种画面、多种场景和多种主题，对顾客和广大市民能够起到宣传教育的作用，对城市能够起到装点和美化的作用。现代商业的橱窗设计与展示，应该是以商品为载体来展现与商品文化内涵相适应的商家经营理念，并以此获得消费者的认同。在确定主题时，应全面了解品牌文化，并将这一要素融入设计中来，并以此为橱窗设计的中心。每个橱窗的布置与展示都应该牢牢把握品牌卖点并把它在公众面前进行展现与宣传，在群众心目中树立正确的品牌形象，并让群众对其有正确的定位，从而达到卖点的推销。橱窗不仅是一个品牌文化的反映，更是当地文化的体现。一个融入了当地文化的橱窗，是使其有别于其他橱窗的重要因素，在当今这个城市越来越统一化的社会，保持住原有特色越来越受到人们的重视，从橱窗出发，将地方文化元素加入到设计之中将会得到异样的效果。可以通过橱窗展示一些名人轶事、历史事件、风俗节庆、特有产品、民俗文化、宗教文化、方言、诗词歌赋、戏剧等物质或非物质元素，甚至加入一些艺术品或文物复制品以及文化娱乐用品增加橱窗的文化氛围，提升商品的文化底蕴。如图9是某品牌新年橱窗，清爽半透明的白色幕布由古色古香的屏风架起，映衬出一个个色彩鲜艳的中国剪纸吊线娃娃。剪纸娃娃肩挑着书本和毛笔，大步迈向新年，灯影跃动下，橱窗恍然变换成正在上演的中国传统皮影戏的民间艺术舞台，整个橱窗生动而具有文化底蕴，在引顾客入店细看的同时也增加了品牌的文化底蕴。

图8　某品牌男装橱窗

图9　某品牌橱窗

5）增加故事性

一座具有悠久历史的城市的街道景观需要具有故事性，而这种故事性可以通过橱窗设计来表现。选择合理的表达方式对橱窗各要素进行精心的布置，使其可以传达其中的意蕴，使得大众可以用感官、用心聆听到设计者想要叙述的事件，并产生一种情感上的交流。橱窗设计的故事性主要体现在场所隐喻，可以设计一些特定场景来加深人们对于某件事的记忆或某个故事的体验，其中可以加入某些具有代表性的元素来烘托氛围，可以用形态、线条、颜色和质地的不同空间组合传达某个特定故事，并通过这个故事向人们传达某种信息，从而给人以某种启示或警戒。图10是为纪念已故天才设计师Alexander McQueen而推出的特别版纪念橱窗。橱窗将其标志性的设计元素画面与最新一季该品牌产品的陈列搭配在一起，将SPIGE整个店铺侧墙装饰成一个前卫及富有艺术时尚概念的整体，使人们由此联想这位天才设计师的设计生涯。

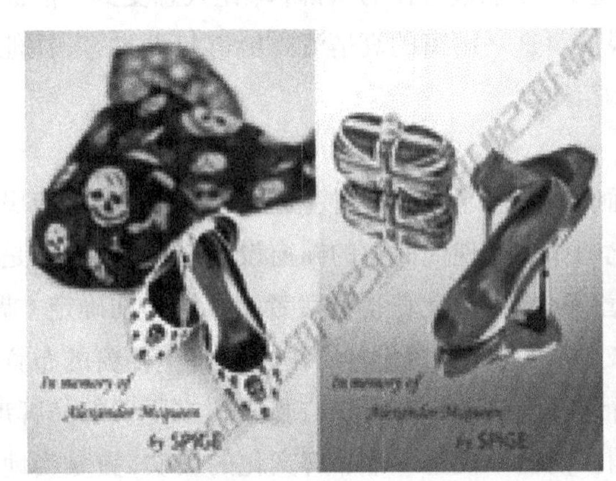

图10 某品牌特别纪念橱窗

4 结语

应该鼓励国内商家多借鉴学习国外橱窗，小品牌向大品牌学习，郊区向市区学习，在借鉴的同时巧妙地加入自己的特色元素，在技巧学习的同时也要把握意识与思维的学习，逐渐形成自己的一种体系。

在商业化的今天，国内商业橱窗的发展任重道远。但随着人们对橱窗作用的认识越来越全面，相信不久的将来，国内的橱窗设计也会迈入一个新阶段。

（张雪影 张建华）

传统商店要大力开拓展示功能

1 网络商店的兴起对传统商店的冲击

伴随着信息时代的来临网络商店油然而生，它正以惊人的速度时刻影响着人类社会的发展进程，改变着人们的生活学习工作与思维方式以及社会的方方面面。网络是一种文化形态作为人类社会继报刊广播电视之后的新兴媒体，信息网络实现了人类社会文化信息交往的新突破，因此网络商店的产生对传统商店带来冲击，使原本作为唯一销售方式的传统商店迎来了前所未有的寒流，怎样才能使传统商店冲出寒流迎接春天呢？这是我们需要探讨的问题。

传统商店，即拥有实际店铺实地经营具有实物展示的商店生活中传统商店到处都是，比如大中小超市、小商店、杂货店、服装店等，所以凡是拥有实际店铺的商店一般统称为传统商店。传统商店之所以能存在必定具有一定的优势，传统商店的优势很多，一般的有：实体性，更能给人安全感；直观性，可以让消费者直接看到商品；即时性，传统商店付款即可以得到商品，不需要等待；互动性，因为传统商店有服务员可以与消费者互动。其中传统商店最大的特性就是实体性，即展示性这个特性是其可以与网络商店抗衡得以生存的主要原因。

凡事都有两面性，传统商店有优点也就必然有缺点，尽管在社会发展的同时传统商店也有其在技术方面的进步和发展，但是由于其传统性所以传统商店本身存在一些固有的局限性：实行店铺售卖经营规模受场地限制，库存商品资金占用多有时间限制的销售投资大，回收期慢（店租金、人员费用）等不少缺点。而网络商店更是利用了传统商店的这些缺点在近几年抢占了大部分市场份额，给传统商店带来了不小的冲击，如网络商店中的商品种类多，没有商店营业面积限制；其次网络购物没有任何时间限制；第三购物成本低；第四网上商品价格相对较低；第五商品容易查找。而且网络商店服务的范围广，网络的无地域无国界的特点使网络商店的服务范围不仅仅限定在某个固定的区域内，购买者可以通过网络商店买到世界各地的商品。由于网络商店的以上优越性，以及传统商店的固有的局限性，传统商店的市场份额正一点一点被网络商店所占据。

统计数据显示2008年，网络商店巨头淘宝年交易额为996亿元，与2007年的43亿元比较，同比增长了131%，约占全国社会消费品零售总额1%。这相当于2008年每一个中国人在淘宝上平均消费了8元，相当于青海省2008年全省消费品零售总额的4倍，海南省2008年全省消费品零售总额的2倍，新疆维吾尔自治区2008年全区消费品零售总额是重庆市2008年全省消费品零售总额的二分之一（见图1）。

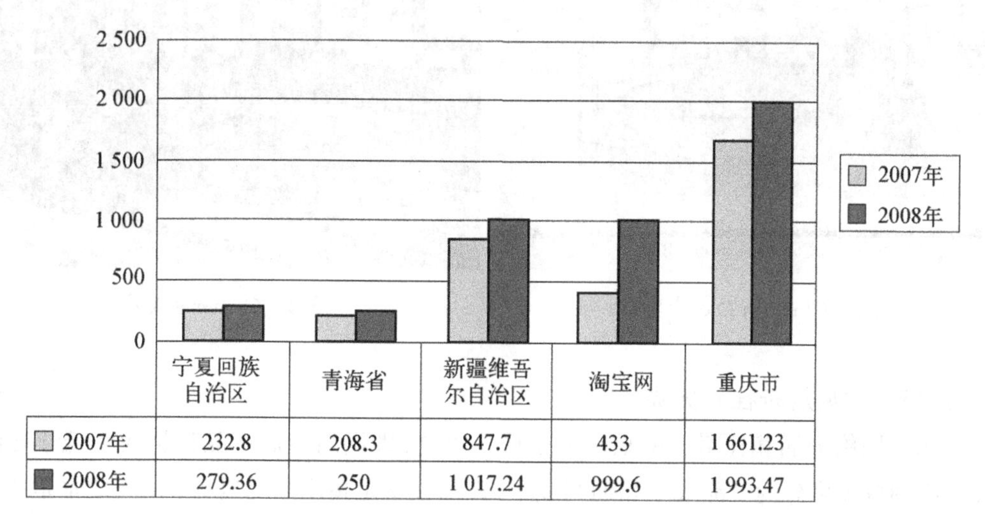

	宁夏回族自治区	青海省	新疆维吾尔自治区	淘宝网	重庆市
2007年	232.8	208.3	847.7	433	1 661.23
2008年	279.36	250	1 017.24	999.6	1 993.47

图1　淘宝网与各省消费品零售额对比

2　传统商店如何在网络商店的冲击下寻找机遇

1）传统商店与网络商店的优缺点分析

传统商店和网络商店各有其优缺点，但是，同时他们也具有互补性。传统商店的缺点：实行店铺售卖，经营规模受场地限制，库存商品资金占用多，有时间限制的销售投资大，回收期慢（店租金、人员费用)。这些在传统商店里的缺点在网络商店里成了优点。而网络商店的缺点:信誉度问题,银行卡网上支付问题,网络安全问题,配送问题,商品信息描述不清,网络购物者缺少直接购物体验。在传统商店里这些也是其优点,在这样一个环境里两者都无法取代对方,所以网络商店与传统商店两者是互补的。而对于传统商店来说,其与网络商店相比最大也是最核心的优势是展示性。

传统商店与网络商店具有互补性,其中最重要的特性就是其展示性,在这样的网络时代背景下传统商店应该发挥自身优势,加强其在展示性的拓展。在网络商店里最致命的缺点就是其缺少展示性。一些贵重的物品如珠宝首饰、黄金饰品等,还有一些对人们生活起重要作用的如汽车、房产等都需要一定的展示性。还有一些特定的商品如衣物、鞋子等更需要亲身体验才能达到更好的效果,所以传统商店正要抓住这个特点将商店的展示性拓展出来,这个就是传统商店以后的主要发展方向。

显然一些大品牌的专卖店已经有了这个方面的发展,他们的专卖店布置的非常漂亮也非常吸引人们的眼球,在百货店和商场里的品牌专卖店已经兼具了展示的功能。而一些白领或者年轻时尚人士也乐意闲来无事地来逛逛,显然这些专卖店的展示功能也吸引了他们在网络商店普及和盛行的信息时代,传统商店渐渐退出了主流市场,而传统商店只有着重往其展示性的方向发展才能吸引人们的眼球,重新回归主流市场(见图2、图3)。

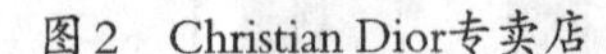

图2 Christian Dior专卖店

图3 Cartier专卖店

2)传统商店拓展展示性的优势

传统商店与网络商店相比最大的缺点就是成本太高,即网络商店产品价格大大低于传统实体商店。传统商店的成本可分为产品成本和期间成本,产品成本是指产品的进价;期间成本是指传统实体商店的房租、人员工资、水电杂费等。房租和人员工资基本固定,而水电杂费与网络商店相似,二者可以抵消由于传统实体商店的局限性其期间成本的降低、空间不大,而相对于期间成本产品成本降低的空间更大。

传统商店产品成本之所以高是因为传统商店货物流转步骤太多,货物从生产厂家到商店展示过程中经过了许多中间商。每个中间商都将会把产品价格提高来赚取一定的利润,从而使得产品成本增加。为了克服这个致命的缺点我们应该省去中间商,直接和生产厂家合作通过一站式采购可以大大降低产品成本,从而降低产品成本和价格的同时也要减少库存成本。可以利用厂家的仓库,计划合理的经济订货量尽量选择有物流的大厂商合作，这样产品质量和价格都可以有所保障，从而提升了自己的品牌价值。

降低了成本，一部分成本降低了销售价格，让利给了消费者；另一部分成本则转换为利润。为了传统商店的长远发展可以将部分利润用来提高传统实体商店的核心竞争力，即展示性良好的可以再提高企业的利润从而形成一个良性循环。

3　大力拓展传统商店展示性的对策

3.1　传统商店展示性进一步发展的条件

随着网络商店的崛起，传统商店对于其展示性的重视程度也越来越高，以家具企业为主要代表的国际家具展览会的面积也从1993年的1 500 m^2升至2008年的250 000 m^2（见图4），可见某些特定的物品进行展示还是很必要的也非常有市场。

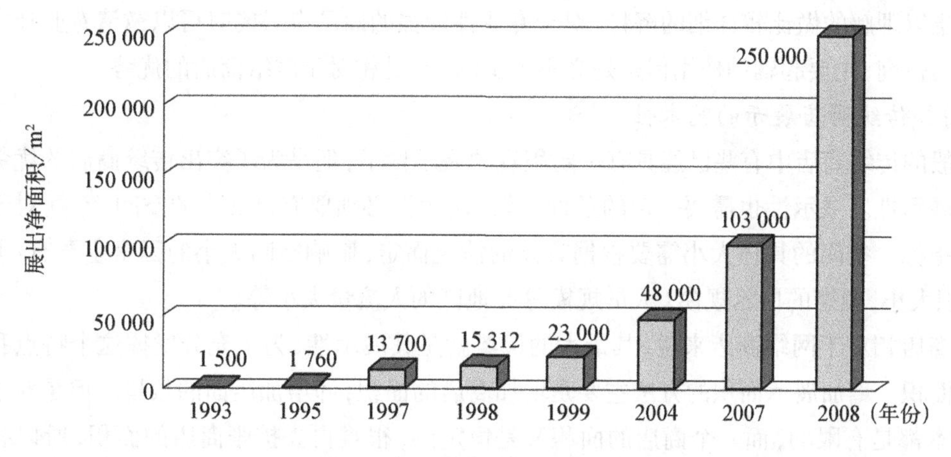

图4　中国展览会展示净面积

而从图5也可以看出参展厂商由2004年的1 100多家升至2008年的1 900家，这些数据足以说明展示性的重要性以及展示的市场巨大的潜力，为传统商店走向展示化创造了良好的条件。

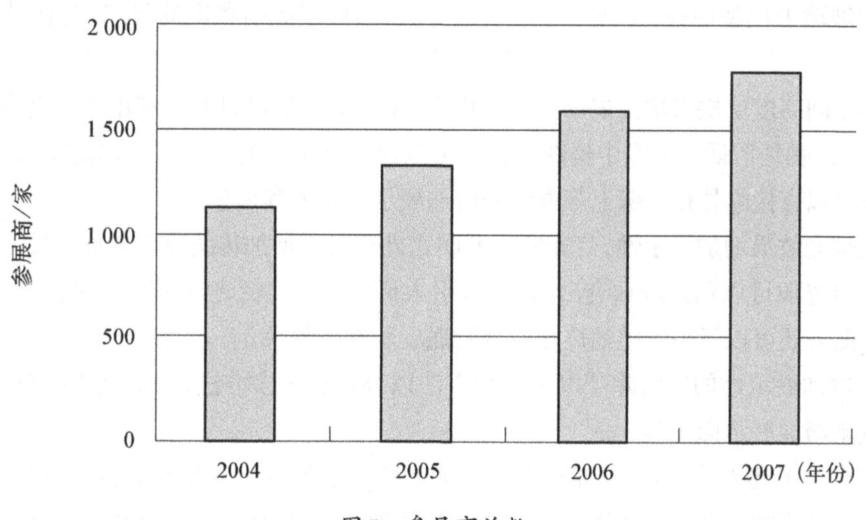

图5　参展商总数

3.2 传统商店展示性进一步发展的对策

1）增加传统商店展示的科学性

俗话说君欲善其事必先利其器，传统商店在突出展示性前也必须做好充分的准备。传统商店的准备主要可分为两种，即硬件准备与软件准备。硬件准备是指商品的详细资料，包括商品的用途、产地、成分、使用方法等。软件准备是指商店销售人员对商品信息的了解程度。硬件准备是主要的、必需的，而软件准备是次要的，但也是重要的。

对于硬件准备，应该将商品的详细信息与商品一同展示，主要可以采用将信息贴在商品上，此类方法主要适用于大件且粘贴不影响功能的商品，如大型器械等。而对于小件商品或原件比较珍贵的如珠宝首饰、艺术作品等可以采用信息资料和商品一同平行展示，如像博物馆展示一样，在商品下面或周围安置详细信息让客人在观察同时可以更科学更直观更全面地了解商品的详细信息和作用。

对于软件准备则相对简单，只需要对销售员工进行培训，增加其服务质量。对于商品硬件展示不足或客人难以理解的做比较详细的解释，对于专业性较强的商品有必要时可以邀请专业技术人员来当场做必要的咨询，主要起辅助作用但是是必不可少的，也是相对于网络商店的优势。

2）增加传统商店展示的艺术性

在一般的传统商店中有些已经具有一定美观的展示性了，但是为了突出传统商店的优势必须进一步加强其展示性。展示性也需要一定的条件，首先展示性必须要有足够大的空间，空间对于展示性而言是硬性指标。空间的具体大小需要根据具体的情况而定，影响空间大小的因素主要有：展示品（商品）的体积大小，预期的展示规模（人员规模等），地区的人流量大小等。

传统商店相对于网络商店来说，其最大的优势就是其展示性，为了充分发挥这个特点我们必须增加展示的面积。增加展示面积的方法主要是增加商店的面积，即增加店面的数量。但是对于大多数商店来说成本都是有限的，而一个商店的面积又是恒定的，很难再去扩张商店的面积，所以我们必须从商店本身来考虑科学地增加其展示的有效性。

（1）利用镜子来增加其视觉冲击力和展示性，首先在商店里增加镜子的数量，还可以将商店的一部分墙面作为镜子，既可以作为装饰也可以增强视觉冲击力，从而提高展示性的效果。镜子还可以增加商店的空间感，使顾客在商店观看商品更加舒适和宽敞。

（2）通过玻璃来增加展示有效性，其次对于商店的大门和窗户应该使用落地玻璃型，具体有条件的商店可以用玻璃来代替墙壁，形成一个透明的商店，借此来吸引顾客的眼球，这样就变相地增加了商品的展示性。

（3）利用空间高度层次来增加展示面积利用率，最后商店还可以充分利用空间高度的层次划分来增加展示面积，也就是俗话说的空中楼阁。比如可以建造空中楼阁或利用挂式橱窗来摆放商品，对于有些小商品还可以直接悬挂在墙壁上等方法来增加展示面积的利用率。

（4）利用灯光效果增加展示性，灯光除了照明之外还可以增加传统商店的展示性。灯光分为点光源和泛光源。点光源可以用来着重突出商品，吸引人们的眼球。泛光源则可以融合于整体色调，形成统一的基调。此外还可以运用动感的灯光达到增强展示性的效果。

（5）其他增加展示性的方法除了以上四种方法以外还有很多方法，比如利用颜色来增加空间感，利用墙壁内嵌来增加展示面积等。

需要补充的是上述方法也是有局限性的，比如利用玻璃的方法就受到商店结构的限制，利用高度则受到商品大小的影响。各个方法还需要专业人员的配合，所以传统商店增强展示性时要结合自身特点配合多个方法一起使用才能发挥最大的展示性。

对于有经济实力的传统商店，可以邀请专业性的设计师对展览场地进行设计，并在相关技术人员的合作指导下一同完成。

3）增加传统商店展示的专业性

完成了具体的展示和准备之后传统商店还需要完善其展后服务才能更体现其专业性。

为使传统商店突出其展示性优势的同时，也改进其相对于网络商店来说的成本缺陷。我们可以采取实地展示购买网络统一配送的方式，即顾客在传统实体商店了解其商品，可以当场或之后在网络订购商品，然后商店再统一配送。

这样就必须提高配送的服务质量，必须在指定天数内送达顾客订购的商品。对于中小型商店来说，配送服务可以采取专业性的物流公司，因为专业性的物流公司已经具有一定的专业水平，同时也有一定的业绩，配送质量有所保证。而对于大型的传统商店可以和生产商联合或自行配送，企业要结合自身实际和特点谨慎选择。

红星美凯龙家具大卖场是传统商店拓展展示性的一个很成功的案例。

家具作为一个昂贵的生活必需品必须用实物才能充分展示其特点，传统商店在此方面具有极大优势只有充分地展示才能满足消费者需求。对于价格昂贵的商品，消费者才能更放心地购买红星美凯龙家具，大卖场就是这样一个实体店里面开设的，每家专卖店都设计得非常新颖吸引眼球，每个不同类型的专卖店还会结合自身特点，比如木地板专卖店会将专卖店的墙壁和地板都运用各种类型的木材作为装饰和展示，而瓷砖专卖店则会全部运用瓷砖来装饰店面以及展示其商品。

在信息时代的发展下，网络商店这种新兴的购物方式已经逐渐被越来越多的人所接受，传统商店地位已经逐步被其取代。竞争力也随着网络商店的普及而日益下降，但是网络商店也存在一定局限性。这些局限性也是传统商店的核心竞争力的表现，传统商店可以增加其展示性来弥补网络商店缺乏展示性这一致命缺点，强调展示性对商品的重要性才能够重新吸引住人们的眼球。争抢市场份额对于传统商店而言不仅要充分发挥起核心竞争力，而且还要向网络化发展，提高其综合竞争力，这样才能在金融危机中更好更远地生存及发展。

（王迎月）

商业橱窗的园艺装饰设计

橱窗，商业与艺术的结合体，直接面对消费者的商品展示行为在这里上演。橱窗不仅是商业销售的一个有力手段，更是被誉为视觉空间里的推销员（见图1、图2）。现如今，橱窗展示的不再仅仅是商品，而是店家刻意营造的优质生活的样板；橱窗告诉顾客的不再是商品的优势价格的优惠，而是每个人对优质生活的向往和追求。

橱窗透过园艺装饰，能够让消费者在第一时间接触到商店最希望其看到的内容，同时无形中屏蔽掉商店最不希望让消费者发现的内容，还能帮助消费者沉浸于对优质生活的想象，获取预先快乐的体验，兼顾商店与消费者互动以获取反馈信息的平台，唤起消费者的购买欲望，达到最终的销售目的。

园艺给橱窗增添生命气息，带来大自然的艺术，中和商业感强烈的陈列布局，获得商业与艺术之间的自然平衡。

图1 2005年上海国际花展橱窗展台

图2 上海某花艺店橱窗

1 设计理念

在橱窗陈列中将园艺小品与商品的展示相结合，与品牌的特色相结合，即是将园艺装饰融入展示环境，提高设计感的方式。围绕陈列主次结构，精心运用各种园艺资材，能使商店的风格鲜明，特色突出，而且还能对商品起到很好的烘托作用，亦展示品牌设计的层次和方向。同时也给凝固的建筑外环境注入了生命，商业空间也因此而充满个性和气质。将橱窗人性化的设计，丰富的情境形态与园艺装饰结合，使人们的购物休闲质量得以改善，创造出更加生态、优美、舒适的商业环境（见图3）。

图3 上海简爱家居门店橱窗

2 在商业橱窗中如何进行园艺装饰设计

将园艺装饰很好地应用于橱窗进行展示设计，需考虑橱窗设计要素及园艺资材的选择与使用。

2.1 橱窗设计的三要素

在将园艺用于装饰橱窗时，要紧密结合橱窗设计的三要素：商品，消费者和装饰环境。

1）商品

商品体现品牌的理念定位和设计风格。商品的大小、形态、色调和质感，商品的群体与个体，商品的性格都决定了在搭配园艺小品前要结合不同商品所表达的感受，针对不同的商品有不同的装饰格调和氛围，选择什么样的园艺小品与之相衬就由商品的设计风格、设计思路所决定了。

2）消费者

消费者代表着商品的层次、品位。商品的消费层次即消费者的年龄、性别、受教育程度、社会背景、消费水平等方面决定了店面及橱窗的设计风格。

不同层次的消费者对橱窗展示的要求不同，在结合园艺装饰时，要注意园艺小品对消费者的心理暗示，如花语、色彩表达及季节暗示。还有同一植物在不同国家有不同的含义（如菊花之于我国和日本），在橱窗中尤其要注意这点。

3）装饰环境

即店铺周围的商业环境和店内商品的陈列环境，反映品牌市场和渠道定位，显示品牌的层次和方向。同样的品牌在不同地域所展现的风格是不同的，同一件货品也可以展示出多种风格，在不同的布景氛围中也有不同的特性。

旗舰店一般都拥有大展示空间的商店，充分展示品牌形象和设计理念。定位在确立统一、鲜明的形象，把品牌定位、倡导的生活理念和产品风格准确地展示给消费者。在设计园艺装饰时要注意突出商品的展示，同时园艺小品本身也要符合这类张扬的表达环境，可使用并不常见的资材，或是赋予其与众不同的含义。

中小型店面一般展示空间小，客流量大，主要集中于刺激消费者的购买冲动。定位在把最新、最吸引眼球的产品设计展示给顾客，以达成销售目标。所以橱窗设计一定要符合客流的消费需求。如面对中青年消费群体的橱窗会显得成熟雅致经典，用到的就会是高雅清新的洋兰、马蹄莲等花材；而青年消费着喜欢的橱窗就会更加年轻活泼时尚一些，多看到的就可能是色彩活泼艳丽的鹤望兰、向日葵等资材。

2.2　园艺资材的选择与使用

使用园艺资材时植物种类的选择、养护管理及其含义也要注意，只有对使用的植物本身有充分的了解，才能使其在橱窗中得到更好的展示。

1）植物材料的选择

（1）根据空间的大小选择恰当的种类。

较大而开阔的空间可以摆放大型观叶植物，如散尾葵、苏铁、罗汉松、发财树；中等空间可以放置中型观叶植物，如龟背竹、绿萝、袖珍椰子、南天竹、巴西木；而小型的空间就可以放小型观叶植物，如文竹、吊兰等细叶类植物。

（2）根据植物放置点的采光和通风条件选择植物。

在强光区可摆设喜光植物如发财树等；次光区宜放置文竹、吊兰、变叶木等；弱光区可放置棕竹、绿萝等植物。有些橱窗通风比较差又是空调环境的话，可选择既耐阴又耐空调环境的种类，如巴西木、发财树、龟背竹、绿萝、万年青等植物。

（3）植物的含义。

包括植物的花语、色彩语言和季节性以及在展示环境中与照明灯光、其他展示道具和商品之间的关系。在园艺装饰时不能忽视植物叶色花色等色彩的使用及变化（如叶片会变色的植物）。同时，光照及与商品色调的和谐是要十分注意的。

植物的花语早已融入人们的日常生活中了，在橱窗中更是被商家运用自如。最常见的例子就是婚纱店的橱窗中，表达着对婚姻幸福的祝福的百合，显示新娘纯洁、美丽、高贵的马蹄莲，代表爱情的热烈和真诚的玫瑰。但是在植物的使用上还是要看消费者不同层次的不同喜好。

园艺资材的色彩要根据商店自身风格来选择，成熟经典品牌的商店一般选择高雅色系，园艺装饰宜使用比较高档次的鲜切花材料做的有设计感的插花作品。如某些国际知名的化妆品牌多使用马蹄莲、百合等给人以健康、优雅与清香感的鲜花做装饰；而年轻时尚品牌选择醒目闪亮的活泼色系，讲求的是张扬醒目的特质，宜用富有色彩变化的插花小品，新鲜水果也是很好的选择，如苹果的翠绿，柠檬的嫩黄，草莓的鲜红等。玩具店和服饰小店多用具有活泼感的明亮色调，如亮橙色、明黄色就可以吸引年轻人的目光。

在用园艺小品来装饰橱窗时要注意到植物的季节性对人心理的影响。在季节更替时，要考虑资材的更换。如在种类上有春兰夏荷秋菊冬梅，春“花”秋实，水果也能进入橱窗。在色彩上，夏天多用清新凉爽的淡色调，多点水生植物和玻璃器皿给人的眼睛“降温”；秋天就要通过色叶植物来体现季节的变化了，果实成熟的色泽也可以用来诠释秋天的丰收；冬天可用多重的色彩、热闹的插花作品丰富冬季素色的感觉。

2）植物的使用及养护管理

使用园艺小品装饰要注意其作为陪衬元素与展示商品的和谐，不能影响货品的整体效果，不能喧宾夺主，注意层次感空间感。在使用中要注意对园艺植物的养护，这不论对植物还是橱窗的整体展示都是很重要的一点。要定期观察植物的健康状况，如发现叶片有萎蔫、发黄、落叶或暗淡无生机等现象，应及时更换，进行恢复养护。否则不仅有损植物的生长，还破坏了整体橱窗环境的展示。

3 橱窗园艺装饰设计现状浅析

不论是通过网络还是站在都市中心，我们身边都能发现商店橱窗中有绿色植物和插花作品的身影。通过对上海几个主要商业圈内橱窗的调查，不难发现橱窗园艺装饰的现状。

1）橱窗园艺装饰设计尚未普及

调查发现很多橱窗缺少园艺装饰设计，橱窗设计亦不能很好地展现企业的文化和商品优势，橱窗陈列显得混乱，缺少艺术美感。而比较成功的园艺装饰设计多是在园艺商店、家具店等售卖设计思想的商店橱窗中。譬如，园艺商店其园艺装饰的风格为西欧式，与同类家具及摆设共处一席橱窗，格调一致、风雅高贵（见图4）。对商品的特征及品牌的理念把握准确，园艺装饰与商品展示完全融于一体，

图4 上海上品行家居店橱窗

很好地展现了欧式的家居生活，让人神往，不由得想进入商店购物了。橱窗不仅能吸引消费者，更能成为品牌的肖像，这样的橱窗设计比较成功。

2）资材的局限

园艺资材的局限，或者说是思维上的局限，一方面在原有资材的基础上没有最大限度地发挥创造力以期物尽其用，另一方面也甚少发掘出创新资材。相比较之下，海外橱窗设计人则在资材方面更有心思：日本的木炭店和竹制品店的橱窗均将本店商品做简单艺术处理就作陈列了，却也是园艺资材的创新一举。而欧洲一家钻饰专卖店的橱窗也是别开生面地用起了草坪铺装墙面，大胆创新，让人惊叹。

3）养护管理的问题

很多店家都重视前期的装饰布置，而忽视后期的养护管理，如清洁、整理、修剪等工作，不仅无法展现设计的效果，还破坏了品牌的形象。

试想一款刚上市的新商品被周围嫩绿叶片簇拥着，给人清新自然的萌动感受，一派欣欣向荣之势。而一段时间不去养护园艺装饰材料的话，原本光泽照人的叶面上布满灰尘，整个植物材料放置松散，还有掉落的叶子蜷缩在商品旁边，那样的画面，就算商品再光鲜亮丽，都浸没在周围的灰尘中了，又怎能传达商店的心意给消费者呢？

4　结语

园艺装饰不是橱窗布置中的必需品，但若合理运用就会是很好的展示元素。将园艺装饰与橱窗结合得相得益彰，就可以使得商业中的视觉元素既能传达特定的文化传承，又能彰显其展示美的装饰意义。将园艺装饰与橱窗设计结合应用，围绕商业价值设计陈列主次结构，让橱窗陈列空间最终达到商业作用与艺术价值的自然平衡，是本文探讨的主题，希望对这一领域的关注与研究会有深入及长远的发展。

（刘钰滢　朱永莉）

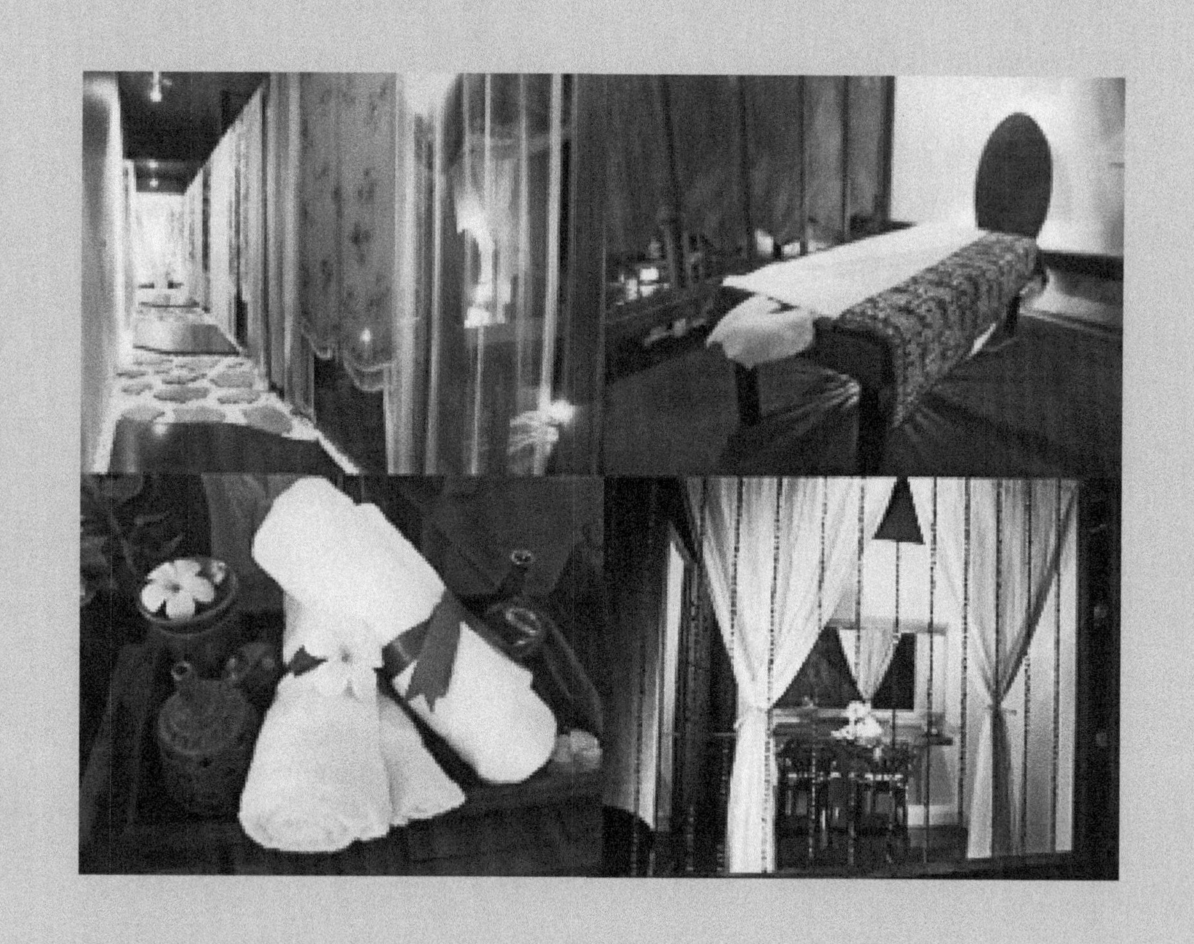

第三篇　文化创意及心理感知

文化艺术与创意设计

“大众视野”与“小众市场”博弈下的城市商业景观

1 大众文化

所谓大众文化，也就是一个地方的主流文化。这一概念最早出现在美国哲学家奥尔特加《民众的反抗》一书中，主要指的是“一个地区、一个社团、一个国家中新近涌现的，被大众所信奉、接受的文化”。其主要特点是在大众传媒的帮助下发展变化的，应该说通过大幅度的宣传让大众在耳濡目染的环境下顺其自然地接受，可以说存在一定的世俗性。

随着事物的不断改革，墨守成规的精神文明也会有意识觉醒的一天。越来越多的人开始厌倦了被大众文化操纵的生活，觉得过剩的大众文化带来归宿的同时又产生了滞销的恶劣环境，让人丧失了主见，于是那个盲目跟从的时代正在慢慢被追求个性的年代所取代。一个新名词由此产生——“小众”。

2 小众文化

小众文化没有大众文化那么张扬，它有着它独到的内敛，仿佛不需要向任何人妥协，它只属于那些欣赏它的人，并且为那些需要它的人而存在。

1）小众市场的“可行”景观

拿上海的商业景观打个比方，如果说“南京路”是大众视野的要求，那“田字坊”就是小众文化的产物。充满浓郁小资情调的它让人慕名而来，特色小店的古旧陈列品、世界各地的风味美食、不同于南京路的喧嚣，给人宁静的思索和遐想空间，怀旧、独特、文化的传承，只为与属于它的人来一场邂逅。

走出上海这个多元素文化的城市，“小众”二字还可以让我们联想到厦门的鼓浪屿，那里已不仅仅是艺术家们的“钢琴之岛”，更多代表小众文化的商业景观也已开始陆陆续续地入住这块宝地，最著名的大概要数岛上的“张三疯奶茶铺”（见图1），不同于一般奶茶铺的格局，从光线、背景音乐、外观布置上颠覆传统概念，由此吸引了不少游客，他们来岛上的目的可能就是想在这家店坐坐，体味下不一般的“小众文化”。

2）小众文化产生的极端

当然，任何新产物都会有它一定的弊端。有些人一味追求属于自己的格调，认为别人与自己的品位总是格格不入，然后将自己拘束在某一特定的环境下“享受”着只属于他自己的“小众”，这种特例是不可取的。

小众文化虽“小”，但是还是有它一定的“范围”和“适应人群”的。

图1 张三疯奶茶铺

图2 女生主题的KTV

3 可行性商业景观的特点

3.1 内在因素：消费者人群

正如以上所说“小众文化”存在一定的范围，它所拥有的人群没有“野心”，他们只希望保存自己的一片天地。因此，这些消费者的心理都有共同点，那就是：个性。他们的个性构成了一个集体的共性，他们的共性也在于彼此的个性，所以这样的商业空间在形式上是围合的，不能受外界打扰。

3.2 外在因素：景观外观

其实要让一群有着相同“小众”文化的人聚集到一起并不是一件可行的事情，但是有着相近文化追求的人他们往往会被同一种东西所吸引。好比上述说到的“田字坊”，慕名前去的人一定是被那种氛围所吸引的，他们的共同点可能是对“小资情调”的向往，或是观察或是体验。所以说没有人会逼着你进入一个景观空间，你只能靠一些外在的东西来表现你的内涵，这也许是唯有景观才具备的独到之处。

前不久上海开了第一家女生主题的KTV（见图2），从图中可以看出这家KTV不同于传统的包间，从格调、颜色上都偏重于女性的柔美优雅，这就是“小众文化”的产物。

诸如此类的产物还有许多，而它们的“可行性”在于以下几点：

1）选址

商业景观所在的区域选择尤其重要，周围的大环境将直接影响到一个商业景观的文化嗅觉，周边的建筑和来往人群就是奠定文化的基础。这也是为什么“新天地”选址在淮海路上而不是火车站旁的原因。

2）格局

说到格局，可以举几个商业例子。

先从餐饮店说起，一眼望去就是桌桌椅椅那可能是快餐店，曲曲弯弯还有雅座包间那也许是咖啡厅。

服装店，大门口就可以看见衣服被堆得杂七杂八那可能是外销服装店，一件件成品在橱窗里摆得整整齐齐应该是专卖店。

一个商业景观在格局上的设计会体现它的“文化档次”，不同的文化档次适应不同的人群，因此

"小众文化"从某种程度上来说可能会成为人们区分彼此之间档次的标准。

3）采光

这里说的"采光"所指的范围比较广，可以是自然光线，也可以是室内设计的灯光光线，餐厅有餐厅的灯光（见图3）、酒吧有酒吧的灯光、KTV有KTV的灯光，至于从中可以折射出"小众文化"的商业空间，可能酒吧和KTV这种年轻人常出入的聚会场所比较有"小众文化"之代表性。白领一族喜欢光线昏暗的pub是因为不愿让别人看到自己放松的一面，或是说只愿自己沉浸在自己的世界中，"互不打扰"是他们交流文化的准则；学生一族可能更喜欢热闹的场所，"尽情欢唱"的KTV可能是聚会的上佳场所，这也是属于他们的文化。

4 主题文化

小众文化比较分散，大多是对于周围的大众产物失去安全感，因此退缩到一个小圈子中，关键应该是在于自娱自乐。其中"主题文化"则是小众文化中的一个代表。

1）主题公园

主题公园是"主题文化"下一个典型的产物，并且是成功的可行性产物。

苏州摩天轮主题公园、英国哈利・波特主题公园……它们都是为了某一特定的人群所建造的，因为它们是那群人的"文化产物"。有人信仰摩天轮的美丽爱情童话，于是就有了摩天轮主题公园；J.K罗琳的《哈利・波特》风靡全球，于是有了哈利・波特主题公园。

这些都是主题性文化，只属于一部分人的文化，它不需要被除了关注它以外的人所认可，因为它自身作为一种产物出现就已经是成功可行的了。

2）Logo以及周边

商业景观不会仅指特定的空间范围，任何形式出现的"小众文化"它都是一个商业氛围。于是就有很多个性的logo图标产生。

而且现在对"文化"的概念已经不局限于历史了，娱乐也是一种文化。近几年开始流行的"动漫展"（见图4）就是主题文化的商业产物，热衷于cosplay的动漫迷们就喜欢这样的商业氛围来展示他们对动漫的热爱，可能些许家长不理解现在的孩子为什么要穿得奇奇怪怪甚至反对这样的文化追逐，但是这都并没有妨碍到"动漫文化"的发展以及其周边产物的萌生，并且愈演愈烈。

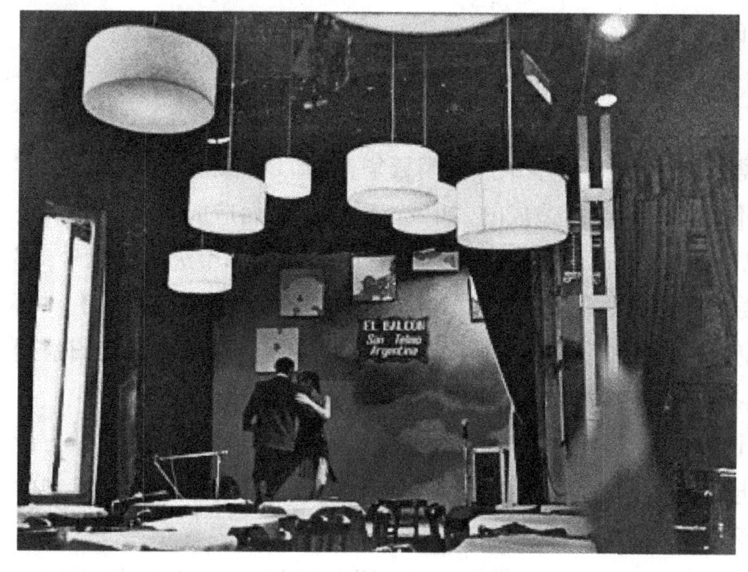

图3 主题餐厅灯光效果

图4 动漫展

因为这样的“小众文化”它有着强大的力量，力量大到足以形成一个组织，那么这样的“小众”就是与“大众”博弈之下成功的文化。

5 地标文化

说了这么多“小众”，也不是说我们要完全摒弃掉“大众文化”，毕竟主流文化还是在社会上占有一定主导地位的。

“大众文化”更多的则是历史的遗留，在景观上以建筑或是雕像的形式居多。著名的有重庆巴文化雕塑区，雕塑区在取材上尽可能搜寻能代表巴文化特征的史料、神话。是史学界较为肯定的关于巴人种族来源的古史传说。雕塑区在构成上造成强烈凝重的原始文化氛围。诸如这样的文化也可以说是“地标文化”，它不只属于某一人群，它应该或是早已默默地被所有人接受，以至于换来的可能只有忽略。

所以，我们要怀着大众的视野去了解一个城市、一个地区，倘若你想再深入了解这个城市、这个地区，那你就要关注在其大众框架下的“小众市场”，尤其是那些新兴商业景观产物，这各中的文化还是“你中有我，我中有你”啊。

（吴晓琼）

都市慢景观与禅意新生活

2010年，中国上海成功举办了第41届世界博览会，各国用不同的理念创建了缤纷多彩的景观建筑，并以景观来诠释“城市，让生活更美好”的这个世界城市大主题，如英国的“种子馆”体现的是一种对生命的崇敬和希望的憧憬；沙特馆则是以形似一艘高悬于空中的“月亮船”（见图1），在地面和屋顶栽种枣椰树，形成一个树影婆娑、沙漠风情浓郁的空中花园来展现中东地区人们对生活的赞美；而古典的中国馆更是以传统大气的立鼎形象宣告了一个民族的豁达。虽然现在上海世博会已落下帷幕，但其核心理念——“理解、沟通、欢聚、合作”将延续下来，在此后的都市景观建设中，应该是都市生活理念的全方面发展和进化，人与自然，人与社会，人与城市，人与自我都将上升一个全新的高度、深度和广度，以达到城市、自然、社会与人类的四者和谐。

1 都市景观现状分析

在当今人类所面临的诸多城市环境问题中，都市环境虽然时尚繁华，但却是能源的消耗的污染排放的主要来源，细想其中，是由于许多不合理的设计所造成的，如城市无序膨胀而造成的天、地、人关系的失衡，都市景观也大打折扣。纵观中国，几乎所有大中城市均打着向国际化都市进军的旗号，都市景观也变得千篇一律：高耸的摩天楼、宽阔的六车道甚至八车道、炫目的灯光景观等（见图2）。面对目前国内外城市景观建设的多元潮流，许多城市的景观更是缺乏适宜的联系和自身的特点，归根到底，则是对文化底蕴的一种匮乏，更深一步来说，是对生活态度的一种茫然。

所有这些都对我们习以为常的设计方法和急于求成的设计理念提出了重大的挑战。传统城市设计理论和方法即无论是现代主义的功能分区，还是后现代主义的历史借鉴，在都市景观构建和发展中出现的日益复杂的问题与矛盾面前似乎都显得力不从心。繁华的都市中，商业建筑林立、人流密集、高级灰的建筑、深蓝的镜面、璀璨的玻璃装饰以及弥漫的灯光几乎可以说是都市商业空间的典型代表，

图1　颇具沙漠风情的沙特馆

图2　拥挤的都市环境

而景观的渗入不是稀少就是缺乏文化和生活内涵，往深一层次上说，这一情况表明人们对生活的态度仍处于马不停蹄在追逐金钱利益、光鲜外表的肤浅层面上。

2　都市慢景观的核心——都市景观宗旨与生活内涵

面对上文提到的都市景观的普遍现状，都市景观设计急需一种建立在生态规划原理之上，综合文化而衍生出生活涵养的新的设计理念加以应对。在这样的大背景下，都市慢景观应运而生，经过了西方数百年工业化对我国城市化的影响和都市景观发展的实践之后，在对于都市的客观发展态势和现行城市设计的主观意识走向的深入反思后，特别定位于中国这一禅文化发源地的生活态度的重新萃取而提出的都市慢景观，对“千城一面”的传统建筑都市主义来说，既是重生也是挑战。

1）慢景观概念

在今天，许多学者认为，两种文化类人群在影响着社会，其一是诗人，其二就是景观设计师。景观设计师肩负着设计城市居民对美好生活的向往和憧憬的重任，如同《盗梦空间》中的筑梦师，景观师正是要综合考虑了文化涵养与生活内涵的交集，再从大自然各种素材中抽丝剥茧，汲取精华来创造都市景观。随着经济的发展，在中国这片广阔的土地上，城市化进程也在迅速展开，城市的发展拉动城镇体系和基础设施建设的同时，也注定了人们生活脚步的加快，走在上海一号线转二号线的地下空间，可以明显感到人来人往产生的风流，白领们面无表情地匆忙穿梭在这个城市的每个角落。林立的高楼无形中形成了巨大的压力，炫目的色彩和快节奏的生活夹得人们无处透气。

慢景观的概念，是相对于快景观而言的。在都市空间中，流光溢彩的霓虹灯，各式各样的商铺、明快而色泽亮丽的墙面地面铺装等大多数存在于城市的景观元素均属于快景观。而慢景观，究其核心，是都市景观宗旨和生活内涵的体现，并且成为一种沉淀心灵、与内心对话的载体。对于都市慢景观，首先要解决的就是，必须能够给城市居民提供一个相互交流、相互接触的活动场所，力求营造一种人与人心灵相互沟通的“精神家园”的景观心理效果。反过来说，就是慢景观通过对都市环境的设计创造出心理景观概念。都市慢景观正是基于减轻人们生活压力，重塑生活希望的出发点，走入“心灵洗涤”的景观新时代。生活不是速度的竞赛，无论面对何种压力，我们应该放慢生活的脚步，从容而坦然地生活，这样才能有时间发现生活中的美好。

2）禅意生活的理解和豁达

禅是什么？禅是淡然、是平静、是专注、是智慧，亦是饥来吃饭、困来即眠的平凡。以前听起“禅”字，能想到的不过是宁静的庙宇和静坐的僧人，然而禅并不总是那般高深莫测，在心灵深处真实的自我对话，倾听内心的声动，寻找真实的自我，唤醒潜藏的力量，提高生活的品位，在纷繁的生活中慰藉心灵的疲惫，在喧嚣的尘世里享受，内心的宁静，是我们常人的禅意生活。只要放慢了生活的脚步，一切都显得从容而豁达：忙碌的早晨穿着睡衣慵懒地躺在松软的沙发上，悠闲地品茶，从容地看报纸；房间里流淌着清新的气息，舒缓浪漫的音乐沁入心底，兴许重又给来一个温馨的小憩；亦可以在伏案劳作的间隙把玩案头美丽的盆景，梳理叶子，施肥浇水等都是禅意生活的体现。对生活的理解和豁达正是禅的宗旨，对于景观亦是如此（见图3）。

3）都市慢景观与禅意新生活的融糅

真正的景观设计师，是设计界的诗人，必须热爱生活，热爱自然，这种要求是第一位的。因为只有热爱生活，对生活充满希望，拥有激情，才能真正建立起对于景观设计的责任感。而禅意的生活则是引导人们对生活态度的重塑，慢景观通过对都市环境的设计创造出心理景观来诠释着豁达和理解的禅意新生活，二者并不矛盾，相反，都市慢景观正是在禅意生活的内涵中呼之欲出的新时代的景观理念。

城市中，我们看多了繁琐、过分的矫饰，也领略过景观风格上的炫耀和多变。然而在如此快节奏的都市生活中，我们不仅需要动感的快景观，更需要禅意的慢景观。中国江南古典园林中那些初看时曲径通幽、内敛委婉，细品时却是淡然婉约的东方禅意被诠释得淋漓尽致。犹如一盏清茶，微涩之后则是慢慢的清香。在后世博时代的都市景观建设中，一些舒缓、平淡、品质的慢景观正逐渐出现在我们视野，其特有的东方禅意的智慧也正被人们重新接纳（见图4）。

图3 禅意生活

图4 舒缓宜人的大自然

3 都市慢景观的特点与设计原则

3.1 都市慢景观的特点

1）景观视角的蔓延性

为适应都市快速发展的需要，在过去相当长的时间内设计师把景观中心定位在建筑的附属方面，一直在寻找能带动建筑的景观特质，试图采用各种方法来探索和创造建筑连续的可变性和不确定性。例如景观硬质铺装，景观灯光夜景效果等。然而景观既是表现城市的透镜，又是人们心境的载体，景观却能为城市发展提供一个高度结构化且具有多功能性、无等级性、可塑性的模式。慢景观亦更是如此，其特点之一：视觉的蔓延性是指景观的连续联系、层次渐进与创意主题来达到一种舒缓、平淡、悠然自得的高层次的心理景观效果，亦是能够引导人们对禅意生活的理解和重塑。

2）植物层次适宜

长久以来，植物配置存在着两个误区：一是把植物仅仅当作建筑材料或建筑陪衬，不看重其生物学特性；二则是把植物配置当作单纯的艺术创作，仅仅关注于细节之美。而都市慢景观恰恰重视植物层次的适宜性来对人们心理的影响而试图营造一个具有禅味的环境，提供一个能让人们放空、放松、冥想和沟通之地，这是其特点之二。因此，若想塑造出完整而连贯的植物景观效果，任何造园要素都不能被单一地考虑，应从空间与结构入手塑造丰富的植物空间环境。

3）禅意空间塑造

慢景观的禅意空间的营造，并没有什么清规戒律，在空间醒目处，插着瘦骨嶙峋的、带有泥土气息的野花，令空间得空灵而高雅。也许唯美有这时候，人们静坐冥想，心中自然生出一种美的空寂与幽玄，置身于一种禅宗空寂的境界。现在社会周遭有太多浮华璀璨的元素，一方面，这些纸醉金迷的环境下表现的是商业的高度发展，而另一方面，则是人们内心精神的空虚，因此，都市慢景观概念的引进及景观的塑造则变得十分有意义，这种灵动的禅意空间实质就是一种心理向导，使人的心境平和与安祥，超然物外。在景观角度，禅意空间的色彩并不像其他场所那样丰富，而是以简约朴素的冷色或暖色来营造，由此形成了崇尚自然、朴实的风气，注重的是物体的简素之美，使空间展现出一种禅宗的简素精神。

3.2　都市慢景观的设计原则

1）地域文化与禅意相宜

在人类的现阶段，对景观作品的表现离不开地域文化，都市慢景观是否能成功塑造也是取决于此。禅宗倡导生活中的简约之美，都市慢景观的留白省略便是一种体现，这对于一个生活在紧张工作环境的人来说，带来的是一种解放。在这一点上，不可否认的是日本的禅意景观确实可圈可点，从日本都市景观设计可以看出其城市地域文化中深深感受到禅意在人们生活中自然流露和融合（见图5）。

2）生态理论与禅意相适

景观设计学是一门建立在广泛的自然科学和人文与艺术学科基础上的应用学科，尤其强调土地的设计，在景观设计时要尽量运用生态的设计手法，只有融入当地生态环境的景观作品才是最有生命力的作品。这与禅并不相悖，禅意意在顺应自然，融入自然，点染自然，升华自然，建设自己的生存环境。从视觉、听觉、嗅觉诸多方面，自觉地佛化自然，使自然界最大程度上与其生命感受相和谐。

3）有限空间的再创造

对于景观设计师来说，要想创造具有禅意的都市慢景观，来表达文化、景观与思绪的时空关系，即空间的在创造。在寸土寸金的都市地域，商业用地对空间争夺愈演愈烈，因此，在有限的空间里，景观的介入被理解为空间的再创造。在日本室内景观设计中（见图6），常常会就只摆设一件陶器或是花瓶

图5　日本一禅意茶室的室外景墙

图6　日本室内景观设计

只插一束花，茶室里只挂一幅水墨画，来体现那种悠然的“禅心”。

4 如何构建禅意都市慢景观

1）禅意与艺术的融会贯通

建立在都市层面上的景观设计，注定了是与艺术存在着千丝万缕的关系，艺术是一种文化现象，大多为满足人们主观与情感的需求，其根本在于不断创造美的感觉，是浓缩化和夸张化的生活。文字、绘画、雕塑、建筑、音乐、舞蹈、戏剧、电影等任何可以表达美的行为或事物，皆属艺术。而禅宗则希望超越物体现象而去关注其精神，发现精神世界中的规律与变化，从而达到精神与想象的统一。不重形式而重精神为禅宗的审美理念，都市慢景观设计不追求材料的华贵，只崇尚禅意的精神。艺术与禅意的结合，既是抽取艺术形式的内涵来丰富禅的精神，因此在景观设计中，利用艺术的造型来表达禅意正是其两者的融会贯通。

2）都市文化的参与

文化是人类生活的反映，活动的记录，历史的沉积，同艺术一样，文化也是衡量景观深度的尺度。都市亦形成了自己独特的文化圈和文化层，在都市慢景观设计中，都市文化能参与进来，并且能扎下根来，意味着人们得到了最基本的感性需求：找到思想与灵魂的依托，感受到爱与幸福，并且拥有希望。这就是为何许多都市景观无法能够真正深入人心的原因。稳定而丰富的文化能提供给我们富足而深远的想象素材和原料，从而建立起具有禅意的慢景观，从而美化城市居民的生活的心灵。

3）禅之意境的创造

意境，毋庸置疑，是景观的灵魂，这一点上，中国古典园林可以说是登峰造极了，有限的空间里传达出深远微妙的、耐人品味的氛围，使人们触景生情，感受到无限的意趣。

在都市慢景观设计中，禅之意境同样重要，这是一种独特的东方智慧。禅意可以说完全是心境，禅以其境由心造的理趣比庄玄思想更为向前，摒弃了外在形象的束缚，愈显得更加的洒脱。在现代的都市景观设计中，日本对禅宗禅意的景观创造不得不说远远超越中国，如枯山水原本为日本园林中一种独特的造园形式，这看似虚拟的枯山水，却被设计师妙用上墙，而体现出的却是禅宗艺术的极致（见图7）。都市慢景观不以唯美炫人为目的，而是力求渗入文化和自然深处，表示出纯洁和简朴。同时体现出对人与自然的尊重，为现代人打造一片灵魂的栖息之地。

4）多种景观材料元素的结构交织

随着科技的发展，景观材料多样化程度也得到了大大的提升，一位个性鲜明的美国景观设计

图7 日本一餐厅的室内景墙设计

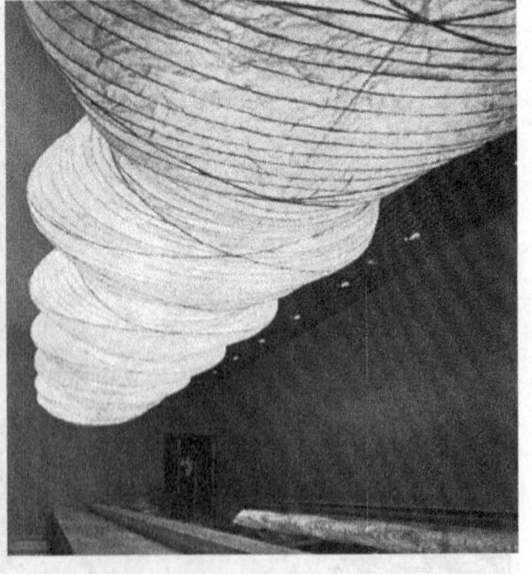

图8 利用可吸光的亚光材料设计的景观灯

师——玛莎·施瓦茨，则是多种景观材料的设计高手，她所创造的独特的景观十分具有张力和感染力，如轮胎糖果园、洛杉矶中心等。出自玛莎·施瓦茨之手的景观作品可谓是日用品与普通材料还有植物的集合，如可以在五金店和庭院供货清单上见到的彩色沙砾、卵石、陶罐、塑料植物、人造草皮，甚至是经过防腐处理的面包圈等许多在生活中随处可见的物品。多种景观材料的结构交织以大胆的造型、重复或连续的几何秩序以及略带诙谐的处理手法正在逐渐地运用到都市慢景观设计中。这种利用生活中常见的平凡的材料和高科技结合的景观设计被认为是有意识的文化创造，即超越平凡。利用和纸等可吸光的亚光材料制成的室内景观灯（见图8），呈现出的是材料的简素本色，那随意的形态，无不体现出自然的本色之美，令室内景观洋溢出一派天真、淡泊、潇洒而又雄浑大气的景象。

5 综述

正当人们被沉重的生活负担压得喘不过气来的时候，以太过时尚繁华，追求潮流的都市快景观更让人感到疲惫和紧张，然而将经历了数百年的文化传承和积淀的禅意融入景观设计中，将浑浊的视觉过滤了一遍，让我们感受到了一次美的洗礼。在充分感受到独特的都市文化所带来的禅意设计的同时，也可以在超现代的钢架结构，或用清水混凝土围造建筑，用竹子篱笆搭建小品，用陶罐容器栽植花草，品味出现代意味的禅境来。同属于东方文化，在这方面，日本人已将禅宗美学意识中"空"和"寂"，深深地融入日本社会文化生活的各个层面中。日本景观所呈现出的闲寂、幽雅、自然和简素的意象，使人感到目无杂色、耳无杂音、心无杂念。

在构建中国的都市慢景观中笔者认为，从禅宗冥想的精神中构思出创意，将禅宗理念融入特定的都市社会、生活背景中，并使其得以延续与传承，将禅意宗旨纳入环境景观的规划设计，将禅心概念引入人们生活之中是为上上之策。自然、幽雅、朴素、平和为禅意空间的精神内涵，它不仅仅是都市慢景观设计追求的一种境界，同时也是作为景观设计师的一种艺术修养和气质。

（陈冬晶 张建华）

中国古典园林天时的营造对于现代商业景观构建的启示

1 现代商业空间发展的方向和特征

商业空间是人类活动空间中最复杂最多元的空间类别之一。商业空间是由人、物及空间三者之间的相对关系构成，狭义上我们可以理解为：是人们进行商业活动所需要的空间，能满足实现商品流通交换、满足消费者所需的环境空间。如今的商业空间有商业区，商业街，大型商场，宾馆，专卖店等。而现在商业空间具有以下特点：

（1）多元化。传统的商业模式可分为商场，购物中心，购物广场，步行街等，而如今的商业空间又有了新的突破。例如大型的shopping mall中，宽敞的中庭，交错的环形自动扶梯，使可视空间大大的加大，各式各样的专卖店、休闲茶座、快餐广场、电影院、书店、健身结合在mall中，功能齐全，空间大，极具视觉冲击。

（2）中心化。在人口密集，交通便捷，人流大等地区商业空间比较集中，欣慰此处的日常消费需求大，而大的人口流动性也带动和促进了消费。中心化更是反映在城市商业景观中，是反映一块区域的社会人文和时代气息。

（3）个性化。具有一定的独特性，不再用死板的模式来营造商业空间，不单单追求物质，开始关注商业空间的内涵，建立空间和消费者在心灵上，感官上的交流。现在的人已经不满足于物质的享受，开始追求精神的修养和提升，而商业空间也应该从景观上让空间与商业，人文，环境完美结合。

（4）人性化。在人口密集区，开辟人流的缓冲区像小型广场或者支路类似，使得人流得以妥善的疏散。在带状步行街也比较常设以座椅或者休息场所，这个也带动了餐饮和娱乐。在商场里，景观和商业的融合，植物造景和商业的融合也大大消除了消费带来的疲惫感，使人感到放松。

（5）生态化。如今生活水平日益提高，人们已经不仅仅满足于温饱，开始追求精神享受。而商业空间的景观设计就是人对于自然的依赖，对绿色向往的体现。商业活动已经不单单是进行货物的交换，也是一种放松和休闲的活动。商业空间的景观设计生态化不仅是环境保护，也是为了人休闲放松得以实现。

2 商业空间在景观构建上的不足

1）在设计与商业环境地块缺乏统一性

在如今的一些商业空间中，商家为了谋利，利用广告、招牌等一切手法来吸引来客，不去感受所在区域的地理位置、周边环境和文化氛围，形成杂乱的视觉效果，反而适得其反。但在同一块商业空间中，要与地块的商业档次相统一，外部装潢和建筑本身相统一。城市商业空间的广场与街道在形式上、组成上，缺乏必然的联系，但是它们的协调与统一是构成空间环境质量的重要因素。在景观设计上通过例如行道树、路灯、广告、展示牌、雕塑、喷泉等，在植被、照明、平面指示、材质、音效等景观艺术元素上将街道与广场需要有机地联系在一起。现代城市商业空间不仅是城市的经济中心，由于在区位上的特殊性它还是展示城市历史文化和精神风貌的艺术载体，因而在设计时，要尊重城市的地域文化，注重景观的文化内涵，将不同文化环境的独特差异和特殊需要加以深刻地理解与领悟，设计出属于该城市的特色景观。

2）缺乏人性化设计

在现在的商业景观中往往忽略人的知觉的重要性，人们会根据视觉对象的大小、颜色、明暗、形状等做出知觉判断。如果在一个超常比例或者初读的空间，就会打乱人的参照系统，会使人产生不同的反感情绪。例如可以利用不同朝向的座椅、花坛来创造不同的小尺度空间，来满足人对于观行人、水体、花木、远景等不同需要以及安全感和领域感的需要、对于不同年龄层次的人群对景观的需求。例如，老年人就对空间要求的舒适性更高。这包括阳光的摄入量、气温和眩光、阴影对广场温度的影响、风对人的影响等因素。而针对年轻人和儿童，则应在设计中营造视觉性、参与性较强的景观。

3）缺乏参与性

大多数的商业空间把景观设计的重点放在突出商品，从而提高顾客的购买率，但是美国著名商业设计公司“捷得”（The Jerde Partnership）曾经通过大量项目经验的积累，提出了捷得定律，把所有的项目都紧扣社区环境而非商业运营的主题，但却最终发现，尽管购物并非设计师的焦点，但不可思议的是，销售量反而节节攀升。事实证明，商业项目越是注重难忘的体验，慕名而来的人就越多，创造的社会和经济价值就越大。在景观设计上，不注重景观设计营造的移步换景，这也使在空间中的单调感增加，从视线上增加不同景观，使得人的感观得以提高，从而调动人的视线和人的行动，提高在商业空间中的停留时间。

3 中国古典园林天时的营造

1）日月晨曦

何为日月晨曦，是日月星光对于环境的营造。古代人们追求“天人合一”，想象仙境，创造了“一池三山”的景观形式。“明月松间照，清泉石上流”月石之间氤氲透着山色空蒙之美，虽然没有“日出江花红盛火，春来江水绿如蓝”的流丽华彩，但是诗中流淌着光影绰绰的美。网师园的月到风来亭西岸水涯而建，三面环水，取意宋人邵雍诗句“月到天心处，风来水面时”。月到风来亭最有情趣之处在于临风赏月。中秋之日，天高气爽，金鸡初坠，一轮皓月便已移上东南面的墙头。此时风爽于别日，月明于往昔；天上明月高挂，池中皓月相映，金桂盛放，甜香满园，兼夜鱼得水，碎银一池。

这种“无声之音，无色之相‘如同老子所说的’大音希声，大象无形”一样，是一种无言的大美，体现了宇宙大化的无限生机。

2）阴晴雨雪

何为阴晴雨雪，在古典园林中的气象变化，借用大自然时间流程中的雨、雾、雪的变幻，追求“虚”和“空灵”，来体现大自然的幽深宁静，体现志在渺远的襟抱。

雨境在古典园林中一直与美相连，烟雨迷蒙，宛若仙境，这也使当时士大夫们隐逸所追求的意境。在苏州耦园中有对联“卧石听涛，满衫松色；开门看雨，铁甲春生万壑雷。”雨增加了静态景物的动态美和韵律美。

雾境在运用中多与水景结合，带来一种缥缈、空灵。虚幻的感觉、雾与水面结合则更美，可以模糊近花远树，给建筑物蒙上羽纱，阴影绰绰，欲藏还露，烟云缭绕，蕴藉了无线生命力。古典园林中的雾霭使得亭台楼阁，山水石景随风摆动，若隐若现，给人登上仙境的幻觉，雾的沉静和流动，滞重低回，不可言语。

有雪降临的中国古典园林就瑶华仙境。湖上冰花一片，屋檐残雪与屋瓦相映成辉，白气弥漫，水

图1　中国古典园林中的“春夏秋冬”

天一色，直指瑶华。雪同雨、雾一样，都能在有限的环境中，营造云烟缠绕的感觉，书空间无限扩大，是本来静止的环境空间产生了动静之韵、虚实之韵、藏露之韵。

3）四时之景

“纳千顷只汪洋，收四时之烂漫”是《园冶》一句描写四季美好的诗词。它表现了在古典园林营造中对“春之花艳，夏之绿荫，秋之萧瑟，冬之银装”的四时之景的重视。四时之景体现在植物的四时变化，山石的四时变化，虫鱼的四时变化等组成园林的四季之景（见图1）。

在植物的运用上，在吴自牧的《梦粱录》中曾描写道：“春则花柳争妍，夏则荷榴竞放，秋则桂子飘香，冬则梅花破玉……四时之景不同，而赏心乐事者与之无穷也。”在留园的“闻木樨香轩”，就是种植桂花，在金秋花开时节，四周飘香，赏玩游园。拙政园的“荷风四面亭”四周环水，水面种植荷花。风吹墙动，绿浪翻滚，清香四溢，色、香、形俱佳。春柳轻，夏荷艳，秋水明，冬山静，荷风四面亭不仅最宜夏暑，而且四季皆宜。

在山石上，古典园林在山石的造诣也非常深，能营造出“春山如美人，夏山如猛将，秋山如高士，东山如老衲”的意境。（清 · 戴熙《习苦斋画絮》）在扬州个园中著名的四季假山，春山以“寸石生情”点出雨后“春笋”之意遍植翠竹。夏山以太湖石堆叠，侧临七楹长楼，梧桐蔽日，浓荫满阶，有凉风习习。秋山以黄石叠成，峻峭凌云，气势磅礴，秋日登高佳处。冬山是用宣石堆叠，石白如雪，似残雪覆盖，而它南临粉墙，多孔洞，可见春山，寓意报春。

而四时之景也不单单可以用植物山石来营造，同时还可以运用鸟兽虫鱼，来达到春日的蝶舞，夏日的蝉鸣，秋日的鸿雁，冬日的寂静。

4）天光云影

天光云影的含义，光可分为自然光和人造光，表示照耀。影，一种是物体挡住光线而产生的投影，另一种是反映自然光源和碧空白云，而水中的倒影，扩大人的视觉空间。

明暗对比，层次分明。苏州留园入口的空间处理，就是通过天井引入光线，形成忽明忽暗的空间对比，从而改变了狭长偏窄的入口空间带来的单调乏味的心理感受。更有景墙漏窗产生的窗内外光线的明暗对比，欲扬先抑，以暗求明来表现古典园林中的空间层次结构。拙政园——鸳鸯馆和曼陀罗馆镂空窗格上加上透明玻璃，并在四个相连的海棠纹间隙上用上蓝色玻璃，与之外的鸳鸯绚烂的羽毛，茶花纷繁的颜色相呼应，让人感受到光和影的魅力。

虚实相接，如梦如幻。庄子有道：“静则明，明则虚，虚则无，无则无为而无为。”这就体现了天光云影的“虚”。太阳的东升西落使得光影在一定的程度上也具有了完美的韵律感，临水楼阁、植物倒影，在水面的映衬下，景物成双，在垂直空间上增加了层次感和深度感，真真假假，虚虚实实，起到了很好的装饰效果。著名的有颐和园的玉带桥，桥身犹如玉带，轻巧纤秀，倒映水中，和那虚实的桥洞，周围湖光绿影相映，可谓“螺黛——痕平铺明月镜，虹光百尺横映水晶帘”（见图2）。

4 现代商业景观天时的艺术处理

随着时代的发展，商业空间已经不仅仅是简单的交易场所，人们已经不再满足纯粹的购物消费，人们更多的是追求自然的空间环境，而天时在空间的介入，使得商业空间可以产生诗情画意，让人浮想联翩，流连忘返，提升整个空间的品位，增加神秘感和浪漫情调。

1）天时在环境的统一性处理

商业空间是一个“四维空间”，它是空间和时间的结合，具有连续性和韵律感，它反映一个时代一个地域的文化，自然，经济。突出地域性，文化性对于商业空间景观的营造尤为重要，它是景观特殊性、唯一性的体现。

图2 中国古典园林中“天光云影、虚实相接”

对于当地的名人轶事，或是地域的文化精神通过自然景物或者光影的打造。例如著名的设计师安藤忠雄设计的梦舞台在项目整体设计中，淡路梦舞台是一个商业度假区式会议中心，安藤将阪神大震灾给他带来的震撼表现出来，将重点放在建筑与大自然的和谐结合，令光、影、风、水等原先被忽略的自然元素，得到重新体现。为了使得大片水域不显单调感，加强水的反光，在水底铺砌了百万枚贝壳，贝壳的荧光表面使水面泛起一层层的水波状的反光，耀眼夺目，形成一系列抽象的光影的叠加。在设计中安藤既表达了对与地域的历时，对于贝壳的运用也体现了日本岛国对于海洋的崇敬和喜爱。这是文化、自然、经济结合的突出体现，同样可以运用在商业景观的营造。

2）天时在环境人性化的处理

商业空间是一个结合文化，自然，经济的一个具有营利性质的空间，人的消费已不单单是物质的消费，也是一种服务的消费，精神的消费，在此人性化的设计在景观环境设计中就变得十分重要。在商业空间的景观设计上，设计师们比较重视对商店建筑的立面设计，道路地面的铺装设计和地面植物设计，顶面的天花设计，街道设施的摆放和设计等。对于天时的设计往往被人忽视，但它确实连接空间，联系景观和景观的纽带，更是创造环境气氛，改善商业步行街单调感，产生良好的视觉延续性，增加环境的舒适度，从而使设计人性化，使顾客在物质的消费的同时能够得到精神的享受。

3）天时在环境参与性的处理

商业空间的目的是为了提高商业收益，增加人对与商业活动的参与性。而商业收益和人的参与性在于人群对与商业空间的兴趣和驻留时间的长短，这个就要对于商业空间的景观设计有一定的要求。停留在商业空间的人群大致有三种：购物人群，主要关注建筑的立面，橱窗，标幅广告等。旅游人群，关注的是街道的景观小品，地域小吃等具有地方特色的文化氛围。休闲娱乐人群，主要关注的是所处步行街里的休憩和娱乐的场所，关注环境带来的愉悦感。无论所处商业空间的人群是哪一种，对其总结也不外乎是人的视觉、触觉、听觉、味觉等对商业街的空间、时间、文化的要求。

地面的光影设的目的在于使本单调的步行街变得丰富，具有趣味性，可以利用不同材质的光影效果，带来愉悦感。例如水在凹凸石质底面的流动闪烁的动态质感和光滑的金属钢材边界光影反差，一平如镜的徐徐流动在水渠的反映天空的光感和粗糙岸石的光影对比。也可以运用建筑，植物的倒影来增添地面的丰富性

5 结语

中国古典园林以“虽由人作，宛自天开”为最高准则。园林的营造主要表现世界生生不息的生命韵味，这就离不开天时的绵延。具体地说，景观的营造离不开春夏秋冬的季相变化，离不开晨昏昼夜的时分变化，也离不开晴雨雾雪的气象变化。这些的变化，不仅是时间序列的延续展开，更是一种生命的变化之流，显现了我们生命的节律。若在商业景观空间环境投入这种生命变化，就能突破了有限空间的桎梏，让一切都变得生趣盎然。身处其中的人们，能够在这种“四维平直时空”之美中，超越现实的苦恼羁绊，心灵能够得到和自然大化的无限生机相契合。

天时是大自然赋予人类取之不尽、用之不竭的美好的能源，也是艺术与技术的完美结合，不仅仅应该同色彩、肌理、质感等要素一样，作为一种视觉艺术形态，在现代商业景观设计中获得更广阔的应用前景，并应深入探讨研究自然光环境设计中各种要素和方法，实现环境的可持续发展。

（倪　娅　张建华）

京剧的美学元素在城市景观空间设计中的应用探讨

1 引言

京剧被誉为“国剧”，是中国戏曲文化的集中表现。而京剧脸谱是中国戏曲脸谱艺术的代表，关于商业化，多媒体结合和戏剧文学改革等策略，在城市景观空间设计中融入京剧元素，表达的是一种文化的参与和共融，具有浓郁的文化意识，这不仅有利于促使国剧的发展，还有利于开创更具民族特色的景观设计。

京剧艺术的三大美学特征：综合性、程式性、虚拟性。超越东西方文化差异的情感交流靠的就是京剧的音乐、唱腔、舞台美术、舞蹈和武打等各种表演艺术手段所具有的强烈的感染力。因此，京剧不但是目前在我国各地的300多个戏曲剧种中最具代表性的剧种之一，更是中国民族戏剧文化的集大成者，经过长期的锤炼与磨合，从而逐渐形成了一个与世界各种戏剧截然不同的，以综合性、程式性和虚拟性为其艺术特征的表演体系。

城市景观空间设计分两类：软质空间和硬质空间。软质空间包括水环境、绿化环境；硬质空间包括建筑空间、街道、广场等场地环境，文化环境等城市景观空间设计中常见的空间类型。为了更能深

入地了解到城市景观空间的设计意图，京剧艺术反映我国传统文化，我们可以从京剧文化中学习到一些设计艺术。那么京剧艺术特征能否引用到城市景观空间设计中去呢？即在城市景观空间设计中如何体现京剧的艺术特征？这是本文所要探讨的问题。

2　美学特征与设计间的关系

2.1　京剧的综合性与丰富景观空间设计

京剧的综合性并不是商业设计文化中的那种“机械拼凑与简单相加”。从京剧的演出中可以看到，京剧不像芭蕾舞只跳不说；也不像话剧只说不唱；更不像西洋歌剧只歌不舞。京剧不仅具有诗一般的语言艺术，同时，京剧又把歌唱、音乐、舞蹈、美术、文学、雕塑和武打技艺融汇在一起，是“逢动必舞，有声必歌”的综合艺术。是在数百年的形成过程中吸取了民间歌舞，说唱艺术和滑稽戏等各种形式经过长期组合，把歌、舞、诗、画熔为一炉并逐渐达到和谐统一的结果。

通过武打语汇、舞蹈语汇、音乐语汇以及外形刻画，眉目传情的表演，达到淋漓尽致的程度，这就是京剧艺术的综合性的魅力。

当代中国设计的现状，往往处于一种张力关系之间：本土的与舶来的，传统的与现代的。在日常生活中的设计里，传统与现代的对话，如四合院与现代化内装修的拼合，本土文化与西方他者的交融，如明清家具的西方化再诠释，都构成一种别样的景观。但是，这里所说的“凑泊”，却不是作为一种设计风格和手法的“拼贴”，而是指景观空间设计文化中的那种“机械拼凑与简单相加”，也就是一种拙劣的拼贴。为了迎合商业文化及消费者大众口味，设计师将各种“文化符号”抽离出来，使之脱离了原有的文化语境，然后，在几乎没有任何和谐或整合关系的局面下，将这些“文化符号”拼合起来，往往形成的只是“$1+1\leqslant 2$”的效果。这种简单相加的运用，不是在统一审美原则下的拼贴，常常会走向设计初衷的反面。虽然单位面积上越多符号相加就越会让人觉得“物有所值”，但是这种设计的品质却是大打折扣的。因为并不是在一个空间贴满京剧脸谱这一种京剧元素就能在空间中体现京剧文化了，把京剧脸谱、服饰、音乐等特点搬到城市景观中当然可以，但一旦弄巧成拙，就会如同北京大街上同样为了体现中国元素而在标准的西式钢筋混凝土高层建筑上硬生生加出来的飞檐翘壁一样恶俗，显得不伦不类。设计中诸多元素之间的难于协调，是拼贴设计的内在缺陷，它们没有进行整体风格的融合导致不符合设计的整体风格。京剧的综合性给景观空间设计提供了可借鉴的思考。

2.2　京剧的程式性与规范景观空间设计

京剧的表演程式是在长期的舞台实践中和丰富纷繁的社会生活中高度提炼的表演语汇。从表演程式的实质来看，有以趟马、走边表现策马奔驰或隐蔽夜行等形体动作程式，唱腔、板式、锣经、念白等音乐程式，脸谱、扮相、服装等方面的造型程式；都是将生活中自然形态的语言、动作、形象等依照音乐、舞蹈原则加以提炼美化而成的规范格式。所以程式是京剧进行艺术创造的起点，也是构成京剧审美特征和艺术幼时的保证。它不仅使生活万象舞蹈化，音乐化，节奏化，而且形成了规范不变，但形式千变万化的表演元素。

程式是固定的，运用起来也都是千变万化的。梅兰芳提出“移步不换形”的口号，即要前进，要发展，要移步，但不能撤换掉京剧表演的基本形式——程式化的表演形式。因为这种形式保证了观众的“形相的直觉美感”。

俞孔坚提出就国内目前的景观设计现状来说，无论是五一、十一的花坛，还是景观大道或是城市广场，也无论是郊野"自然公园"还是整治一新的市区水系；从普通的住宅绿地设计，到"花园城市"、"山水城市"的建设，人们所看到的却是非生态的规划设计引导着不可持续的景观的创造。现代景观生态规划设计是一种整体论的学习、设计过程，旨在达到物理形态、生态功能和美学效果上的创新，遵循整合性、和谐性、流通性、活力、自净能力、安全性、多样性和可持续性等科学原理。我们期待生态规划规范的出台，从尊重自然、展现自然开始，从生态的可持续发展的角度设计景观。

然而目前景观设计在实现一种双重的运动：或者逆"审美泛化"浪潮而动，单单追求个体的风格、表现、技巧而走向"为设计而设计"的道路；或者迎合"生活美化"的潮流，单纯追求经济利益而步入"为实用而设计"的通途。

追本溯源，这两条设计之路都是与现代文化的变迁息息相关的。如果说，在近代设计中，"美"、"物"与"型"基本上是三位一体的，当近代设计的"型"与事物的本质相符时，"美"也便由此而生。行至现代，设计行为却日渐脱离了实际存在的"物"，"现代设计在全然不见'物'的世界里，追求纯'型'的、抽象的'美'——剩余装饰、流行、为样式而样式"。"为设计而设计"的道路正背靠和延续了这种历史趋势，它的缺陷也在于把"物"本身抽离掉后，而仅仅关注于形式化和唯美化的设计表象，从而有可能背离设计的"用"的初衷和"物"的基础功能。为了经济效益的直接目的，在这个"机械复制"风行的时代，许多大众化的设计不惜降低自身的艺术品格和审美素质，采取粗制滥造和呆板拷贝的方式。简而言之，即设计出来的东西不实用，19世纪八九十年代，芝加哥学派建筑师沙利文明确提出了"形式追随功能"（Form Follows Function）的观点。所以景观空间设计也需要有一种类似京剧的程式性来进行规范，如《居住区环境设计导则》中对居住区各级中心公共绿地设置的规定，绿化带最小宽度，绿化植物与建筑物、构筑物的最小间距以及对道路宽度都有明确的规定。规范是要根据一定设计依据，有了设计依据，对要设计的场地现状进行阅读，保留历史与时间的积淀，就旧有的设计进行修饰和增减，最后通过创造新的语言和形式传达设计者对场所的体验，满足新的功能和审美需求。由此，从美学的视角观之，我们理应提倡一种"设计的整体性"。这种"整体性"是在"为设计而设计"与"为实用而设计"两端之间，尽量走一条折中的路线。景观空间设计也要朝着程式性规范发展，没有规矩，不成方圆。

2.3 京剧的虚拟性与延伸景观空间设计

京剧演出时，大幕拉开，舞台上除一张桌子和两把椅子外，就什么都没有了。舞台表演上用一桌二椅有两个道理：一是让出空间供舞蹈及武打之用；二是不分散观众的注意力，使之集中于戏中人物而不是环境。只有等演员出场，通过演员的表演才能知道这舞台上是表现什么地点，什么时间的故事。这就是京剧艺术第三大艺术特征，虚拟性表演。

东方人的审美心理特别强调"意象"的感染作用，如同我国的诗歌和绘画注重"写意"和"比兴"一样，都是为了"立象以尽意"，"触景而生情"，甚至是"意在笔先"，"得意"可以"忘形"。更强调"情为主，景为客"。把这种"立象以尽意"、"尽意而象可忘"的写意思想用在戏曲上，就是虚拟性表演。在设计中即可靠巧妙的布置，启发、引导人们的想象力。芦原义信曾说过："城市中应当进行绿化，从生态学观点来说是理所当然的；从视觉上来说，绿化又可以带来休息和安静气氛；从色彩学上说，天空的蓝色和树木的绿色都是镇静的，可使人心情平静，得到休息。"目前设计中存在绿化面积少，忽略一些过渡空间的设计，从室内到室外，从封闭到开敞，从静止到流动，从昏暗到明亮等，而这些设计往往又是体现人性化设计的方面。在细节设计上易忽视，设计精度不够。在规划设计时，过分强调人们休息和娱乐的主体性，将休闲与其他活动割裂开，会造成许多城市空间设计粗糙，缺乏情趣和人情味。从街头绿地的一把长椅、一个水龙头、一个灭火器，到商店招牌、室内布置、街头铺地，经常能发现设计师除满足人们对它们的基本使用要求外，还赋予了更多的含义，人们自然而然会得到意想不到的休闲美感。让人们在劳动中也得到美的享受（见图1）。这种虚拟的表演，必须做到以下三点：第一，动作必须是有生活依据的。第二，空间和时间的变幻是自由的，但是表演是严格的，感觉是真实的，不能有一点随意的地方。第三，动作和眼神是源于生活的，但不是生活的照搬，一举一动都要舞蹈化，规范化。

图1 猫石街景

京剧虚拟性给景观空间设计的启发是：满足合乎“心由境生”的人性化景观空间要求。因为首先作为客体的外部环境必须吸引人的兴致，其次是作为审美主体能够作出认知反映。在设计上要做到第一，必须考虑到人能看到的，并直接与之接触的。第二，环境空间要为人所设，符合人的尺度，使人感到自然亲切。第三，尽量创造主体与客体相结合的一切环境媒体作用，借以调动人的视觉注意力。这就要靠演员启发观众的想象力，这种虚拟表演更要给人一种逼真的感觉。越是虚拟的物体，越要严格地掌握物体的尺寸大小，越要有生活的依据，越要给人真实的感觉。

3 京剧的美学元素及其在设计中的应用

3.1 以实生虚的景物造型法

京剧唱念中描绘的景色虽然是看不见的，也不应当称之为虚。因为这种景色虽然不为视觉所感知，却能凭听觉直接感知；这种听觉形态，也不能称之为“虚”，很显然，看得见的东西固然是“实”，听得到的也当然是“实”，“耳闻目睹”。因此仅就舞台造型艺术处理上的虚实关系而言，凡是欣赏者的视听觉器官所能直接感受到的形态，不论它是否接近于生活原型都是实的，而由此引发的联觉都是虚的，因为前者是可视可闻的，后者是无形无声的。故而说传统戏曲中的景物造型手法是以实生虚，或称之为以形传神的一种处理手法可以在景观空间设计中应用。

1）唱念描绘

这种表现手法是通过听觉形态的“实”而生出“虚”的情景来，主要是以唱词和念白中对景物的描述形容来引发观众的联想、产生景物的形象感。其中也包括音乐和声响效果的作用，比如雨声、雷声、风声、鸟鸣、马嘶等。中国园林理水擅长利用水体营造声景。如泉滴潭池，正如“蝉噪林愈静，鸟鸣山更幽”一样，使人感受到寂静的存在；流水潺潺使人感到平和舒畅；“三尺不消平地雪，四时尝吼半空雷”的瀑布轰鸣声，使人感到情绪激昂。古代园林水景中，不乏利用水声成景的例子，如无锡寄畅园的八音涧、圆明园的夹镜鸣琴、避暑山庄的风泉清听等。由乐音而产生各种不同的环境情调及气氛感受。

2）形态模拟

演员以模拟生活中的形体动态来表达景物特征，以这种形体动作的舞蹈语言来触发观众的联想，而产生戏剧演出中所要求的景物形态。

京剧的舞蹈表演不是单纯地模拟生活，舞蹈动作分两类：一类是接近生活形态，接近生活节奏的舞蹈，就是说模拟生活动作的舞蹈。另一类，是更高级一点的、更复杂化一点的舞蹈，就是在一般生活基础上，经过升华、提炼、夸张、美化，或是装饰等一系列工作之后而形成的舞蹈。例如京剧里的骑马，

图2 趟马

有个专名词叫趟马（见图2），就是策马奔驰的动作。演员只是借用一个道具——马鞭子来表演。道具马鞭子就成了一个标志，一拿起马鞭子，就让人联想可能是骑在马上了。这种联想的艺术创作手法也可以用在景观空间设计中，联想是审美主题作出的认知反映，而且外部环境必须吸引人的兴致，这和舞蹈表演中形态模拟所要达到的效果相似，所以"心由境生"是景观空间的特色和要点所在，也是设计以人为本，创造人性化设计所在。设计时必须考虑到人能看到的，并直接与之接触，才有价值；环境空间要为人所设，符合人的尺度，使人感到自然亲切。例如香港的屯门蝴蝶村，阶梯与滑梯并置，使行走与娱乐相结合，亲切宜人，妙趣横生，不知不觉中使人忘却疲劳与烦恼。又如德国的Bad Godesbetg梯形坡道设计比简单的坡道更有体贴入微的人情味，坡道右侧的潺潺流水，排列整齐的球状绿色植物，打破了坡道的冗长和单调感，使行人忘却了攀登行进的吃力与乏味，反而成了一种休闲与享受。

3.2 虚实相衬的表演与布景

虚拟性的表演包括对部分生活动作的模拟，但它比实际生活中的形态更复杂、更广泛、更丰富。所谓更高级一点的虚拟动作，就是经过提炼、升华、夸张、美化及规范化了的舞蹈程式。

在传统的京剧舞台上，只有一桌二椅，是没有真实布景的。京剧也并非一点景都不用，只是属于象征性的。例如《空城计》中传统的方法是在一块布上画上砖纹，表示是一面城墙，这是启发观众想象的象征性的城墙，不会影响观众的艺术欣赏和美的感受，还有利于表演，可以充分满足观众的欣赏要求。景观空间中旱溪与旱池都属于拟水造型，即取有水之意，造无水之象。它代表了一种去除冗繁的干练与洒脱，给人留下了充分的想象空间。

日本的"枯山水"用枯石、枯水、草坡、苔藓竭尽其简洁，竭尽其纯净，无树无花，只用几尊石组，一地白砂，凝缠成一方净土。自然天成的石块，耙出纹理的砂石等，都是在追求精神上"净、空、无"的终极状态。其景观甚至只用一石一木即能点题有如京剧舞台上的一桌二椅。

在中国传统的绘画艺术中，我们很早就见到一片空虚的背景上突出地集中地表现人物行动姿态，而删略了背景的刻画，正如京剧舞台上的表演一样。清初画家笪重光在《画筌》中说："空本难图，实景清而空景观。神无可绘，真境逼而神境生。位置相戾，有画处多属赘疣。虚实相生，无画处皆成妙境。"这段话扼要地说出了中国画里处理空间的方法，相通于中国京剧舞台上对空间处理的艺术，这种艺术表演方式让人联想到京剧舞台的表演方式和布景问题，独创的表演方式与中国绘画艺术，甚至和中国的诗已经相通。演员表演使舞台上不需借助于实物的不知来显示空间，排除了累赘的布景，可使"无景处皆成妙境"。例如京剧表演中虚拟的动作既突出了表演的"真"，又同时显示了手势的"美"，因"虚"得"实"。同样，古代造园家擅长运用水的倒影效果将天空云霞、树木、亭台、山石以借景的手法引入其中，使园变得宽广而深远。园林利用水映射成景的手法多样，如"风乍起，吹皱一池春水"映射出风的存在扰动原有水面的宁静；"赤鱼戏水"、"碧波荡漾"映射出环境色和池中色；"波光粼粼"映射出光的存在；"潺潺流水"映射出地形的起伏；而"残雪暗随冰笋滴，新春偷向柳梢归"所描述的冰雪场景，则映射出季节的变化。

明代的王骥德在《曲律·杂论》中说："戏剧之道，出之贵实，而用之贵虚……以实而用实也易，以虚而用实也难。""实用实"就是模仿，"虚用实"就是创作者对客观对象的改造，其中包含创作这自我表现的因素，表现出的一种"意味"。

舞台的环境布置是高度简化的。空荡荡的一个舞台中，摆着一桌二椅（见图3），有什么境与景呢?！如果把演员的戏装也算作是舞台上的"活境"时，那么空荡荡的舞台又可以是满台生辉、万紫千红的"境"。传统的戏装一般都是对感观的鲜艳的强刺激，连丫鬟和农妇也都是满头珠翠，但环境带在人身上。即人物一上场，环境随之具体化。也就是环境是通过人的表演来体现，引起观众的联想，引起观众的真实感，使观众想象出这样或那样的环境。舞台上的境类似自然界景观中千姿百态的水景——浩瀚的海洋、灵动的清泉、气势磅礴的瀑布，带给人无与伦比的审美感受。水的声、色、光、影，几乎包括了环境景观所要求的全部特性，从而使水景成为景观设计中最活跃的因素。人们利用水体流动、多变、聚散、蒸发、渗透等特性造景，动静相衬、声色互补，艺术地再现自然。不禁让我想到苏州拙政园的《留听阁》，取意于"留得残荷听雨声"，而《听雨轩》则取意于"雨打芭蕉"，把人作为"活境"，借助听觉变化，把"雨落荷叶"、"雨打芭蕉"的景观作为布景，把园林建筑作为舞台，则赋予建筑以诗的意境。

3.3　虚实结合的空间和时间变化

用"舞台方寸地，咫尺见天涯"来形容京剧舞台上的表现方法，再合适不过。从大的场景到小的环境，在京剧舞台上，都是利用突破空间的手段来表现的。京剧对空间的突破，是个很大的创造。京剧中突破空间，突破环境限制的表演方法是在设计中值得借鉴的。

中国的京剧贯穿着舞蹈精神，由舞蹈动作的延伸显示舞台上虚灵的空间。如京剧服装的袖口上缝上一段名为"水袖"（见图4）的白绸子以作为长袖善舞的工具。"水袖"是手势的延长和放大，用以夸张地凸显人物的复杂思想情感和心理活动。在中国艺术上同样也擅长运用舞蹈形式，辩证地结合着虚与实，这种独特的创造手法也可应用于各种设计中，大的就拿建筑来说，建筑里的空间感和空间表现，小的就拿印章来说，阴刻、阳刻都实运用虚实相生的审美原则来处理，来表现出飞舞生动的气韵。《诗

图3　一桌二椅

图4　水袖

经》的《斯干》中那首诗里赞美周宣王的宫室时就时拿舞姿来形容这建筑，说它“如跂斯翼，如矢斯棘，如鸟斯革，如翚斯飞”。

在景观空间设计中通过增加空间层次，可以在不大的外环境中创造深远的感受。如四合院中将透空的垂花门、敞厅、花厅、轿厅的透空部位置于一条轴线上。通过进深与狭窄的开口的对比，突出了院落的深邃。空间互相渗透使环境的景观得到极大的丰富，随着视线的不断变幻渗透，空间也改变了静止的状态产生了流动的感觉。园林中透过景窗、围廊、园门渗透进来的空间也开始引起你的注意，这些互相渗透的空间充满了“犹抱琵琶半遮面”的含蓄美，这种层次丰富的空间创造意境是那些完全遮蔽或者是一览无遗的空间中所感受不到的。在围护面的虚实设计中应注意：

（1）虚中有实。以点、线、实体构成虚面来形成空间层次广场中的雕塑、喷泉、道路边相对应的行道树和建筑都能产生虚中有实的围护面以创造丰富的空间层次，但对于空间的划分较弱（见图5）。

（2）虚实相生。围护面中虚实相间或者面的形态不遮挡视线如牌坊、空廊、建筑物的架空底层等，既能有效地划分空间，又能使视线相互渗透，是有效地增添空间层次的方法。

（3）实中留虚。围护面以实为主，局部设门洞、景窗等，使景致互相因借。此时两个空间彼此较独立。

（4）实边漏虚。围护面完全以实体构成，但其上下或左右漏出一些空隙，虽然不能直接看到另一个空间，但却暗示另一个空间之间的存在，从而具有引导性。

用何种围护方法来丰富空间的层次感，取决于空间之间的关系以及对需要实现的环境效果的设计。

“水随器而成其行”，古代造园家十分注重水型、岸畔的设计，“延而为溪，聚而为池”，利用水面的开合变化，形成不同水体形态的对比与交融，从而产生空间变化。例如南京瞻园内南端的水面曲折多变，一侧设大体量水榭；中部水面开阔宁静，有亭台点缀其畔；北端水面最小，但与假山相伴，深邃而有山林之趣。三个水域以狭长的溪水相连，池岸形态丰富，有贴水石矶、亭台水榭、亲水草坡、陡崖崭露及峡间石谷等多种变化。同时，在水面转折处设汀步及小桥，增加了景物的层次感和进深感，形成“咫尺山林”的景观效果。

舞台上的形体动作——舞蹈语言（见图6）虽然是一种视觉形态，但它是动态的，是在运动中的视觉形态，它所触发的表象也是不稳定的，模糊的；这种直觉的形象不是静止的，随时间的推进而变化或消逝。因此，凭借这种形态模拟所触发的产生的景象也随着动作的转化而浅淡或消失。或者为另一种视觉形态的发生所取代，造成舞台时空的转换。时空结合就是创造环境景观的尺度。设计师把居住者

图5 虚中有实

图6 长袖善舞

使用过的物件保留下来，或保留那些易于引起人们怀旧的东西，或把新旧加以对照，使人产生对时间消逝的怀念。把旧屋或部分古屋整修，保留现有的老树，在植物栽植上考虑到每日性和节日性的时间特色，提供时限性的庆典活动的场所。例如表面粗糙的岩石质感，表现的是大自然日积月累的时间杰作，长期风化的天然色彩，能表现出力量与永恒的时间感。如此就在环境中表现了时间性使得景观空间具有时间感。

京剧舞台上突破空间限制的手法，是与突破时间限制的手法密切相关的。日本枯水园林中不变的，平静的常青树、苔藓、白沙、石、石灯等在空与静的观照中，思维大跨度地跳跃。枯山水的应用就是根据现实生活实景在尺度、形态等的合理替代下形成的独有园林设计风格（见图7）。

3.4 生活和大自然的模拟

表演中作为舞蹈化的生活依据它并非简单地模拟生活，而是力图从生活现象里，尽量寻找一些艺术创作手段。例如京剧的一些武功程式，就时借用动物的行动特征，来指导人体的动作。如：扑虎、金鸡独立、蛇行等。旦角用手指人时，手和指的那个样式，京剧里叫作兰花指。这些具体的形象来表现人的精神状态和行动的体态。这种创作方法是京剧艺术的一个特点。

京剧的面部化妆基本色彩是红、白、黑三种，三种颜色的应用与中国民族审美标准有关。人的面部最美的色素，最鲜明的色素，莫过于这三种颜色。面部这个部位恰当地表现出具有红、白、黑这三种鲜明、清晰的颜色，就形成了一种美的效果。那么脸谱（见图8）上的色彩是怎样从生活中吸收来的呢？

图7 枯山水

图8 脸谱

中国民族习惯对红、白、黑三色非常重视。古代宫廷祭祀的礼服，都是白色和黑色。喜事婚嫁是用红色。

古代生活中经常发现这三种颜色的相互协调、相互配合。比如《三国演义》里描写"桃园三结义"，刘备、关羽、张飞三个人物的面色被描绘成一个是白的，一个是红的，一个是黑的。再看古代的书法，白纸、黑字，再加上一方小小的红色印章，这副作品就使人感到特别突出、鲜明、完整了。

这三种颜色的应用也普遍应用于服装设计中表现中国风，应用于室内设计中表现中国传统风格，在中国古老建筑（见图9）中的应用更是比比皆是：构成这些建筑物图的主要色调，就是红、白、黑这三种色彩，占据这最为明显突出的地位：青色的砖、红色的走廊和栏杆，红色的楹柱、红色的窗格子，白粉墙和白色的糊窗纸。红、白、黑较之在一起，形成了鲜明对比效果。

京剧人物的装束色彩及纹样也是京剧艺术不可缺少的一个特点。

图9 中国古老建筑

图10 服饰纹样

在纹样的装饰性中，占京剧服装主题纹样的是龙和凤，作为塑造帝王外部形象的装饰物，其次是花、鸟、鱼、兽，而花卉是京剧服装在塑造各类人物装束上的装饰纹样，根据中华民族的美学观念，对各种花卉赋予它一定的内涵表现其各自的特殊个性。

京剧服装的装饰纹样（见图10），在舞台上为塑造人物时，采用的花鸟鱼兽都赋予它一定的立意。比如青松象征坚贞、常青，梅花象征坚强、不屈，牡丹象征富贵，龙象征天子，狮虎象征勇猛、凶狠等。在京剧服装处理象征立意时，它的含义比较概念，常用一具体事物来表现另一个抽象概念。京剧服装的纹样立意特点采用双关寓意手法，在传统京剧服装或舞台装饰上称之为“吉祥图案”。如“喜上眉梢”的纹样组织采用了喜鹊和梅花，在组织纹样时，是喜鹊落在梅花的枝梢上。又如“福在眼前”，“福”字用的是“蝙蝠”的形和音，“眼前”则采用“铜钱”的“钱眼”和铜钱本身的钱音，进而组成“福在眼前”的纹样。又如“五福拜寿”，“五福”是利用“蝙蝠”的形和音，而寿是采用寿台的变形字和音组成。

京剧的这种方法原在中国古典园林常见，特别是在建筑物室内铺地和庭院路径铺地，优美的铺地不但显示各式图案，还与周围的景物相一致，“点”出环境的主题。例如为了表示春天的气息和配合建筑装修图案，拙政园海棠春天的庭院铺地采用了海棠图案。花街铺地，是苏式造园中运用最广泛的路面铺设方法，苏州园林中铺地图案十分丰富多彩，寓意吉祥，如松鹤长寿、六合同春、五福捧寿、梅开五福、平升三级等。现在在城市景观中也常应用于花街小径或者起到分隔不同道路空间作用绕有趣味性，以及软硬质铺地相结合，不同材质穿插的新型铺地形式（见图11）。

在色彩运用中作为传统京剧的色彩同样沿袭着中华民族的用色习惯，在古老的五方、五行、五神的观念中，“红”代表南方，代表火焰、太阳，象征着胜利、富贵、吉祥，曾是上层社会所占有的。喜红尚

图11 不同材质穿插的铺地形式

蓝的民族观念和习惯反映在传统京剧的服装上，对比色是京剧服装用色的特点，比如：皇帝穿着的黄蟒，通常在龙纹样的色彩处理上，采用三蓝褪色圈金线，如三蓝黄蟒，黄与蓝本身是一对对比色，在技术处理上用金线作为对比色的调和中间色调，同时达到富丽堂皇之效果。又如红蟒（见图12）的龙纹样也惯用三蓝褪色刺绣方法，这种色彩搭配显然对比色更强，冷暖对比，色调对比都比较明显，在其中起调和作用的还是金线。例如景观设计中用“S”形的旱溪穿越绿地与道路，赋予原本平实的景观以无尽的想象空间。起着金线的调和作用（见图13）。

图12　红蟒

图13　“S”形旱溪

4　结束语

诚然，不管是本文提出的京剧美学特征与设计间的关系，还是京剧美学元素在设计中的应用，这仅仅是中国京剧文化精髓中的沧海一粟。对于设计而言，也远不止色彩和线条这么简单，还需要结合我国的国情如：自然环境、工程施工技术发展水平和社会大众的接受心理，但最重要的是提出这种京剧文化与设计间的融合创新意识，起到传承中国传统文化的作用，开创具有中国特色的设计。正如英国自然式风景园林以弯曲的道路，自然式的树丛和草地、蜿蜒的河流，讲究借景和与园外的自然环境的相融合，这是建立在自18世纪初期以来形成的深厚艺术文化底蕴一样，继承、重视和发展中国传统文化艺术底蕴，中国的城市景观空间设计也必将会辉煌于世界。中国城市景观空间设计之路刚开始不久，还有很多工作需要做，京剧元素中还有很多元素需要挖掘应用，中国景观设计师任重而道远！

（沈凌燕　张建华）

理念演绎

——后世博都市商业景观的构建

1　后世博景观时代的到来

金秋十月，桂香飘扬，上海2010年世博会随着其如火如荼的开展逐渐到了尾声，此次世博会的主题思想是“城市，让生活更美好”，立足于向世界展示如何在快速的城市化进程中实现可持续多样化的绿色都市空间。世博会的运行越来越常态化之后，人们已经开始在思考“后世博时代”的到来和其所带来的效应，对于上海和中国来说，一届成功、精彩、难忘的世博，到底会给这个城市商业景观设计留下些什么启发？

1）后世博时代的精神

上海2010年世博会结束后势必将世博理念——“理解、沟通、欢聚、合作”延续下来，显然后世博时代给我们带来的绝不是大部分展馆被拆除后留下来的“残骸”，更不是人去楼空，曲终人散的空虚和落寞，而是都市全方位的发展和进化，人与自然，人与社会，人与城市，人与自我都将上升一个全新的高度、深度和广度，以达到城市、自然、社会与人类的四者和谐（见图1）。

2）后世博都市商业景观的构建目的与核心

从主题“城市，让生活更美好”来看，上海世博会注定会在中国城市发展史里留下浓墨重彩的一笔，同样，后世博时代上海这个国际大都市的商业景观构建也必将是不可或缺的重头戏。后世博都市商业景观的构建目的就是将我们所居住的城市看作是件活生生的艺术品，让市民可以投入，并参与这一转化过的空间，达到商业景观与人的和谐，甚至是人类的世俗世界与神灵世界的交融。要做到这点，必须依靠工程师、规划师、景观设计师、商人、建筑师、、心理师、历史学家、人类学者、自然科学家、环境学者专家、艺术家，以及城市居民等分别提供不同的创意思想。这虽然不能解决我们所有的都市商业景观问题，却能打造基础，让我们从中找出可能的解决方案。而最重要的一点，后世博时代引发的景观创意思潮就是创意有赖于心态上的转变，都市商业景观需要一个伦理的架构，带领上海走出一条不同于惯例标准的路线。因此说来，后世博都市商业景观的构建究其核心，是与生命的给予、维持、开放、和谐与平衡有关，因此我们不仅要在景观效果上下功夫，更需要专注在景观内涵、精神和灵魂的创造上，升华我们的城市商业景观文化。

2 后世博时代人与世界的景观关系

2010年上海世博会主题“城市，让生活更美好”感动了世界，也启发了世界，各国参展展馆从生活、社会、自然、工业等方方面面表达了对未来城市的向往和追寻，人类创造了城市，它不断地演进演化和成长为一个有机系统，人则是这个有机系统中最具活力和最富有创新能力的细胞，因此从主题不难看出，世博会所传达的理念“理解、沟通、欢聚、合作”主体是人类，穿插着自然、城市、社会的和谐与沟通（见图2）。这种关系同样贯穿了都市商业景观的表达和构建，人、城市、自然和社会这四者有机系

图1 流光溢彩的中国馆夜景

图2 人与大自然的和谐

统环环相扣，衍生出后世博时代人与世界的景观关系：

（1）人与自然——生态的景观临摹；

（2）人与社会——功能性景观演绎；

（3）人与自我——景观灵与肉的统一；

（4）人与超我——超越世俗世界，营造景观精神本质。

人与自然，即人与生态的关系，关系到生态美学与景观效应两者的联系，这不仅是人类生存的一个基本问题，也是构建后世博商业景观一个前提命题，人类只是自然的一部分，不是万物的尺度。在马克思的《巴黎手稿中》强调，人与自然的关系是建立在实践基础上相互依存的整体关系，由此推导出，这一层面上的都市商业景观构建着力于创造小环境的模拟生态化、自然化，表达的是一种商业空间人造的生态美。

人与社会，人的活动创造了社会，而社会又不断地影响着人，人与社会的关系实际就是人与人之间的关系。上海2010年世博会，给参展国家带来发展的机遇，扩大国际交流和合作，促进经济的发展，也是增强了人与人的了解和沟通，从而促进社会的发展。在这种纽带关系下，都市商业景观的构建是在功能性基础上演绎起来的，以方便人们的沟通和联系。

人与自我的关系其实就是人类“灵”与“肉”的关系（见图3），我们每个人都有一个大脑、一个心脏、一个灵魂，引导着、影响着我们的思维和行动，甚至命运，从某种意义上说，我们终生都在灵与肉之间纠结，在欲望难填的灵魂与躯壳包裹的肉身之间挣扎，灵与肉是纠缠人类最古老的情结，现代社会，经过工业革命的洗礼，经济社会高速发展，人类就是在这样一个高速运转的机体中生存和发展，许多人都倾向于“肉”的满足，即对外在虚荣地追求，而世博会更深层的主题则是人类自我的平衡，肉与灵的统一，从而达到人与城市、自然、社会四者的和谐。同样，后世博都市商业景观构建并不是肤浅的外在景观效果炫耀，而是向更深入人类灵魂的探索，创造出舒服自在、心安理得、平静安宁、潜能迸发的生命景观区域。

人与超我，弗洛伊德的人格层次论中，把人分成了三个部分，本我、自我、超我。本我是为了满足人本性的需求而达到快乐的目的，代表规则和道德的超我制约着本我，即世俗世界与神灵世界的关系。世俗世界也就是我们生活的社会，而神灵世界则是我们生活的这个世界不断向上延伸，达到的一个又一个光明美好、绮丽独特的境地。景观中的神灵世界并不仅仅指宗教意义上的大罗神仙，更是指感觉到人间最彻底的快乐，感觉到自己在愉悦之中不断上升，感觉到自己和这个世界融为一体。世博会带

图3　油画表现人与自我

图4　抽象图案表达自我与超我

给我们的正是这种属于城市和生活的幸福感，因此，后世博都市商业景观的构建的精神本质即是营造超越世俗世界的源自人们内心最纯粹的愉悦感和幸福感。

本文重点表述在“自我与超我”理念中如何构建上海都市商业景观（见图4）。

3 在“自我与超我”理念中探寻后世博都市商业景观内涵

1）历史——基于自我的反思

按照弗洛伊德的陈述，所谓自我，是自己意识的存在和觉醒，景观中的自我是来自人类自我的平衡，肉与灵的统一，创造出平和自在、稳妥有序、活力迸发的都市商业景观区域。历史是商业景观的内涵和基础，一种对于都市商业精神，人文情怀以及环境和谐的谱写，“自我”通过历史表达出对商业景观设计的理解和反思，延续其历史文脉、发挥城市原有的地域特色，构筑出都市新的商业景观。每个城市的历史不同，“自我”所反映出的文化也就不同。

2）时代——源自超我的追求

本我，则是原始欲望自然表现；而超我，则是社会行为准则及形成的道德约束，即为世俗世界与神灵世界的关系。时代的引领激起我们对未来的向往，正是这种魅力吸引我们冲破狭窄的现实生活和束缚，冲向一个现实的理智根本想象不到的高高地超越于阴郁、琐碎、平庸的生活世界之上的迷人世界，这就是“超我”的时代追求。后世博都市商业景观的构建正是在本我的世俗世界上，升华一个层次，以达到城市、自然、社会和人类的三者和谐，创造出的景观能够挖掘出人类内心最纯粹的愉悦感和幸福感。

3）品位——自我与超我的融糅

超我追求完美，而自我则追求现实。自我的功能就是论据现实来表达和满足愿望超我的愿望要求。因此说来，品位就是自我与超我的融糅，随着后世博时代的到来，人们心理需求、价值、信仰和生活方式的高度异质化，对都市商业景观的评判角度也就多元化了，自我意识的觉醒与超我的追求，使城市商业景观站在历史巨人的肩膀上，目光随着后世博时代精神的引导，从未来的角度考虑问题，探寻其景观品位的内涵和精髓，带给人们一个多方位的景观感受。

4）创新——超我与自我的提升

每一段历史都需要自身创意的形式，今日的创意，不同于昨日，也与明日相异。现在我们需要的，是致力将不同领域的创意整合起来，从中找出议题与解答。超我追求的完美与自我要达到的现实迫使都市商业景观内涵必须涵括创新这一重要的议题。后世博时代的城市商业景观需要创意（见图5），同时，创新又使得超我与自我在同一空间中得到提升，这一切模式的转变，其戏剧性让人觉得仿若脱胎换骨。

图5 苏州某一服装店的创意地面装饰观效

4 后世博都市商业景观的构建原则

都市商业景观反映了一个城市的商业容貌特征，后世博时代的到来，昭示着其作为城市景观设计中重要的一环，商业景观已成为自然景观、商业建筑景观以及商业空间等各种元素相连接的一条瑰丽的纽带，其创作手法的独特性、内容的丰富性和景观的多样性给都市带来了理念与文化、艺术的融合。

其构建原则如下：

1）主题性——丰满超我内涵

后世博时代的每一处都市商业景观都拥有其对应和独特的主题思想，也应该是一个涵盖自然与城市，空间与商业文化，地景与商业活动的复合概念，亦如超我思想，追求着内心世界的品质，它不仅仅是都市商业空间核心，还应该成为浓缩都市历史和文化意义的地标；它不仅具有景观的价值，丰富城市商业景观内涵，同时还要能够成为都市的客厅，促进城市生活内涵的提升。

2）生态性——认识自我体系

“绿色都市商业”理念为自我的认识提供一个新的视角，帮助我们重新审视对景观、城市、建筑的设计，以及人们的商业行为，强调环境的自然生态性，强调都市商业活动整个周期内减少资源、能源的消耗和降低商业行为对环境污染，强调减弱人对自然的互相冲突，利用环境的和谐增强人与人之间沟通交流。

3）功能性——自我的现实要求

功能性是指代表着自我的现实要求，后世博都市商业景观功能定位可以梳理为以下几点：具有购物空间、商业文化、橱窗展示等功能的上海都市商业街景；具有安全疏散、休息等候等功能的商业广场绿地；具有生态保健、亲水游憩、水上休闲功能的都市商业水景观等。

4）文化性——发掘超我特色

后世博都市商业景观的魅力在于可以展示地方文化的多元性，所以商业空间的景观设计是凸显自身特色的重要载体，正如超我理念怎样发掘自身的特色和以何种方式来传达自身的特色，这无疑是后世博时代都市商业景观研究的重要课题和方向。

5）创意性——激发超我灵感

正如生物多样性可以确保自然环境生态的福祉，都市商业景观的构建亦可作如是看，创意的挑战，是激发来自内心超我的灵感，将我们引以为自豪的后世博时代的都市商业景观，导引发展成复合文化的城市景观重要的一部分，在世博会的理念基础上，我们往前更进一步，专注在共享的商业空间中经营不同的文化，朝向更好的福祉与繁荣发展。

5　后世博都市商业景观在“自我与超我”的理念中的构建议点

1）都市商业景观与新的竞争能力

“自我与超我”的理念之所以受到景观设计行业重视，不仅仅是人们发自内心的思考，在高速运行的社会中人类灵与肉的关系，也是基于此关系上的都市商业景观该何去何从，以及这个理念能够带来和引发的一系列创新和改变，例如新的竞争能力。竞争的源头现在都在另一个不同的层面上，这里包括了一个城市商业景观的文化深度与丰富度，将景观设计的感度与质量视为发展的本质部分，而非仅仅是广告的平面呈现，随着后世博时代的到来，将生态意识带入新的竞争能力中，发展都市商业空间景观的语言能力，让沟通顺畅；去除障碍，增进互动。

2）创造开放的商业情境

2010年上海世博会带给了我们开放、创新、平衡和沟通的榜样，后世博都市商业景观发挥创意的目的在于，创造足够开放的情境，重新思考各项潜在可能，亦如自我在超我的层面上，突破现实的禁锢，将历史传统转化为新的产品；重新构想、衡量资源，重新点燃城市商业活动的热情；诚实面对自己的障碍，并从一个新鲜的角度来看待自己的商业资源；重新整合规范、动机，运用新的视野，而非被动受限于既定规范；重新装配、定位、呈现后世博时代的都市商业景观的现状，编织自己的都会商业故事（见图6）。

图6 利用旧房改造设计的露天景观餐厅

3）创造性的都市商业景观环境

如此创造性的商业空间景观环境可以是一个厅室、一间小店、一栋建筑物、一群建筑物、一间整修过的仓库、一片休闲绿地、一块街头空间等，这些地方都有自己的特点和限制，因此，在自我的现实要求中，我们设计一处商业景观则必须满足人们的商业需求，即功能性；在超我的理念追求中，一个创造性的环境可以让其参与成员感知自己能够形塑、创作，以及制造身处的所在，让他们理解，自己是主动的参与者，让他们清楚，自己是改变的主导者。这种身份意识的转变，也就是自我与超我的融通和升华。

4）多样性的后世博都市商业景观空间

"自我和超我"的理念在打造城市文化与创意环境上，扮演了重要的角色，甚至会对我们的生活，以及集体、个人文化价值的表达方式，造成深刻的影响，更不用说我们的城市商业行为了。形形色色的商业节目活动、本质精致的都市形式、种类多样的硬件材质以及所有的参与份子，这里我们可以再加上第五项，亦即一栋刻满风霜的建筑所经历的历史岁月，如此精巧复杂的网络，其实就是环境的多样性。自我与超我的意识本来就是复杂多样的，源于自我的平静感和基于超我最纯粹的幸福感，综合成建筑师与都市景观设计师内心深处的灵感来源，使其汲取并营造丰富的肌理，并同时展现当代商业生活的活泼样貌与多样性的后世博都市商业景观空间。

6 综述

后世博时代的都市商业景观设计与实施是一个充满了挑战和创意的过程，本文通过对世博会主题"城市，让生活更美好"的系统演绎以及人类与世界——人与自然、人与社会、人与自我、人与超我的关系阐述，重点引入"自我与超我"设计理念，探索了一种纯美精神与都市商业景观发展命题结合的方式，和人类对自身内心神灵世界的探索与世俗世界的景观表达相融合。

同时，笔者更希望的是广大景观设计师们能够将抽象的"自我和超我"理念恰当地运用在后世博商业景观的规划设计中，倡导环境伦理和重视人类内心情感的表达与感受，树立正确的世界观和价值观，将世博理念——"理解、沟通、欢聚、合作"延续下来，最终达到城市、自然、社会与人类的四者和谐。

（陈冬晶）

上海都市文化与咖啡厅设计

在伦敦，每年都会请来世界各地的景观设计师来为其设计一个创意咖啡厅或者凉亭等小型建筑（见图1），目的就是为伦敦这个设计之都带来不同类型的实验性的创意建筑，作为进一步推广艺术创作、设计文理念和都市文化展现之用。别小看这一个小小咖啡厅，它代表着一个大都市对设计的积极态度。不仅如此，伦敦市政府每年都会在城市中提供一个空间，或是广场或是公园等，划为设计师专属设计实验地，让设计师们尽情地发挥他们的创意，创造出一些不同寻常的艺术创作，并以此来探索未来的都市景观设计方向。值得兴奋的是，商家们也乐意支持这种实验性的艺术设计创作，主动地承担建造费用。因此，设计师、市政府、商家三者推动着这个城市的创意巨轮，让都市的创意活力继续发展。

而在上海，类似此类主题创意建筑设计还基本上没得到推广，许多景观设计师有着天马行空的丰富想象力和创意，但甲方功利的要求和实际施工技术限制了设计师们的思想空间。尽管如此，在咖啡厅景观设计中，上海依然能够以其独特的都市文化来诠释这个能够散发无限创意想象的商业空间。

1　都市文化的概念与上海都市文化元素

1.1　都市文化概念

都市文化是一个外在与内在并重的城市全方位凸显，是能够激发人们思想感情活动的都市形态特征，是城市居民与外部公众都对这个都市内在涵养、实力与外显活力、发展前景的具体感知。这些感知包括人们对都市的印象，都市建筑、街道的历史人文、城市语言、都市商业体验、都市艺术种类以及城市居民的生活点。

1.2　上海都市文化元素

盘点上海文化元素就不得不提张爱玲，她《传奇》中有自己的说法：“书名则传奇，目的是在传奇里面寻找普遍人，在普遍人里寻找传奇。” 因此，现在的上海既有国际时尚的都市文化，也有温馨而平凡的老上海文化。

1）老上海文化元素

上海其实是个水乡，春天杨柳布满池塘堤岸；夏天荷花飘香；秋季还有桂花与大闸蟹为伴；冬季亦能感受到飘雪的晶莹，这是老上海温暖而平静的生活。弄堂、邻里、留声机、美女图（见图2）、黄浦江、外滩、租界建筑、百乐门等都是老上海人记忆的深处不可磨灭的烙印。

（1）弄堂——这一上海特有的市民居住方式之所以为千千万万上海人所喜爱和留恋，这样一种城市空间给邻里交往提供了极大的可能性，因为它具有浓烈的人情味。

（2）城隍庙、豫园——都说“到上海不去城隍庙，等于没到过大上海”，可见老城隍庙在上海的地位和影响，这里没有太多的张扬，只有平凡老上海的色彩。在湖心亭茶楼里坐上一坐，沏一壶上好龙

图1　2002年伦敦海德公园咖啡厅创意建筑设计

图2　老上海招贴画中的美女图

图3 上海新地标环球金融中心

井；或是在豫园里闲庭信步，看到的将是老上海历史的沉淀和宁静。

（3）《良友》画报——《良友》伴随了一代老上海人的成长，从1926年创刊至1945年10月停刊，20年间，共出172期。近现代中国社会的发展变迁、世界局势的动荡不安、中国军政学商各界之风云人物、社会风貌、文化艺术性等无不详尽记录。

"夜上海，夜上海……"的歌声更是传遍大江南北，老上海的生活就是中国近代历史的缩影，每个人的存在是不可替代的老上海文化元素。老上海的故事太多了，文化元素更是数不胜数，由于文章篇幅关系，以上三个例子也只是冰山一角。

2）新上海都市文化

如今的上海焕发出崭新的耀眼光芒，是目前中国的商业之都（见图3）。繁华的街道、淋漓的高楼、梦幻的灯光、时尚的气息，迸发出这个城市的创意活力。南京东路、南京西路、淮海路、徐家汇、浦东陆家嘴等商业中心带动着上海乃至中国的经济发展。

（1）海派文化——"海纳百川，兼容并蓄"的上海海派文化，例如上海丰富多彩的建筑；上海饮食除了本帮菜，不仅荟萃了川、粤、京、鲁、江浙、淮扬等地特色菜系而且汇聚起散发着欧美情调、各国风味的西餐馆、咖啡厅等。

（2）"潮"时尚——"潮"这个字近年来成为诠释上海时尚流行的最新词语，上海是个很"潮"的大都市，人们的思想"潮"，商业展示"潮"，小姑娘小伙子穿着"潮"，连老年人的退休生活也很"潮"，看来上海的时尚之都并不是浪得虚名。

（3）地铁文化——上海地铁是目前中国线路最长的城市轨道交通系统。上海体育馆站的《生命的旋律》、人民广场站的《万国建筑博览》等大型壁画，将一个个钢筋水泥铸成的地下宫殿，装饰得典雅大气，凸显上海文化特色，令来来往往的过客们都不禁瞥上一眼。

2 上海都市文化对商业景观的影响和效益

多姿多彩的上海都市生活衍生了多姿多彩的都市文化元素，当然，上海都市文化对商业景观有着深远的影响和效益，笔者提出以下三点：

1）创造开放的商业景观情境

"海纳百川，兼容并蓄"的上海海派文化，其特点是：吸纳百川、善于扬弃、追求卓越、勇于创新。海派文化是开放性、创造性、多元性的代名词，这种文化带给了我们开放、创新、平衡和沟通的榜样。商业景观发挥创意的目的在于，创造足够开放的情境，重新思考各项潜在可能，突破现实的禁锢，将历史的、文化的传统转化为新的产品；重新构想、衡量资源，用创意的商业景观重新点燃城市商业活动的热情，并从一个新鲜的角度来看待自己的商业资源。

2）都市商业景观与新的竞争能力

上海商业行业竞争可以说是非常激烈的，竞争的源头现在都在以另一个层面上体现出来，这里还包括了一个都市商业景观文化的深度与丰富度，而商业景观文化又从何而来？答案显而易见，就是从都市文化中演变和延伸而来。上海都市文化对商业景观的影响的感悟与质量视为其核心的一部分，将这种都市的文化意识带入新的竞争能力中，发展上海商业空间景观的语言能力。

3）都市文化元素成为商业景观新的创意来源

上海不仅充满着老上海的文化历史，也充满着浓郁的现代文化色彩，将这些文化元素赋于一个厅室、一间小店、一栋建筑物、一群建筑物、一间整修过的仓库、一片休闲绿地、一条街道等商业空间，帮助这些地方建立起自己的文化创意特点。因此说，上海都市文化元素其实就是一个源源不断的创意源头，设计师们将这些元素和自己丰富的想象力融糅起来，定能创造一个优秀的商业景观。

现在的上海越来越繁华，人们的生活也越来越小资，本文就上海都市文化特点来讨论白领们最常去的文雅小资情怀之地——咖啡厅的景观营造如何融糅上海的文化元素。

3　上海都市文化在咖啡厅设计中的演绎

3.1　咖啡物语

"咖啡"一词源自希腊语"Kaweh"，意思是"力量与热情"。当欧洲人第一次接触到咖啡的时候，把这种诱人的饮料称之为"阿拉伯酒"，然而非洲才是咖啡的故乡。在欧洲，咖啡文化可以说是一种非常成熟的文化形式了，例如在奥地利的维也纳，咖啡与音乐、华尔兹舞并称"维也纳三宝"；在意大利，咖啡已经成为生活中最基本的因素；在法国，没有咖啡就像没有葡萄酒令人抓狂。

在中国，喝咖啡对人们来说不仅仅是一种消遣，更是一种对理想生活方式的追求和憧憬，咖啡和茶已经成为现代人对生活心态的缩影。在上海，小资们和开发讲究的不仅是咖啡本身的品质和味道，也注重咖啡厅的环境和情调，因此，上海主题咖啡厅的景观设计并不是模仿法国人的浪漫格调、优雅情趣，也不是表现美国人的自我超脱，而是表达一种专属于上海风情的情怀故事环境。

3.2　咖啡厅景观故事

提到咖啡，每个人都会想起星巴克，走在上海的人民广场，你将会看到一个绿色的圆形标志，标志上一个女神的图案，微笑着述说着一个来自美国的奇迹（见图4）。不论在北美还是在中国，星巴克都显示出美国咖啡馆特有的格调和气氛；在上海星巴克咖啡厅也越来越深入到时尚人群的心中，成为人们心目中约会洽谈的首选之地。不仅如此，在全世界，星巴克是一种美国时尚文化的象征，星巴克咖啡馆的装修装饰无不体现出浓厚的美国时尚文化的景观故事，最近，星巴克被评为世界上最受时尚女性欢迎的十大品牌之一，这恰恰证明了时尚就是对美国咖啡馆特色的绝佳诠释。

1884年咖啡在台湾首次种植成功揭开了咖啡在中国发展的序幕。在中国，人们越来越爱喝咖啡，随之而来的"咖啡文化"充满了生活的方方面面。咖啡已然就是现代生活的时尚化身，咖啡屋咖啡厅成为人们交谈、休憩、独处的空间，人们来到每一家咖啡馆，都应该被带进某一个故事中，成为景观股市的一个必不可缺的元素，这才应该是咖啡文化最引人入胜之处。

图4　星巴克咖啡的女神标志

3.3　上海都市文化如何融入咖啡厅设计

上海有一种"神奇"的气质，能够让人瞬间

图5 上海田子坊某一露天咖啡屋

在现代时尚和历史传统两种气质中穿梭，大到外滩、浦东新区、新天地的地标建筑，小到田子坊般弄堂，无论是现代式的海派韵味还是修旧如旧的小资情调，都是上海的“神奇”，因此说上海独特的都市文化元素已成为景观创意设计源源不断的灵感来源，同样，上海咖啡厅设计亦是如此，例如上海田子坊的咖啡馆（见图5），原本一条并不起眼的上海弄堂，经过景观设计师的贴身打造，以“老式石库门”改造而来的建筑群，比“新天地”更多了几分生活气息与上海风情的地方。因此，笔者归纳出几个上海都市文化元素融入咖啡厅设计的议点：

1）地景式咖啡厅景观

地景式咖啡厅景观设计的第一层含义正是从土地角度出发，以大地为基点建立起的或是开放，或是围合半围合的咖啡文化空间景观（见图6）。“景观”这个词，不只是“景”，也不只是“观”，它的意义绝不仅是表面的东西，而在于它背后深层的功能和内涵，事实上，上海咖啡厅景观是社会文化和意识形态的反映，更是人类内心与灵魂的感触。其另一层含义是“导演空间与戏剧景观”。戏剧与导演之所以能跟景观相联系，原因全在于艺术是相通的，戏剧是表演艺术，而景观是环境艺术和生活艺术的结合。而咖啡厅正是个发生故事，营造戏剧的绝妙之处：小情侣的温馨甜蜜、老两口的亲情关怀、小姐妹的闺房话语、商务洽谈的成功谈判等，人与人的相处，只要有情节就一定能够发生故事。上海人们的生活点滴就是一幕幕戏剧，稳定而丰富的上海都市文化能提供给我们富足而深远的想象素材和原料，建立起具有故事戏剧景观效果的地景式咖啡文化空间，从而美化城市居民的生活的心灵，丰富人们的生活姿态。

2）上海专属咖啡风情

星巴克咖啡带来的时尚气息席卷了全球，上海作为中国的时尚之都，更是在星巴克的重点营销区域。而上海本土时尚文化元素同样也能够创造出上海专属的咖啡风情。上文提到的田子坊绝对是这方面的经典，十几年前这里是一条普通到不能再普通的小路，现在，田子坊将老上海的弄堂文化和上

图6 美国一家咖啡厅的地景式创意景观设计

图7 上海新天地一家咖啡馆夜景

海的艺术气息完美地结合在一起，成了年轻一族的和艺术一族的“朝圣”之地。特色的弄堂咖啡厅，将上海人家的生活点滴与对优雅小资情调的追求无意中流露出来，自然而不做作，营造出上海弄堂文化元素专属的咖啡风情。

再如上海的新天地，其集中了咖啡馆（见图7）、露天酒吧、艺术橱店等富有现代时尚生活气息的商业场所。中西融合、新旧结合，将上海传统的石库门里弄与充满现代感的新建筑融为一体，建筑内部，则按照21世纪现代都市人的生活方式、生活节奏、情感世界度身定做。相比起田子坊更多了一份时尚的现代感。

3）创意咖啡物语空间

每一段历史和文化都需要自身创意的形式，现在我们需要的是致力将不同领域的上海都市文化元素创意整合起来，融糅入开飞艇景观设计中，并从中找出议题与解答。正如把咖啡文化空间的营造看成是设计师和使命一起参与的导演空间和戏剧景观一样，这也是一种创意。同时，创新又使得景观在同一空间中得到提升，这一切模式的转变、想法理念让人觉得仿若脱胎换骨。当然，焕然一新的咖啡物语空间更符合白领丽人心中的小资情怀。

例如日本京都的独立酒吧咖啡厅（见图8），每当客人走进这座咖啡厅，就立刻会被它的艺术魅力所吸引，似乎跨越了时间的阻隔，来到另一个年代——20世纪40年代。独立咖啡厅的前身是一家报社的总部，由于年代久远而现遭废弃，但值得庆幸的是，景观设计师将其看作是宝贵的文化遗产，对其进行重新定位和创意设计后，这座独立咖啡厅就诞生了。如果一定要一个最恰当的辞藻来形容这个独特的创意的咖啡馆，那就一定是“再循环”，因此说创意和历史文化是不可分割的。

4）“实验性”与“创造性”咖啡厅的融通

“实验性”咖啡文化空间主要是指设计师在设计咖啡厅景观形态中对执行环节的理性把握，而“创造性”则是对即将生成的地景式咖啡景观的感性描述和体会，两者在上海咖啡厅景观设计的方向上是一致的，通过对咖啡馆景观基础功能设施的确定，可以掌握实现该咖啡文化空间景观形态的制造环节。例如澳大利亚墨尔本的塘鹅咖啡馆（见图9），位于住宅区和一条繁华的街道之间，它的独特的地理位置烘托出其独特的风格，一眼看去，这座咖啡馆就像是一旧车厢，洋溢着列车上轻松和谐的气氛，达到了“实验性”的理性设计，又不失“创造性”的创意设计。

“创造性”的咖啡厅景观设计需要更多的细想和修养沉淀以及活力无限的想象力和思绪，这就需

图8　日本京都独立酒吧咖啡厅

图9　塘鹅咖啡馆的装饰一角

要我们把握住上海都市文化中方方面面的元素，从中汲取更多的养分、灵感，转化成可行的咖啡厅景观符号，达到“实验性”与“创造性”商业空间的融通。

4 上海主题咖啡厅的创意设计

鸦片战争后曾经在很长一段时间，上海并没有为咖啡而专门设立的咖啡馆，咖啡一般是在西餐厅里销售。到了20世纪三四十年代的上海出现了不少咖啡馆，其中最有名的咖啡馆名字叫作“沙利文”和DDS。2000年后的上海，咖啡馆有上百家，可以把他们分为欧式、日式、怀旧的和老咖啡馆四类。而如今，随着上海国际化大都市的名声越来越响，许多外国品牌的咖啡厅也入驻上海，例如星巴克、上岛等。而一些虽然店铺小巧却很有味道的主题咖啡屋也如雨后春笋般呈现，这里由于篇幅关系，笔者仅举三例说明：

1）小小花园咖啡厅

小小花园咖啡厅位于徐汇区康平路220号（见图10），近来在小资女人的心目中排名上升，这座以花园休闲为主题理念的咖啡厅融糅了上海惬意生活的概念：老洋房、旧家具、整排的原版书籍、慵懒的猫咪，还有不间断地悬浮在空气中的爵士乐，像极了欧洲某处不知名的小镇，温暖而美好。小小的空间装饰的特别有风味，仿佛爱丽丝梦游仙境。这也是上海都市文化元素的一种：慵懒的假日生活，将小姑娘心头点点思绪蔓延开来。以此类内心戏剧丰满景观效果的咖啡厅设计也不失为一个好的创意。

2）女仆咖啡馆

女仆咖啡馆是日本近年来新兴的一种餐饮形态。店内的装潢和餐点，和一般咖啡馆差异不大，最大的卖点则是在于女服务生都穿着女仆的服装，并且称呼客人们为“主人”。透过这种角色扮演般的演出方式，女仆和客人间的互动。在老上海本帮文化中，女仆装扮这一概念是几乎不存在的，而海派文化将日本动漫元素引进，将其作为咖啡厅景观创意的一种类型营造起来，既具有年轻时尚的动感，又不缺景观喜剧效果，可谓一箭双雕。

3）Books Tearoom书房咖啡馆

Books Tearoom书房咖啡馆位于青浦区朱家角景区，这座书房咖啡馆弥漫着一种咖啡的浓香和书籍的书香味（见图11）。因此，不难猜到，这家咖啡屋的创意理念是以书籍为都市文化元素凸显其特点的。咖啡馆有一整面墙摆满了书籍，太阳光线透过玻璃窗轻轻地撒进来，试想在这么一个阳光午后，听着留声机里播放的怀旧音乐，翻着几页老上海的书画，静静地独享这一美好的片刻，该是一件多么有情调的事。

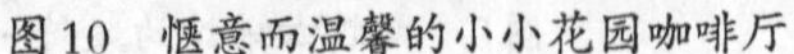
图10 惬意而温馨的小小花园咖啡厅

图11 Books Tearoom午后阳光一角

5 综述

上海都市文化隐含着这座城市独特的内涵与韵味，如张曼玉旗袍般华丽而又怅然的《花样年华》，如周润发惊心动魄的《上海滩》，以及张爱玲那永远回不去的《半生缘》，上海就是一个生活大舞台，每天都演绎着人间的悲欢离合。而这些舞台上的任何一个元素，都能造就上海专属的咖啡厅创意景观，不论是老上海文化元素：弄堂、石库门、城隍庙、南翔小笼、吴侬软语；还是新上海的时尚：海派文化、"潮人潮事"、地铁文化、饮食文化等都构筑成了上海一道不可或缺的亮丽景观风景线。

因此，地景式景观和想象空间引发的景观创意思潮在上海这片富土的基础上，有赖于想象空间上对上海都市文化的探索和转变来达到景观符号的运用。现代咖啡厅景观设计需要一个伦理的架构，带领上海走出一条不同于惯例标准的路线，打造属于上海都市文化的咖啡风情物语。

（陈冬晶　张建华）

创意商业街文化氛围营造初论

1 现代商业街的发展现状及存在问题

随着城市化进程脚步的不断加快，商业街逐渐由"开市即营，散市即归"的传统步行街的商业面貌向具有浓厚文化氛围的创意商业街转变，前者重在表现商品营销，而后者则重在体现文化特色。就目前，由于人们消费理念和消费层次的不断升级换代，涌现了各种大大小小的商业街让人目不暇接，商业街自身也从原本单一的功能开发出集吃、喝、玩、乐、观光休闲、艺术赏析、旅游体验等的多个选项，提供一站式服务。

反之，商业街在经营过程中，由于各城市之间发展不均衡，以及规划人员的经验不足，或是盲目跟风未经过统筹规划，定位不明以及在店铺的环境氛围和服务多方面不尽完善等方面原因导致不在少数的商业街存在有街无市，孤芳自赏甚至零利润的局面。进而，解决这些方面的问题就成了重中之重。在如今这个精神追求大过物质追求的文明年代，人们早已不再局限于穿用和温饱上，反而更加追求精神上的愉悦、心理的满足和美的享受。对一份文化积淀的渴望比起实用目的早已显得更为重要，所以为商业街营造特色文化氛围必然首当其冲。

2 创意商业街营造文化氛围的重要性

1）表城市形象，提生活品质

一个国家是否繁荣昌盛主要是看该国家的GDP数值的增长情况，同样，一个城市经济是否呈富态发展也主要取决于该城市内主要商业街的运营情况，即商业街体现城市形象，也是人民生活水平的集中体现。比如，一提到北京商业圈，接踵而来想到的就是世贸天阶（见图1），家喻户晓的名词，其作为京城时尚旅游的新地标，吸引各国游人前来驻足，北京城里独一无二的瑰宝"幕"，承载着世贸天阶"全北京，向上看"的文化理念，从感官上营造出的视听盛宴，潜移默化中将北京的城市形象通过世贸天阶展露无遗，同时也兴旺了城市市场。

2）满消费心理，聚热络人气

经调查研究表明，当人处在极为放松舒适的环境中，其消费的可能性超出在紧张、有压力甚至烦躁时的90%，所以消费环境直接影响着人的消费行为，同时也是各商家之间竞争的重要因素。消费者

图1 世贸天阶

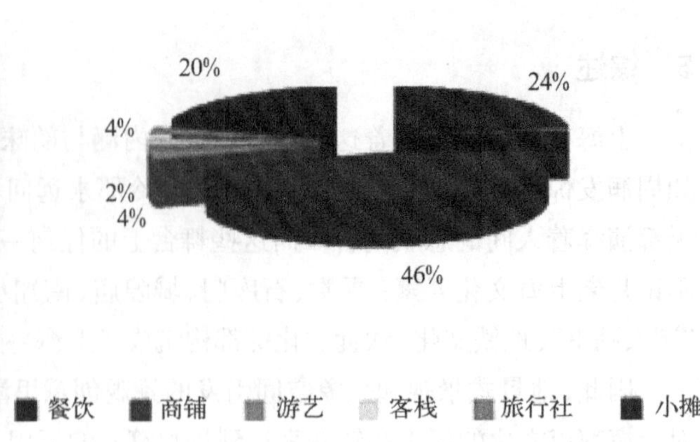

图2 锦里商业街业态配比

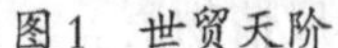

在进行购物之前首先会对整个环境有个从内至外的分析，环境的好坏直接影响购物心情，故在整个环境的文化氛围营造上就得格外小心。讲究的卫生条件，沁人脾胃的美食香气（例如，与所谓的“未见其人，先闻其声”是一个道理，淡淡的奶油香味在整个环境中起到先决作用，在顾客没见实物之前首先被其香气吸引过去，美食文化在整个氛围营造中同样举足轻重），服务员面带笑容的服务态度，暖色调的灯光再配上一段舒缓的背景音乐，人气的热络也必会水到渠成。

3）显地域特色，升都市文化

现代创意商业街之所以会为人好评并且经常性的登门造访，很多人认为是被其惊人的造价和场面的宏大所吸引，其实不然，大多数人折服并为之吸引的正是该商业街依据当地地域特色营造的一种亲切了当地人又感动了他乡之客的文化氛围。就好比被誉为成都第一条仿古特色街又融合了巴蜀民风和三国文化的民俗风情街——锦里，锦里将地块划分成三个主题，分别是餐饮娱乐区，锦绣文化区和市井民俗区。纵观全局，首要是以三个主题为主，其中文化层面就占了67%，其次是用其他业态辅助（见图2）。

锦里商业街主要是将“三国文化”作为主要卖点吸引消费者。比如“三国茶楼”、“三顾园餐厅”、“张飞牛肉”等。把文化与商业巧妙地融合起来，使消费者理解文化的同时愉快购物。同时，如今锦里是一个旧城改造项目的成果，是集旅游购物、休闲娱乐为一体的商业街，集中展示和推广三国宴、蜀锦蜀绣、川戏以及四川名品小吃等，定期还会举办民俗文化活动。之所以改造后的锦里依旧如此成功，主要归功于对当地文化的正确理解和定位。

4）建城市中心，强化凝聚力

每个城市都应该有其特色化的标志来作为城市主流，从商业层面入手，商业街显而易见是整个城市的中心，在整个城市的发展和演化过程中起着主导作用，吸引城市目光内聚于此。国家有国家的主导经济区，城市也有城市的主导经济中心，商业街从某种程度来说也能反映城市的精神风貌，围绕商业街调动周围企业的发展。

总之，提出4点重要性主要是在强调文化氛围的营造势在必行，是解决商业街现存问题的重要手段之一，同时对于创意商业街的兴旺起到只增不减的作用。建立在明确此重要意义的基础上，我们必须从文化氛围的角度出发针对问题并解决问题。

3 如何营造创意商业街的文化氛围

3.1 商业街文化的特点

第一，功能全品种多分工细。创意商业街功能齐备，包括娱乐、休闲、购物、旅游、餐饮和文化6方面。第二，环境优美，空间尺度适宜，符合大众审美评判标准，注重安全性，服务人性化。第三，体现特有文化内涵，比如国家与国家之间存在的差异，日本东京银座、韩国汉城文化有其与众不同的文化特质，香港兼容中西合璧的内外文化。

3.2 商业街建设的基本原则

1）商业形式上的多样化

内容既要包括服饰购物，饕餮美食，温馨酒店，旅游观光还要包括在形式上的参与与欣赏并进。百货商场是一种商场文化，包含于商业文化，在商场定期会打起促销海报，举办商业活动（手表钻石的新品发布等），特别是在节假日的时候特别有节日氛围。

2）商业特色鲜明

商业街必须能彰显自己鲜明的文化特色，成为所在城市形象和生活品质的代言。例如，宁波有一条特色鲜明的日湖婚庆广场，其中商铺拥有140余个，定位是以婚礼消费为主题的一站式婚庆消费商圈，主要由婚街、喜街和家饰街三大主题街构成。充分挖掘了爱情经济、蜜月经济，打造了专属自己的主题商业街（见图3）。

3）商业结构清晰

包含有明确的商品结构，稳定的人员结构，成熟的技术结构，流畅的流通渠道结构等，商业结构是经济结构的重要内容，必须严格把好关。

4）交通顺畅人气高

商业街的建设过程中必须保证道路交通的畅通无阻，不能有死胡同，确保消防车道的置留，人流缓冲带，交通指示标志的明显安放，车道人行道的明确分类等，只要交通舒畅才会使消费者的出游真正舒心（见图4）。

5）保障措施完善

国家规定每50 m^2就得放一个灭火器，所以商业街中灭火器的配置必不可少，遇到意外火灾时用。另外有火灾就会有水灾，所以窨井盖和排水设备的完善也至关重要，避免长时间雨水积累。

6）引导合理消费

是创意商业街必须的责任。商业街应该根据不同层次不同能力的消费人群进行合理的消费引导，不可以因为商业利益而忽视了百姓的需求，毕竟商业是面向广大群众的。

图3 宁波日湖婚庆广场

图4 指示牌

3.3 创意商业街文化氛围营造策略

1）建筑与文化氛围的统一

很多创意商业街比如南京1912、上海新天地（见图5）等都是旧城改造项目，将原有的建筑和文化进行保留，在此基础上进行商业街的创意改造，也成为比较典型的成功案例。两者在建筑风格的处理上与其所在地域的文化相一致，上海新天地作为外来游客路经上海旅游的必到之地，作为上海白领一族体验小资生活的专属地，作为居住在上海的外籍人士进行交流和聚会的根据地，保留了自然街坊23个，原居住人口7万余人，成为“城市的起居室”，以“昨天明天相会在今天”的改造理念从曾经拥挤恶劣的居住环境转变为富有上海特色的石库门建筑元素，简单却大方。在功能上不断地演进，在文化上保留了海派文化底蕴，在布局规划上将新天地分为保留石库门旧建筑为主的北里，面积占60%和反映时代特征的新建筑为主石库门建筑为辅的南里，面积占40%，可见建筑和文化上的一致性。门里门外文化与时尚的碰撞，擦出了新天地作为客厅式商业街与众不同的火花。就此，新天地好像被席卷了一场文化效应，在本土文化发扬光大的基础上同时也迎来很多异域风情和时尚活动的参与，例如巴黎歌舞表演、新天地2008时尚秋冬服装展等艺术活动。

同样，南京1912在建筑风格上与总统府遗址建筑群风貌保持基本一致，青砖配上白色砖缝，毫无浮夸之感。举着民国文化的旗帜，打造出兼具文化历史底蕴和时尚现代的创意休闲商业街（见图6）。

图5　新旧新天地比较

图6　南京1912

2）景观元素与文化的统一

景观一直以来好像都在作为红细胞为城市运输着一轮又一轮的鲜氧，为城市注入新的生气，其重要是不言而喻，同样地景观在商业街中的地位也不同凡响。图7是上海美罗城五番街的某扶梯一角和男洗手间的景观小品和地面铺装的处理，看似简单的摆设却做得恰到好处。五番街打造的是日系一条街，这里所有的景观元素包括洗手间的地面铺装和层叠的小水钵，其实都是围绕着日本“禅”的思想，打造静谧的环境氛围。另外值得一提的是，五番街作为一条成功的商业街，每个扶梯角落都能处理的一丝不苟这也是和日本这个民族心思细腻分不开的。

景观元素营造文化氛围其实和宜家家居通过人性化体验服务营造“在家”的感觉是一样的，通过先体验后购买的营销手段先为消费者创造一种温馨的感觉，完全放松式的购物方式，同样的，景观小品的设计首先显得直观的给人其所要表现的文化，然后再带着这种文化氛围去感受整条商业街。

3）商业主题成就文化氛围

据统计，伦敦商业街在体验奥运期间的营业总额涨了13%；北京王府井的7天春节里，中国照相、西联美发、吴裕泰王府井茶庄的营业额同比增长了36.51%、11.80%和9.94%。由此可见，商业街在特定的文化主题下显现的人气要高得多，特定的文化主题日为商业街的主题文化氛围营造也出力不少。

图7　上海美罗城五番街景观小品

文化主题街必须有其特色的文化定位，比如宁波一打造婚庆为主题的休闲商业街，再比如以艺术为主题的798。特色文化定位而成的商业街虽然仍旧具有一般商业街的休闲、娱乐、购物等功能，但在商业属性上却能独一无二。

4）背景音乐成就文化氛围

傍晚穿梭在南京路步行街上总能听到萨克斯传出的阵阵悦耳的音乐，给整个商业街增添了浪漫温馨的色彩。舒缓的音乐和优美的环境起到的作用一样，总能带给人放松、欢快的心情享受到购物中去。基本上每条商业街都有其特定的“街曲”，每个店铺也必然会选择优雅的音乐作为一种引导使闹哄哄的商业街就此安静下来，让游客静下心来，减少整个环境的噪声分贝，创造一种安静、舒适的氛围。

另外，每逢圣诞节，春节的时候我们总能听到《merry christmas》和《happy new year》传递的浓浓节日氛围，包括像天津有特地举办音乐节，打造天津音乐主题商业街。

5）当地文化成就文化旅游景点

创意商业街在“拉动内需”的同时也渐渐地在实行“对外开放”，慢慢地当地的商业街成为世界的商业街。口碑如此之好主要归功于当地特色的文化，比如成都的宽窄巷子。在具有鲜明地域特色和浓厚历史氛围的宽窄巷子各街区中，植入以文化为基石的商业元素，充分展示着老成都的生活精神，能感同身受老成都民俗生活场景，感受所谓的“最成都”。宽巷子的“窄”是逍遥人生的印记，窄巷子的“宽”是安逸生活的回忆；逍遥安逸，行云流水，顺其自然的生活态度，是成都人的精髓。

宽窄巷子分别包括宽巷子、窄巷子和井巷子，三者代表着不同的生活状态、功能定位和目标客群（见图8）。以不同的生活节奏来定义巷子名字，将属于成都人自己的文化融入生活中，使商业街和生活达到“我中有你，你中有我”的境界。

6）错位店铺经营模式

在美国，百货公司旗下有多家小的百货商店，各百货商店同在一条街上但每个店面卖的产品种类完全不同，比如一个百货商店专门经营各品牌化妆品，另一个就针对性经营男女服饰，以此类推，这就是美国店铺的错位经营模式。一方面无限丰富了产品种类和数量，另一方面也保证了百货公司的整体一条街，方法不一归根究底还是为了满足顾客的需要。

图8　宽窄巷子

然而这种经营方法同样适用于在商业街文化氛围的营造上，一间店铺不用什么都卖，一条街也不用全部都是吃，可以在小范围内搭配同性质的商铺，但其销售的产品最好不同，好的商业街其商业形式必须多元化，店铺与店铺之间要有相对的交流，一条商业街在店铺上搭配的井然有序、有密有疏、空间布置得当必定会自然而然地形成一条特色的文化链。

7）营销管理微笑模式

优良的创意商业街是和谐的，互相理解互相包容的，包括顾客和顾客、顾客和服务员、顾客和商家、老板和下属、人对环境、人对公物等。店铺与店铺之间也必须懂得协调内部关系，在维护个人利益的同时照顾他人，争取弱化公私矛盾，只有保证商业街和人的和谐与共才能创造出好的消费休闲娱乐的环境。

4 总结

商业街的发展离不开文化氛围，文化是商业街的灵魂，是其根本精神支撑的所在，就好像国家的发展离不开党的领导一样。创意商业街的文化氛围一种是已存在的具有一定历史的能反映鲜明特色的文化，比如上海新天地的海派文化和老一辈的艺术家留下的艺术魁宝、美罗城五番街日系一条街等，有针对性地进行原有文化的保留或打造一种专有文化，在此基础上将文化氛围进一步升华；另一种是在上述创意商业街或一般商业街的基础上起到增强文化氛围的一些元素，比如音乐，景观小品，地面铺装，一些文化商业活动等。无论是以哪种形式存在的商业街，都应该利用以上各种手段和方法来解决商业街现存的问题，使创意商业街文化氛围的营造效果达到最佳。

（庄春夏　张建华）

现代城市餐厅景观的艺术形式探析

景观设计师杰弗里·杰里科（Geoffery Jellicoe）曾提出：景观设计是一种将心灵融入自然环境中的活动，结合现代人正逐步重新崇尚自然的想法。不难可以得出现代城市餐厅景观中应更注重三方面，即功能性、移情性和艺术性。

现代城市中餐厅已不再仅仅以简单地向大众提供食品和饮料等餐饮的设施或场地的单一目的与形式存在了。因此，对于餐厅中景观设计的要求，也不仅应具备供人们观赏、使用这些基本功能，还应以恰当的艺术形式展现从而形成一种对艺术环境的营造，以配合现代人对服务环境所提升的需求。

从根本上说，景观设计也是一种艺术设计，它是与其他艺术形式有着一定的联系。因此对于现代城市餐厅中的景观设计来说，其本身就是一种现代艺术形式的交融与不断创新。

由于餐厅本身具有的服务特性与环境、空间上的约束，因此对于现代城市餐厅而言，在景观的设计手法上是多有限制的，既不能占用大量的服务空间，又需要充分考虑到餐厅作为为个人服务的公共场为消费者带来的舒适性与休闲性。最常见的景观手法则是设计一些装置艺术，小到摆放一副别有风格的碗筷，或者点缀具有一定特色的灯饰；大到在等候区域设计带有主题的雕塑，又或是整体上对餐厅风格的装饰、构造设计与统一。但是显然，这样简单而又随处可见的艺术景观手法已显然无法满足生活在都市快节奏生活中的人们。因而我们的生活中，正迫切需要一种新奇却又不突兀的造景手法来开创一种新的艺术形式。

图1　红海之星餐厅

位于以色列埃拉特的水下餐厅"红海之星"无疑就用一种前所未有的方式,向我们展现了作为现代城市餐厅中景观设计的新艺术形式。这座餐厅分为水上和水下两部分,水面上的部分以长长的甲板连接,表面上看只是位于水上的海景餐厅,但在水下,这座餐厅却是别有一番风味。"红海之星"的水下部分位于海面以下6米的深处,周围是形态色彩多姿的珊瑚乐园,通过360度环绕的62扇形状不一的玻璃窗使得海中全景在人们的眼前淋漓展现。为了配合出一个更自然的海洋环境,餐厅内部的地板使用海沙铺设,天花板上设计成章鱼吸盘似的突起装饰,点缀海葵吊灯,珊瑚落地灯,海草栅栏,水母座椅这些以鲜明海洋文化为主题的餐厅元素设计。置身其中就餐,让消费者不禁产生一幅生活在海底的画面,又或者此时此刻正是在某一海洋馆游览的错觉。

"红海之星"正如他的名字所带给我们的联想一样,以独特的海洋文化为中心,通过对装饰,设施的主题统一营造出一个"海中海"的餐厅环境(见图1)。借鉴自然元素,结合生物形态、明快色彩、雕塑创造展现出了不一样的餐厅景观设计概念。以一种标新立异的思路,诠释了现代城市餐厅中对景观艺术形式的体现。

与此有异曲同工之妙的马尔代夫"ITHAA"海底餐厅(见图2),同样是将海洋文化结合餐厅形式出现,将餐厅变身海洋馆。还有极负盛名的加拿大布查特"花园餐厅",对进餐的人来说,一边品味美

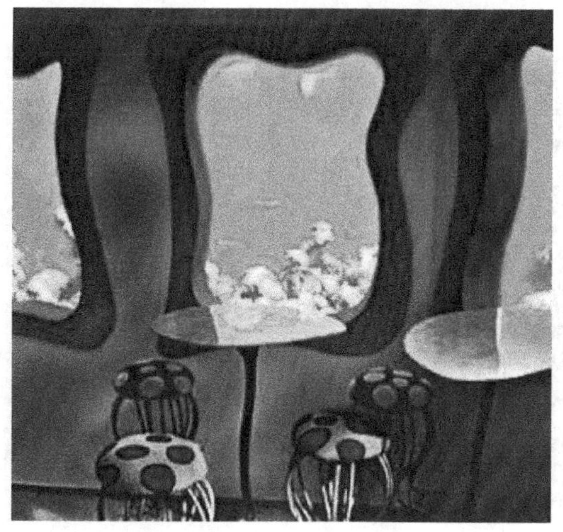

图2　马尔代夫"ITHAA"海底餐厅

食一边欣赏着风景，任何时候处于花园的任何位置都恍若置身缤纷的花海。可见现代城市餐厅的景观设计正在从单一的摆设艺术中摆脱出来，以更多元化更自然的艺术形式展现在人们面前，为人民带来新兴的餐厅文化体验。

回看现在的一些餐厅，相比之下在景观设计的手法与艺术氛围的营造上未免显得比较逊色。尤其是一些餐厅，过于注重索求经济效益的追求，而缺失了满足消费者对审美追求上的渴望。只是简单的装饰一下餐厅空间，力图打造出一种“简单”、“干净”的就餐环境；又或者在醒目位置摆放凸显自家口碑之类的标志或招牌以产生“亲切”的感觉。殊不知，对于现代正逐步追求更高精神层面享受的消费者来说，这样的餐厅必将在未来的发展中失去自身的竞争能力。对任何一家餐厅而言，简洁却不简单，干净却有特色的餐厅景观设计定会成为日后吸引顾客的一种重要手段。

1）绘画艺术

餐厅景观的艺术性可以从平面上表达出，通过点、线、面这些基本的形式组合，结合形状、大小、面积、明暗及色块的运用等多种表现手法便能够得到千变万化的艺术创作。这类的景观设计虽然仅限于平面上，却不受空间、材质、内容等条件的限制，可以是小型绘画作品的在空间上装饰点缀，也可以是整面墙体（见图3），窗体大范围的设计创作；可以是隔断、梁柱上的艺术修饰，也可以是餐具、设施的主题呼应；可以是一目了然的让人恍然大悟的现实写照，也可以是百转千回叫人各有所思的抽象艺术。总体而言，即将生活中的绘画形式运用到餐厅的景观设计中，表现形式轻松自然具有个性，视觉上易被接受关注，可以围绕某一主题具体展现容易达到统一性。

2）装置艺术

餐厅景观的艺术性可以从空间上表达出（见图4），将平面上的使用的多种元素再创作运用到立体空间中，即能产生更为丰富的视觉效果，伴随角度、光影以及干看着的心情等不确定因素的改变，同样的作品会出现不同的观赏效果。这类景观设计即能是雕塑，工艺品这样的独立的空间形式展现，又能够落实到对建筑、餐厅空间自身的改造中，充分将餐厅的景观艺术体现在每个角落中。其表现形式更为灵动有活力，材料选择上也丰富多样，同时具有一定的参与性，观看者能够亲身体验并把自己的思维注入其中赋予作品新的定义。对于建筑与空间上的设计来说，根据主题的不同可以量身打造与众不同的外部环境，使得建筑本身也成为景观的一部分，具有独创性。

3）人文艺术

餐厅景观的艺术性可以融合人文艺术得以展现，景观设计是人类经过思维创造后的艺术体现，多样化的思维形成了多形态的景观艺术，但追根求源在众多纷繁的表现形式背后，体现的都是一种向自

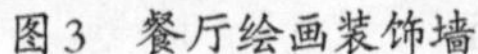
图3　餐厅绘画装饰墙

图4　中式景观餐厅

然靠拢的情感，是不断对人性与本质的寻求和追寻。对于这一类的景观营造，明确某一特定的主题，针对和其呼应的元素进行设计，放大这一主题的鲜明特性，结合能够配合主题的自然材料彰显“自然感”，力求在各方面凸显主题的唯一性，以统一而明确的人文情怀吸引消费者。

4）园林艺术

餐厅景观的艺术性可以借鉴园林设计元素，将山石水体这样的园林元素运用到商业空间的环境景观设计中。其中主要以植物为主，栽植观叶观花类植物，形式上可以配合装置艺术展现现代园林景观，或者辅助以小桥、流水、曲径、山石瀑布等这样自然的园林要素体现自然园林的风光，将室内景观与餐厅结合，体现绿色、自然、健康的就餐环境。园林环境的设计（见图5），即是一种良好生态环境的建设，也满足了人们日常行为中内心对亲近自然的渴望。

图5　园林式餐厅

5）细节艺术

餐厅景观的艺术性往往也是在细节处的设计体现，细节设计主要包括色彩、结构和人体工程三个方面。对于一家城市餐厅而言，一切的艺术感受都是建立在功能性的基础之上。既要舒适安全，又能给使用者带来一种愉快的享受过程，座椅的舒适度、餐饮器具的造型、颜色选择、围合空间的尺度感、就餐小环境的光线、音效这些看似无碍的细节，对于消费者来说也是权衡考虑的众多因素。对细节艺术的研究，也是一种对“以人为本”的考恒。

在现代城市餐厅景观艺术性营造的实践中，景观设计与艺术本身就有着密不可分的关系，而现代城市餐厅中，无论景观设计以何种方式展现给公众，最终的目标都是满足人类对更高精神需求的追求，更重要的是，无论怎样的艺术展现形式，都是对景观设计的一种探索与尝试，是值得努力的。

（王清雯）

如何凸显商业空间的创意主题

19世纪商业营销的重点在于产品销售，20世纪商业营销的特点是服务销售，而21世纪的商业营销正在向体验式转变。信息时代的变迁带来体验经济的发展。体验经济、继农业经济、工业经济和服务经济阶段之后的第四个人类的经济生活的发展阶段，工业、农业、计算机业、因特网、旅游业、商业、服务业、餐饮业、娱乐业（影视、主题公园）等各行业都表现出了向体验式经济转变的趋势。

根据现代营销学的4P（product, place, price, promotion）理论，4P是做好营销的基础。体验式商业空间可以让客户亲自体验product，创造出良好的place，并且通过给商业伙伴及客户带来良好的感受做好promotion。体验空间与4P中的3P密切相关，因此非常重要。位于上海徐家汇的宜家家居，以“为尽可能多的顾客提供他们能够负担、设计精良、功能齐全、价格低廉的家具用品”为经营宗旨。宜家成功的秘诀纵有许多因素，但离不开它创造的一种特别的购物感受，如商店布局、没有销售员、瑞典美食以及由顾客自由组装家具等，让消费者体验其中。

商业空间是指所有与商业活动有关的空间形态。当前社会商业活动中所需的空间，即实现商品交换、满足消费者需求、实现商品流通的空间环境。目前尚来形成商业空间分类的统一标准。本文中，笔者将体验式商业空间分为3种类型：① 产品导向型（product-oriented）：为了销售某类产品而建立的商业空间，比如hello kitty主题店；② 顾客导向型（customer-oriented）：为了某类顾客而建立的商业空间，比如专门为成功商务人士提供洽谈业务的咖啡厅；③ 功能导向型（function-oriented）：为了满足特殊功能而建立的商业空间，比如美容院、加油站等。

1 体验式产品导向型商业空间景观比较研究

1）体验式产品导向型商业空间景观与普通产品导向型商业空间景观的比较

体验式产品导向型商业空间景观的水平标志着一座大型综合商业设施的整体水平与吸引力。因此，对空间景观的改造也是革命性的。普通产品导向型商业空间缺乏顾客对产品的体验，空间模式过于呆板、机械，颜色不注重与产品的协调性，缺乏与顾客的互动等，让顾客觉得逛街是一件很累的事情。体验式产品导向型商业空间景观多为复合式步行空间系统，创造出多维弹性的空间形态。在体验过程，顾客会因空间的遮挡、引导、聚集等产生心理上的探知欲望，一改顾客单一的购物模式，塑造出多层次的商业空间景观，满足顾客多样的消费需求。产品导向型的商业空间模式，旨在让顾客愿意消费，购买其产品。与普通模式不同，体验式为保持竞争优势需不断针对顾客不断变化的消费需求做出调整，也应根据产品的不同对空间景观进行改造。运用文化的变化、空间的变化、景观的变化、色彩的变化等手段，带给人一种独特的体验式商业空间。

服饰店的功能无非是为顾客提供服装，以满足他们的服饰要求。如位于瑞典的“Monki 遗忘的森林”服饰店除了提供这一基本功能外，还提供特别的购物空间理念。该店的设计理念结合森林的景观体验，将图像、商品和店铺设计结合起来构成了一个统一的故事。当顾客走进店铺类似森林的抽象景观中，人们将只置身于Monki世界的一部分。“遗忘的世界”是一个超现实的带有模糊地平线的类似森林的景观，是一个魔幻般的场所。人们将有欲望探索这样的一个世界，充满了蜿蜒的水生植物、常春藤、哈哈镜和树木、衣服被挂在闪烁的树枝上，进入试衣间既是步入一截中空的橡木中，衣梁是发光的树枝，饰品展示台则是镀铬的闪亮的蘑菇。相对于传统的服饰店布置，如许多衣架堆在一起令服饰的完整性丧失。该店的设计注重主题的突出，服饰的特点得以突出强调，而森林的形象也突显无疑。在体验购物愉悦感的同时，顾客还能获得身临其境森林的感受。

2）体验式顾客导向型商业空间景观与普通顾客导向型商业空间景观的比较

以顾客为中心的顾客导向型商业空间景观，首先要根据使用者的心理和使用习惯，进行合理的商业空间布局，适应不断更新的使用要求。根据消费者群体的划分，确定其目标客户群体。充分研究其生理及心理特征，为其量身定制商业空间。通过背景音乐、灯光色调等手段，充分满足目标顾客的特殊心理。例如针对商业洽谈的咖啡厅通常播放舒缓音乐，灯光柔和，隔离措施较好，注意体现档次感以及保护不同顾客间的隐私。

而普通顾客导向型商业空间景观缺乏考虑顾客心理，没有根据顾客的需求来进行空间景观的改造，即非人性化。商业空间景观虽不会直接给商家带来盈利，但对其吸引人流与聚焦人流有着重要意义。如在适宜的广告位置增设相宜的灯光系统，会有助于广告的醒目；适当的休息空间，满足顾客的舒适需求等更加完善了商业空间的氛围和整体性。

如位于德国德累斯顿市动物园游乐场，带有一个可以让游人更好地欣赏长颈鹿的游乐区。设计室构思了一个名为“间谍树”的游乐项目，即在空间内用上百根木条并排立在地上形成一面墙。

这些木条被涂以自然绿、自然棕、自然灰的颜色，代表了树皮。游人可以跨越矮木条并由此进入其围成的区域。一井入木条区，孩子们就会与由悬挂的绳子构成的“丛林”相遇，这是为树木输送营养的树的“血管”结构。绳子还可供孩子们攀爬和荡秋千。绳子边是通向“间谍树”二层——树顶的螺旋形阶梯。在树顶处设置的平台可以让游人观赏和自己大概同样高度的长颈鹿，还可以欣赏访物园的不同景观。这些机构造的木板既可以供游人休息，又是画在地面上的模仿树柱年轮的平面图。在这里，不但游人可以更好地观赏长颈鹿，孩子们也能在愉快玩耍的同时增长知识。儿童的好奇心是很重的，如果一个不能参与其中，只是若干摆设的游乐场，必定不能满足儿童的心理，也得不到欢乐。

3）体验式功能导向型商业空间景观与普通功能导向型商业空间景观的比较

在本文所涉及的三类商业空间类型中，功能导向型商业空间主要集中在第三产业，是目前以及未来经济发展的重要支柱。并且由于其功能导向的特殊，功能导向型商业空间具有天然的体验性质。因此，大力发展与推动功能导向型商业空间向体验式方向发展。对于经济发展具有十分重要的意义。

功能导向型商业空间首先需要明确其功能特性，从而做到有的放矢。同时能够把握住经营中的主要矛盾，便于分清主次。实现功能是功能型商业空间的主要目标与核心任务。而体验式功能实现是其实现功能的促进手段。体验式功能性商业空间能够较好地将顾客的体验式经历融入功能实现中。例如目前部门餐厅，可以由顾客自行料理食材，在完成其餐饮功能的同时加强了其体验。再例如目前一些新兴的青年俱乐部，其功能是实现青年人为了缓解工作压力、增进彼此感情而进行的聚会。一些设计较有创意的青年俱乐部在布置上采用了家居的特色，俱乐部内提供电视、电脑、影碟机等设备，辅助顾客完成其娱乐活动。这类俱乐部具有相当的创意，目前在国内越来越多。

与此形成对比，普通的功能导向型商业空间仅仅注重功能的实现，而缺乏体验性质。这使得顾客在完成功能时感觉机械、重复、冗余，顾客的反感，使得这样的商业空间越来越不受欢迎。

电影院为常见的功能导向型商业空间。以五角场的万达影城为例，考虑到消费人群与自身因素，售票大厅常给予人十分宽广的印象，这是很多电影院不常见的。如此布局可很大程度满足了重多热映电影同期上映所带来的排队问题，不会因售票处队伍拥挤或杂乱无章而损失了顾客。电影院的颜色以冷色深色为主，且放映厅的颜色更为讲究，应考虑到何种颜色才不会影响电影在放映时的观看效果。物品与装饰根据节日或影片的上映来进行调整，如电影的立体海报，周边产品的摆设，都会影响到顾客的消费以及对影片的选择。作为电影院，试听与视觉效果如何是关键的，万达影院在影院部分地方都设有屏幕，来放映影片的预告片可以让顾客进行更好的选择。但舒适的环境同样是顾客所在乎的，观看影片全程是坐在座椅上的。座椅是否舒适，也是顾客对各影院评价的关键原因，如舒适整场观看的心情则是愉悦的，如不舒适，观看只会在抱怨连连中度过。影院的成本也是相当高的，要考虑到热映期与冷淡期的消费人群数量，进行一定的调整。

如果一个电影院缺少对电影的介绍，没有良好的宣传方法，顾客在消费选择上就难以作出判断。

2 体验式商业空间景观设计的总体原则

根据比较研究，我们可以从中看出，人们从以往的吃住行游购娱的基本要求，已经升华为了产学研康艺情的体验式生活。如果要一个空间发挥它的商业功能，首先要对其主题进行定位，形成一套完整的主题空间装饰意境，给消费者以深刻的印象，缓解审美疲劳。只有确定了主题，才可以掌握空间景观设计的方向。在商场空间景观设计中，功能与布局、色彩、物品装饰、动态效果、成本是相互影响、相互制约的，只有处理好他们之前的关系，才能保证商场在合理功能设计的基础上，展示主题创意的内涵与文化。一方面，对于商业空间景观设计来说，要充分考虑不同的功能要求，满足商业活动开展的空间和要求。另一方面，功能的设计也要为满足消费者的视觉愉悦和对商业空间的认同感、眷顾感提供更广阔的平台。

2.1 空间景观的六大要素

空间景观设计从大体上看可以从以下6个方面考虑：① 功能：符合主题要求与定位；② 布局：包括空间划分、大小、比例、窗户位置等；③ 色彩：包括主题色调、墙壁色调、瓷砖色调、灯光等；④ 物品与装饰：包括家具、帘子、屏风、装饰油画等；⑤ 动态效果：比如播放的音乐、背投播放的视频、节日请来的真人cosplay等；⑥ 成本。

2.2 商业空间的分类与空间景观要素的结合

1）*产品导向型*

此类商业空间的目的是为了销售产品，因而需要把顾客的目光集中在产品上。布局以突出产品为主，要考虑到顾客如何去以最佳视角观赏到产品，功能分区要明确，让顾客方便快捷地找到自己所需的产品。空间色彩应与产品相融合，符合主题颜色，但应区分亮与暗，背景的暗可以更好地衬托出产品的亮，吸引顾客的目光。物品装饰要与产品的类型相融洽，不能过于突兀与其商业空间不相称。产品本身即具有一定功能性，此商业空间应充分利用自身的产品，来营造空间所需要的效果，满足消费者的需求。由于目的是销售产品，一般都需要顾客去体验产品的功能性，如不给顾客亲自体验，则需要有销售人员或者多媒体放映来让顾客更好地了解产品的情况。成本应依据产品的销售情况与产品档次来决定。

2）*顾客导向型*

此类商业空间是为了满足顾客的某种需求，来营造的商业空间。布局以顾客的需求为方向，符合顾客的心理要求。确定空间主题，以主题色彩为主，也需考虑顾客人群的定位与方向，如顾客以儿童为主，则需要丰富的色彩感；以商务人士为主，则需要以能给与顾客庄重沉稳感的颜色为主。装饰物品、功能、动态效果、成本等同样与顾客的定位有关。依据顾客的年龄层次，消费水平，所需要求是决定顾客导向型商业空间景观的重要因素。

3）*功能导向型*

确定了一个商业空间的功能，也大体可确定了此商业空间消费的人群。布局要考虑到顾客如何更好地使用产品其功能，不能有碍于其功能的发挥极其所带来的效益。功能性的发挥与色彩、装饰物品、功能、动态效果都有一定的关系，顾客来到此商业空间，色彩应帮助其发挥功能，装饰物品应与环境相符，不应影响产品对其功能的发挥，顾客来此商业空间消费，功能所带来的效益直接影响到所带来的利益，确立合适的商业空间景观对其功能有着一定的重要性。

3 小结

体验式商业空间作为目前及未来经济发展的重要支柱与动力，在人们的日常经济生活中表现出越来越强大的活力。通过本文中的讨论，笔者认为应当在构建商业空间时，充分考虑体验式因素，让顾客亲自参与到商业活动中去，切实体会到体验式给其带来的便利、乐趣，从而达到买卖双方的共赢，并将我国经济发展推动到一个新的高度。

（柴晓彤　张建华）

大数据时代背景下创意园区景观发展战略研究

在现今的互联网时代，只要在网络上的搜索引擎上的每一次输入，购物网站上的每一笔交易就都是数据。大数据（big data）是由大数据由巨型数据集组成，这些数据集规模十分巨大，甚至无法通过目前的主流软件工具在可接受时间下的收集、管理和处理。

哈佛大学的社会教授加里金是这么形容大数据时代的："这是一场革命，庞大的数据资源使得各个领域开始了量化进程，无论学术界、商界还是政府，所有的领域都已经开始这种进程。"然而，大数据的进程并未普及景观设计领域，因此，如何充分利用大数据提供的丰富资源与有利信息来推动创意园区的景观发展成为一个可研究的课题。

1　大数据时代的特点特征

1）数据量庞大

截止至2012年，全世界数据量已经从TB级别跃升到PB、EB乃至ZB级别。根据IBM的研究结果表明，在整个人类文明所获得的全部数据中，有90%是过去两年内产生的。而到了2020年，全世界所产生的数据规模将达到今天的44倍。

2）数据形式多样性

随着社交网络、移动计算和传感器等新技术不断产生，大数据应用又扩展到网络日志、社交媒体、感知数据，涵盖音频、图片、视频、音频、地理位置信息、模拟信号等，真正诠释了数据的多样性。

3）数据处理速度快、时效高

大数据能够突破已有的技术架构和路线，高效地处理海量的数据，将庞大采集的信息通过即时处理，反馈给用户。

2　大数据背景下创意园区景观的发展现状及问题

在这个数据不断膨胀并且庞大的时代，大数据已经渗透到我们生活的各个角落，整个城市里面已经有很多的传感器、摄像头等。与此同时，人们对智能化及信息化生活的需求日益增长，然而，现今我国的创意园区景观发展还处于探索阶段，景观的表现大多较为简单并且智能化考虑得不全面。因此，创意园区的景观发展必须在大数据时代的背景下更加贴近人们的生活，从而才能更好地满足人们的新需求。

如上海后工业生态景观公园，是宝山区境内一座由上海铁合金厂改造而成的生态景观创意园区。公园由入口景观区、城市林荫道、草坪区、原工业植物保护区、少儿活动区、公园管理中心区、草坪林荫道及核心景观区，植物造景主要运用乡土、耐旱、能源等主题性植物，与废弃的工业建筑材料、雕塑结合，形成景观多样性。

1）园区环境现状及问题

后工业生态公园的前身是上海铁合金厂，污染严重，政府利用其原有的资源进行改建，由原来的工业废弃地改造为生态创意园区。工业废弃地，指曾为工业生产用地和与工业生产相关的交通、运输、仓储用地，后来废置不用的地段，如废弃的矿山、采石场、工厂、铁路站场、码头、工业废料倾倒场等。工业废弃地几乎都对环境造成了不同程度的破坏，改变了原始的生境。通过图1、图2三张图片可见，

图1 后工业生态公园植物现状

图2 后工业生态公园景观小品

原厂遗留下了很多工业厂房设备，对环境造成一定程度上的影响。因此，我们急需运用大数据时代下的智能技术对环境原状进行改善与恢复。

2）园区植物现状及问题

园区内植物缺乏精细化培育，具体表现为缺乏植物的动态监测、数据的收集和处理与分析。比如，温室环境调节、科学施肥、合理灌溉、光照程度、土壤酸碱度等。通过两张园区植物现状图可见，园内的植物缺乏智能集中化管理，在烈日的暴晒下，水分严重流失，濒临枯萎。因此，我们急需运用大数据时代下的智能技术对植物进行精细集中化管理。

3）园区能源现状及问题

园区内景观灯照明耗电量大，造成了能源浪费。据相关数据统计，路灯与景观灯照明，约占城市总耗电量的15%，且目前园区景观照明缺乏合理化的改造及精确控制，从而导致景观照明使用效率偏低，不利于园区的综合节能及成本控制的目的。因此，我们急需运用大数据时代下的智能技术对园区能源进行科学化管理。

4）园区景观小品的现状及问题

雕塑及各类景观小品是建筑外部空间环境中的主要景观设施。在工业废址上建立的创意园区的景观小品大多是保留废弃工业景观的一座建筑物、构筑物、设施结构或构造上的一部分，如墙、基础、框架、桁架等构件。由构件组成的景观小品只强调了视觉上的标志性效果，并不赋予其使用功能。此外，景观小品旁缺少对它的介绍信息，游客对很多景观小品的创作来源及制作材料并不了解。因此，我们急需运用大数据时代下的智能技术对园区景观小品进行功能性改造。

5）园区停车系统的现状及问题

由于目前创意产业园区多为废弃旧工厂改造而成，园区内停车系统较为落后，并未考虑到园区人流量较大时的停车难问题，从而导致了车辆无序停放，对步行环境和外部公共活动空间造成了不小的干扰和侵入。同时，乱停车现象也给道路景观美观带来了负面影响，对创意产业园区在人们心中的整体形象造成不小的冲击。因此，我们急需运用大数据时代下的智能技术对园区停车系统进行有序性管理。

3　创意园区景观大数据时代下的解决对策

1）以传感器技术解决可持续性问题

传感器技术在大数据时代的运用十分广泛，它在解决园区内的环境原状问题、水景水质问题、景观植物的科学管理及能源浪费等可持续性问题上发挥有效作用。通过借助传感器网络来打造智慧化的水质和土壤监测、景观植物精细化管理及能源节约是未来创意园区景观发展的趋势。其中，在园区中水景的水质监测问题中，水质在线监测系统是一套以水质传感器为核心，综合运用传感器技术、信息技术、物联网技术组成的一个综合性的在线监测系统。在园区的大面积水景中部署多种传感器节点，利用传感器网络采集环境监测数据，并实时传送到监控中心，进行处理和分析。包括水温、PH值、浊度、电导率、溶解氧含量等。

在景观植物精细化管理问题中，在园区的种植区部署多个微型传感器，利用物联网技术对园区植物进行各种环境下的动态监测，采集植物的实时信息，如温度、光照度和土壤的酸碱度。再将采集的数据通过无线传感器发送到监控中心进行数据的处理和分析，并且采取相应措施对其进行改善，如植物在缺水情况下启动灌溉设备。

在能源节约问题中，通过在景观照明设备上安装感应器，对特定区域内客流量的实时监测及数据采集，由此来预测区域内不同时段的客流量，根据客流量的大小来适时调整照明设备的明亮程度，在特定区域无游客游览的时候，照明系统将自动关闭。

2）以RFID技术解决景观小品的功能性问题

通过将园区内的景观小品作为媒介，将嵌入式PDA与RFID技术相结合，开发一个自助导览系统，从而增强其功能性。游客可以通过租用电子导览PDA，当靠近创意园区的景观小品一定距离时，系统由PDA内置的RFID读写器读取贴在景观小品上的电子标签ID号，PDA通过ID号来访问本地的数据库，从而将数据库内的数据下载至游客PDA中，同时，PDA通过内置的文字识别语音系统，为游客实时解说这些景观小品的创意来源及功能性，从而让游客对其有了更深入的了解。其次，在景观小品上安装感应器，通过物联网及云计算技术将客流高峰时园区内的道路及各个场馆的人流量信息实时传送至大数据服务器内，通过服务器对数据的收集及分析，预测出园区未来几小时内的人流量的分布情况，从而为游客计算出最优游览路线，同时，通过游客随身携带的电子门票或电子手腕带，实时获取游客相关信息，并将其发送至游客的手机客户端，以减少游客的排队等候时间，提高其游园的效率，使园区景观小品在拥有美观性的同时兼具实用性。

3）以GIS技术解决停车系统问题

通过三维GIS技术建立可视化的园区的多媒体展示与信息管理平台。集成园区内的视频监控、资源管理及应急调度等子系统，实时监控园区内的停车情况，将停车区域内剩余停车位的具体数量以电子公告栏的形式告知游客，同时辅以有效的管理及积极的调度，将游园车辆有序地调度引导至园区内空闲的停车区域，从而缓解园区停车难问题。

4　结语

伴随着数据挖掘和分析技术的发展，我们已经步入了基于大数据的智能化时代。大数据的应用也逐步渗透到了人们的日常生活中。在当今大数据时代的背景下，创意园区的景观发展依旧停留在起步阶段，智能化未被普及运用。因此，我们应该顺应人们对智能化的新需求，以可持续发展为设计指导思想，结合物联网技术带来的优势资源来进一步推动创意园区的景观发展。可以说，大数据时代下的物联网技术与创意园区的景观发展相结合，大势不可逆也。

（朱　赟　张建华）

对上海创意商业街“娱”之创新思考
——以五番街为例

近年来商品重复度高，缺乏特色已经成为商业的顽疾。为了改变千店一面的现状，美罗城花了2年时间策划了“五番街”商业模式，期间美罗城组织了一支前往日本的招商队伍，想借鉴日本的商业街模式来改变上海商业街的现状。事实证明“五番街”的出现也的确改变了传统商业街一成不变的问题。而“娱”作为商业街中不可或缺的一环，仍旧存在形式和内容千篇一律的问题，所以如何创新“娱”仍值得深思。

1 上海创意商业街“娱”的现状

1）购物性娱乐

商业街的基本功能为购物。作为一条主打日系风格的商业街，“五番街”以新颖的日式文化，极为适合消费者进行购物休闲娱乐。整条商业街充满了日式产品（SEGAMI），日式服饰（无印良品）（见图1），日式饮食（七叶和茶）等。能够充分满足人们在其中的各种消费活动，并且营造出了具有日式特色的商业街景观。

2）体验性娱乐

商业街常见的体验性娱乐有KTV、电玩、网吧等。五番街中仅有的世嘉华瀚游艺城（见图2）已经停业，导致五番街体验性娱乐项目缺乏，整体功能不完整。

3）观赏性娱乐

商业街中有歌舞表演，商品促销活动等观赏性娱乐。五番街的中庭时常会举办特卖会，其中有各式各样的商品，吸引众多人潮。

4）文化性娱乐

商业文化是成功商业街的重要支撑。五番街的商业文化包括了产品文化，服饰文化，饮食文化，品牌文化以及消费文化等。如日本品牌ZOFF眼镜倡导的理念类似于时装，建议用户根据不同的服饰

图1 五番街购物商店

图2 五番街游艺城店面

选配不同式样的眼镜，并且区别于传统眼镜店，在这里配一副眼镜只需要短短30分钟。日本ZOFF的店长也曾被请到美罗城，为消费者提供原汁原味的日式服务。

2　创意商业街“娱”目前存在的问题

1）娱乐项目同质化

商业街看似繁华，店铺商品种类缤纷，然而大多数的商业街所提供的娱乐服务类却是非常类似，无非是住宿、餐饮、销售和一些小型的娱乐活动。五番街中，也存在着与其他商业街同质化严重的问题，各类娱乐形式也都相类似，主要都是提供一些商业服务或者设置简单的交流景观和娱乐设施，来吸引城市的居民进行消费。没有体现出自己独特的风味，都没有一些能够真正吸引到顾客，留住顾客的特色项目和差异点，这使得它在越来越多的繁华商业街中缺少亮点。

2）娱乐体验性不足

在休闲性方面，五番街做得相当不错，游客在这里可以得到充足的享受。地处徐家汇闹市区，人流量大，但是其中娱乐的目的被忽略了，放松过后，能够值得游客回忆的东西并不多。

目前，五番街中的娱乐体验活动类型非常单一，在娱乐性上创新性不足。主要就是饮食和销售，人们难以在五番街内接触到互动性质的娱乐项目，这也导致五番街的娱乐性大大降低。

3）组合性不强的问题

虽然商铺对“娱”的组合性有一定的考虑，但仍有改进的余地。五番街中带有日本特色的店铺因为没有进行有序的组合，难以传达原有的带有日本韵味的五番街的特色，偏离了原来的主题。这种规划的不合理，不仅违背了商业街的创建的初衷，也阻碍了商业街的进一步发展。

4）文化内涵缺乏本土性

现在的商业街普遍都有过度商业化，缺乏本土特色的历史文化内涵等问题。商家又是过度关注营销效益而忽略了文化层次的建设。关于商业街的文化包含了很多，其中包括了产品文化、服饰文化、饮食文化、品牌文化以及消费文化等。作为一条主打日系风格的商业街“五番街”以新颖的日式文化，整条商业街充满了日式产品、日式服饰、日式饮食等。无一不体现了日式商业文化，但是却都忽略了上海本地的文化特色。

3　解决对策及未来发展趋势

1）摆脱传统商业同质化，增加“娱”之创新性

为了摆脱同质化的问题，可针对各个年龄段的消费者增加“娱”：

（1）针对儿童：DIY手工制作，如剪窗花这种具有文化底蕴的娱乐活动，还可增设儿童娱乐设施（见图3），如轨道车、荡秋千、骑木马等。

（2）针对年轻人：商业街可以依附文化打造各种特色产品，开展各种节庆活动。如七夕节，增设情侣间的小游戏，也可以租借古装，让情侣体验古代文化娱乐；元宵节可以有猜灯谜，制作DIY灯笼等。

（3）针对中老年人：在商业街的中庭或者广场，划分一块区域，增设中老年人的舞蹈教学，让中老年人参与其中，可以有交谊舞、民族舞等，在商业街形成一道亮丽的风景线。

图3　商业街儿童娱乐设施

2）增设互动娱乐项目，强化"娱"之体验性

商业街的店家可以定期举行抽奖活动，与顾客进行互动。有经济基础的商家可以请一些有知名度的歌手、作家、演员来进行现场表演或者新书、新片签售活动以吸引顾客眼球，同时也可以使顾客更直观地体验商业街的娱乐性。

3）结合传统与现代商业，开发"娱"之组合性

目前功能单一的商业街越来越少，取而代之的是多种功能分区的有机组合；在"娱"方面也可将传统与现代的娱乐形式和内容有机地融合在一起。商家可以在传统节日举行特殊活动来吸引顾客的眼球，类似于庙会的活动。像是可以在五番街这种日式商业街举行日本知名的祭典活动，例如东京的山王祭、京都的祇园祭和大阪的天神祭，使这些传统祭典活动与现代商业所结合，使顾客仿佛置身于日本一般，体会传统节日所带来的现代娱乐感。

4）融合地方文化特色，发展"娱"之文化性

商业街所倡导的不仅是城市文化的堆砌或变迁，它蕴藏着文化移植、文化嫁接、文化转换的城市发展，因此商业街将商业文化提升为社会文化层次。

区别于五番街的照搬日式商业模式，田子坊在融合当地文化这一方面做得更为出色。由上海特有的石库门建筑群改建的田子坊，成为地标性创意产业聚集区。走进田子坊，一家家特色小店和艺术作坊在迷宫般的弄堂里，在不经意间跳入你的视线。田子坊展现给人们的更多的是上海亲切、温暖和嘈杂的一面，相比五番街是纯日式商业街，田子坊的这种对于"娱"的本土化经营模式更具有亲和力。

4 小结

商业街"娱"的建设要有创新，不是简单模仿，而是学习、吸收和提高。商业街要有特色，搞一些娱乐特色街，要能体现城市文化特色，与历史积淀、文化理念、市民消费方式相匹配。

商业街是城市商业最集中的街道，是城市的商业文化名片，而商业街的"娱"不仅仅只是让人参与其中这么简单。如今网上购物的人越来越多，人们若只是购物，不一定非要上街。而商业街能吸引人来，最大的特点是有特色，人们来商业街，不一定是要购物，也可以在这里休闲和获得体验感受。

（严佳怡　张建华）

试论商业街游乐项目的创意与开发

商业街作为一种商业购物场所正逐渐被消费者熟知。区别于日趋风靡的网络虚拟消费，作为一种新型商业产物的商业街购物没有足不出户的便捷、货比三家的低廉，但以其独有的消费体验过程（即购物过程中的游乐项目）在消费场所选择中仍占有一席之地。

1 商业街游乐项目类型

1）景观欣赏型

即整条商业街内主要针对视觉上的景观，可分为软质景观、硬质景观和合成景观。其中，软质景观即植物景观，包括店铺内部植物景观与商业街公共区域植物景观。大致表现形式为盆栽、装饰性插

花作品和花坛；硬质景观即人工景观，包括铺装（地面、墙面、天花板）、装饰雕塑小品、标识设备、照明灯具、休憩座椅等硬质材质组成景观；合成景观即软、硬质景观两者相搭配景观。主要表现为植物与铺装墙面、植物与休憩座椅、植物与装饰小品等组合景观。

2）体验参与型

即消费者进行消费购物过程中的体验。商业游乐项目好比农业游乐项目，消费者主动参与农业娱乐活动。如采摘果蔬、垂钓鱼蟹、捕捉家畜等从而达到"吃农家饭、住农家院"的游乐体验。同理可得，在商业街购物过程中消费者主动进入商铺、挑选商品、与服务人员交流、同类型商品比较、最终确定购买，在一系列购买流程中达到"买商家货、购心中物"的游乐体验。

3）文化感受型

即对商业街内商铺的企业文化进行感受的项目。如消费者通过对商铺内部装饰风格、商家服务理念、商品质量价格等方面进行了解并对该商铺做出自我评价，从而扩大理解为对整条商业街精神层面、道德文化的感受。一条好的商业街，不仅需要满足消费者的购物需求，更需要本着"以人为本"的原则，从整体及细节体现传统文化与现代文化相结合的消费场所营造，反应社会、经济、文化并存的功能特征。

2　商业街游乐项目问题缺陷

1）针对景观欣赏型，商业氛围、人工足迹浓重

（1）软质植物景观覆盖率低，表现形式缺乏新意。商家为了在有限商业空间内将消费效益扩大到极致，不惜压缩植物景观，减少绿化占地面积，使得整条商业街缺乏自然生气。商业街缺乏生态保护意识，对消费者的身心健康缺乏关怀。

（2）硬质人工景观材质单一，商业足迹浓重。主要表现为铺装样式统一、没有明确指向性、材质选择不恰当；标识设备（即标识牌、楼层导购图、安全出口标志等）安放位置隐蔽且外表形式无创意，缺乏地域特征性；照明灯具光源光色考虑欠佳、灯具造型简单、数量及安置位置有待提高。

（3）两者合成景观组合种类少，硬质材质偏高。有些合成景观为了减少植物后期养护经费，用假花塑料植物代替真植物，表面上虽起到景观欣赏效果，但生态方面不能起到降低室温、进行光合作用、杀菌隔音、净化空气、改善小气候的作用。

2）针对体验参与型，功能区域、店铺排列凌乱

消费者倾向于网络购物的原因主要在于可在较短的时间内购买到符合心理价位的商品，有些消费者享受货比三家、讨价还价的过程，网络的便捷设置，可使消费者在同一时间对相似货物进行比较，并通过网络聊天形式议价。商业街消费的体验参与型游乐项目要想脱颖而出，商店的排列、商品的种类必须和网络商店一样，做到同类商店位置相近、商品排列一目了然。然而，大部分商业街的商铺均未按种类区分，往往食品区域和服装区域相邻、家居区域和装饰区域相邻，整条商业街功能大版块模糊；功能小版块缺乏过渡性，以食品区域为例，在规定有限空间内，火锅、甜品、快餐等不同种类食品气味掺杂，相邻店铺互相影响。

3）针对文化感受型，人文关怀、文化意识欠缺

各商家的服务销售理念、企业文化传统等不同，使得整条商业街的文化积淀无法确定，消费者在消费过程中鲜能体会文化氛围。另外，高端商铺服务人员态度较好，体现人文关怀，可带动商业街的文化深度与造诣层次，但大部分商业街商铺面向中端消费人群，店内服务人员服务意识有待加深。个体商铺无法体现自身文化精神，因此整体商业街缺乏传统和现代文化交流、道德和精神文化沟通。

3 商业街游乐项目创意对策——以上海徐汇美罗城五番街为例

3.1 体现环境魅力，自然人工感受方位化

1）生态植物周围化

五番街作为一条地下商业街，其植物栽培场地多样，包括橱窗内部、商铺内部、公共广场休憩区域、建筑围合角落、建筑墙面等；植物栽培形式多样，包括土壤栽培、水培、垂直绿化、盆栽、花坛等。将植物摆设从平面化的格局改至立体化的构成，将点状植物（盆栽）衍生至线状植物带（绿篱、线型花坛等）和面状植物块（植物景观墙），将植物景观以适宜的形式安插在商业街各处，使消费者全方位感受自然气息，并在消费过程中激发对自然的向往，充分达到环境生态的目的。

2）人工景观创新化

五番街内商铺所卖商品的奇异化（大部分商铺均首次登陆上海，品牌国际化、商品另类化）、商铺内部装修风格的新颖化（包括古典简约风格、居家温馨风格、传统怀旧风格、现代时尚风格）、细节小品装饰物的新潮化（日式小品的融入，如洗手钵、石塔、石灯等；日式元素的展现，如樱花、仿木纹的复古砖等）、材质选择的丰富化（木质、石质、金属、砖块、钢铁等，同一材质纹理、光泽、色彩、拼凑形式均按照不同功能分区加以区分）等方面均可因“创新”二字将传统常见景观改变成符合21世纪具有潮流时尚感的新一代观赏景观。

3）合成景观融合化

不同于传统商业街过于人工化的痕迹，抑或是关于自然景观的生弄硬搬，五番街在人为施工的同时也将自然进行了合理融合。从硬质角度看，巧妙地应用石质材料及木质材料，如石质扇形地面铺装和不规则石质柱子墙面、木质花盆和木质休息椅等；从植物角度看，仿生植物和生命植物交相呼应，如绿色装饰性假盆栽、各色凤梨真植物等（见图1、图2）；合成景观既可作为大规模观赏景观也可作为小体积局部小品体现，合成景观的搭配、放置位置等均需结合商业街实际情况确定。

3.2 体现功能魅力，区域局部购物交流化

1）交通连接功能

美罗城五番街美食区域的尽头与地铁1、9号线9号口相连，五番街地上入口与美罗城地表相连，不像某些商场的地下购物区域完全与地面阻隔，五番街的空间围合度恰当，抬头更可以看见商场其他各层的景观，相反从商场其他楼层向下俯瞰亦可以观赏五番街地面的铺装图纹。上接商场地上部分，

图1 石质材料的体现、仿生盆栽

图2 木质材料的体现、生命植物

下接地铁站，五番街作为中间连接部分起到方便地铁公交和地面上层往来的作用。

商业街与外界道路需要一条完整的公共道路系统进行连接，作为地下商业街更应考虑与地下交通路径、地上商厦入口两处的连接，并且要做到交通通顺、方向明确的效果。

2）角落利用功能

五番街与地上部分相连接的有两个直升电梯、三个自动扶梯和一个台阶楼梯。在有限的空间里尽量挖掘更多的商业空间无疑成为商业领域的问题。五番街就很好地利用电梯构成的小空间，不仅解决了空间使用度，更增加了景观欣赏性。如在电梯的水泥地板下层增加几盏小灯，为下面的小铺提供光源，合理为小型店铺提供营业场所；在电梯的墙壁处增加摆设，将装饰风格与店铺风格相一致，扩大商铺视觉面积；在电梯与墙面构成的死角处摆放小型盆栽或日式园林缩影小景，增加植物摆放量，且合理解决空间浪费问题等（见图3）。

图3　电梯空间利用方案

3）商铺过渡功能

五番街公共区域的线性铺装具有方向指向性，将整体公共空间指向局部商铺内部；不同功能区域五番街采用不同材质的铺装进行区分过渡，铺装的光滑程度、色彩选择均有差异；创意玻璃橱窗自然连接相邻两商铺景观，透过玻璃特殊材质，一方面可映透商铺内部景观，另一方面玻璃投影与商铺外部景观衔接自然；同一功能区内商铺色调相近，唯有在转弯处或重点景观处采用整体基调的对比色，运用颜色的差异、明度的强弱、面积的大小将整体至局部小区域过渡。商铺间的过渡有其他表现形式，具体陈列如表1所示。

表1　商铺过渡功能因素表

过渡功能因素	过渡表现形式
铺装	铺装的材质、线性曲折、光滑程度、色彩选择等
橱窗	创意玻璃材质、仿古式橱窗形式
色彩	暖冷色调、明度强弱、面积大小等
灯光	光源位置、灯具造型、灯光色调、灯具数量等
植物	点、线、面组合形式的植物景观
文字	商铺自身logo、门口摆饰牌、商铺吉祥物等
……	……

3.3 体现人文魅力，整体细节主题明确化

位于美罗城B1楼的著名日系商场五番街，装修是典型的日系范儿，商业街内集中了不少日本知名品牌——无印良品、蜜桃派、近泽蕾丝、Francfranc等，充满了时尚气息；日本小吃应有尽有，令人眼花缭乱，七叶和茶、大一梦薄皮鲷鱼烧、神户六甲牧场、都恩客等，总是门庭若市，人气超旺。

日式设计风格讲究空间的流动与分隔，一个空间环境分隔成多个功能空间，且每个空间具有特色、蕴含禅意。从整体装修形式来看，五番街明显符合了日式设计的要求，整体装修特点淡雅、简洁，有较强的几何立体感。商业街店铺均为日本品牌，整条商业街营造浓厚日式风味；从细节表现形式来看，商业街电梯与地面构成的三角区域死角以及硕大的空白墙面也充分呼应了日式的主题。如墙面无处不在印有樱花、和服的日本宣传海报，石灯、洗手钵、植物盆栽组成的日本园林小景等（见图4），从细节处将最具日本特色的景观一一展现，使消费者沉浸在日式风格之中。

图4 呼应日式风格主题的细节表现

商务街确定一个固定主题，从整体和细节处体现主题，将主题要素从各个方面表现，交相呼应，在历史、人文、情感等方面进行整体形态特征设计。商业街主题的选择要有一定文化内涵，不可随意取定；呼应的素材选择要与主题相扣，不能生搬硬套；设计细节要体现主题的特征，不能喧宾夺主或是文不对题。

4 总结

商业街作为消费场所的一个成员，其购物游乐项目有限且存在诸多问题。笔者相信消费者在消费过程中除了感受商业化的快捷外，更愿意参与商业街景观欣赏型、体验参与型、文化感受型三大游乐项目。未来商业街的“游”元素需要文化、交流、功能、自然、体验融合于一身的一系列游乐项目。

（侯彬洁　张建华）

景观设计在休闲餐厅主题营造中的运用

1 休闲餐厅的概念

人类文明的进步让人们有了更多财富的同时也赢得了更多时间进行精神层次方面的追求。除了获得放松之外，人们更注重在休闲活动的过程中修养身心、展示个性，最后得到自我价值实现的满足

感，从而弥补人们生活中精神方面的贫瘠。休闲环境作为休闲活动的载体，其好坏直接影响着人们的休闲质量。

休闲餐饮的英文为Casual Dining，一种以“休闲、情趣、舒适、品位”为主题的餐饮模式。休闲餐厅是人们参与休闲活动、社会交往、放松身心、寻求快乐和自由的重要场所。其经营配种多、用餐时间随意、以特色的品牌、理念与服务吸引顾客，拉近人与人之间的距离，充分体现出“休闲”概念的特点。

2　景观设计对休闲餐厅的主题性营造

为了满足顾客越来越高的要求，许多休闲餐厅也越来越重视用餐环境的个性化和舒适化打造，于是越来越多的餐厅开始思考通过运用景观设计的手法，营造休闲餐厅的主题性，通过特色的就餐环境营造，让顾客在消费过程中得到精神上的享受和体验（见图1）。

图1　美国纽约一家交易所主题烧烤酒吧

与传统餐厅最大的差别在于休闲餐厅的设计主题非常鲜明。根据历史文化、民族风情、饮食习惯等方面的地域差异所形成了多元的风格和特色通过景观设计运用到休闲餐厅中，充分展示地方特色，营造地域文化主题。别具一格的装修风格，独特的景观布局，将主题元素渗透到餐厅的每一个角落，运用舒适的色彩搭配和个性的餐厅小景阐释、烘托餐厅主题内涵，通过触动消费者的神经，引起共鸣，从而增加了餐厅本身的识别性，形成特有的餐厅文化标志，吸引众多顾客。

1）以文化战略为主导，提升空间品位

休闲既是文化的发源地，同时也是一种文化行为。因此，休闲餐厅中对于主题的营造也同样应该努力创造文化氛围，铸造文化意境，才能提升餐厅空间的品位。

人们在休闲娱乐的过程中希望能达到修身养性的精神追求。休闲餐厅致力于人们高层次的生活追求，用景观的布局体现餐厅文化概念，用景观的手法营造餐厅主题文化的意境，从此就餐环境和就餐过程在整体得到提升。

2）艺术的修饰手法，带来美学上的体验

要给人最直接的感受莫过于从感官上的刺激，而对人的视觉刺激是休闲餐厅主题营造上最有效的手段，所以餐厅景观设计的好坏直接影响到对主题上的诠释。休闲餐厅设计本身是一种艺术设计，所以设计的关注点不但在主题上的营造，同时还结合美学的概念，使功能与造型、美感与诗意进行完美结合，让人在空间中实现与艺术的对话。例如墨西哥Tori Tori Restaurant，打破内外空间的局限，将“常春藤”的造型抽离成设计元素，用设计的手法唤起人与自然的交流，形成与艺术的对话。

3）趣味性、体验性的特点具有独特吸引力

本着来源于生活创作的原则，营造特殊的主题场所。空间设计的趣味性和体验性是餐厅主题营造的一个重要特点。意趣的表达，含有想象、夸张的效果，让顾客在参与的过程中感受到休闲活动的轻松和娱乐，体验到新奇与幽默的同时也能令人思考与回味，显现出高雅和聪慧，提高人们的审美价值，对净化心灵起到积极意义。例如合肥风范品牌策划运营有限公司是旗下的“风波庄”武侠主题餐厅以“武侠文化特色餐饮”为立店宗旨，独树一帜提出了“品尝私家菜肴，感受武侠文化”，“有人就有江湖，有江湖就有风波庄”等鲜明主张。形成独具风格的武侠主题新餐饮模式。餐厅设计根据武侠客栈的创意，从布局规划、材质运用等多方面诠释武侠主题。不仅如此，就连菜名设计和餐厅服务等方面无不渗透着武侠元素，让顾客在就餐的过程中过了一把“侠客隐”，为前来就餐的顾客圆了一个武侠梦。

3 景观设计对休闲餐厅的主题性营造的具体表现

1）主题理念的选择

主题理念是整体设计的灵魂，以文化为基础，创造空间艺术的主题性来引导和转变人们的审美观念。因此，在主题理念选择的时候应该注意以下几点：

确定受众人群，结合顾客喜好。顾客是餐厅主题的最直接受众群体，因此，根据顾客类型，结合其生活背景、生活方式、职业、受教育程度和就餐目的等方面选择合适的餐厅主题。

考虑社会因素确定主题。社会大的潮流和方向也是确立主题的重要因素之一，因此，结合社会价值走向、发展趋势设计具有较长期稳定性的餐饮空间。

以文化概念为依托，营造意境。诗意的栖居一直以来都是人们所追求的理想状态，是对回归本源，天性释放的向往，特别是在当今喧闹的城市中，优雅、脱尘和悠闲是对诗意最好的理解。通过景观的运用诠释主题，从而达到人景合一的和谐状态。

以开设在香港中环的一家中国风意式餐厅为例（见图2），将中国元素带到意式餐厅中，运用最具中国代表性的瓷器，应用青花瓷的冷色均衡餐厅中国木制装饰的暖色，不论是从造型、色彩还是装饰等方面，将中国风的主题表现得淋漓尽致，使中西文化在设计的推动下进行交流与融合，既适应、传承、推广了中国本土文化，又能让人领略到意大利美食，创造出独特的混搭风格。

2）整体布局表现主题

休闲餐厅设计时首先应该满足其餐厅的基本功能，从以人为本的原则出发，基于“M-R”模型，即莫拉比安-罗素模型中论证的“刺激物—有机体—反应”的结构，通过设计的手段从整体上进行布局，营造主题氛围。在布局的过程中我们应该注意：① 造型设计紧扣餐厅主题；② 功能分割体现主题的层次感；③ 制定流畅的路线，引导顾客视线，提高餐厅服务效率，满足体验需求；④ 充分体现美学的特点。

以哈尔滨新天地海鲜自助餐厅（见图3）为例，以开放式餐台为主题的餐厅特色，结合哈尔滨特有的景观特色，以流动的设计概念，将各式开放式厨房、取餐台及坐位区以不同色彩、灯光计划及造型隐喻，配置于建筑平面上，体现“巴洛克”活泼、互动多变化的特性。

将进餐区以英文大写字母来定义分区，构建不同的风格。如F区里的吊顶和墙壁用不规则的几何

图2 香港的中国风意式餐厅

图3 哈尔滨新天地海鲜自助餐厅

凹凸装饰，让空间更增几分立体感。葡萄酒般的色彩在灯光下书写着优雅的格调，仿若贵妇的雍容，贵气中透着平和。H区里红色的方形吊灯彰显出喜庆的气氛，将自助餐的氛围调动起来。而一个西餐区则用红色镂空的隔板来划分区域，既明确区分出每个独立的小间，又保证了空间的通透性。另外，红色的棱格毫无规律可循，纷乱中又不失秩序感。

3）细部处理突出主题

将空间创意渗透到餐厅的每一个景观元素中，使餐厅的主题设计和空间融合，形成强大的视觉效果。

装饰与陈设表达主题

在装饰和陈设的设计中，往往选择一些带有标识性的主题元素，直接映射出主题内容，营造视觉氛围，增加空间层次的丰富性。如南京的“上海滩大饭店”，怀旧风格的餐厅布置，透露出浓郁的旧上海二、三十年代怀旧氛围。

4）色彩运用渲染主题

餐厅中色彩和灯光的运用非常重要。因为色彩语言可以很好地表达空间情绪，塑造餐厅整体形象。将色彩运用到餐厅中，通过装饰、植物、陈设等为传播载体，根据其不同的特性，引发人们不同心理的共鸣。Wienerwald餐厅以维也纳森林的意象为主题，通过绿色的渲染，给人感受到春天的清新风格（见图4）。

灯光是色彩设计中的重要元素，通过对灯光的应用也能很好地烘托主题，形成一个有层次、有造型、有氛围的室内就餐环境。比如哈尔滨新天地海鲜自助餐厅，走道用黑色和黄色两种色彩来装点，局部配光，让黑色的木皮染色地板一反往常的光亮可鉴，走道的一边用黄色材料营造出随风摇摆的动感，在顶棚射灯的作用下显得神秘，把餐厅流动的主题带到每一个空间里，如图5所示。

5）声景观营造主题氛围

听觉刺激是休闲餐厅环境要素评价体系评价指标之一，声音的响度、内容和音乐的风格直接影响顾客的心理。将声音运用到造景中，根据餐厅主题设计合适的声景观，渲染气氛，对于营造主题来说更是锦上添花。

美国What Happens When主题餐厅每30天更换一次主题。不仅室内装饰、菜式品种发生改变，就连餐厅背景音乐也会随着主题的变化而发生变化。无论是狂野的森林主题，还是愉悦的“花园派对”，或者是热力无限的“爵士风情”，变幻的色彩和菜品配上富有感染力的音乐，都将餐厅的主题表现得淋漓尽致，给顾客带来全新的感受和异样的就餐环境。

图4 Wienerwald餐厅

图5 哈尔滨新天地海鲜自动餐厅

6）体现生态意识，重视植物设计

随着时代的发展，人们的可持续意识也逐渐地提高，人们更加渴望回归自然，与自然近距离接触。然而休闲餐厅缺乏绿饰设计是现阶段普遍存在的问题。因此，在休闲餐厅的设计中无论何种主题，都应该将绿色引进室内，利用植物设计，尽可能地为人们提供一个舒适生态的就餐环境。在餐厅设计的过程中，可以将植物与坐凳、灯具、景观小品等各种室内设施相结合，拉近与人的距离；也可以将植物设计运用到餐厅区域的分割中，形成多个虚实结合的空间意境。这些设计手法的运用不但能让空间变得多变，同时由于植物的生命特征，使得主题空间富有活力和新意。

4 结语

休闲餐厅的主题性要求是时代发展的产物，其丰富的文化内涵、艺术的形式创造、新奇有趣的创意理念和无处不在的互动空间，多方位地满足了人们精神层次的追求。其独特的主题空间也成为餐饮文化的标志，吸引更多顾客享受休闲餐饮所带来的轻松和愉悦。

（朱莉莎）

仿生设计在商业街中的应用

仿生设计是将生态环境中某些外部形式、内部结构与自然环境共生繁衍的特殊规律及生态美学的法则应用到设计中，在结构、功能形态上体现生态和生物多样性的特征，从而达到人与自然融为一体的目的。近年来，大量仿生设计在城市商业景观中广泛应用，获得巨大收益。当前，全国商业街在各个城市蓬勃发展，如何将仿生设计应用到商业街景观中是值得研究的课题。

1 商业街景观现状

1）商业街的定义

商业街指商业功能突出，具有一定长度（长度>100 m），以零售、餐饮和服务为主要定位，各种商业网点相对密集（商业网点的密度≥50）的街道。按经营商品的种类划分为综合商业街和专业商业街，按主导功能的种类划分为零售主导型商业街和服务主导型商业街，按交通限制划分为普通商业街和步行商业街。现代商业街是城市商业的缩影和窗口，是商业多功能的整合体，是重要的城市商业网点空间形态和城市地域类型，也是城市活动的重要公共场所。

2）国内外商业街现状

现代城市景观要求商业街不仅仅要有易于识别的形态特色，而且要体现城市的地域文化和社会政治经济状况。当前国外的商业街景观设计发展较为成熟。例如德国慕尼黑的商业步行街，具有复合功能，可满足人们多种使用需求，集中了数百家特色商店、餐馆、教堂、博物馆、剧院等。在环境方面，除了完善建筑设施外，还对花坛、铺地、座椅等建筑小品进行了精心的设计，空间布局富有变化，为公众交往、商品销售等提供了宜人的场所。

近年来，我国也掀起了一股商业街的建设热，除了北京王府井、上海南京东路等老牌商业街不断发展，还先后建成了苏州观前街、深圳华强北商业街、广州北京路等，不仅显著改善了这些城市的商业购物环境，而且还建立了新的城市对外形象。

3）存在问题

随着我国商业街日益增多，大量的商业街盲目抄袭一些成功案例而忽略了特定的区域特点，造成商业氛围冷清的结果。主要呈现以下问题：

（1）缺乏主题性。在商业街环境规划中，对于商业街的定位理解不足，不能体现城市特色文化和主题。

（2）过于商业性。过于考虑商业空间的使用，而忽略其他因素，导致原有宜人的空间尺度被破坏，代之以杂乱或空泛的商业街环境。

（3）普遍雷同性。同样的铺装材料、同样的小品设计、甚至不顾地区气候差异种植同样的绿色植物，导致商业街设计过于雷同，缺乏可识别性，存在着整齐性而缺乏变化。

针对现存问题，如何导入新型理念，使景观设计能够真正地营造出特定的商业氛围，提升价值，是广泛受到关注的特点。

2 关于仿生设计在商业街景观中应用的思考

马斯洛在提出人的需要的等级性特征的同时，还指出不同等级需要的演进趋势。也就是说，当人们的物质生活达到一定水平之后，处于底层的物质性需要对于人们的强烈程度会减弱，而高层次的精神生活方面的需要会逐渐成为最强烈的需要。对于景观设施的使用者市民来说，交往需要、归属需要、审美需要和尊敬需要显得更为强烈。

为实现既满足购物的要求，也满足人们生理、心理上的需求，提供舒适优美的休闲环境，引导拥挤的人潮，吸引更多的顾客驻足观赏、参与的要求，仿生的内涵不应只停留在模仿生物，应拓展到生态化和生活化。生态化的理念，体现在商业街区景观设计中应有意识、有目的的增加软质景观，比如绿化、水体等景观元素，达到有效地减少热岛效应，改善局部环境小气候的作用，满足人们亲近自然的心理，弥补硬质景观过多缺失亲切感，增强商业街区的景观效果。生活化的理念，体现在地域传统、地域文化，如当地的风土人情、民间习俗，让人置身当地的生活中，融入文化的积淀里，体会当地的特色，给消费者轻松的心情和惬意的感受。

1）增强体验性，营造主题氛围

主题体验式商业设计是设计师借规划、设计、装修、材料体现统一的商场主题，主要通过对主题事物的发掘、景观和装饰等方面采用象征、隐喻等手法表现主题，创造出值得消费者回忆的体验。

正是对这些问题的关注，城市商业街设计得以全面发展并区别于城市规划、建筑设计及园林设计。此次，商业街设计理念把重点放在了如何重新建立建筑物与商业活动及人的协调上，因而出现了独特的主题体验式设计理念。

利用仿生设计的主题体验式商业充分满足了消费者体验和消费的愿望并收效明显，因此这类设计模式很快在美国、日本、欧洲各地得到证实。在日本，著名的Garden Walk是一种以花为元素主题体验式商业的设计方式，设计师以各种灿烂的花朵为主题图案，营造出复杂而多变的都市花园氛围。

世界著名的商业建筑专业设计公司——BENOY在北京水世界商城的方案中又一次将其设计哲学——主题体验式做了淋漓尽致的展现。16万平方米的水世界商城则采用以水为元素的主题体验式设计方式。整个水世界商城和广场以“水——星球上最具魔力表现”为主题贯穿始终。建筑师通过建筑形态、内部装饰材料的运用，并配合壁画与雕塑等艺术手法来表现水的各种寓意与传奇故事，把金鱼养在墙壁上，水波纹的玻璃小桥晶莹剔透……建筑形态如龙宫般晶莹剔透，提供给人们一个独特的购物消费与娱乐活动相结合的全新商业形态。

美国捷得国际建筑师事务所成立于1977年，设计师们通过大量项目经验的积累，经过28年的发展，事务所已经成为擅长“商业性”项目的领头军。捷得所称的体验型建筑，它所带来的经济和社会效益同样也非常可观。捷得所有的项目都紧扣社区环境而非商业运营的主题。事实上，捷得发现，尽管购物并非设计师的焦点，但不可思议的是，销售量反而节节攀升。捷得把重点放在增强顾客的体验上，他们在此停留的时间越长，并向他们认识的每个人极力推销，毫无疑问，商品的销售量就越大。捷得把这种现象冠名为“捷得定律”。捷得定律的宗旨在于对顾客体验的投资可反映在设计价值的提高上。

实际上，主题体验式商业概念与步行商业区追求特色的主题理念在本质上是一致的，都是为了在视觉愉悦和心理行为方面满足人们的需要，从而有效地吸引顾客，创造尽可能大的整体效益。

要将仿生设计在各个元素中有机凸显，例如行道树、路灯、广告、展示牌、雕塑、喷泉等，在植被、照明、平面指示、材质、音效等景观艺术元素上。设计理念应注意如何重新建立建筑物与商业活动及人的协调上，因而出现了独特的主题体验式设计理念。而各种观赏性与功能性兼具的景观雕塑、休闲座椅、街灯、休息亭、护栏、地灯、铁艺、花池、水景设施、格挡墙、壁灯、地面铺装、护木等都是营造主题氛围的元素。

2）增强生态性，激发顾客活力

作为国际大都市，上海有先进的商业环境和经营意识，然而对商业景观环境的认识还比较肤浅。人们喜欢南京路、淮海路和徐家汇等商圈，是因为喜欢那里的商品和丰富的业余生活内容。然而，从环境的文化解读层面上，这些商圈给我们的启示很有限。有的商业街生意兴隆，但是环境条件很差。商家考虑的大多是经济效益，生态环境的好坏与商品的品质没有直接的联系。这样的情况已经持续很长时间。

甚至有的商场认为放几棵假树，摆几盆花就是生态化了，有的商业空间甚至连一点绿色都看不到，生态化意识还差得很远。上海徐汇区港汇广场内部的景观环境，几乎没有绿色的介入，看起来似乎很现代和时尚，给人的真正感觉是感觉上的单调和视觉上的疲劳。

优秀的商业空间景观不仅能够创造绿色生态环境，经研究发现，人们置身于绿色环境中，皮肤温度可减低1~2℃，血压会降低，心脏负荷减轻，对于商业空间中快节奏的气氛有很大的缓解作用。不仅如此，恰当利用仿生设计营造出的生态景观布置还有利于推动商业效应，因此，商业景观既能满足人们审美感受，启发想象，又有益于人身心健康。

日本大阪的南坝步行商业街利用现代人们亲近自然的心理进行设计。建筑师在建筑的屋顶设计了一个仿真的人工大峡谷，该峡谷的植物覆盖在建筑上面，人们可以从两层屋顶逐渐走到八层，并且随着不断上升的坡道进入各层的商店、餐饮与娱乐场所。由于应用了先进的符合人们心理的理念，使建筑造型不至于过分明目张胆地商业化，反而引发人们好评如潮。

上海的新天地和田子坊可以说是体验式景观的成功范例，许多上海市民、外地外国游客都喜欢去的原因就是因为那里最能反映出上海城市生活。在这个空间中有时刻演绎着上海生活的一幕幕沪剧，每个人都在扮演自己。

（朱莉莎 张建华）

心理体验

论商业街景观与商业氛围一致性的运用

随着休闲时代的到来，人民日益增长的物质文化的积累使生活变得越来越多元、快捷、绿色。传统的人与人面对面的商品交换的商业形式势必会受到现代高速快捷的网络商业形式的冲击。尤其是2012年双11全天，淘宝天猫平台交易金额已经达到191亿元人民币，其中天猫132亿元的交易成绩与2011年天猫双11交易总额33.6亿元人民币相比，增长率高达292.9%。

面对新兴网络购物的巨浪冲击，传统商店纷纷掀起了不断的促销活动和商业创新。时代在进步，商业也要发展。展望未来，商业发展将向服务性商业业态发展，更加注重人性化、交流性、售后服务和体验性发展，即将展开一幅新的商业氛围。

1 商业街景观现状和存在问题分析

所谓商业街，就是指由众多店铺组成，平面按照街的形式布置的商业房产形式，是城市商业的缩影和精华。商业街往往是人群集中地，通过两边的商铺和街道围合形成线性空间，是传统文化景观和现代商业气氛的结合，对游客和市民都很有吸引力。它不仅是市民体验性购物的场所，也是外来游客感受当地文化、体验风味小吃和购买旅游纪念品的绝佳场所。

提起商业街，总能想到琳琅满目的商品、璀璨夺目的霓虹灯、精致高雅的装潢和熙熙攘攘的人流。商业街是一个城市的重要组成部分，大的商业街甚至是一个城市的中心。它不仅提供人们的衣食住行，还承载着一个城市发展的重要动脉，是市场作用下的一根重要的杠杆。纵观传统商店发展历程，由单纯的物物交换到货币的出现和固定交换场地的商品交换，直到现在，商店已经不仅仅只是一个商品交换的简单空间，而是已经发展成为一个充满各种灯光、色彩、音乐、绿植等商业景观的“商品展览”和交友、娱乐中心。特别是随着装修行业的日益发展，商店装修越来越趋向亲切、居家、精致。城市商业街景观已经构成了商业街氛围的一部分，并对其发展起到了重要的推动作用。

在我国，商业街景观发展还不完善，大多数发展中的城市盲目抄袭优秀商业街的样式，而忽略了自身定位和其固有特点，从而缺乏变化，丧失了自己的个性。我们只有对商业街进行准确的定位和因地制宜地进行规划和设计，才能真正营造出有自己特色的商业氛围，以提升商业街的价值。一个成功的商业街景观不仅能营造良好的商业氛围，还能提升区位优势，改善城市形象。

2 商业街景观与商业氛围的一致性

2.1 绿色植物与商业氛围的一致性

室内观赏植物是指在室内专门培养来供观赏的植物，一般都有美丽的花、奇特的叶或者是形态非常奇特，一般都有美化环境、改善环境和调节人体健康的功能。在商业空间栽植一定的绿色植物是很有必要的，它对商业氛围主要是起到了调节和提升作用。

1）拉近距离，温暖氛围

人类虽然生活于社会之中，却是来自大自然，内心深处对绿色植物有着一分水乳交融的感情，割舍不掉。不仅是在我们生活的城市里的各个角落——道路、庭院、室内……我们都希望遍布生意盎然的绿色。有了绿色，我们会感觉我们很放松，会觉得很亲切。在商场上这块没有硝烟的"战场"上，适当的绿色点缀能让我们一下子拉近了空间距离，舒缓陌生环境的氛围，令人豁然开朗。在商业空间点缀绿植，还能缓和商业氛围，营造舒适温暖的气氛。

2）改善空气，清新氛围

绿色植物能改善空气质量。在商场这个人群和商品稠密的地方，空气不流通，很容易影响环境质量。绿色植物不仅能吸收异味还能清新视野，令人从视觉上和精神上都得到充分的"呼吸"。

3）衬托商品，协调氛围

绿色植物还能对商店物品起到衬托作用。不管一个商店是卖什么的，适当的绿色植物，能提升空间档次，彰显出生态环保、人性化和干净亲切的商业氛围。

2.2 商业街景观与商业空间的人性化氛围的一致性

商业街景观不仅包含绿色植物，还有阳光、喷泉、雕塑、地面铺装、灯光、店面装饰、陈列商品等，还穿插表演、商贸活动、游戏活动和展览等，使之成为供人类休息、闲逛、玩耍、购物、交友等有活力的公共空间。既然是公共空间，人们的休憩、愉悦度则是评判一个商业街的重要标准。

人的社会属性受心灵支配，而心灵则是一种思想意识。思想意识在现代管理中起着决定性的作用。从生理层面看来，"人类总是要求拥有快乐而不是痛苦"，"人类总是要求得到尊重而不是贬抑"，"人类总是希望有长久目标而不是虚度一生"。这些让技术和人的关系协调的关系就是指人性化。

在商业街里面，要想得到消费者的心，让消费者愿意为这些商品买单，就必须投其所好，掌握消费者心理，从营造外部空间的感染力到店员与客户之间的人与人之间的亲和力两个氛围，充分体现人性化的理念。

具体来说，在商业街禁止汽车通行、在街内摆放休息椅、布置公共设施标识牌等公共设施。商业街内不仅只是来消费的，还是来享受的。兴建绿化小品、雕塑、背景音乐等，使其更具有人性化，这样才能招揽更多"回头客"。如位于美罗城B1楼的五番街，是一个位于上海市市中心的"日式地下城"。它主要以经营日式美食、快餐、饰品、家居、服饰、美妆、游艺等为主。它延续了日本五番街"精致生活"的概念，充分利用空间资源，装饰出一个精致、时尚、休闲、人性化的空间。

五番街的商店品类安排集中，视觉感官上十分舒适。为了营造一种"公共客厅"的感觉，让客人感觉宾至如归的效果（见图1），各商店与中心休闲广场之间的连接没有硬质装饰分割，而是以铺装的形式来作为区分。走进五番街，会让人感觉走进了"宜家"，家居的精美吊灯，细致的橱柜，引人遐思的飘着粉色轻幔的门……在中心"休闲广场"，布置了很多可供游客休憩的沙发和桌子，以供游客逛街累了可以休息，这同样沿袭了旁边小店相同风格的精致与小资，将人性化的氛围演绎到了极致（见图2）。

图1　五番街——让客人有宾至如归的感觉

图2　五番街的“休闲广场”

只有做到想顾客之所想，服务顾客之所需要，才能做到真正的人性化。人性化体现在很多细节上，在点点滴滴中感化着消费者，让消费者愿意来这里，爱上这里。一个有人性化思维的景观设计师，首先应该是一个细致的人，应该是一个生活中的有心人。从适合人群、色彩、风格等大方向，到停车车位数、商场展览区域的位置和形状、店铺之间的搭配协调、休闲公共设施的设置位置和具体样式等小定位，甚至铺装之间的协调、景观小品的布置和植物配置等细节上的处理，都关系到是否能打动客户的心。有时候，感动只是一个细节。

2.3　商业街景观与商业空间的体验性氛围的一致性

随着消费者物质生活水平的不断提高和经济环境的变化，消费者的需求也在不断地变化。具体表现在人们更加关注自己的生活质量和在心理上和精神上的满足，越来越追求那些个性化、能彰显自己与众不同的产品和服务。

体验性的经营模式指的是企业根据消费者感情需求的特点，以有形产品为载体，以服务为平台，以客户为中心，以情感为纽带，以向顾客提供有价值、有意义的体验为主旨，通过充分响应顾客个性化的诉求，使顾客在心理和情感上获得美好而深刻的体验而展开的一种企业与顾客之间互动的新型营销模式。在很多商场里面，都会有很多会展和促销活动，邀请消费者一起参加活动、在商店里增加很多试用品、增设促销员和“小蜜蜂”等方式都是当代商场增加体验性的重要表现。增加顾客对产品的体验性，能增强顾客对产品的认识，更能从主观上夺得顾客对产品的青睐。

体验性体现得最淋漓尽致的莫过于宜家。宜家源于瑞典，其产品风格“简约、清新、自然、精美、实用、耐用”，秉承北欧风格，完美再现了大自然，充满了阳光和清新气息，同时又朴实无华。走进宜家，就像走到了自己梦想中的家一样（见图3）。虽然同样是卖家居用品的，但是宜家就将所有家居用品布置成一个个真正的温馨空间，顾客走进去，能深入体验这些家具，从而激发出对商品的购买欲。几乎每个进入宜家的人，都被这些温馨的画面和感觉所打动了。

在景观设计中，只有做到充分调动游客的主观能动性，增加参与度与体验性，才能最大化地体现该设计的价值。

1）视觉上的体验对商业氛围的作用

眼中看到的不应该仅仅只是景物的表象，还应该能透过表象看到某些内在的东西，看到设计师或者商店主人的性格及情感。一个普通的商业街，顾客看到的也仅仅是冰冷的建筑，这样的地方时留不住客人的。而一个成功的商业街，应该是让人感动的，让人能浮想联翩的。

五番街虽然不大，但是每一个店铺的设计都能让人眼前一亮，觉得特别温馨美好，就像朋友家一样，想进去坐坐。徜徉其中，让我们能感觉到家的温暖，同时能感受到主人应该是一个怎样精致温婉的人啊？就像日本的女人，精致小资，温柔可人。

2）交流性体验对商业氛围的作用

交流是人与人之间、人与空间之间最直接的认知方式。商业街是一个人群集聚地，也是一个交流密集地。商业街里面的每一个店铺固然是主体，但是公共空间即“休闲广场”也是不可忽视的重要因素。休闲广场是游客休憩以及商家宣传、展览、促销的好地方，也是游客最多的地方，这里能最好、最有效地与游客交流。

3）体验绿色生活对商业氛围的作用

绿色生活，即自然、安全、健康、环保的生活。创造绿色生活是当今时代的主题。将绿色生活的理念引入商业街中，不仅能引导消费者正确的消费，还能给人类带来更加健康舒适的生活。创建绿色生活首先应该在商业空间多种植植物，这样不仅能美化环境，还能降低噪声和净化空气；其次，选择健康环保的商品出售，将绿色理念带进千家万户；最后，加大对环保意识的宣传，用环保材料装修。而绿色植物的多样化种植也是一个十分重要的研究课题。五番街的墙面垂直绿色植物种植就是一个很好的典范（见图4）。

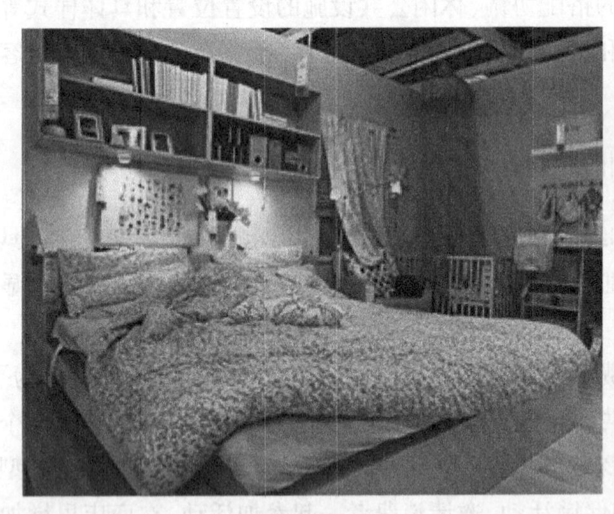

图3 宜家

图4 五番街垂直绿化

2.4 商业街景观与商业空间的休闲性氛围的一致性

休闲是指在非劳动及非工作时间内以各种“玩”的方式求得身心的调节与放松，达到生命健康、体能恢复、身心愉悦的目的的一种业余生活。当今社会，旅游度假区每逢节假日必定爆满、奢侈品弥漫大街小巷、电子商务越来越发达……总之，休闲时代到来了。在这个历史潮流下，逛街将被赋予新的意义。一方面，随着生活水平的提高，人们可活动使用的金钱开始增多；一方面现代社会压力大，人们的精神长期处于紧绷的状态，却没有足够的时间和精力到景色优美的旅游景区旅游。于是，很多人将逛街和购物看作是一种发泄。

在休闲时代的潮流中，传统商业要想超过便捷多样的网络商店，必须要打造属于现实空间才有的休闲时尚生活。中国古人对休闲内容很是讲究，并赋予很浓厚的文化内涵，形成了独具一格的文化。如收藏字画，篆刻临帖，弈棋鼓琴，栽花养鱼等均列为一种休闲生活的方式。而现代社会，人们的娱乐活动更加多姿多彩，旅游、美食、上网……对于商业街的景观设计来说，应该按照商业街所具体针对的人群，采取不同的规划方案。从整体性、可达性、体验性、艺术性、私密性等方向全方面考虑，做到统筹兼顾、步步为营。

像五番街，五番街所营造的就是一个"精致生活"的小资情调休闲方式。里面有很多甜品店，深得喜爱吃甜品的女生的喜欢。甜品再加上精致小资的装修和轻松淡雅的灯光，真是一个惬意的休闲场所。

3 总结

随着社会的不断进步，商业空间也发生了很多的改变，然而，还是有很多问题需要改进。对于商场里面的商业街，我们可以尝试"主体性"改造，更加集中品种、明确主题；其次，商业空间绿化面积有待提高，在盲目盈利的同时缺乏对环境和空气质量的关注，可以尝试垂直方向上的绿色植物种植；最后，商业空间休闲性、体验性、艺术性、环保性等方面均有待提高。相信在不久的将来，我们的商业空间一定会发展的欣欣向荣，呈现出一种充满博爱的氛围。

（袁正婷　张建华）

打造商业街居家氛围的策略

——以五番街为例

"居家"从字面可以解释为"居住在家里"。在《辞海》中对"居家"的解释为"住在家里"。两者都表示一种处于家人共同生活空间的状态。"氛围"一词解释为"笼罩着某个特定场合的特殊气氛或情调"。由此可见，居家氛围指的是在特定空间给人的一种居住在家里的气氛。

商业街的居家氛围是商业街在发展过程中形成的有个性、有特点的特有气息，它体现了商业街所拥有的经营哲学，审美文化，服务特性以及思维模式。一条商业街产生了居家氛围往往也表示了这条商业街已经产生了灵魂，它已经从物质竞争升华到了精神文化的碰撞，其功能性已经从购物的单一性转变为购物、娱乐、休闲等多元化的形式。

从客观上来讲，商业街的居家氛围包括了商业街的硬质铺装，植物美化，灯光渲染以及装饰风格等多方面物质形态的布置；从主观上来讲，商业街的居家氛围则包括了商业街的服务形式，销售理念，文化环境等方面的打造。由此可见，商业街居家氛围的营造也应该由这几个方面来进行研究。

1 五番街居家氛围现状分析

上海五番街作为一条以日本进口商品为主的现代商业街，它所占据的地下面积约5 000平方米，虽然没有过多的家喻户晓的品牌店，但却以精致、温馨、新颖吸引了许多的游客。目前来说，五番街的居家氛围打造有着许多可圈可点的地方。温馨的商业街可以给游客带来好心情，五番街两侧以日系品牌店如无印良品、蜜桃派、贝儿多爸爸泡芙等小型餐饮、服饰店构成了商铺群体，给人以亲切熟悉的感

图1 上海五番街某店铺玻璃外景

觉。地面实行家具简洁铺装；围绕在木质小型花坛四周的座椅可供游人休息、观赏街景；餐饮店铺内对厨房进行细心打造；音乐、盆栽、灯光为消费者创造了唯美的家居氛围。多彩的商铺环境对消费者形成了独特的吸引力，暖色为主格调的店面装饰、商铺内外以透明玻璃布局（见图1），展示了商业街格调的一致与统一；浓浓的居家氛围，贯通整条商业街，让身居其中的游人舍不得离去。

虽然上海五番街成功地打造出了一条让人感受居家氛围浓厚的商业街，但它也同样存在一些不足之处，商业街的成功不止体现于它的景观塑造，同样应该体现在它的精神文化之上。商业街居家氛围的打造应该融入每一个在其中服务的经营者手中。一个家，无论是它的家具，还是它的装饰做得再好，最主要的是主人身居其中所感受到的家的温暖。而上海五番街还没有完全掌握到这种灵魂，这种可以进入到人内心深处的精神。现在的五番街，在人们每一次提到它时，第一反应都还只是一条拥有许多精美小吃、装饰精致温馨、格调居家的日系商业街，还不能形成“自己家”的独特氛围；虽然居家，但让人的感觉更像是别人家，而不是自己家。

2 商业街居家氛围打造对策

1）硬质景观

商业街居家氛围的硬质景观的打造包括了建筑、铺装、空间等方面。以上海美罗城地下商业街五番街为例，从消费者出发可以看到，街宽与店铺之间的距离不宜过长，过远的行走空间会使消费者产生疲劳感，居家氛围则强调一种放松、舒适、温馨的感觉，人性化的建筑设计可以在视觉、尺度上给予消费者一种亲切、随意的自由；小空间能产生私密感，而居家氛围的打造同样也离不开对小空间尺度的把握与设计。

商业街是以步行为主要交通的，在进行商业街居家氛围打造的过程中，应该给予路面铺装相当大的重视。居家氛围的商业街铺装，不同于南京路步行街庄重大气的大理石铺装，不同于江南古镇小巷个性化的青石板铺装，更不同于西方或极简或奢华的现代铺装。它更偏向于具有人情味和魅力特色，由于商业街人流密度大，不易发现高差变化，应尽量避免很大的高差，在不得已时可以采用明显的色彩、材质变化；同时应考虑防水防滑的处理，质面粗糙，透水性好，耐污染能力强，易于清扫与施工的材料都是较好的选择。在进行居家氛围的打造时，铺装的尺度要亲切、和谐、温馨，使这种氛围充满这个空间的每一个角落，而这种氛围也会在不经意间渗透到人们的心里，虽然不是十分的直观，但却潜移默化，不可忽视。

2）软质景观

在居家氛围的打造中，软质景观占有非常重要的地位。一方面，在一个人群密集的集散地绿化应占有很大的一块比例；另一方面，它们不仅具有一定的观赏性，而且还具有帮助人体保持健康的生态功能。绿色植物可以净化空气，吸收空气中的有毒气体，并呼出氧气；可以隔离和减少噪声；可以调节气温，改善商业街环境的小气候等。由此看来，商业街软质景观的塑造质量，直接影响商业街居家氛围的统一性及消费者对商业街居家氛围的认同感，在商业街居家氛围的打造时应特别重视。商业街居家氛围的软质景观打造又不同于居住区软质景观的设计。它没有大批量大色块的高大乔木，更偏向于

图2　上海五番街拉面玩家内盆栽摆设

小巧精致的盆栽摆设，在这一点上，上海五番街体现的比较有特色（见图2）。

在用软质植物打造居家氛围时，要体现“以人为本”的原则。植物景观的建设，是为消费者创造一个舒适、亲切、温馨的聚集地。作为商业街的主体，人对商业街环境氛围有着物质方面和精神方面的双要求。具体有生理的、安全的、交往的、休闲的和审美的要求。软质景观设计首先要了解消费者的大众审美标准，在此基础上进行进一步的设计。在设计过程中，要注重对人的尊重和理解，强调并突出对人的关怀。软质景观对居家氛围的打造同样可以体现在对植物种类、色彩、气味等的选择里，这些可以使消费者在消费、休闲、活动、赏景时更加舒适、温馨，并创造一个更加健康生态、更具亲和力的商业街居家环境。

软质景观对居家氛围的打造可以以植物造景为主，形成层次丰富，点、线、面相结合的绿色景观系统。商业街的环境绿化是商业街环境形象的外在表现，具有非常现实的物质和精神功能。不仅能起到遮阳、隔声、防风沙、杀菌防病、净化空气、改善小气候等诸多功能，而且能美化环境、增强消费者的认同感和归属意识。点，指的是商业街最具特点的绿色景观节点，是消费者在商业街的集散地，它往往代表着整条商业街的心脏部分；线，指商业街中的道路景观绿化、商业街中间或两侧的景观带；面，指商业街两侧的绿色植物景观墙或在面积允许条件下布置的景观绿地（见图3）。

商业街软质景观是商业街居家氛围的重要组成部分，也是消费者休憩时接触最密切的装饰。商业街软质景观设计，要提高自然生态意识，提高商业街的生态环境质量，使人与自然和谐共处。同时，还要满足消费者各种休闲的需求，为消费者创造多种游玩的绿色空间，便于游人的活动、休闲。更要突

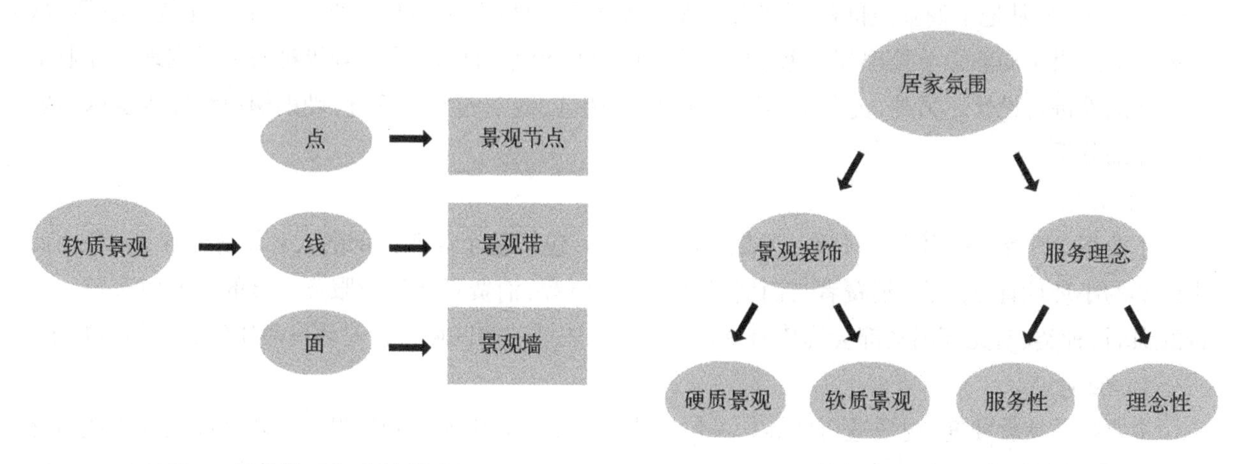

图3　软质景观打造模式图

图4　居家氛围的打造要素模式图

出居家氛围的特征，使消费者在商业街环境内就能感受到浓厚的家的温暖，满足居民生理和心理上对商业街居家环境的需求。

3）服务理念

商业街在打造居家氛围时，同样需要体现"以人为本"的原则，从经营的源点上让消费者感受到温馨、居家、亲切。在经营服务上，要真正做到"宾至如归"，把居家氛围不仅融入消费者心中，更深入每一个经营者的内心，让消费者与商家像家人般的交流与互动，才能真正地体现出居家氛围的内涵。

理念，顾名思义就是指商业街经营管理的观念，同时也可以理解为是一种指导思想。对商业街而言，它包括商业街文化、商业街精神、商业街道德等。把一条商业街的氛围打造出家的温暖，必须把家的理念贯彻到商业街的每一个角落、每一个员工（见图4）。

商业街居家氛围的打造是一个复杂的过程，在这一过程中，只有从人的角度出发才能真正做到温馨、亲切、舒适，对商业街的每一个部分都进行面面俱到的设计与打造，才能最大化地提升商业街的居家氛围。

（沈晓天　张建华）

地下商业空间的感官创意

——以上海徐家汇美罗城五番街为例

五感（即视觉、听觉、触觉、嗅觉、味觉）除帮助消费者通过眼、耳、手、鼻、口五个身体器官体验全程消费过程和决定选购最为中意产品的作用外，还在商家与消费者双方之间担当了媒介的角色。在当今经济飞速发展的社会氛围下，消费者拥有更高的消费能力，更注重整个消费过程中的体验感受。因此，商家必须考虑营造更为人性化的消费氛围，提高商品销售份额。而五感环境的营造可达到此一目的。

1 地下商业空间五感的概念

1）视觉

主要指地下商业空间内色彩与光影的配合、线条与肌理的配合、色彩与线条的配合等。其中，色彩运用较多，如从地下商业空间的顶部天花板至底部铺装地面、从商店外部墙面至内部装饰小品、从整体空间效果至局部细节处理等。色彩的纯度、明暗度、色系、面积、冷暖调等都需要根据地下商业空间的功能性进行设计。另外，光影的角度选择、明暗调试、线条的弯曲笔直、硬朗蜿蜒程度等也都需要进行详细分析。

2）听觉

主要指"消费者—声音—环境"三者之间的关系。包括整个商业内部的大环境背景声音、各个商店内部的小环境背影声音、消费者与消费者之间交流声音、消费者与消费服务人员的沟通声音等。声音的强弱、种类、有无等因素都会代替消费者在视觉无法抵达的区域进行对环境品质优劣的初步判定。

3）触觉

主要指质地软硬度、材质透析度等。可包括地下商场空间中所有硬件设施和软件商品的质地与材质，其中硬件设施指商店内外装修材料、商店内部布置小品、地下商业空间公共设施等。软件商品指商店所售商品的制作素材等，主要表现为商品的面料等；触觉还可包括直接接触与间接接触，其中直接接触指亲手触摸质地与材质，间接接触指不通过身体接触，而是通过该物体的色泽反射度、形状构造、材质透明度等进行对材质质地软硬的判断。

4）嗅觉

主要指地下商业空间内的空气质量、气味类型、气味浓淡度等。刺激嗅觉的因素是气味，地下商业空间内部空气的新鲜度、各商店内部的气味类型（如食品的甜味、鲜花的香味、水果的果味、咖啡的苦味等）和商场内部气味的浓淡（如浑浊的空气、幽香的檀香、浓厚的香薰等）是商场刺激消费不可或缺的一种“催化剂”。

5）味觉

主要特指地下商业空间中的饮食方面。除了直接品尝食物获得味觉体验外，包装的精致粗劣、文字隐含的寓意、食物的颜色样貌等都会对消费者回馈条件反射式的味觉体验，其原理就像人们一看见梅子人体会自动分泌口水，从而得出酸味的结论一样。

2　地下商业空间五感存在问题及五番街的解决对策

商业空间大体是指人、物、空间三者之间构成的一个用于商业消费活动的场所。地下商业空间的特殊性体现在区别于室外或地面上层商业空间，它对视、听、触、嗅、味五感要求更为严格，其设计难度大幅度增加。位于上海徐家汇美罗城B1楼的五番街作为地下商业空间中的一案例，以其独特的五感设计理念解决了地下商业空间中的部分明显问题。具体分析如下：

1）视觉

问题1：地下商业空间位于地面下表层，因其特殊地理位置，外界自然光源无法直接透入商场内部，必须配备人工外加照明设施。照明设施的数量位置直接影响光影的强弱角度，对商业空间的视觉设计提出更精确要求。

对策：位于地下一层的五番街尽头与地铁1、9号线9号出口直接相连，入口与美罗城地上建筑主入口相连。区别于其他商业空间地下部分与地面部分用钢筋水泥全部阻隔的现象，五番街的空间围合度适当，空间顶部采用中央镂空模式，可直接观摩地上部分楼层的景观，最重要的是使外界自然光源及其他楼层灯光直接透入地下一层，减少外加照明设施（见图1、图2）。

问题2：地下商业空间面积有限，在较小的空间内由于各商店的营运种类不同，色彩运用大多呈现复杂、凌乱状态，且整体色彩没有统一性、区域性。甚至有些地下商业空间还存在照明灯光色彩选择错误、商店内部选择颜色不符合商店定位等问题。

图1　五番街仰视图

图2　地上商场楼层俯视图

对策：五番街针对各家商店的风格定位，分别将每一区域店铺的颜色进行整体化规划。如田园风格的商店总体采用简洁灰白色系，美食甜品区域采用鲜艳的糖果色系，现代化风格的商店采用代表时尚前卫的咖啡色、银色、黑色色系等；针对色彩特殊性，采用色彩正确选择、色泽明暗对比、色块大小处理对消费者进行消费心理暗示。如美食甜品区域用鲜亮的橙色、黄色、红色激发消费者食欲，现代化商店采用带有反光效果的装饰物突显商店风格，田园风格商店采用“白色＋绿色”植物背景墙展现自然气息等。

2）听觉

问题：目前地下商业空间听觉方面出现一种极端情况，即消费空间氛围喧嚣吵闹、背景音乐嘈杂无序，在加之地下商业空间的密封有限性，声音高度集中形成一定程度的噪声污染，给消费者带来听觉负担。

对策：五番街商店内部大都无各自单独背景音乐，整个地下商业街总体上只有美罗城大商场氛围下的舒缓背景音乐，个别餐饮店内有音乐且种类选择多为缓慢的轻音乐、音乐音量也适中，在店外根本听不见店内小背景音乐。消费者与消费者、消费者与服务人员沟通融洽，无大声议价情况。

3）触觉

问题：大多数地下商业空间选用硬件设施材质统一无变化，如承重圆柱大体表现为大理石表面、地面铺装材料选择大理石等；软件商品质地传统无新意，如以“花”为素材的商品表现不是鲜花就是塑料假花、以“手工艺品”为主题的商品表现不是铁质就是塑料材质等。

对策：五番街在硬件设施上采用多材质选择，如承重柱的表现以真实石块代替大理石，并且为了防止克隆化，有些承重柱的外层被人为增加了一面透明塑料屏障（见图3）；又如各家商店内的椅子或公共休息座椅采用不同材质和不用模式展现，有木质休息长椅、铁质单个椅子、皮质沙发、塑料吧台椅等。在软件商品上也选用了创新材质运用新颖的手法展现商品的奇异化，如“365绚丽”家具装饰花店内的花经过特殊处理将鲜花保持原有色彩做出了以假乱真的干花（见图4），不单有很好的视觉效果，触觉感受也很逼真。

4）嗅觉

问题：部分商家为了获取更高利润，在有限的商业空间内尽量多地增加商店数目，忽略了商店与商店二者之间的气味过度。以饮食店为例，部分地下商业空间在原有空气不易流通的情况下，将饮料、

图3 塑料透明承重柱

图4 奇异化干花

烧烤、甜品、火锅等不同食品类型的商店聚集在一起，各种特殊气味的香味掺杂在一起，给消费者一种混乱的嗅觉体验。

对策：不用于见缝插针式的商店安排，五番街有专门的美食区域，且美食定位是日式小吃、甜品，在美食区域消费者仿佛进入一个甜品的世界，在这里没有浓烈的烧烤味、辛辣的火锅味，只有浓郁的小麦香、奶油香、咖啡香等一切与甜品有关的甜味。并且美食区域的相邻商店是一些家居装饰店、香薰店、干花店，其甘甜的柔和香味与面包蛋糕的甜味相处融洽，互不排斥。

5）味觉

问题：大部分商业空间内的餐饮种类一致无变化，食品的营养价值与价格呈正比。到处常见的美食品牌在地下商业空间的设置无特殊性，消费者的口味趋于习惯化。

对策：五番街作为一条以日本进口商品为主的日式商业街，其新引进了日式美食小吃铺，如Razzle Berry、花丸乌冬面、七叶和茶、神户六甲牧场、都恩客等。对于消费者而言，在中国市场第一次尝试新的美食种类，可以体验足不出境就能尝遍日式小吃的乐趣。另外冰激凌、蛋糕、奶昔及各类小吃甜品均采用日式传统制作工艺和引进原装食材，在遵循“零脂肪”、“纯手工”的主旨基础上，各类饮品都是低卡路里的健康食品。其可爱精致的摆盘造型、鲜艳诱人的颜色也能激发消费者的品尝欲望。

3　地下商业空间五感设计原则

1）视觉、味觉呼应化

在美食区域商店外部及内部装修上，其色彩选择与所售商品要一致。如橙色、黄色等暖色调的缤纷糖果色意味着香甜，加之灯光光影的映射将食物的外轮廓柔和化，使之更具吸引力；色彩的明暗程度（可通过内置灯光调节）直接影响着味觉的强弱特征。如五番街的七叶和茶外部装饰运用黄色背景灯光进行造型上的创新，其装饰墙上精致的花纹图案与内部精致的美食相呼应。

2）视觉、触觉协调化

雪白的天花板是大部分地下商业空间的顶部构造，而五番街中央大面积镂空减少了空间上的压抑感，其商店顶部与地上一楼的商店底部连接面的形状构造与材质体现达到相互协调的效果。部分天花板选用有渗透效果的透光材质（见图5），并且在该材质上印有蓝色花纹云朵图案，在白色灯光的映衬下给消费者一种天空的象征感，增加了空间上的扩充感；天花板边缘的线条大多是直线形式，但也有一些特殊的曲线、弧线线条打破沉闷的规则形状，在触觉上给人一种软化的错觉（见图6）。

3）视觉、听觉融合化

人在倾听声音时对在场环境有视觉感知作用。听觉在特定时间可以代替消费者在视觉无法触及

图5　透明式材质+灯光处理的天花板

图6　天花板曲线、弧线边缘

到的区域预先做出一个初步判断。消费者可以通过商店内部的背景音乐或服务人员的用语声调等对该商店的品位档次做出初步的认定，如舒缓轻音乐和店员的礼貌用语可以判定商店处于较高水平，嘈杂重金属音乐和店员傲慢用语可以判定商店处于较低端水平。或者在某一特定角度消费者会存在暂时性视觉死角，此时需要视觉与听觉的融合。如五番街整体无喧闹声音，此处"无声胜有声"的听觉语言意在强调听觉与视觉一样可起到预见消费氛围的作用。

4）味觉、嗅觉一致化

味觉分酸甜苦辣咸，嗅觉可以通过鼻子对气味进行判别，嗅觉是一种远感，即他是通过长距离感受化学刺激的感觉，相比之下，味觉是一种近感。嗅觉和味觉会整合并互相作用，从而对一个食品进行深层次的解析。五番街将小吃甜品集中在美食区域，将相近的甜味聚集在一个小面积范围内，达到以少聚多的效果，且香甜的气味与甜品的美味相一致，更加增加美食诱人度。

4 结束语

目前，我国地下商业空间在五感设计的理论实践仅侧重于视觉，对其他四种感觉研究甚少、较浅显，再加上地下商业空间的特殊封闭性、空间受限性、空气通风性等诸多限制因素，五感在地下商业空间的应用并不全面，且种类形式单一，我国对于该空间五感设计的理论尚处于起步阶段，并没有形成成熟的实践体系。上海徐家汇美罗城B1五番街的案例应该成为国内乃至全球地下商业空间的风向标。将五感结合应用到商业空间的布置装修上、商品安放陈列上，让消费者享受消费过程的同时，给商家带来可观的经济效益，达到双方互利的目的。可以说，地下商业空间的五感创新使用化是未来地下商业空间发展的必经之路。

（侯彬洁　张建华）

商业空间中水景对人心理与行为的影响

水景景观，因其体量庞大、形式华美、群众参与度高，往往一出现就是视线的焦点。具有高度识别性的水景景观，是商业景观设计中的一个重要组成部分，能作为商业空间的标示之一，代表该商业空间的品位。优秀水景设计不仅可以美化商场环境、使人们得到美的享受，更能让繁忙于商业活动中精神紧张、身体疲惫的人们放松身心、暂时得远离尘嚣，投入与自然的交流中。尤其是商业空间作为城市公共空间，更是让水景承担了促进人际交往、树立商业空间形象、乃致体现城市风貌的重要职能。如图1所示，壮丽的喷水景观既活跃了商业街的气氛又有助于丰富商业街的视觉景象。结合心理学研究方法探究商业空间水景设计，是通过总结分析商业空间中人群对水景的心理和行为反映的规律、预估今后人们在设计场景中可能产生的心理及行为的有效途径，并且可以据此优化设计方案、完善设计

图1　华南最大水景购物中心——南海保利水城

功用，以创造更加人性化的商业活动环境，带动一系列社会效益、经济效益、环境效益等。

1　心理学内部对于环境对人心理与行为影响的探讨和相关理论

心理学作为一门系统科学，有着扎实的理论基础和严谨的实验方法，用心理学的方法探索商业空间中人在水景场景中所产生的心理与行为，需要建立在行为主义、格式塔学派、拓扑心理学之“场”理论、透镜模型及环境心理学的理论基础上：

行为主义：强调环境的客观性，主张行为由环境引起，认为环境的改变与人的行为的变化存在规律性关系，并结合心物法构建了行为规律的函数公式。

拓扑心理学之“心理场”：认为人的心理现象具有空间属性，人的心理活动是在由个人需要及个人需要与心理环境相互作用的关系所构成的“心理场”中发生的，即，人的行为是行为主体和环境双重作用的结果。

环境心理学：主要研究行为与人造和自然环境之间相互关系，强调主体与环境作用的相互性。重要的相关理论包括：唤醒理论、刺激负荷理论、行为局限理论、适应水平理论、环境应急理论及生态理论。

透镜模型：是一种知觉模型，用来描述人在构建环境知觉时要经历几个阶段，包括整合、重组、调整感觉输入，影响着后继行为的反馈。

格式塔学派：讲究环境知觉的整体性——只要能符合一定的组织原则，人就会对环境产生整体的认识，整体认知的程度大于局部之和。这些原则包括：图形-背景、接近性、相似性、良好完形、闭合性等，是景观规划中知觉设计的重要的参考。

2　水景对人心理与行为的主要影响

1）水景对人心理的主要影响

水景对人心理的主要影响有：满足人的亲水心理、带来精神上的愉悦以及满足人的交往需求等。

人的亲水天性源于人类进化过程中对自然宇宙的长期思考，早已深入骨髓，演化为一种集体无意识，使得人类代代繁衍的子嗣都与生具备这种向往，体现在对接触水的渴望与自然亲近的本能。在人工构建的商业空间中，自然水景的出现有时甚至不需借助哗众取宠的形式，便能引发人们的喜爱，即使只是一个在室内简单陈设的鱼缸，也能吸引到孩子们充满好奇的手指比画，来往者饶有趣味的一瞥，这就是人的亲水天性使之。优秀的水景设计更应该利用这一特点、迎合人的亲水心理，如在商业中庭中建设人工水池，搭建亲水平台，周边用小树稀疏的半围合，搭建一方小天地，让人一旦进入其中扑面而来水与风、植物、泥土的自然的纯净气息，顿感心情舒畅，仿佛抛开了尘嚣琐事、身体得以放松，心灵得以净化，回归到生命最原始的状态，感悟本质。如图2所示，人们围绕水池惬意而坐，水景促进了人与人之间的交往。

图2　博雅新城商业街水景

视觉的冲击可能只能停留于表层，心灵的触动却是让设计作品被人津津乐道难以忘怀的真正原因，商业水景设计要能打动人，还必须能给人带来精神的愉悦。在商业空间中划出一方水景景区，不用做商业目的、只是考虑到在人们进行商业活动过程中疲倦的时候，提供一份可随意休息、娱乐、休闲的便利，调整身心。如此的构建初衷正是出于对人性的关怀。

水景景观还有一个重要的衍生功能，即作为交流的平台，促进人与人之间的交往。人的社会属性决定了个人有与其他人交际互动的需求，而以水景为中心的留白区域，可为人们提供了可用作交流活动的场所。尤其是一些可供人们进入、参与的水景景观，如广场音乐喷泉，是商业空间中重要的游戏、互动、交友的场所，尤其结合了许多活动项目，人们可以在其中游戏、散步、观看表演，在如此氛围下人们的身心得以放松，交际也变得轻松友好。

2）水景对人行为的主要影响

水景对人的行为的影响可分为直接影响和间接影响。

水景对人的影响直接是指水景景观环境能引导人的行为，能让周边区域的人群聚集到以水为中心的景观区域进行休憩、娱乐、观赏等各类活动。不同类型的水景会吸引不同类型的人，喜静的人可能喜欢悠闲地坐在观鱼池边晒着冬日暖阳，休息、看书、观察来往的路人；而好动的人更愿意在景区进行活动；活泼的孩子们会欢快地绕着圆形水池追逐打闹、游戏；富有朝气的青年会边散着步边与友人谈笑。另一方面，形形色色的人即使共赏同一水景，也会产生丰富多样的行为。例如在亲水平台旁，一些人即使面对平静的池面，也能为欣赏水中的倒影驻足许久，而对于另外一些人，则更乐于直接参与到“水战”的队伍中，把手探进水池里感受一把池水的清凉……

水景对人行为的间接影响主要是指通过调节人的心理状态，转变人的态度，进而带来行为上的改变。商业空间如博物馆、展览馆，人在其中受水景间接影响产生的行为就是观赏到别致的水景后，一扫之前的视觉疲劳，继续恢复到游览的状态中。尤其是在步行街，商场中的水景，可供长时间步行疲倦的人稍事休整，以恢复继续购物的热情回归商场；而在宾馆、餐饮店、专卖店、美容美发店中的水景，则是通过提升空间格调品味，留给顾客美好的印象，进而引发再度消费。

3 心理学原理在商业空间水景设计中的运用

基于环境心理学，“心理场”原理和行为主义理论等心理学原理，能带给商业空间水景设计的重要启示是，在设计时应更多地考虑人的心理需求、注重人的体验，以此创造更加宜人的环境。以下就从重视人的心理感觉、符合人的知觉特征、迎合人的行为习惯三个角度浅谈心理学原理在商业空间水景设计中的运用。

1）重视人的心理感觉

感觉是对直接作用于感觉器官的客观事物个别属性的反映，分为由外部刺激引起的外部感觉及由机体内部刺激引起的内部感觉两类。前者包括视觉、听觉、嗅觉和触觉，后者包括动觉、热觉等。从感觉体验的角度出发做商业水景设计，使得商业水景投其所好，满足人群需求。

感觉设计在水景方面的应用，可细化为视觉设计、听觉设计、触觉设计、嗅觉设计、动觉设计和热觉设计。① 视觉设计的关键在于创造优美的景观视觉效果，可着重表现丰富的水的形态，或结合灯光带来的明暗和色彩上的变化，营造绚丽多变的景象；② 听觉设计可采用背景配乐、做音乐喷泉广场；③ 触觉设计关注的是材料的触感、抚摸时的质感等人能参与感受到的细节；④ 嗅觉设计或许无需多费心思，因为水景边洁净湿润的空气已经足够讨喜，只要再加以在周边配置植物，花的芬香，草木的清爽气息，混合着各种香气，定会令人心旷神怡；⑤ 动觉设计在水景设计中有很大的发挥空间，高差、流水的速度与节奏、水的波纹、流向的改变等等，都能极大地发挥出水多变的特性，给人以动态美的涤荡；⑥ 热觉设计的目的并不只是利用水的清凉降低周边温度，而挖掘出更多隐藏的作用。根据心理学家拜恩提出的人际吸引模型，过热的环境会给人带来不愉快的感觉，人际吸引力会降低。炎热的夏日，广场上开放的大型喷泉，室内展厅的景观水幕瀑布，深受人们的喜爱，它们不仅有助于凉爽局部小环境，更可达到愉悦人心、促进交往的附加效果。

2）符合人的知觉特征

符合人性的水景设计会巧妙利用人的知觉特性营造丰富的视觉艺术效果，以创造更有科学内涵的景观作品。心理学中格式塔学派理论强调环境知觉的整体性，知觉的概念比感觉宽泛，是通过结合过去的经验与感觉而形成的较为复杂的综合体。知觉的主要心理特性，如知觉的相对性、选择性、完整性、恒常性和组织性，设计图形知觉、深度知觉、运动知觉和错觉等，都可以运用于水景设计中。

比如视觉景观的创造可以巧妙利用人的错觉，利用有限的设计元素创造更为丰富多变的视觉效果。视觉感知既与视觉（视野、视角、视线）有关，也与物质本身的形状、大小、色彩、质感有关。因此，可以注重考虑视野的框定、视线的引导和物质材料的设计对景观效果的影响。在建设水景的时候不妨注意景边空间的留白，以畅通视野，广纳视线，同时留白的空间也可作为活动空间被充分利用；水景景观灯管的亮度、光影效果和光线的时间变化也是做设计时可运用的活力元素；水景与周边景物的结合也影响着人对水景及相关空间的视觉感受，在水岸边的添一份鸟语花香，就是为水景添一份魅力，水景区域附近也可增设精装修的店面，供应饮料食品以及趣味饰件纪念品，既给人带来服务与便利，也增加了经济收益。值得注意的是，影响因素间不同的组合也会给人以不同的知觉体验，但前提是要保证水景自身和谐及周边环境的和谐，景观设计无论放于怎样的环境下，“和谐”总是评价美的基本标准。

3）迎合人的行为习惯

环境心理学总结了人处于空间中的活动模式，分为个人活动，成组活动及群体活动三类。个人活动的特点是无目的性、短暂而随性，形式华美、视觉冲击力强的水景或许更能抓住他们的目光、驻足停留，另外，个人活动可能隐含寻求僻静处所的目的，为此设置一些较为隐秘幽暗的小水景也独具深意；成组活动，常见两三好友间的亲密交流，或者十人以下小团体的集体活动，他们需要的是沟通交流的环境，此时，水景旁的咖吧桌椅、观景平台上环形的长凳的设置，优秀的设计能满足人之所需，给人贴心周全的感受；至于群体活动，在平日里出现的频率虽低，但往往一出现便声势浩大，需要特殊的装饰来增添喜庆气氛，这要求水景设计可跟随节日时季及商业活动需要，灵活多变，不断翻新的形式也是长期吸引人多次前来的资本。

依据行为主义的理念，行为习惯是人的生物、社会和文化属性与特定植物和社会环境长期、持续、稳定交互作用的结果。设计应尽可能尊重人的自然行为习惯，以减少不必要的麻烦。常见的行为习惯有：“抄近路”，对水景设计的提示是：水景的选址不能阻碍人的正常通行，这有违基本的便民设计初衷；在商业空间中，与水景设计有关的常见的行为还有“习惯性依靠”，在没有坐具的情况下，水族箱、水景的柱体装饰可能就成了人们的依靠物，而人虽无心，但也可能会损害到水景设施，造成直接经济损失以及景观完整性的破坏，而把水池边缘当作临时座凳休息，不仅有碍市容观瞻，更存在着安全隐患，设计应更多地考虑人的习惯，避免此类行为的发生。在水景区增设座椅，或者把较为昂贵的水景设施建立在人不能轻易触及的高度，或选用耐用经济材料，力求把耗损降到最低。

还有一些比较有影响力的行为也应该在做水景设计的时候被考虑到：请不要低估“夏日盛荫”对人群行为的影响，暴露在烈日照耀下的光秃秃无遮掩的水景让人无法使用，应在水景边种植落叶乔木，夏日浓荫冬日暖阳是人之所需，体现人性关怀，也迎合人爱纳凉的行为；公共设施被盗这一社会行为现象也值得被思索，偷盗案高发地往往是一些鲜有人经过的死角，而水景设计本就不该置于人们经常能见到的位置，若位置已成定局，还能通过安装监控摄像头，改用经济材料造水景，以避免及减少失窃损失。当然最好的方法还是活跃水景周边人气,人就是最有力的监护者,四周的店面也能起到良好的监督作用。

4 结语

人在观景过程中产生的心理活动与行为反映,是景观设计的重要反馈,反映了该设计的合理化程度和使用情况。用心理学的方法探究商业空间水景对人产生的心理与行为的影响可为今后的设计总结经验,并将心理学理论巧妙地运用于设计中,依据以人为本的设计原则打造更加宜人的水景景观。

(陈丽昀　张建华)

体验式商业空间景观意境营造的比较研究

1 体验式与商业空间概念的结合

体验一般被看成服务的一部分,但实际上体验是一种经济商品,像服务、货物一样实实在在的产品,这也就决定了体验具有一般商品的属性。此外,于过去不同的是,商品、服务对消费者来说都是外在的,而体验是内在的,存在于个人心中,是个体在形体、情绪、知识上参与的所得。而所谓"体验式"就是把商业空间作为人们的第三生活环境,除了家庭和办公室,在这里还可以体验一种轻松的生活。餐饮、娱乐、休闲、购物全面满足目标顾客的需求。

体验式商业与一般传统商业的区别在于它的消费互动性强,他重在再生体验,重在情感消费,你可以购物,也可以去看电影,喝咖啡,包括在商场随意逛逛,这是一种全新的商场的消费模式,他并不以购物消费为专门目标。

根据国际购物中心委员会(ICSC)对体验式商业的定义,这一商业模式是:"位于密度较高的住宅区域,迎合本商圈中消费顾客对零售的需求及对休闲方式的追求,具有露天开放及良好环境的特征。主要有高端的全国性连锁专卖店,或以时装为主的百货主力店,多业态集合。以休闲为目的,包括餐饮、娱乐、书店、影院等设施,通过环境、建筑及装饰的风格营造出别致的休闲消费场所。"这是一种融文化、娱乐、休闲等为一体的互动式街区的商业模式。

2 景观意境的营造

景观是人们生活、栖息在其中的空间和物质环境;它更是人们以感性、知性去体验的对象,是人们情感的寄托之所,是人们的理想、希望、精神皈依的家园。为了实现后者,人们会去感觉景观,知觉景观,渗入情感、进行想象;还会品评,思考,交流,得到身心的满足。从传统的"人文园"到现代印景观设计,景观所体现的意境美只是设计师追求的目标。

1)意境的定义

周谷城先生说:"理想在现实生活中实现,就成为历史,在艺术作品中实现,就叫作意境。"意境是"境生象外,虚实相幸生,可以意会、不能言宣(言不尽意)"。园林学家孙晓翔先生也认为"意境,也就是理想美的境界"。国画大师李可染先生认为"意境就是景与情的结合,写景就是写情"。美字理论家杨辛、甘霖则认为"意境是客观(生活、景物)与主观(思想、感想)相熔铸的产物。意境是情与景、意与境的同意",总之,意境就是一种情境交融,神、形、情、理和谐统一的艺术境界。

从上述定义中不难看出：意境的产生，是虚与实、情与景的结合，不但要有实景还要有能使人产生联想的声、色、光和影等景外之景；意境的欣赏是物我的交融，即审美主体与客体交流的过程。

2）景观意境的创造

景观意境的创造是一个复杂的过程，也是景观设计的最高境界，要求设计者有深厚的文化艺术素养，对自然界的物质和人类生活都要有无比的热爱之情。其主要创作手法有借景、对比、比拟、联想等。

景观的意境与诗、画不同，诗画的意境是借助于语言或线条、色彩构成的；而景观的意境是借助于实际景物与空间环境构成的。但二者在美学上又有共同之处——“境生象外，情景交融”景观意境，并不是一个孤立的景象，更不是一座孤立的建筑、一片有限的水面，而是要有景外之景。这样才能够给游者更丰富的美的信息与感受。同时，景观意境又和文学绘画有着密切的联系，追求其中的诗情画意，所以文学绘画艺术的合理运用往往能够起画龙点睛之功效。

3 体验式商业空间景观意境营造的表达方式

当下的商业活动已经不仅仅局限于单纯的购物，而是将购物、休闲、餐饮、娱乐等多种行为融为一体，更加注重人的休闲体验。在体验式商业空间的景观意境营造中，就以人的体验为依据，通过动态的开放式空间，使顾客在购物的同时，体验到更加舒适、愉快、别致的感受。因此，可将体验式商业空间景观意境营造的表达方式分为两类，即直接表达方式和间接表达方式。

3.1 直接表达方式

在有限的空间内，凭借少量的植物配置与花景摆设，以及与周围建筑环境的结合，创造出无限的言外之意和弦外之音。

1）形象的表达

景观作为一种时空统一的造型艺术，是以具体形象表达思想感情的。例如南京莫愁湖公园中的莫愁女，西湖旁边的鉴湖女侠秋瑾，东湖的屈原等等都能使人产生很深的感受。在儿童游园或者小动物区用卡通式小屋、蘑菇亭、月洞门，使人犹如进入童话世界。再如山令人静，石令人古，小桥流水令人亲，草原令人旷，湖泊和大海令人心旷神怡，亭台楼阁使人浮想联翩等，不需要用文字说明就能感受到。在商业空间中，建筑与环境的契合，加之人们对整体环境的感受，不难体验到在购物之余的舒畅之意。

2）典型性的表达

何谓典型？鲁迅说过“文学作品的典型形象的创造，大致是杂取种种人，合成‘一个’。这一个人与生活中的任何一个是有的人都‘不似’。这不似生活中的某一个人，但‘似’某一类人中的每一个人，才是艺术要求的典型形象”。商业空间的景观设计不同于普通住宅的园林绿化设计，它有其特殊的要求和规则。比如说高强度开发是重要的原则。商业空间又不同于住宅小区之处，在于过大的绿化面积对其反而是不利的，因为商业底层店面的价值要远远高于二、三层，做足密度也就是做足了底层商业的面积。所以，商业空间的景观设计基本以硬质景观为主。绿化较少，基本以摆花、装饰性花坛为主，从而营造出特殊的意境。

3）游离性的表达

游离性的景观空间结构是时空的连续结构。在体验式商业景观意境营造中，巧妙地为顾客安排了几条最适宜的路线，为空间序列戏剧化和节奏性的展开指引方向。整个空间的结构此起彼伏，藏露隐现，开合收放，虚实相辅，使顾客步移景异，目之所及思之所至，莫不随时间和空间而变化，似乎处在一个异常丰富、深广莫测的空间之内，妙思不绝。

3.2 间接表达方式

托物言志，借景抒情，这种方法比直接表达手法更加委婉动人。

1）运用某些植物的特性美和姿态美作比拟联想

任何一种植物，只要它的性格美或姿态美的特点与诗人的情感契合，便能借以抒情，咏出几首好诗来。如昆仑山上一棵草竟被寓写出一部美好的电影故事来。

2）光与影

光是万物之源，它创造了生命。黑暗是光明的对偶，设计师在设计的同时，也是在设计黑暗。物质的元素不过也是赋予了空无以意义，于是有了光和实体与黑暗和空无之间的作用。光构造空无，阴影描绘实体，这是一出不断变化的剧目。

（1）光。

由明到暗，由暗到明和半明半暗的变化都能给空间带来特殊的气氛，可以使感觉空间扩大或缩小。光是反映景观空间深度和层次的极为重要的因素。即使同一个空间，由于光线不同，便会产生不同的效果，给景物带来视觉上的变化。

在天然光和灯光的运用中，对体验式商业空间景观的意境营造来说，天然光和灯光都同为重要。利用光的阴暗与光影对比，配合空间的收放开合，渲染整体空间环境气氛。

灯光的运用常常可以创造独特的空间意境，利用灯光造成特殊气氛，具有梦幻的意境。若加之喷泉配合灯光，则能使整个空间中的夜空绚丽多彩，富丽堂皇，景观中的地灯更显神采。

（2）影。

影成为审美对象，由来已久。有日月天光，便有形影不离。"亭中待月迎风，轩外花影移墙"、"春色恼人眠不得，月移花影上栏杆"、"曲径通幽处，必有翠影扶疏"、"浮萍破处见山影"、"隔墙送过千秋影"、"无数杨花过无影"，在古典文学的宝库中，写影的名句俯拾皆是。景观设计中，檐下的阴影、墙上的块影、梅旁的疏影、石边的怪影、树下花下的碎影，以及水中的倒影都是虚与实的结合，意与境的统一。而诸影中最富诗情画意的必然是粉壁影和水中倒影。作为分割空间的粉墙，本身无景也无境。但作为竹石花木的背景，在自然光线的作用下，无景的墙便现出妙境。墙前花木摇曳，墙上落影斑驳。此时墙已非墙，纸也；影也非影，画也。随着日月的东升西落，这幅天然画还会呈现出大小、正斜、疏密等不一形态的变化，给人以清新典雅的美感。

（3）色彩。

随光而来的色彩是丰富体验式商业空间景观意境营造艺术的精萃。色彩作用于人的视觉，引起人们的联想尤为丰富。利用建筑色彩来点染环境，突出主题；利用植物色彩渲染空间气氛，烘托主题；这在中国的景观设计中是最常用的一种手法。有的淡雅幽静，清馨和谐，有的则富丽堂皇，宏伟壮观，都极大地丰富了意境空间。

3）声响的运用

声在景观设计中是形成感觉空间的因素之一，它能引起人们的想象，是激发诗情的重要媒介。在体验式商业空间中注入声的元素，能使顾客在购物之余精神能随着声音的律动而放松舒缓，真正的融入空间中，在一个别致的休闲场所消费。

4）香气的感情色彩

香气作用于人的感官虽不如光、色彩和声那么强烈，但同样能诱发人们的精神，使人振奋，产生快感。因而香气亦是激发诗情的媒介，形成意境的因素。

4　比较研究体验式商业空间景观意境营造

1）革新传统商业空间模式促进体验式景观意境营造

传统的商业空间模式一般只具备单一的购物功能，因此多是全封闭的，人们仿佛被关进了一个巨大的商业笼子之中。而互动式综合性街区这种商业景观功能的多样性，决定了消费者在此的目的不再是单纯的购物和消费，而是希望在这个商业空间里获取更多的资讯，人们可在这里休憩、娱乐、社交、购物、美食、欣赏艺术，逍遥适意，随意居停。商业街区杂糅各种商业业态的优点，不但能满足人们的物质消费需求，更能满足人们的精神消费需求。

2）中国商业空间与日本商业空间景观意境营造

商业的景观设计要求大量的细部设计和标识设计，如栏杆、停车位、面铺装、各种各样的指示系统、标识牌等，而这些都经过了精心的设计，充满了趣味性和艺术性，为空间景观营造出富有律动感的意境，同时还有引导商业人流进行消费的作用。对于停车的关注，虽然一般的商业是在隐蔽的地方设置地面停车，但是对于开车的人来说，则是第一印象，所以，地面停车场的设计非常重要。当然，日本土地稀缺，大量车辆停在地下停车场，因此，地下停车场的通风采光、景观处理和交通处理也都非常重要。比如说，要考虑开车来商场消费的人是怎样的心情、什么样的状态；开车的人一般旁边都会坐着人，如恋人一般都是相傍并肩而坐。因此，在日本的商业中与车同方向写广告语是最好的，能营造出和谐的氛围，使顾客在此空间中享受寂静的意境。还有，在中国的商业中做餐饮会遇到很多问题，要有厨房、有堆货，空调位置要隐蔽，煤气要明设等，这些问题不在根本上解决，它会强烈破坏原本可能良好的商业视觉，同时给后期运营带来诸多麻烦。因此，景观设计就要对其进行掩盖和弥补，形成好的视觉效果已经成为商业区的商业空间，为人们提供了舒适的空间，如此才能营造出不同以往的景观意境。比如说，日本人经常在商业景观空间里举办各种活动。因此，景观设施也包括景观照明、长椅、垃圾桶、花坛等对于意境营造都显得非常重要。

5　结语

商业空间景观不仅仅是设计师发挥想象力和创造力的载体，也是满足商业商圈运营的主体。成功的互动式综合性街区既是个具有鲜明文化内涵的景观，也是一个地区、一个时期文化艺术的浓缩、时代风貌的彰显。在体验式商业空间景观意境营造中，商业空间有开有合，园林景观巧饰其间，店铺排布错落有致，购物娱乐融为一体，营造出现代的人性化的商业空间，与消费者有心灵的交流，在设计实践中逐步实现由低层次向高层次的过渡：物境、情境、意境。

（吕一帆　张建华）

基于多感官互动的体验性商业景观形象设计

“商业景观形象设计”是指对于所构成的景观环境进行规划和设计，将其变得更加美观，实用。一个好的商业景观形象设计，不仅能将空间进行合理的划分、完美的融入周围环境气氛，还能够促进消费者的消费欲望、创造更好的消费心情、增强娱乐和互动性，让人在消费的同时心情得以放松和解压，从而进行感官的互动，体会到环境所营造出的内容与气氛，赢得消费者感同身受的支持。

1 国内外商业景观形象设计比较

在我国，人们往往偏向大环境的形象设计（见图1）而忽略了一些小景观的把握和塑造。对于商业空间来说，如何处理小空间的形象，如何打造小空间的氛围和影响力，其价值远远大于解决一个大尺度空间的形象问题。如今，人们的消费行为正从单纯的物质消费提升为物质与精神综合的消费层次。只有将餐饮、购物、休闲、娱乐、文化等元素全部融入的体验性商业景观才是大势所趋。

而国外，如处于发达国家的日本，其非常注重商业景观形象的设计，值得我们去学习和借鉴。例如大家所熟知的银座商业中心还有新宿商业中心，它们都是经过了一系列的改造与再设计的，其共同的特点是以人为本、充分利用有限空间、注重小空间设计，并且将人的体验性放在首位，充分发挥其价值与意义。不仅如此，他们更能细微到观察人的感官能力和与之相对应的设计模式和方法，让人享受在设计师创造的天堂中。如东京银座商业中心的景观（见图2）：街灯、铺装、绿化的设计精益求精，而对于尺寸、颜色、大小、宽度等方面都严格把关，呈现出了井然有序的氛围。

图1 上海龙之梦广场的外部空间设计

图2 东京银座商业中心的景观

此外，上海繁华的南京路步行街，港汇广场都有外形不够精致整洁，没有环境感的特点。主要是由于设计师过多地考虑单一事物的形象，却没有将其放入大空间中揣摩，忽略了人的体验性，而感官作为人最直接的体验方式，它要求商业空间中有色彩可看、故事可听、内容可品、味道可闻、形体可触的特点。所以，如何把感官的体验性放在首位去打造空间将成为我国设计向前迈进一大步的重要步骤。而视觉、听觉、触觉、嗅觉、味觉无疑是感官中的最重要也是最明显的一部分，因此它们的打造方式尤为重要。

2 多感官互动如何在体验性商业景观形象设计中应用

体验性设计，是为人们提供使生活变得更丰富的体验过程。从美学层面上来讲，体验性设计是由于西方接受美学在中国的广为传播，以及人们审美情趣及人性的需求。如今，人们从早期对于商业景观设计单一的重视美感转向了现在多感官互动的体验性角度。这一转变离不开其对于人与人、人与环境自然之间的认识、研究。

体验性商业景观无疑是现代商业设计的大趋势。通过环境的营造让人们积极地参与其中，与景观进行对话，这是以人为本的做法，让景观满足人多感官层次的需求，同样使景观的价值更上了一个层面与意义。迪士尼乐园、恐龙园等一系列的主题乐园为什么能吸引人们的注意，就是因为它们做到了除玩以外更强的感官享受。美丽的城堡，动听的旋律，优雅的公主，唤醒了我们内心潜在的欲望和兴奋，得到了身心的体验。而在其中，最重要的设计要素无疑是视觉与听觉要素。

1）视觉要素的深化

所谓视觉，即是眼睛对于事物的刺激所产生的心理反应。人之所以能看到事物就是依赖于双眼，人的眼睛宛如摄像机，记录下一幕幕世间的悲欢离合、喜怒哀乐。法国后期印象派代表塞尚曾说过："人的知觉生来就是混乱的，但由于专心和研究，艺术家可以使混乱纳入秩序，绘画艺术也就是要在视觉范围内获得这种结构的秩序。"由此可见，对于商业空间而言，其视觉要素设计的重要性在所有感官要素中应是举足轻重的。

在体验性商业景观形象设计中，视觉设计处处可见，如中国馆中动画版《清明上河图》给我们的震撼，常州恐龙园中一只只活灵活现的恐龙带给我们的喜悦与刺激，又或是来自田子坊摆设的艺术气息。而这些，往往不外乎通过点、线、面、色彩、空间等几部分进行营造。而其中最重要的就是点、线、面三部分。

（1）点作为形成线和面的源头，其作用小中见大。它能聚集人们的视线，起到画龙点睛、着重强调的一笔。在一个空间中，成熟的处理好特殊点的分布能让空间整合、完美。如日本六本木购物中心广场的一角（见图3），巨大的蜘蛛位于广场中心，不仅吸引人眼球，还有四海一家的寓意。游人们不约而同地前往参观，增加了体验性，更有利于人与人之间的交流和互动。

（2）线由无数点形成的线，能引导方向和形成趋势。在商业景观中，铺装、道路、景灯、围栏等等线性设计无处不在。同时，线也能引导视线，眼睛会自觉地随着走向进行延伸与拉长。此外，线同时还能让人产生从视觉转向触觉的心理变化。如以弧线为母体形成的座椅，在视觉上会让人感受到柔软和张力，此中的眼睛宛如双手去抚摸环境中的点滴，这种线的设计，我们多见于一些休闲娱乐场合，较为轻松。好的线条处理，线条自然、宛自天开，让双眼和心灵都得到放松和清静。

（3）面能形成一个围合的空间，其设计处处可见。合理、正确的设计面的形态，大小能让原本狭小的空间放大。对于商业空间来说，可以简单的把面理解为墙体、地面、广场。利用不同的质地、纹理、线条来组合、拼接面，同时在配上灯光的明暗、冷暖变化上的设计，能更好地让人身临其境，更直观深刻地感受到设计者所想叙述的思想，有更强的视觉刺激（见图4）。

2）听觉要素的融合

声音代表着人与事物的一种特质，是交流的必需品。人对于环境、世界的认知中85%来自视觉，10%则来自听觉。它们构成了人对于外界感官的重要两大感官，其重要性不可言喻。

早在古代，造园师就注重园林景观中的听觉感受。他们常借助自然环境中的风、雨与柳絮、芭蕉

图3　日本六本木购物中心广场的一角

图4　某商业空间外植物的层次处理

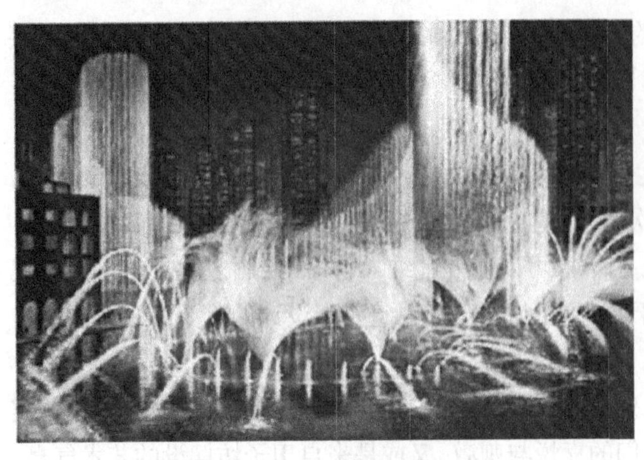
图5 迪拜的音乐喷泉

进行相配所产生的声音来营造气氛，达到意境美的目的。苏州的拙政园就是很好的一例。作为江南古典园林的代表、中国四大名园之首的拙政园被世人熟知，其中赫赫有名的“留听阁”、“听雨轩”就是靠着优美的意境闻名遐迩。

对于设计师而言，为了更好地满足人们对美景：不仅能看还能听的需求。设计师就不能只停留在事物的表面形象、布局、色彩，还要深入地了解其内部特征的听觉景观。商业景观中，声音体验是不容忽视的。首先，声音有掩蔽作用。在商业空间中，常有汽车声，下雨声等杂音的介入，此时若巧妙地增加环境音乐进行掩蔽，那么就会让人忽略杂音，增强环境的品质。例如，在咖啡吧中的音乐声会增加聊天的私密性。其次是心理暗示作用，在儿童娱乐区放欢乐的乐曲，能唤起对于童年的记忆，心情自然就会好起来；在沉重的会所、纪念馆放上抒情、有力的节奏，可以起到内心同样的共鸣，使人不自觉的安静与肃穆。此外，将听觉与视觉很好地融化为一体，会使视觉上有更强的冲击力，听觉上有更大的共鸣感，增加了其各自本身的意义，这能使商业空间内容更丰富、层次更精彩、体验更充实！如世界排名第一的迪拜的音乐喷泉（见图5），经过视觉和听觉的完美融合，使气氛更饱满，环境更充实，同时也增强了互动性与体验性。

除了占重要位置的视觉与听觉要素，还有触觉、味觉与嗅觉。虽然没有像前两样的作用那么显而易见，但是也有其不可替代的一面。比如：一种触感，能传达一种特质，凹凸不平的沧桑、坚硬无比的冷峻、顺滑细腻的高雅。一种气味，能唤起人们的美好记忆，甜美刺激的初恋、淡雅宜人的书本、自然芬芳的春季。一种味道，能代表心中的往事，甘甜可口的爱情、冰凉宜人的度假、酸涩刺激的失败。这一点一滴都是它们独有的特质，融入进商业空间形象设计中，不仅能增加体验性，更是如虎添翼的一笔。

人有着本能的感觉与知觉，如何合理地应用于商业景观设计中去是一项艰巨的任务。设计师应当充分的思考与创新，将视觉、听觉、触觉等融为一体，应用其中。并且注重不同年龄、层次人的体验需求与不同感官的特点，进行合理的营造商业气氛。以体验为主，带动周围的消费，增加乐趣，传递意义；而非通过单一的消费模式来满足人们复杂的需求与心情。只有做到更高品质的体验性商业设计才能将我国的商业景观形象设计带入崭新的局面。

（王紫君 张建华）

地下商业空间的购物创意

——以上海徐家汇美罗城五番街为例

商业空间是指当前社会商业活动中所需的空间，即实现商品交换、满足消费者需求、实现商品流通的空间环境。随着社会的进步与发展，人们生活水平的不断提高，地下商业空间作为商业空间的一种延伸越来越受到人们的重视，它有其独特的优越性，既有效地拓宽了原空间的使用率，又为顾客提供了不受天气影响的室内消费环境。

1 地下商业空间的消费购物现状及问题

1）风格千篇一律

目前，我国地下商业空间仍处于初级发展阶段，在许多大城市中地下商业空间大量出现但是在其规划设计上同质化倾向却比较突出。从建筑风格来看，主要表现为仿古风格、欧式风格、民族风格和现代风格4种。从店铺商家来看，几乎千篇一律的由服装、餐饮、娱乐等板块组成，使得消费者每到一个地方都有似曾相识的感受，因为这些商业空间都是由肯德基、麦当劳、星巴克、GAP、H&M等品牌组成，以至去一家与去百家无甚差异。地下商业空间的建设要注重经营特色，也就是说要有自己的个性与风格。通过创新改革，引进大量新型品牌，改善品牌结构单一的局面，同时消费产品也要做出调整，要有意识地在各方面强调自己的特色，尽量做到“独此一家”。

2）定位不明确

定位，是指要根据当地商业空间的周边环境和所在城市的特点、人文特点、消费能力以及目标人群的情况，设计相应的物态。许多地下商业空间，功能非常齐全，能满足消费者购物、休闲、娱乐、餐饮、旅游、观光等多种需求，却没有属于自己的特色，定位不明确导致规划不合理，缺少人气等问题。例如，一个商业空间需要提高人气，则在购物消费方面要充分考虑两个重要的因素：一是要了解该商业空间所处的地理位置，定位好常出入于此的人群。开展适合此类人群的活动项目，引入相应的购物产品等是吸引他们注意力的最佳方法。二是强调对该商业空间周边居民的吸引程度。可根据当地的文化特点和节事活动做出合理的安排，可以开展许多具有参与性的消费活动，让大家都参与其中。这些都需要商业空间的准确定位。港汇广场以奢侈为亮点来定位，东方商厦以高端产品为主，太平洋百货走时尚流行风，正因为定位明确规划合理，所以这些商业空间才得以发展壮大，成为行业里的佼佼者。

3）缺乏刺激消费的亮点

目前，大部分城市的地下商业空间主要功能依然停留在单一的购物环节，并不具备刺激消费的亮点。购物是指在零售商拣选或购买货品或服务的行为，可视为一种经济和休闲活动。对很多人来说购物不仅仅是购买必需品的过程，更多的是一种休闲活动。地下商业空间应提高消费者在精神层次上的需求，强调该商业空间的特色，充分体现其独创性、参与性及实用性。例如上海徐家汇美罗城的地下商业空间——五番街，以倡导原汁原味的日式服务为刺激消费的亮点，眼镜店半小时配镜立等可取，无处不在的欢迎光临以及无印良品处处环保理念的贯彻。

4）缺乏应有的文化内涵和艺术品位

许多地下商业空间仅仅借助不同的品牌来打造功能完备、品种齐全的消费娱乐场所，却忽略了其自身的特色，缺少了属于自己的品牌文化与艺术内涵。要塑造属于自己的文化内涵，一定要明确地下商业空间所经营的特色与主题，开展相应的文化节、主题活动周等来加深消费者心中的知名度与印象。例如五番街，一个以日系品牌为主，时刻保持纯正的日系风格的地下商业空间。在其空间的整体设计上都充满了东瀛的风味与文化内涵，不论是路面还是墙体，都会看见带有日本传统与现代的装饰元素体现，角落与休息处的景观小品也带有浓浓的日式气息。并且其每周还会不断地有新品发布、新品上市等活动召开。

2 对地下商业空间消费购物的思考

在对地下商业空间消费购物中人们追寻的是一种体验，为了体验品牌文化，体验异域风情，体验DIY式的休闲等。派恩和吉尔摩在《哈佛商业评论》中提出体验经济概念，施密特进而强调应该给消费者创造值得回忆的活动，因为顾客并不总是理性消费者，不再把产品功能性的特色和益处作为衡量产品质量的唯一标准。实际上，他们是理性和感性结合的动物，"需要能够刺激感官，触动心灵和激发灵感的产品，宣传和营销活动"。派恩和吉尔摩认为体验可以分为4大类：消遣、教育、逃避和审美（见图1），它们的交叉范围即"甜蜜地带"是让人感觉最佳、最丰富的体验。同时总结出打造完美体验的5种方法以正面线索强化主题印象，淘汰消极印象，提供纪念品和重视对游客的感官刺激。施密特介绍了5种类型的顾客体验，分别是感觉、感受、思维、行动和关联（见图2）。因此应综合运用几种体验打造地下商业空间并努力创造全面统一的形象以扩大效果。

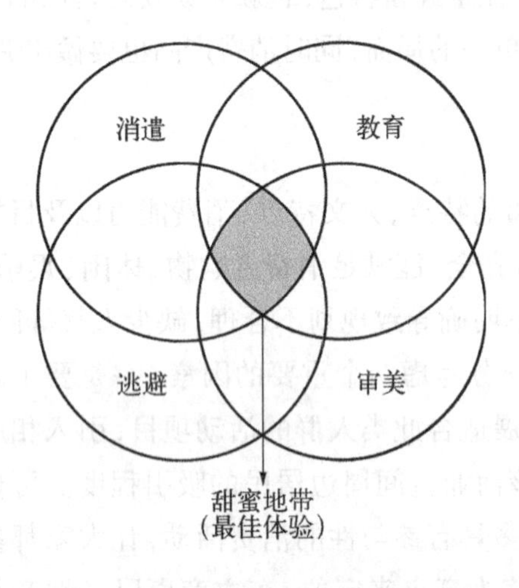

图1 最佳体验概念图

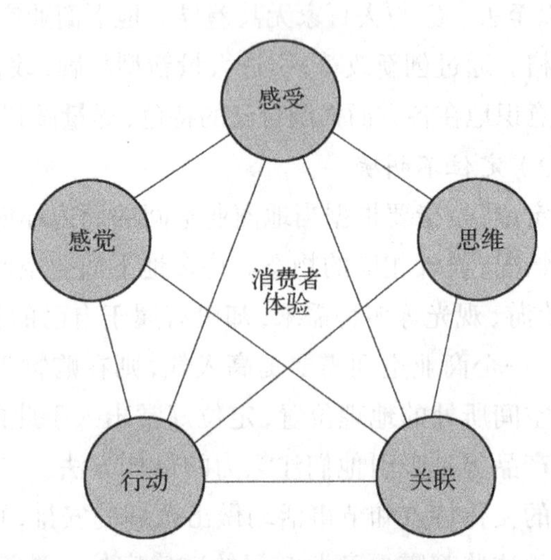

图2 消费者体验模式图

1）以地下商业空间购物创意，增强消费者的体验感觉

地下商业空间购物，指的是以商业空间的一种延伸形式为场所，进行购买货品或服务的行为。利用这种休闲活动进行创意，将视觉、听觉、触觉、味觉与嗅觉等知觉器官应用在地下商业空间购物的体验上（见图3）。

视觉方面：在地下商业空间硬质景观上要求丰富多样，同时和谐统一，在文化景观上，尽可能保持其原本的特色，以其本来的风格原汁原味的呈现出来。对于视线要求把漂亮的地方利用景观节点串联起来，回避或遮挡破坏景观的地方。在商铺的颜色应用上应遵从整体统一原则，形成群体效应。如现代简约风格的店铺，在其店内的装饰以及商品的包装都应以灰白色、黑色为主色调，田园乡村风格的店铺则以明黄、灰绿色为主色调等，根据颜色影响心理这一特点，合理搭配颜色，大胆处理明暗对比度、色块大小关系来增强消费者的购物体验。

听觉方面：地下商业空间在消费者进行休闲娱乐活动时，有必要为其营造一种轻松舒适的环境，而在不破坏整体风格特色的情况下，以舒缓、轻快为主乐曲作背景音乐更能促进消费者与消费者、消费者与销售人员之间的沟通，形成良好的购物氛围。

触觉方面：各商铺有属于自己的不同风格，在其店内的装饰物以及商品上都充斥着独特的材质和纹理，不论是光滑如丝还是粗糙如麻都吸引着消费者的神经。例如具有现代简约风格的店铺以金属拉丝为主要材料，给人以简约大气的感觉，乡村田园风格的店铺则以木质、竹制材料为主，给人以亲近自然、轻松舒适的感觉。

嗅觉方面：地下商业空间应具有专门的美食区域，为了体现其商业空间的整体风格，在美食的制作和风格定位上要有所侧重，多一些传统风味小吃，少一些快餐速食食品。同时，对于一些鲜花店、干花店、香薰店以及化妆品店等带有浓重香气的店铺应进行合理安排，使得这些店铺的气味与周边环境不排斥，能够有机地融合，这样也有利于提高消费者的消费欲望。

味觉方面：地下商业空间的美食区域，在食品的味道上以酸、甜、苦、辣、咸五味给消费者带来原汁原味的地方口感。根据地域的差异性，在美食的品味有所调整安排，使当地风味小吃与环境相融合，满足消费者的需求。

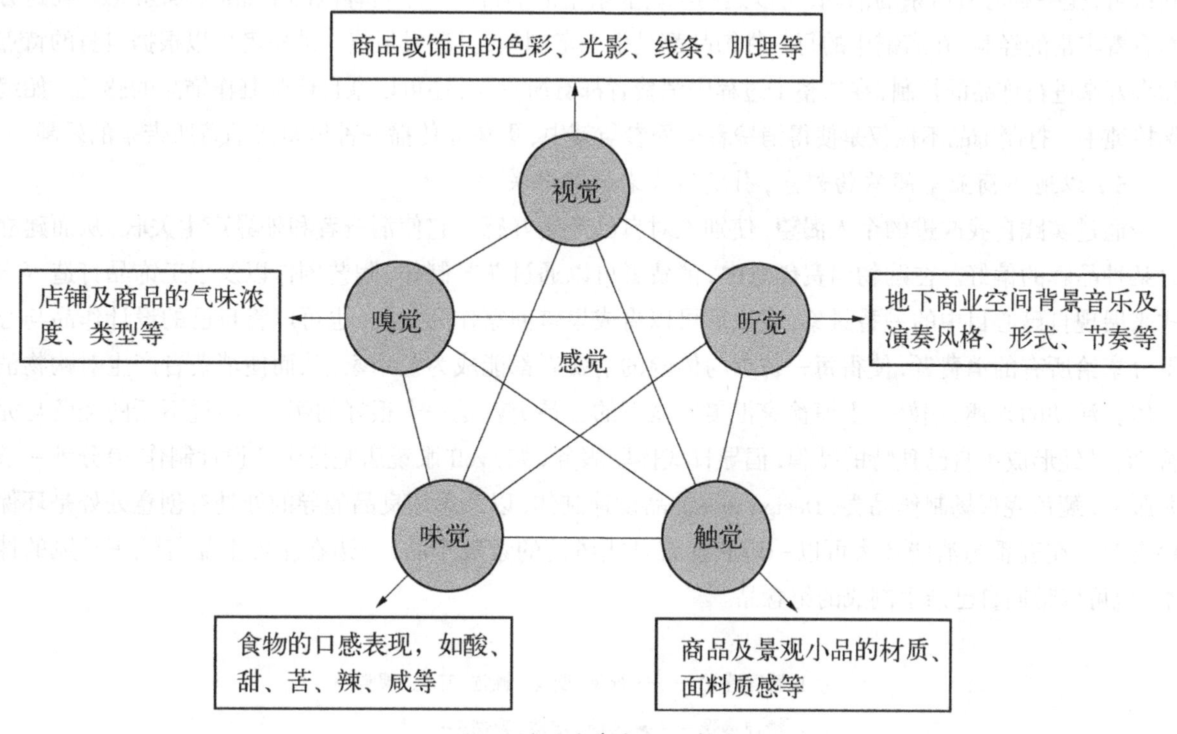

图3　增强消费者体验感觉

2）以地下商业空间购物创意，提高消费者的精神感受

以地下商业空间购物体验，来体现消费者内在的感情与情绪，使游客们在农事活动中感受到各种情感，如亲情、友情和爱情等。如鲜花店内可以让消费者亲自挑选并动手制作自己喜爱的插花样式，陶艺店店内有各式的陶土艺术品供消费者欣赏购买，也可以自己亲手制作一个带回家。消费者可以在消费活动中精诚协作、相互帮助感受亲情、友情、爱情在这一刻所带来的欢乐与幸福。

3）以地下商业空间购物创意，触动消费者的认知思维

以地下商业空间购物创意的方式来引起消费者的惊奇、兴趣、对问题进行集中或分散的思考，为消费者创造认知和解决问题的体验。例如将面粉这一食材通过创意加工，以各式各样栩栩如生的鲷鱼烧的方式来引起消费者的兴趣，同时为游客们创造了认知和解决问题的体验。日本最大的抹茶餐饮连锁七叶和茶在这方面做的比较成功，它的主题明确，专门针对绿茶这一植物进行了一系列的创意开发。抹茶是由在京都有着200年左右制茶经验的传统抹茶世家，采用石磨法，古法碾磨而成。在美食甜品和特色抹茶饮的生产制作上进行了着重的打造，并且加入了许多体验项目，使人们对于抹茶产品的生产加工及其过程有了充分的了解与认知，使生活在高压之下的消费者，体会到了体验式购物的充实与欢乐，在其过程中得到身与心的完全放松。

4）以地下商业空间购物创意，吸引消费者的自发行动

以地下商业空间的购物创意，通过增加消费者的身体体验，指出他们做事的替代方法、替代的生活形态与互动，丰富消费者的生活，从而使消费者被激发或自发地改变生活形态。参与体验式购物消费，是地下商业空间购物创意之所在也是其灵魂所在。体验式消费不同于普通购买货品或服务的行

为，它更是一种释放身心的休闲活动。它的体验活动旨在通过增加人们的身体体验来丰富人们的业余生活，从而达到自发的改变生活形态，形成积极向上的生活方式。例如花艺，人们通过参与选择花材，挑选容器，插花，造型处理，以及整形修剪等活动，找到一种适合自己的途径，舒展身心，释放压力。也可以将自己的花艺作品放在橱窗里展览、拍照留念，看着自己的花艺创作作品的完成并且受到大家的赞同认可，是一种心有所系的活动，可以达到丰富业余生活的目的。来自韩国的饰品店Design inee 在这方面有着丰富的经验，在店铺中的每一件饰品都是手工定制的，且独具风格。消费者可以根据自身的特点和喜好来进行饰品的打制，在这整个过程中消费者都有所参与，还可以亲自体验制作饰品的感觉。始终保持纯手工打制饰品不仅仅是使得消费者全程参与其中，更藉此传播一种体验式消费所带来的乐趣。

5）以地下商业空间购物创意，引发消费者的品牌关联

通过实践自我改进的个人渴望，使别人对自己产生好感。它使消费者和外界产生关联，从而建立对某种品牌的偏好。在购物消费创意中，消费者可以通过花艺制作、陶艺创作以及手工饰品打造等方式来展现自己心目中的一番景象，完成后可以将成果带回家作为纪念，也可以将自己的设计作品与心得分享给所有的消费者，使得每一位参与体验的消费者都能成为艺术家，从而使消费者产生对购物消费体验活动的兴趣、偏好。上海徐家汇美罗城下的五番街就是一个很好的例子，经过不断的经营与完善，它已经形成了自己独特的品牌，倡导日式体验服务，如：zoff 眼镜店坚持生产设计制作30分钟一条龙服务，鲷鱼烧现场制作品尝，Design inee饰品设计制作，以及无印良品倡导的处处有创意处处是环保理念等。在五番街消费者大可以一边欣赏着日式风情的景观小品，一边在座位上品着纯正日风的抹茶，也可以带回自己亲手制成的纪念品。

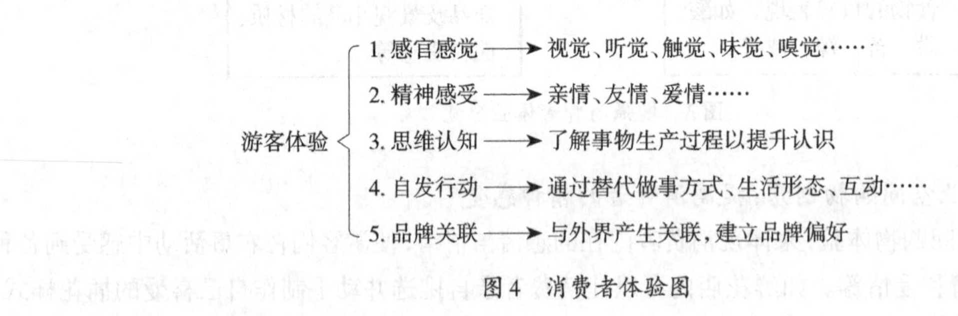

图4 消费者体验图

以消费者体验为核心，综合运用感觉、感受、思维、行动、关联5种消费者体验（见图4），打造具有独特品牌、统一形象的地下商业空间，同时能够更加深入、有效地发展购物体验中的创意利用是今后地下商业空间购物创意的上升空间及主要方向。

（朱昊斌　张建华）

园艺疗法在商务办公室内空间的运用

园艺疗法（horticultural therapy）起源于17世纪末的英国，随着社会的不断进步，其他诸如美国、日本等国家相继展开了对于园艺疗法的研究。近年来，随着园艺疗法的深入研究以及实践活动的迅猛发展，园艺疗法已成为当今社会备受人们瞩目的一项社会公益事业。随着其重视程度的不断增加，园艺疗法的运用也被广泛地应用于公共空间及室内空间之中。

园艺疗法是一个具有广泛意义的术语，是指通过园内的环境以及对园艺的操作，使得置身其中的

人们在身体以及精神方面得到全方面的改善。园艺疗法有别于以往通过药物及机械进行治疗的一般疗法，它则是主要以植物为主为人们提供治疗方式。园艺疗法包括治疗性的庭园（healing garden）设计和实质操作的园艺治疗活动。治疗性庭院设计主要通过植物散发出的负氧离子、叶色、花色、香味以及庭院景观对于人们的身体及精神状况带来一定的正面影响。实质操作的园艺治疗活动则是通过人们对于植物园艺的实践操作，在搭配出符合大众审美眼光的园艺景观的同时，也可达到锻炼身体、提高免疫力的情况，同时也可以树立起人们的自信以及成就感，于身体及心理达到双赢的效果。

随着社会竞争的日益激烈，人们常年忙于工作，终日坐于室内工作导致现代人们不但缺乏身体锻炼，而且在精神上也遭受着极大的压力。人们的身体如若常年不进行身体锻炼，其身体机能将会出现明显的衰退，从而导致生理功能的降低、精神萎靡、心理消极等。园艺疗法通过植物景观、植物色彩、植物散发的气味、负氧离子以及合理适度的园艺活动对人们的身心带来一定的疗效。通过园艺景观中不同植物呈现的不同色彩可以给人们带来不同的视觉刺激，不同的芳香植物带来的嗅觉刺激，不同质感的植物带来的触觉刺激，风吹树叶摩擦声、雨打芭蕉声带来的听觉刺激，这几种不同的感官刺激为人们带来静谧闲适的感觉体验达到减弱和消除人们病情的效果，同时这种闲适的氛围可以为长期处于激烈社会环境下的都市人从紧张的节奏中解放出来，从而达到减轻压力的效果。

实际操作的园艺治疗活动作为园艺疗法的另一种主要治疗手段同样具备了多种治疗效果。通过人们对于植物的栽培种植以及对于花草盆栽的修剪，在消耗体力的同时，还可抑制冲动，久而久之有利于形成良好的性格，并且在面对有生命的花木时，人们在进行园艺活动的时候要求慎重并要有持续性及良好的种植时间安排，这将有利于培养忍耐力与注意力并且可以使得人们的行动具有一定的计划性增强责任感，而这些正面的心理培养无疑对于商业工作者来说有着极大的有益作用。

1　园艺疗法于商务室内空间的运用形式

经过多年的园艺疗法的研究与发展，园艺疗法早已不再局限于公共园林及公共医疗机构之中，取而代之的则是更为广泛的应用，而商务室内空间的园艺疗法运用正处于发展阶段，而其发展对于社会中的工作人士将带来极大的正面效果，而其中商务室内空间的园艺疗法运用形式也有别于公共空间。

1）园艺治疗

商务室内空间的园艺治疗有别于公共空间的园艺治疗，它不能像公共空间一般设置大面积的园艺空间，以此提供人们足够的空间进行园艺栽培。商务室内空间只能通过小型盆栽来实现园艺治疗这一目的。在商务室内空间的员工公共休息处、公司走廊、大厅、员工办公桌都可设有大小不一的植物盆栽，通过员工平日对于工作桌及休息室内盆栽的栽培照料，可以达到园艺治疗的目的。常日的植物栽培可以使得常年处于紧张工作所积累下来的心理压力得到相应的舒缓，从而摆脱心理压力所带来的心理疾病，增强活力，使得室内工作者能尽快地忘却烦恼、疲劳并且加快入睡速度，使得精神更加充沛。定期的盆栽处理养护，可以使得人们在平日的行动中形成一定的计划性及责任感，同时共同进行植物栽培可以使得员工之间除了平日话题以外多出一项园艺话题，使得员工之间产生更多共鸣，促进交流，这样可以令人们之间产生更多的交流，更多的默契，从而提高其社交能力，培养更多的有用之才。不但是在商务楼之中，在酒店、商店中同样也可以达到这种效果，并且在利用植物对自己生活环境进行美化的同时，大力提倡室内工作者扫除落叶，摘除枯萎花朵还可以提高人们的公共道德意识。

园艺活动对于现今常年处于室内空间中的工作人员来说是极其重要的，经常性的园艺活动不但能舒缓人们的心理压力，还能形成良好的性格，同时经常性的园艺栽培还可以解决都市人们经常工作缺少锻炼的缺憾，达到强化运动机能的效果。因此，园艺治疗对于商务室内空间的工作人员来说是极其重要的（见图1）。

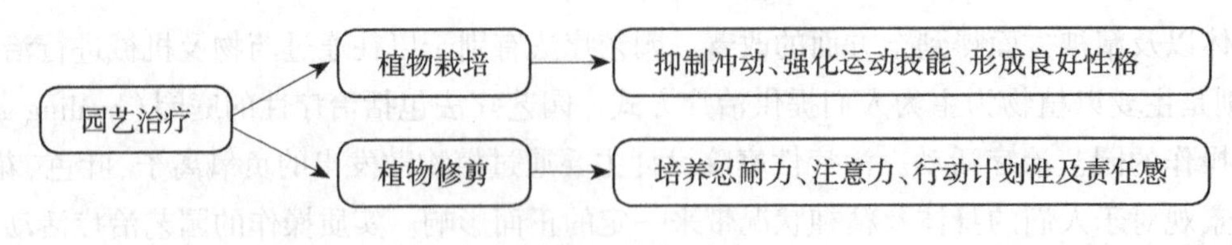

图1 园艺治疗功能图示

2）环境治疗

除了园艺活动可以达到治疗效果以外，植物本身同样可以达到治疗的效果即环境治疗。植物的叶色花色、散发出的香气以及触摸叶片枝干所带来的触感都可以达到一定的治疗效果。

（1）触觉刺激：作为商务室内景观园艺疗法的运用，对于植物叶片、枝干、花瓣的触摸对于人们的感官刺激起到了一定的作用。诸如绒毛的叶片，光滑的、肉质的叶片，粗糙的树皮枝干等都将刺激到人们的不同感官，而这将为室内空间的人们带来一种仿若是置身于自然环境中的感觉，而这种体验和刺激将极大地舒缓人们因工作所带来的紧张和压力，从而达到缓解压力的治疗效果。

（2）视觉刺激：对于观赏植物对人心理和生理的影响，加柯勒（Jakle）认为颜色对人们感知周围事物有很大的作用。通过周边不同颜色的植物可以为商务室内空间的人们带来不一样的视觉体验，从而达到不同的治疗效果。日本早先对于植物和绿色景观的视觉性对人的心理评价的研究较为深入，通过测定人体眼球运动及脑波变化的方式，进行观赏植物色彩、形态对人心理影响的研究发现在绿色植物环境中男性α波/β波的比值最高，对应身心最适状态，而女性在红色环境中比值最高，在黄、紫色环境中男女差别不明显，并且自然植物形态比人工形态更具有减少压力和促进放松的作用。由此可见对于人工形态景观，自然植物对于人们的视觉刺激更为有效，并且不同的色叶树种对于氛围的营造也会起到不同的作用，例如暖色调可以激起人们正面的思想情绪，冷色调则可以给人们带来祥和静谧的感觉，不同的感觉氛围对于缓解室内工作人员的内心压力将达到不同的效果。

现今有诸多研究多围绕着园艺疗法展开，其中乌尔里希（Ulrich）、日本的山根及日本的学者宫崎都对于植物观赏对人们的疗效进行了专业的研究，其中研究发现有花有色植物对于缓解人们压力和消除焦躁情绪有着极大的作用，并且还有助于培养人们的忍耐能力。由此可看出在商务室内空间中运用园艺疗法的视觉治疗将对于常年处于办公室内有着极大压力的工作人员来说有着极大的作用，缓解压力、消除焦躁、培养忍耐能力无疑都将为商务室内空间的人们带来正面的治疗，并且这些也将提高工作人员的工作效率，因此在商务室内空间中运用园艺疗法是极其重要的。

（3）嗅觉刺激：环境治疗除了视觉刺激能够给人们带来一定的治疗效果以外植物所散发出的香气带来的嗅觉体验同样也有一定的治疗效果。植物所散发出来的香气可以在一定程度舒缓室内人们紧张的心情，营造舒畅的环境氛围。除了植物散发的香气可以令人们舒缓压力以外，植物散发出的负氧离子同样可以达到治疗的效果，相对于香气给人们带来的心理治疗，负氧离子则是对于人们的身体带来更为直接的身体治疗，对于室内空间植物较多的环境下，其负氧离子浓度将比一般室外环境要高，而这将达到降低血压、缓解肌肉疲劳以及提高新陈代谢的功能，对于商务室内空间中终日工作的人们来说有着极大的治疗意义（见图2）。

3）芳香型药用植物治疗

芳香植物在室内空间中运用极多，植物散发出的香气及负氧离子均对人们的身心有着极大的好处，然而单单缓解压力的植物香气并不能完全起到疗效的作用。园艺疗法在商务室内空间的运用应该更为全面广泛，为此芳香型药用植物的引入便可以一方面达到园艺疗法的效果，并且同时对于室内工作人员的身体健康起到治疗效果。如白术和川芎散发出的挥发物便有改善微循环、降低血压、增加脑

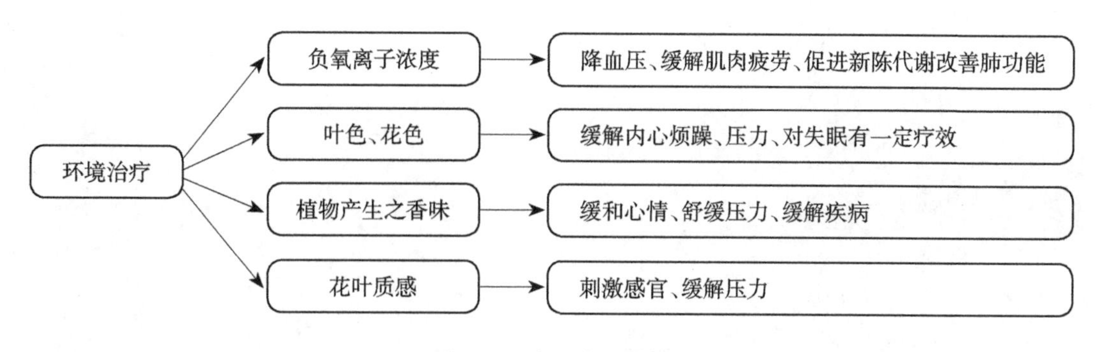

图2　环境治疗功能图

血流量及镇痛、调节心血管功能、抗凝血的作用，快乐鼠尾草挥发物让人放松，对于神经紧张、虚弱、恐惧等身心症状有缓解的作用，罗勒的挥发油能安抚神经紧张、消除焦虑、疑惑等症状；薄荷的气味能疏肝解郁、兴奋中枢神经系统。众多的芳香型药用植物多可以以盆栽的形式设于商务室内空间之中，不但能起到嗅觉、视觉、触觉的刺激，同时植物的挥发物对于人们的身体起到了治愈的效果。

2　结语

园艺疗法已不再局限于公共空间，商务室内空间同样可以作为园艺疗法的平台为室内工作的人们提供健康的疗效，对于人们常年在工作压力下逐渐形成的诸多身心疾病，园艺疗法在商务室内空间的运用应该受到当今人们极大地重视。

（韩金竹　张建华）

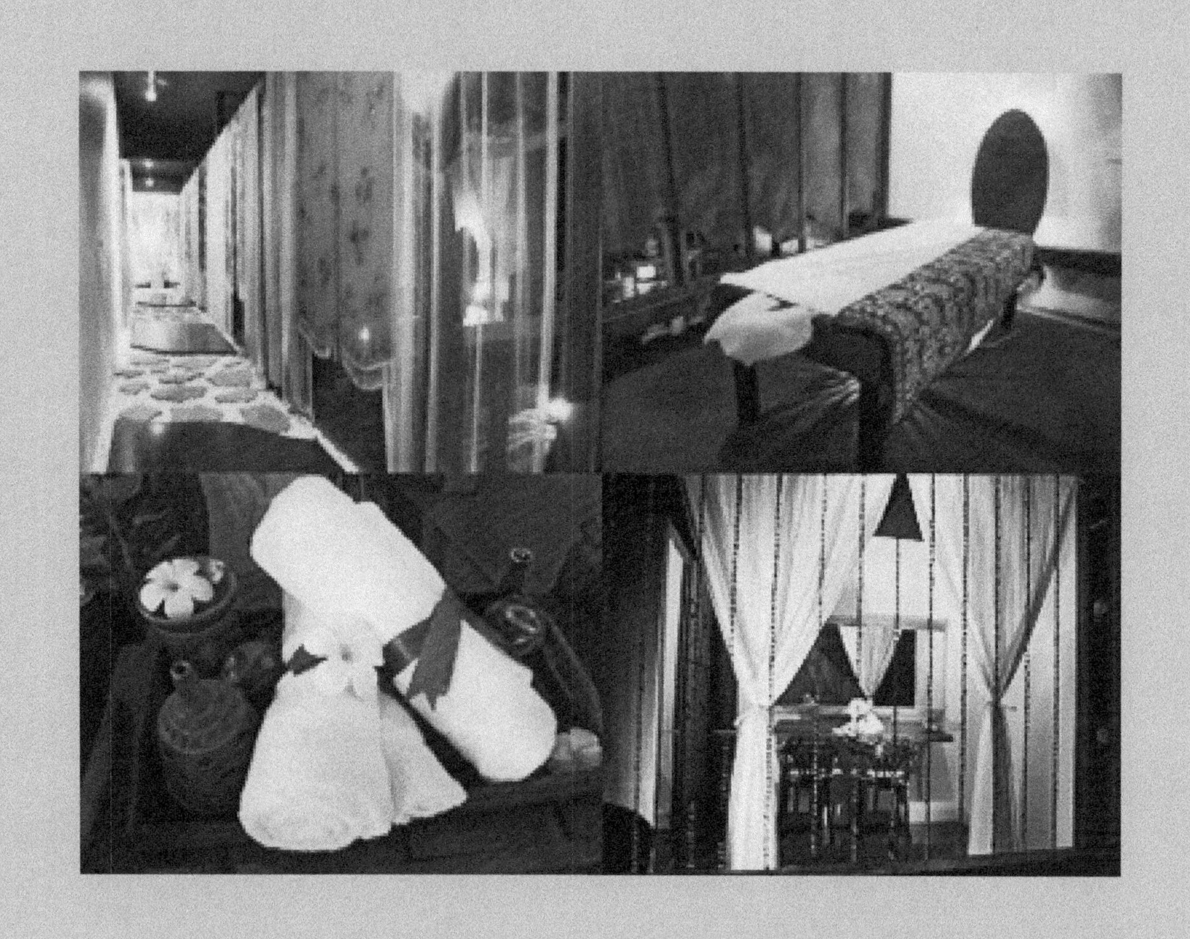

第四篇　商业空间生态

植物配置

上海商业空间绿饰设计现状分析

一直以来，人们就向往绿色舒适自然的环境。然而随着城市建设的进行，可供人们休闲娱乐放松的自然环境越来越少，而城市商业空间则是人们日常接触较多的空间，因此，在商业空间中增添绿色成了大势所趋。

1 商业空间的概念

1）商业空间的范围

商业空间这一名词是顺应时代而提出的，其主要指购物与服务等场所，如酒店、商场、超市、美容美发店、专卖店、步行街等；商品的陈设与展示空间，如博物馆、展览会、展览馆等；还包括商务办公场所，如写字楼等。并且随着时代的不断发展，人们的需求日益增多，商业空间势必会呈现多样化、复杂化、专业化、人性化和科技化的特征，其概念也会有更多的解释和外延。

2）商业空间的构成形式

商业空间是由内部和外部空间合成为一的综合空间。外部空间开发、设计，有不同的特点，是形成空间形象特色的主要因素，也是整个城市的标志性空间。内部空间，是外部空间的延续，以连续的活动体验，各具特色的活动空间连接成一个整体的脉络和意向。在这种内外融合的形式中，景观要素也正在悄然发生着改变。我国正由“以商品为中心”转向“以消费者为中心”，即消费市场中，消费者起主导作用。因此，一些大型商店及商业中心常设置中庭、回廊等丰富多变的空间，并引入水池、喷泉、瀑布、绿化以及休息茶座等，形成一个吸引人的商业环境。

2 绿饰在商业空间中的意义和作用

1）优化购物环境，提升消费愉悦感

千姿百态的植物与冷漠、刻板的建筑形成了鲜明的对照。绿色可以解除人的焦虑和烦躁情绪，稳定心态，使人舒心畅怀。其原因是绿色能吸收强光中的紫外线，减少对眼睛的刺激，缓解疲劳，使人有舒适之感。现代的消费模式中，人们的消费过程明显增长了，消费情绪也由简单的满足演变成了欲望到行为不断升级的循环。因而，需要强调创造一个符合人们消费心理的购物环境。

2）改善空间结构，营造自然和谐氛围

如果用单一的建筑分隔空间，那么会显得单板而不富生气，有时会破坏环境的整体协调性。而运用诸如花墙、花池等来分隔空间，则能使分隔看上去不那么生硬，在植物之间还有空隙，不会使分隔出的小空间显得局促而不适。比如在建筑内一些生硬的拐角处，比较难处理的死角，选择合适的植物配置，植物的高矮、大小，能改变空间的尺度感觉。能让空旷的空间看上去丰富，棱角过多的空间得到修饰遮挡。

3）改善室内环境，倡导健康时尚消费

各类商业空间内部普遍存在温度恒定，湿度较低，空气流通差，二氧化碳浓度和病菌含量高的问题。生物过滤法是除去空气中挥发性有机物（如甲醛、苯等）有效廉价的方法。运用绿色植物不仅能装点商业空间，还能改善室内环境，一举多得。研究证明，绿色植物对室内的污染空气有很好的净化作用，能有效地降低空气中的化学物质。在24小时照明下，芦荟可去除1 m^3空气中所含的90%的甲醛、常春藤能吸收90%的苯、50%的甲醛和24%的三氯乙烯、垂钓蓝能吸收96%的一氧化碳、86%的甲醛。在一个安心安全健康的环境中消费购物是所有消费者所喜闻乐见的。

3 商业空间绿饰设计的现状

3.1 商业空间的绿饰特点

根据商业空间性质的不同，对于绿饰的重视程度，选择范围以及应用形式都有所不同。酒店、餐厅、饭店等场所，特别是星级酒店对于绿饰设计已相当重视，其运用绿饰的范围也十分广泛。大到酒店大堂小到每一个房间的卫生间、小桌上等能见到一抹绿色，这体现了酒店的细心周到，也令整个环境更显档次与品位。超市、专卖店、商场、购物中心等购物消费场所，对于绿饰的应用正在逐步增加。超市的消费群体包罗大众，因而这类商业空间对于环境的美化不甚在意，更多考虑的是空间的合理运用以及内部空间的光线及空气流通状况等。专卖店相对于商场而言，是一个小的独立的购物空间，在装饰美化方面更为个性化。

商业步行街，集合了大量的商场、专卖店，是商业空间中较为突出的一类，在绿饰设计形式与植物选择应用方面较为丰富多彩。

区别于其他的商业空间，商业办公场所中的人不再是"消费者"，而是"工作者"。因而此类空间进行绿饰选择与设计时，更趋向于理性的思考。在种植形式上，规则式的图案较为常见，常常以简洁明了的块状设计呈现在人们面前。而办公楼的内部绿饰选择，也倾向于选用常绿植物及花朵颜色较为素雅的品种。

美容美发店、SPA馆、养生会所等场所对于绿饰的要求，则贵在精而非多。人造花艺作品常常能够成为观赏的焦点，其时尚的外形、优美的线条、细腻的手法如一件精致而有韵味的艺术品，对烘托环境氛围、凸显文化底蕴有着独特的效果。

3.2 商业步行街的绿饰设计

商业步行街的概念实际上是一个舶来品，在国外对应的概念有Mall、Pedestrian Mall、Pedestrian Street、Shopping Mall等。值得注意的是"Mall"一词最初的意思就是"林荫道"。由此可见古今中外的商业步行空间中，植物景观绝对是一个不可或缺的要素。

3.2.1 商业步行街的特点

商业步行街的关键在"步行"，是以人为主体进行设计的。作为步行街，消费者的步行过程就成为整个消费行为的重要组成，因而一个良好的步行环境是商业步行街的经营优势所在。建设生态环境良好的步行街不但可以提高商业服务的品质，还可以利用商业中心的可达性充分发挥植物景观城市休闲绿地的功能。

商业步行街的另一个特点即"寸土寸金"，在进行绿饰设计时，要在有限的空间内做到景观的最大化与最优化配置。比如，根据路段的宽窄程度、人流密集程度等选择不同的绿饰配置方案。在步行街入口处，集中出现绿饰的组团式设计，突出商业街的主题，起到强调与美的作用。然而在中心较宽敞的区域，运用树池、花钵等形式，增加商业步行街环境的多变性。

3.2.2 商业步行街的绿饰设计形式

1）花池式与树池式

在花池或树池内布置绿化是常见的手法，能兼顾人的自由穿行与购物方便。栽种植物的花池、树池不应过长、过大，充分考量周边人流及商场密集程度，选用合适尺度。此时，单独的乔木就能独立成景。树池和花池的设计也可以适当抬高边缘，使符合人们坐姿时的高度。这种设计，既能满足功能需求也能满足环境需求。也有更为复杂的做法。可选择多种植物组合搭配，营造出一个景观层次丰富的绿化空间。可以是各类栽培器具的搭配组合，不同高度大小的栽培容器搭配不同色彩、不同质感的草花，避免了单一植物的单调，更显活泼。也可以是休憩功能与绿化功能的两厢叠加。正如文中强调的，商业步行街的绿化面积已有欠缺，在这样的形式下，在商业步行街中的花池、树池等通常附有另一种功能——休闲座椅。

2）立体绿化

立体绿化，是现今较为流行的一种绿化配置方式，对于可用绿化空间不足，又迫切需要增加绿化面积，改善景观环境的区域，立体绿化是被广泛采用的绿化形式。在景观设计时，有意识地增加一些可以进行立体绿化的园林建筑或建筑小品。如在人们的休憩空间中设置一些花架、棚架等，创造立体绿化的条件。也可以在各大商场的外墙面，增加一些挂式壁盆，栽植些有色有香的花卉，使得建筑更显人性化、环境更为自然化。

3）移动绿化

由于步行街的人流并不是固定的，节假日人流较多，而平日里则较少。为了充分利用步行街的有限空间资源，可摆放一些花钵、花瓮等可移动绿化装饰，既能增添街道景观的美感，也能达到灵活运用的目的。对于想要快速增加绿化量，改善景观环境的时期，运用移动绿化进行装饰是一个很好的选择。在世博会期间，为满足绿化需求，美化城市，增加了许多移动绿化。在各类商业步行街上，移动绿化以其多变性、时效性越来越受重视。

3.2.3 适合商业步行街应用的绿植

商业街的绿植是一项长远的投资，在建造伊始就应考虑到今后的景观效果，选择树形优美的乔木，如银杏、香樟等，南方地区还可选用高大的棕榈科植物。在强调外形优美的同时，还要充分考虑植物的大小（包括若干年后的植物形态）是否适合该商业街。在下木的选择方面，耐修剪，能做出规整造型的灌木更为合适。配以精心修剪的灌木球或绿篱，商业步行街显得更为整洁有序。而四季常绿的灌木在使步行街四季有景的同时，也有其不同时段的观赏特点，如火棘的累累红果，栀子的花开雪白，还有红花檵木、瓜子黄杨、金叶女贞等。在草花的应用选择方面就更为广泛了，不论是新培育出的品种还是已经应用广泛的花卉，都能与定植的乔木、灌木等组合出不同的景观效果，这是步行街景观时看时新的重点。平日里适量地点缀，而到了重要的节庆时节，还可选用能增添节日气氛的花卉。如在圣诞节期间开花的圣诞红，花开时，喜庆气氛倍增。

3.3 商业购物中心（商场）的绿饰设计

3.3.1 商业购物中心（商场）的特点

在满足顾客购物心理与行为需要的基础上，把提高经济效益，吸引与方便顾客，便于营销和管理放在首位，这是商业环境最主要的功能特征，即商业性。另外商业购物中心（商场）还有展示性，服务性,休闲性,文化性等特征。营利性与非营利性这两类不同性质的空间共存于商业购物中心(商场)之中。正如上文提及,商业性为商业购物中心(商场)的首要特征,因而商场的环境营造其目的便在于留住消费者,使得消费者能在其中尽量多的消费,创造利益价值。调查表明,商业环境对购物行为的作用在于:商业环境可以延长购物者在商店中活动的时间,激起购物情绪。所以说,这两类空间的共存是相辅相成的。

3.3.2 商业购物中心(商场)的绿饰设计形式

1)入口的标志性设计

利用绿化美化入口是加强第一印象的有效方法。成功的入口绿化景观设计,能够聚集人们的视线、吸引人们到此活动,呈现出商场的不同特色,提高环境的识别性,甚至会成为城市的地标,带来特殊的商业效益。如港汇广场的入口设计,以地面为平台分别向地上和地下扩展。地上的扩展部分形成了一个大的空置空间,平日里摆放应季花卉,而到了重要的节庆假日则会根据不同的主题,形成富有特色的花坛。

2)商场内部节点设计

调查结果表明,即使是对购物比较狂热的年轻女性在商场逛上2小时也会有明显的疲惫感觉,如果商场内没有良好的休憩场所,而是要走到休息广场或是走上100米到就近的快餐店调节状态,那么,最后只有50%的女性还想回到商场接着逛。因而,直接在购物中心(商场)内设置休憩休闲场所,是留住消费者的好方法。例如,大型商业空间内会设置中庭,这是由数层专卖店及通道平台围绕起来的共享空间,利用生机勃勃的绿化手段创造一个优美、舒适、愉快的商业环境,使人们觉得好像商店,又好像置身于优雅的庭院之中。中庭的设计应注意水平和垂直两个方向的整体效果,应与周围楼层的高低,楼梯口的方向和空间的大小相适应。中庭是一个大的景观节点,而在商场的内部亦可以设置一些小型的休息座椅,或是咖啡座等,在其周围布置绿化,既能起到围合、隔断空间的作用,又能增加整个商场内环境的舒适性,形成一个个小的景观节点。

3)细节处的绿饰丰富

在一般的商场内,通常会有一些不易产生视觉效果的地方。比如说楼梯、墙角、过道,或家具的端头、窗框、窗台周围等。通过绿化能改善这些地方的形象,令人耳目一新,时时有新意,在重要的节庆假日时,还能够通过变化摆放的植物,增加节日气氛,使得空间充满个性化与丰富性,贴合人们的生活与心情,营造更为宜人的商业气氛。① 在较宽敞的楼梯上,可以相隔数阶摆放观叶类植物,扶手上还可以选用藤蔓植物使其顺势悬垂而下。② 过道是两个空间的连接处,虽然重要但容易出现一些死角或是光线阴暗,可以合理地运用盆栽植物规避这些死角,为空间增加活力。③ 墙角可运用多种手法柔化其生硬的线条。观果、观花、观叶植物可成丛配合组景,竖石也可搭配优美草花灌木组景,可充分利用墙的背景效果,营造不同的植物配置效果。立柱上的攀缘植物很好地覆盖了墙角的生硬线条,柔化了刚性的建筑空间,并且通过植物的装饰,对位于立柱上的广告也有了强调的作用。④ 货架、展示台、柜台上会经常摆放人工花艺作品。

3.3.3 适合商业购物中心(商场)应用的绿植

常用的室内观叶植物有:合果芋、竹芋、花叶芋、喜林芋、鹤望兰、秋海棠、龟背竹、米兰、文竹、橡皮树、龙血树、散尾葵、棕榈等。这些观叶植物拥有优雅的姿态,丰富的色彩,适宜现代人的审美品位。其中大型的盆栽植物如:橡皮树、龙血树、散尾葵、棕榈等,装饰效果很是壮观,通常运用于此类空间的入口处以及中庭内。而根据季节的不同,还可以选择一年四季都不同的鲜花,现在的商业空间中的鲜花选用不仅仅局限在一些传统的草花,经常能看到一些新品种的鲜花争相开放,给人带来了不少新鲜感。

4 结语

商业空间不仅是一个购销商品的场所，还是人们精神交流与观赏、休息的重要场所，绿饰是商业空间环境设计的一部分，随着科学技术的不断发展，人们生活质量水平的不断提高，人们越来越关注所处环境与自然的和谐共存，因而绿饰走进商业空间是第一步，其后更应该注重商业环境的生态性，形成一个绿色的商业空间，不仅是所能看到的绿色，商业空间景观构造时所运用的材料、装饰方法等也应是“绿色”的，这应该是商业空间的未来。

（张晓芬 朱永莉）

商业空间中植物配置的中国传统文化因素

1 中国传统文化对现代商业空间的影响

中国传统文化对中国社会的发展影响巨大而深远，它的哲学理念可以用于经济、政治、艺术、空间设计等领域。中国传统元素与现代商业空间的设计有着密切的联系，中国传统元素与商业空间设计结合有着重要的意义。

商业空间设计不再是简单设计与装修，而是在设计中融入更多的文化元素。现代商业空间应从人的物质、精神、生理、心理等诸多方面进行综合性设计，营造一个现代舒适又具有艺术气氛的室内空间，中国的历史文化成果和精髓可以大量运用到现代商业空间中。

2 中国传统植物配置与现代商业空间

中国传统的植物配置崇尚自然，讲求韵律美。无论是私家庭园、帝王宫苑或寺观寺院，各种植物景观，位置错落，疏密有致，皆顺应自然，利用自然和仿效自然（见图1）。传统的植物配置尤其注重文化内涵，赋予植物诗情画意。配置中更讲求“天人合一”，与自然和谐统一。而古代园林的布局方形式如今已被现代空间广泛所采用，因此，在进行现代商业空间植物配置的时候，也需要充分考虑中国传统文化的影响。

图1 苏州留园植物形式自然

中国传统中风水学对商业空间内外部环境的植物配置的摆设方位、风流水气、阴阳平衡等各类明显的或者潜藏的因素有诸多的要求，力图达到“天人合一”、藏风聚财、身心和谐的目的。其要义就是强调植物风水要做到风生水起，因地制宜。

商业空间中有了植物，就有了生机之气，就能调节生态。例如在办公室内放置绿色植物，可以营造一个良好的办公环境，缓解职员头疼、紧张等症状，放置在适当的位置，更可以提升财运（见图2）。对于风水不好或运势不佳等情形，可以利用植物的巧妙配置来避免。若是办公室有强烈的反光进入，也可以将绿色盆景置于窗台，这样既起到了美化的作用又化去了煞气。花草有灵，放置花草的地方，自然会有灵气产生，植物长得旺盛的地方，则代表气旺（见图3）。

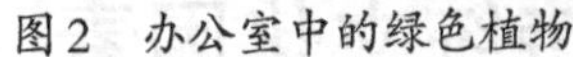
图2 办公室中的绿色植物

图3 Google的办公室

传统的风水学认为，在办公室内放置植物，尤其是“财位”植物的摆放，应该以绿化室内环境，增加生气为吉。财位上摆放的绿色植物，叶子大都厚大而圆，因此摆放的植物宜以赏叶的常绿植物为主，如铁树、发财树、黄金葛及赏叶榕等。赏花的植物则可以选择水仙、兰花、玫瑰等有香味的植物。但是要及时轮换到阳台和室外去晒太阳，以保持绿叶常青。若叶子枯黄花朵枯萎，就要及时更换，以免破坏办公室的风水。财位上不宜放置有刺的仙人掌类植物，至于藤类植物，由于形状曲折攀附，也不宜放在财位上。

商业空间中，如商场、酒店等可以配置万年青、铁树、龙舌雏菊等植物，具有吸收空气中有害物质、杀菌除尘的作用。大部分植物都是在白天吸收二氧化碳释放氧气，在夜间则相反。但是有一些植物，例如芦荟、红景天、吊兰等却没有昼夜之分，并且能够吸收甲醛等有害物质，这对于人流量较为密集的商业空间来说无疑不是很好的选择。一种叫做平安树的植物，自身能够释放出气味清新的气体，使人精神愉悦。平安树的叶片一经灯光的照射，光合作用就会随之加强，此时释放出来的氧气会比无光照射的条件下多几倍，可以将其置于有明灯强光照射的地方，充分发挥其特性。

3 植物配置与情感体验

中国传统植物配置的意义在于营造能够忘却现实的虚拟情感场所，如果将之与商业空间相结合，那么商业活动就更加具有人性化与人情味，作为城市纯粹商业活动的缓释，增加了休闲文化的内涵。中国传统文化要求商业空间中植物配置在一定程度上要起到某种心灵抚慰作用，以便让现代人躁动不安、迷惑不解的心灵焦虑得到缓解，客观上也利于人们的身心健康需要。

这对于面积相对较小的商业空间来说更为重要，咖啡厅、餐厅、酒吧等，对主题形象和小环境的舒适感营造要求较高。以咖啡厅为例，这是一个可以提供给人们休闲、约会、谈话的私密性的场所，植物的合理配置对于烘托气氛和隔离空间有着重要的作用（见图4）。入口处的设计尤为重要，因为那是宾客进入室内的第一印象区，因此设计时应摆放造型健美的松柏类盆景或是一些怒放的兰花类室内盆栽植物，也可以选择其他植株健壮，无不良气味与病虫害的植物。如果入口处的设计光线不佳，有穿堂风吹袭，或者存在走到狭窄的问题，再摆放仙人掌、玫瑰等一类有刺的植物或其他怪形植物的话，更加会给宾客带来厄运和不好的心理暗示。

颜色在调和、平衡能量上，也占有着一席之地，但也无须太过强调。一般有两种颜色被认为是一年中任何时候都是幸运的颜色——带有强烈阳气的红色与黄色。红色是最幸运的颜色，它的最佳摆置地是在南方，而黄色的最佳摆置地是在西南方与东北方，像是非洲产的紫罗兰与蓝色钟形。红色与黄

图4 咖啡厅的植物分隔空间

图5 植物盆栽平衡柱子的生硬

色都是充满活力的颜色，在中国古代，许多宫殿和庙宇的墙壁都是红色的，官吏、官邸、服饰多以大红为主。在中国的传统文化中，五行中的火所对应的颜色就是红色，八卦中的离卦也象征红色。红色更代表着蓬勃向上、吉祥喜气、热情奔放，可以激发消费者的购买欲望，使其精力充沛。另外，对于一些特别的节日，例如中国传统的春节和外国的圣诞节，红黄两色都是最重要的组成颜色，可以成功地营造出浓厚的节日气氛，配合以适时的主题，给人留下深刻的印象。

4 植物的能量平衡

传统风水注重金木水火土的相生相克，主张利用植物无形之中来改变风水，达到丰盛水气的效果。可以将植物区分为金木水火土五类，依据五行的规律来选择相生相克的植物。由植物放射出的气也被认为可以应用在特殊风水规范里，也与五行和八卦有关。将其结合，则可以藉由五行相互间的影响——相生与相克来平衡一地之能量（见图5）。

一些相生的植物放在一起，可互为利用，共生共荣，相得益彰。例如百合和玫瑰作为盆景或瓶插在一起，可延长花期。山茶花、茶梅与山茶子放在一起，可明显减少植物霉病。朱顶红和夜来香、石榴花和太阳花、泽绣球和月季，双方都有利。相克的植物需要尽量避免同时种植。将丁香、紫罗兰、郁金香种植或养在一起，彼此均会受害。辨别植物阴与阳的特性，亦是一种平衡能量的方法，但植物是活的、是可以改变的，可以根据五行生克将阴阳做适当的平衡。例如，丝带状的羊齿科植物，如孔雀草、芦荀可以藉由锯齿叶状上许多的阳气来软化、平衡阴气。而一整篮代表各种阳气的植物，如天竺癸、山梗菜，更可在晦暗不明的角落增添一抹色彩。

将植物放置于空间中的角落，有助于刺激停滞在角落的不动之气，使气活络起来，亦可以软化那些因锐、尖、有角的物品而产生的阳气。另外，将植物放置在缺乏能量与人气的区域可使该方位活跃起来、空间也显得更宽大。所以，若欲在商业空间中摆些植物以缓和尖锐、粗糙的建筑材料时，选择晚樱科植物是最理想的。晚樱科植物不像垂枝类植物会在风水中造成不利，因为它似灯笼的形状被认为代表着好运。

5 结语

将中国传统与现代相结合来设计现代商业空间，是一种很好的方式。传统在这里完全有新的面貌和含义，它绝对不等于古板，而是将传统设计重新演绎，以新的形式来顺应时代的发展。在进行植物配置时更强调的传承传统文化中的“神”似，而并不强求与“形”。也就是“浓浓的现代味，淡淡的中国风”。不论将来商业空间的设计风格如何发展，都必须建立在一个美学的原则上，那就是传统与现代不断融合，用现代语言对传统文化的继续，创造高品位的现代商业空间。

（杨梦雨）

上海商业广场中的植物配置研究

随着商业形态的不断发展，对广场的景观要求也不断提高，植物多样性也趋于丰富，对商业广场植物配置也提出了新的挑战以适应商业形态变化，国内外的商业广场植物配置也逐渐出现了新趋势。如今上海的商业广场在植物配置方面的手法日趋成熟，在提高商业广场景观设计与植物配置方面采取了许多行之有效的具体办法，值得借鉴和参考。但在这其中也有一定的不足之处，为了提高本市的植物配置水平，作者针对上海市的几个主要商业广场进行了随机与典型调查。

1 调查区域概况及调查研究方法

1）调查区域概况

上海气候条件属于亚热带湿润季风气候，四季季相分明。作者以上海主要的6个商业广场为对象进行调查，广场定位皆为时尚购物广场，如表1所示。

表1 上海6个主要商业广场简介

广场名称	地理位置	周边建筑
来福士广场（Raffles City）	西藏中路268号	紧邻人民广场和南京路步行街，靠近上海市博物馆和上海市政府
梅龙镇广场（Westgate Mall）	南京西路1038号	与中信泰富广场和恒隆广场形成静安“金三角”
中信泰富广场（Citic Square）	南京西路168号	毗邻梅龙镇广场、锦沧文华酒店等五星级豪华酒店
恒隆广场（Plaza 66）	南京西路1266号	与中信泰富广场、梅龙镇广场比邻
久百城市广场	南京西路1618号	南临繁华的南京西路，东与上海机场城市航站楼相连
越洋广场（Reel）	南京西路1600号	与静安公园、南京西路商业街相邻

2）研究方法

乔木及独立成株的灌木、花卉采用每木调查法，单位为“株”；分散成片的灌木、花卉、草本等采用面积总和法，单位为“m^2”。根据实地调查，汇总6个广场中的所有植物，计算植株总数与面积；进行植物乔灌比、生态习性、季相变化、频度与配置形式等分析。

2 结果与分析

1）商业广场植物景观多样性分析

据统计，在这6个广场中植物应用种类共43种，其中乔木类10种，占全部的23%，灌木类20种，占全部的47%，藤本类1种，占全部的2%，花卉类8种，占全部的19%，草本类4种，占全部的9%（见图1）。木本植物共30种，占所有植物的70%。

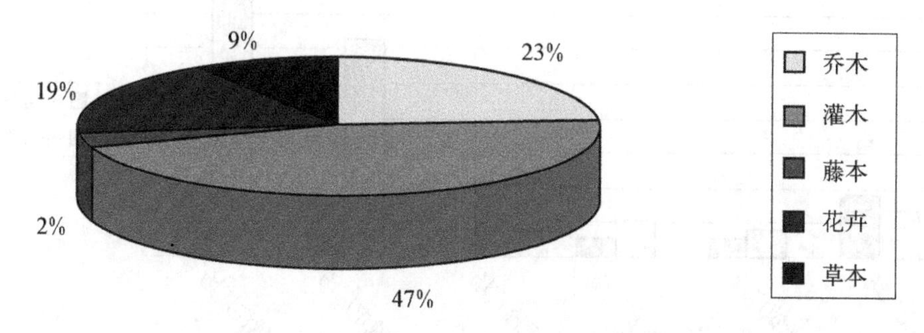

图1　上海主要商业广场植物种类比较分析

这些植物共涉及29科41属，其中应用木犀科、木兰科、蔷薇科的植物较多，分别是4种，4种，2种。由此可见木本植物是上海主要商业广场环境绿化的主体，藤本植物与花卉的应用略显单薄。

由表2可以看出，中信泰富广场的植物种类达到29种为最多，恒隆广场次之（25种），久百城市广场与越洋广场的植物种数相对较低，分别为15种和9种。由此可见，上海主要商业广场的植物种类应用的多样性不足且乔木层植物种类单一，灌木层的植物种类较之丰富，如中信泰富广场的灌木层种数高达17种。

表2　上海主要商业广场的乔灌层种数比较

广 场 名 称	植 物 种 数		
	总 计	乔木层	灌木层
来福士广场（Raffles City）	24	3	14
梅龙镇广场（Westgate Mall）	23	2	16
中信泰富广场（Citic Square）	29	3	17
恒隆广场（Plaza 66）	25	5	12
久百城市广场	15	5	4
越洋广场（Reel）	9	3	3
平均值	20.83	3.5	11

2）商业广场植物景观生活型分析

据统计，6个广场共有乔木10种，灌木20种，其中，常绿乔木7种，落叶乔木3种。常绿灌木14种，落叶灌木7种。从图2看出，乔灌种类比最高的是越洋广场（1.5），其次是久百城市广场（1.25），虽在乔木灌木配置中种类比较均衡但乔灌种类太少。梅龙镇广场（0.17）与中信泰富广场（0.21）的乔灌木种类比较低，表明这两个广场的灌木种类应用较多而乔木种类相对较少。可见上海主要商业广场采用的灌木种类较为丰富，而乔木种类较少。

如图2所示，在乔灌木数量比方面，梅龙镇广场与中信泰富广场的乔灌比数量约为0.1，可见群落结构设计不太合理。说明灌木的应用在数量上比乔木的应用更具优势，植物群落下层空间丰富。

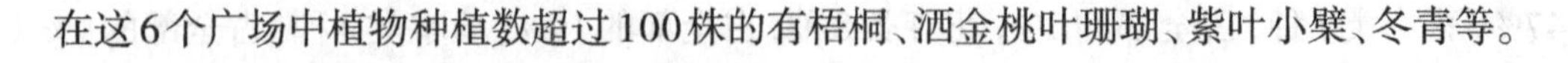

在这6个广场中植物种植数超过100株的有梧桐、洒金桃叶珊瑚、紫叶小檗、冬青等。

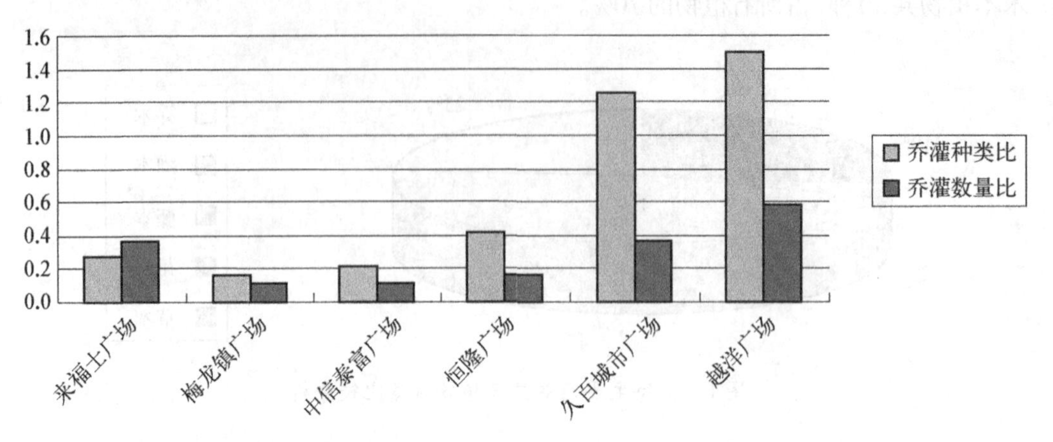

图2 不同广场的乔灌比

3）商业广场植物常绿落叶比分析

由图3所示，来福士广场、久百城市广场等的常落种类比（常绿树种/落叶树种）均大于3，远远高出其他广场。在常落数量比方面，中信泰富广场与越洋广场均大于4，可见这两个广场的常绿树种应用较多，而落叶树种运用较少。相比之下，其余4个广场的常落数量比约为2，可见常绿树种与落叶树种运用较均衡，季相变化明显。越洋广场的落叶灌木层几乎缺失，四季常绿，无季相变化。而中信泰富广场与恒隆广场的常绿树种与落叶树种比约为1.8，说明这两个广场的常绿树种与落叶树种应用较为均衡，前者常落数量比在1.7左右，季相变化明显。而后者常落数量比约为4，显然常绿树种数量远远大于落叶树种。

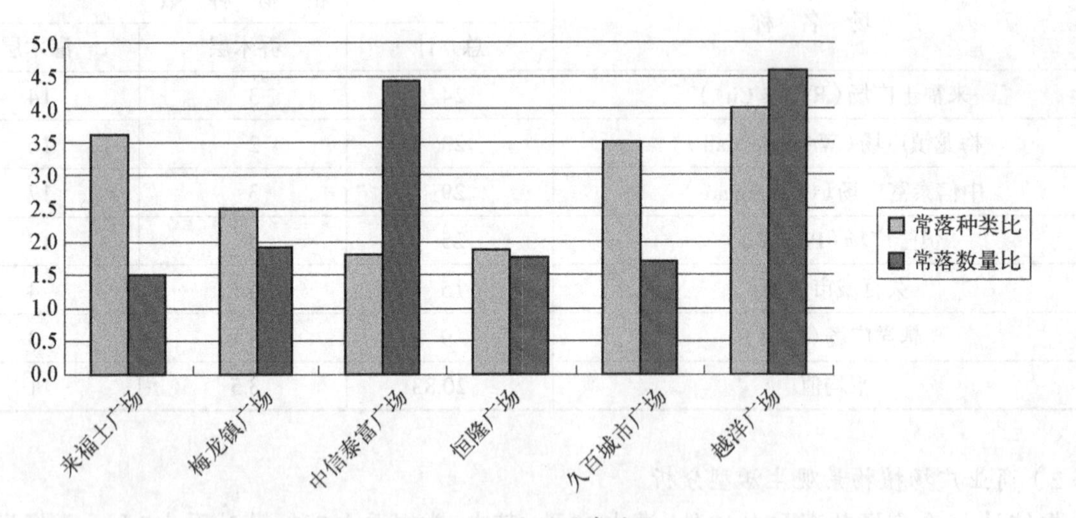

图3 不同广场的常落比

4）商业广场植物生态习性分析

上海适生树种基本要求是喜光耐寒。需耐移植，水平根系发达，具有抗污染与耐污染性。适应中性环境，土壤偏碱性土。具备对常见病虫害的抗性，抗风能力强且管理粗放。

据统计，来福士广场、中信泰富广场、恒隆广场等应用的喜光植物为20种或以上，中信泰富广场甚至高达25种（见图4），喜光植物应用最多。偶有广场种植一到两种喜荫凉的植物。可见上海主要商业广场均以种植喜光植物为主。

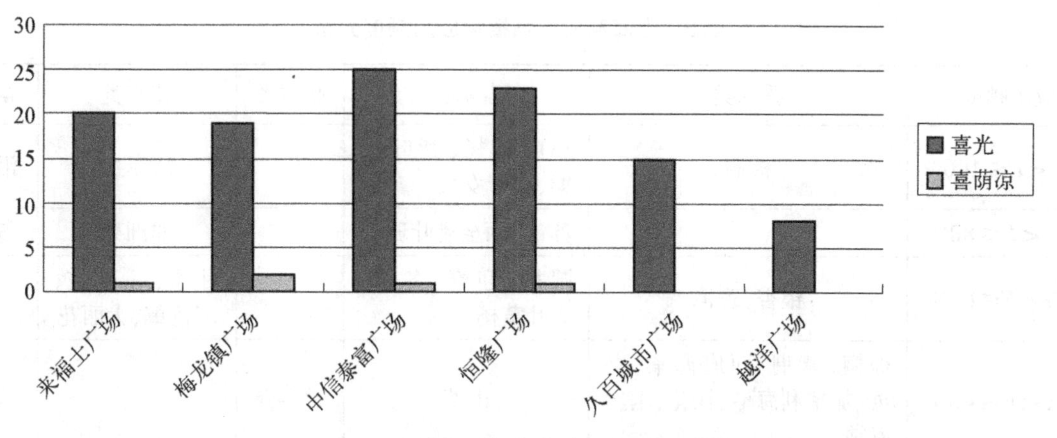

图4　不同广场喜光喜荫凉植物种类比

5）商业广场开花植物分析

在这6个商业广场中共使用春季开花树种22种，夏季开花树种11种，秋季开花树种5种，冬季开花树种1种。恒隆广场应用的春季开花树种高达10种，中信泰富广场次之为9种。来福士广场运用的春季开花植物与夏季开花植物数量均为8种，梅龙镇广场与中信泰富广场次之均为6种。此外梅龙镇广场应用的秋季开花植物是这6个广场中最多。由图5可见上海的商业广场中选用的春季开花植物与夏季开花植物种类较多。

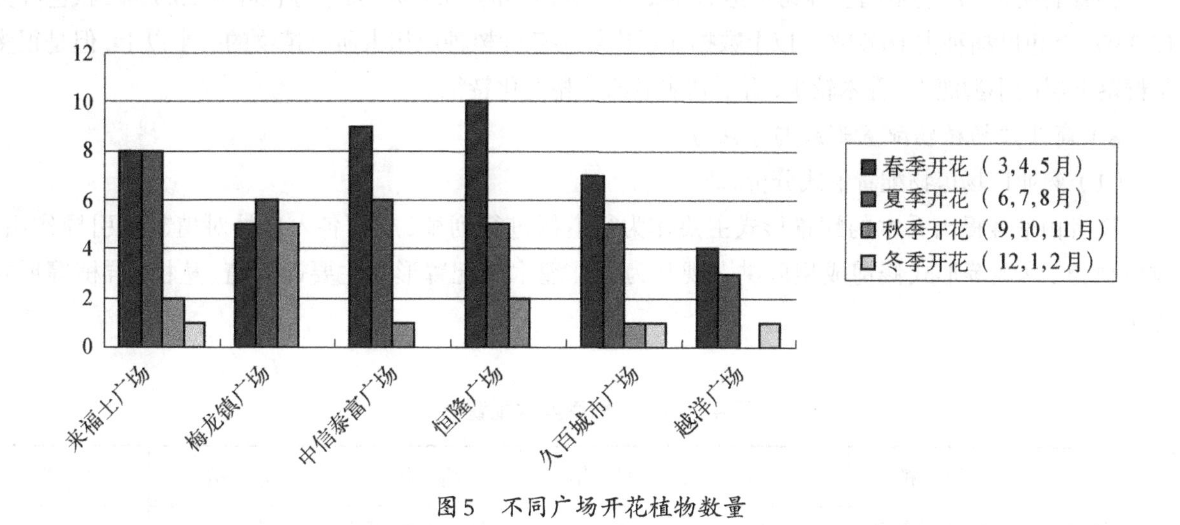

图5　不同广场开花植物数量

6）商业广场植物频度分析

本研究所指的频度是指某种植物在所有参与调查的商业广场中出现的频率（$F=(\sum$某种植物出现的广场数$/6)\times 100\%$）。从表3中可以看出，梧桐常作为行道树被广泛用于各个广场。小叶黄杨、紫叶小檗、金叶女贞等的频度值也达到80%以上。而沿阶草是如今商业广场中应用最多的地被植物之一。相比之下，孝顺竹、五角枫、桃树、枸杞、美人蕉、金桂等应用频度均小于20%，例如广玉兰在中信泰富广场多采用在入口处孤植，以引导市民进入广场；再如美人蕉、枸杞等花卉，主要是为了与三色堇、月季等混合种植，形成缤纷的色彩变化。

表3 上海商业广场植物应用频度分析

应用频度	乔木类	灌木类	藤本类	花卉类	草本类
$80\%<F\leq 100\%$	梧桐	小叶黄杨、紫叶小檗、金叶女贞		矮牵牛	沿阶草
$60\%<F\leq 80\%$		苏铁、洒金桃叶珊瑚		非洲菊	麦冬
$40\%<F\leq 60\%$	银杏、香樟	圆柏、迎春、冬青、大叶黄杨		月季、一品红、三色堇、大丽花	
$20\%<F\leq 40\%$	棕榈、紫荆、西府海棠、女贞、加拿利海枣、桂花、垂丝海棠	山茶	常春藤		蕙兰
$F\leq 20\%$	孝顺竹、五角枫、桃树、桑树、乐昌含笑、金桂、广玉兰	五针松、枸骨		美人蕉、枸杞	萱草

由此可见，上海主要商业广场对乡土树种的应用较少，例如香樟的应用频度仅为60%以下，山茶的应用频度为40%以下，不同植物间应用频度差异较大。

7）商业广场植物色彩应用分析

广场中色叶树种主要包括春色叶树种、秋色叶树种和常色叶树种，其中春色叶树种主要有垂丝海棠、桂花、香樟；秋色叶树种主要有银杏及常色叶树种紫叶小檗、金叶女贞、洒金桃叶珊瑚等。

调查表明6个广场中的色叶树种达16种，占所有树种的53.33%，其中春色叶为23.33%，秋色叶为13.33%，常色叶树种占16.67%。以上数据显示广场中色叶树种应用占所有植物的一半以上，但是很多是群落下层的小型灌木，乔木较少，看不到明显的季相变化特征。

8）商业广场植物配置形式与手法分析

（1）商业广场植物配置形式分析。

作者由表4得出乔木的配置形式主要作为行道树进行列植，或在各入口处对植起到引导作用，或以孤植、盆栽等形式修剪成型以供人观赏为主。灌木的配置形式主要以列植、丛植、群植等形式为主。

表4 商业广场乔灌木配置形式

	孤 植	对 植	列 植	丛 植	群 植	盆 栽
乔木	加拿利海枣	香樟	女贞	加拿利海枣	孝顺竹	
		银杏	梧桐	棕榈		
		广玉兰	乐昌含笑			
			香樟			
			银杏			
			桑树			
灌木	苏铁	小叶黄杨	山茶	洒金桃叶珊瑚	洒金桃叶珊瑚	小叶黄杨
	西府海棠	五针松	大叶黄杨	金叶女贞	小叶黄杨	圆柏
			桂花	苏铁	珊瑚树	
			冬青	变叶木	紫叶小檗	

（续表）

	孤　植	对　植	列　植	丛　植	群　植	盆　栽
			小叶黄杨	垂丝海棠	金叶女贞	
			金桂	紫荆	大叶黄杨	
			圆柏	桂花	冬青	
			桃树	五角枫	构骨	

（2）商业广场植物配置手法分析。

对这6个商业广场进行调查发现植物配置手法主要有以下几点，在来福士广场次入口处对植苏铁，给人以均衡感，对广场的入口及其周围景物起到了很好的引导作用。广场中一大亮点是攀缘植物的造景形式，将常春藤与一品红混合种植于圆柱形容器中（见图6），解决了在没有养护条件下的地段的绿化和美化问题，但要注意保持种植容器的锁水性和透气性，并加强人工管理。容器种植按照行道树间距布置栽植容器，丰富街道的空间景观。

在一楼星巴克的门口，常春藤又作为覆盖层点缀了变压器，利用设施防护景观绿化保证了市民安全和工作需要。广场中另一大亮点是采用紫荆与矮牵牛混合种植于圆形花盆中，用支杆撑起仿成树冠为圆球形的灌木型态，富有新意（见图7）。

在中信泰富广场，主入口处广玉兰对植，同时采用树池种植乔木的形式来美化环境，树池（见图8）中间散落着碎木片，使生态效益大大增强，弥补了商业街景观的不足。同时在广场转弯处孤植一棵冠幅约为2.5 m的垂丝海棠（见图9），树形经过修剪成圆形，与连翘、紫叶小檗、女贞、小叶黄杨、麦冬等配合在一起种植，配合层次鲜明，颜色由深到浅过渡，视觉效果强烈。仿自然界的群落结构，将乔灌草花卉有机结合，形成复合结构的稳定人工植物群落。

在恒隆广场，花坛的植物种植布局多以曲线形式出现，花池边缘设计很宽考虑到客流高峰时人们的休息要求（见图10）。花池的高度一般控制在450 mm左右，尺度应根据街道的长度与宽度合理进行确定。同时在墙面运用了垂直绿化（见图11），采用了人工草皮铺满了整个墙面，另外在草皮上放置了金属质感的三角形模板，在阳光的照射下显得熠熠生辉，烘托了恒隆广场的金碧辉煌之感。为了增加

图6　容器种植

图7　仿灌木型混合种植

图8　树池

图9 仿自然界群落结构

图10 喷泉广场

图11 垂直绿化

图12 灌木丛与雕塑

传统商业广场的活力与生气，草坪中还有商人形态的雕塑与呈曲线形式的灌木丛混合在一起。与整条街道的风格相协调，折射出现代都市的缩影（见图12）。

随着生活节奏的加快，许多市民只能在夜间购物或进行娱乐活动。因此将商业活动延续到夜间是商业广场成功的一个重要战略之一。运用各类灯光照明工具创造良好的夜间环境形成富有吸引力的夜间街道景观。同时运用节能技术降低能耗，通过灯饰照明的设计组合，形成疏密有致、主次分明的连续性夜间景观。因此在商店的门口主要是运用了水景照明景观，灯池中的灯光主要采用LED灯，色彩照明主要利用了三原色——红、黄、蓝，营造出一种梦幻的意境。

3 对策分析

1）市民对商业广场植物配置的看法

针对来福士广场，梅龙镇广场，中信泰富广场，恒隆广场，久百城市广场，越洋广场等6个广场植物配置方面的问题作者进行了一次随机调查，采用问卷形式，调查对象主要面向年轻人，划分为在校学生与上班族，所占比例各一半。

首先问题1针对上述6个广场对其周围环境最满意的是哪些？

由图13可见选项D恒隆广场最高，占29.17%；选项A来福士广场次之（25%）。由于这两个广场主要面对年轻的时尚人群，交通十分便利。选用植物多样性丰富，植物配置合理，成为在校学生与上班族爱去的广场。

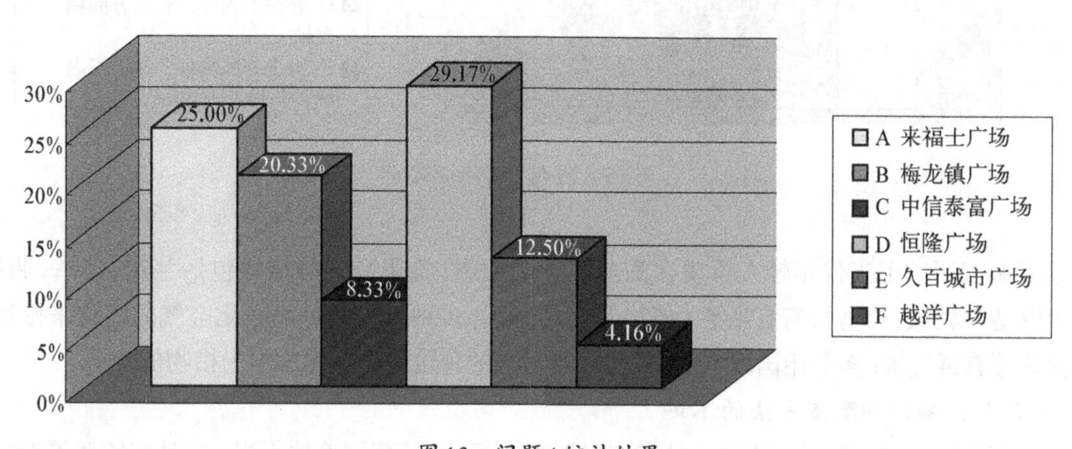

图13 问题1统计结果

问题2针对6个广场的植物配置方面进行调查。

由图14可见，选项B“较好，植物颜色不是很多且种类较少，但长势良好没有病虫害”最高，占51.72%。通过统计数据显示对植物配置评价较好占大多数，民众普遍认为植物颜色不丰富但是长势良好没有病虫害，说明对于养护工作的展开较有成效。调查同时作者正好看见梅龙镇广场的养护工人正在进行植物的防冻措施为冬天的到来做准备，说明对植物养护的重视程度。

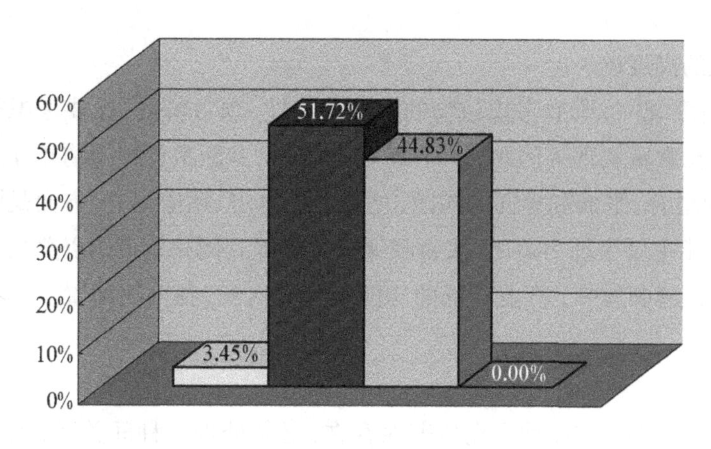

图14 问题2统计结果

问题3是对于如今的商业广场的植物配置手法日趋成熟的今天，还缺乏什么因素？

由图15可见选项B“植物种类少，相同植物种植太多”最高，占28.36%，选项A“手法雷同，布置方法类似缺乏新意”次之（26.87%）。市民普遍认为目前的商业广场在植物应用手法比较单一，彩色叶树种虽然应用较多，但是季相变化不明显。

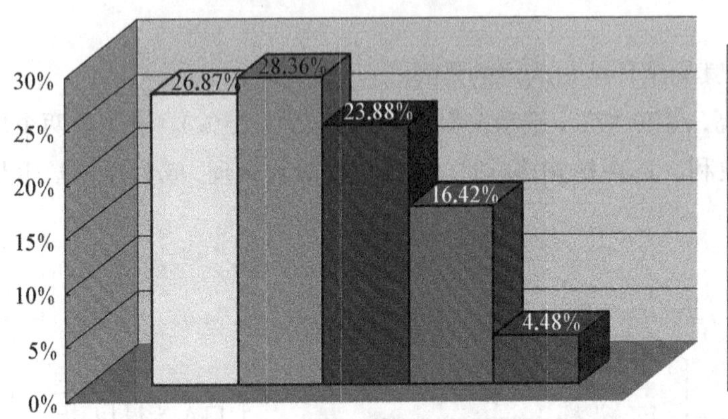

图15　问题3统计结果

最后调查了一下当代年轻人希望在商业广场的期望，希望看到的植物包括兰花、红掌、腊梅等。要求植物造型精致，修剪要富有新意；植物要实用美观，多种植一些可以净化空气的植物来排污染排二氧化硫等有毒气体；多利用国内本土植物，利用适当的种植方式发挥出本土植物的优势。

2）商业广场植物配置手法的不足

上海商业广场植物配置手法的不足存在以下几方面，一是草坪养护不当；二是变压器等设备裸露在外，与背景植物产生违和；三是植物的单一性是诸多广场的共同问题，成片的运用小叶黄杨、紫叶小檗、洒金桃叶珊瑚等植物；四是选用芳香类植物较少。

3）商业广场的植物配置建议与讨论

个人认为商业广场主要是给人们提供一个愉快的购物环境和餐饮场所，应充分考虑人们购物休闲的需要，因而在广场的绿化上要根据广场自身的特点来进行植物配置。在植物造景时应根据休息小品设施，体现四季变化的观花、观叶、观果植物。除传统的绿化林荫道外，广场绿化应以灌木为主，使这些绿色与现代建筑形成感官刺激，色彩、动静的对比。此外，多种植时令花卉，既能绿化和美化广场，净化空气。

（1）植物景观要科学性与艺术性的高度统一。

植物景观是科学性与艺术性的高度统一，既要考虑植物的生态学特性、观赏特性，又要考虑季相和色彩、对比和统一、韵律和节奏，以及意境表现等问题。园林植物造景，一方面是各种植物相互之间的配置，考虑植物种类的选择、树群的组合、平面和里面的构图、色彩、季相以及意境，另一方面是园林植物与其他园林要素相互配置。其功能主要表现为美化、改善和保护环境等。例如行道树以美化和遮荫为主要目的，配置上应考虑其美化和遮荫效果；商业广场的功能是分散人流，在植物配置上应考虑其组织空间的分割与促进消费的效果。

（2）根据植物生长习性合理配置。

在植物景观中，多种植物生长在同一环境中，种间竞争普遍存在，必须处理好种间关系，因地制宜，植物在生长发育过程中，对温度、光照、水分、空气等环境因子有着不同的要求。比如苏铁在上海露地栽植时，在冬季应采取稻草包扎等保暖措施，以防止低温而冻坏。

（3）植物配置要美观且实用。

植物配置应美观且实用，并近期与远期相结合，预先考虑园林植物尤其是季节、气候的变化，并注意不同配置形式之间的过渡、植物之间的合理密度等。另外多种植一些对污染气体、有毒气体等有抗性的植物，可以净化空气，有防尘、防风、降低噪声等功能。

（4）注重物种与造景形式多样性。

生态园林的意义就是物种多样性和造景形式的多样性，形成稳定的植物群落。多采用色叶树种，随着季相变化市民可以在不同季节看到不同的景致。从造景形式多样性的角度，除了一般的植物造景外，垂直绿化、屋顶花园等多种造景形式都应该被重视。

（5）植物配置注重地方特色。

最后植物配置应当注重地方特色，多选用本土植物，不但可以节约成本，而且本土植物最能适应当地环境，形成地方特色，一味地采用外国物种有时只会背道而驰。

4　上海商业广场植物配置的展望

我国虽有着“世界园林之母”的称号，但是我国的园林植物造景经过了漫长的停滞阶段，与发达国家形成了明显的差距。主要原因一是植物种类的单一性，我国现有高等植物470科，3 700余属，约3万余种，为全世界近20万种高等植物的1/10，位居世界第三。但就目前的应用来说，植物种类太少且单一。对于种植资源的开发力度不够是我国园林植物贫乏的主要原因。其次是园艺水平较低，尤其是草坪和花卉始终缺乏新品种。最后是植物景观单调，在植物配置中运用的植物种类略显单薄，不能构建出丰富稳定的植物群落。植物造景设计理念欠缺，某些广场借鉴了西方园林的种植大片草坪的技术，实际在我国是不适合的，要符合大众的口味做到雅俗共赏。所以在植物景观的营造方面要充分吸收融合中外园林的造景手法，既要借鉴古典园林中的人与自然和谐相处的手法又要借鉴西方园林营造大面积草坪的手法，形成一种简洁现代的风格。

对于现今的城市景观设计，在环境绿化问题上，大多数的景观设计往往侧重于以构筑物为主的硬质景观，而忽视了绿地林荫一类的软质景观。个人认为可以多采用缓坡的方式，将平面转换为立体，从而强调了景观的立体化。为使土地利用率达到最大化，尽可能提供更多的活动场所，可以变平地为起伏地、设置多层活动平台等立体化环境。在同一块地上，采用乔灌草共同种植的种植布局。景观立体化是现代及未来景观规划设计的总体发展趋势。在景观规划设计中考虑植物季相变化，促进生态系统发展等，保留和利用现有构筑物，使城市景观设计能够设计出具有体现人文思想、人性化的、拥有本土特色的规划设计。

（金茜琳　郗金标）

商业街的植物配置浅论

随着商业的繁荣发展，商业街不仅仅只局限于表现商业发展的成果，更是成为城市的窗口和形象标志。据不完全统计，截至2005年末，我国县级以上城市商业街已超过3 000条，总长度已超过1 800公里，总面积已超过1.5亿平方米。在都市久居的人们都向往自然，希望更多的回归自然。所以在商业街中增加绿地景观，是将自然氛围引入城市。植物景观的配置有利于营造商业街所需的不同的氛围，优化植物配置显得异常重要。

1 商业街绿地景观改造的必要性

1）商业街功能需求的改变

变化对商业街的经营范围进行重新调配，从经营趋势上分析，传统意义上城市中心区和城市区域中心的商业街、步行街，其购物功能呈下降趋势，而旅游、餐饮、娱乐、休闲等功能则呈上升趋势。因此应根据人们的需求并创造良好的绿地景观环境，以满足人们的娱乐与休闲需求。在西方一些发达国家和地区，到处可见空中花坛、绿植装饰等景观。在中国，人们已意识到绿色空间的宝贵价值，并尝试着在建筑与建筑之间、建筑高层间隙之间有规划地进行绿植配置。街道的绿植既能优化环境又能赋予环境以艺术生命力，重建人与环境之间的和谐关系，消除工业化环境对人的压抑感。如南京夫子庙步行商业街区（见图1），规划将“T”字形的商业街扩展为近乎“田”字形的商业街坊，形成四通八达、容量较大的商业街区，同时保留大面积的土质地面，为人们创造良好的购物与休闲环境。

图1 南京夫子庙步行商业街区

2）商业街购物环境的改变

中国历史上的商业区在长期的渐进式发展过程中，始终遵循着传统的建筑与空间布局——以建筑围合空间，建筑覆盖密度明显大于外部空间，形成一种具有人性尺度的“积极的空间”和“物化的空间”。当前，我国的商业街建设还处于初级阶段，多数还保持着传统面貌，道路多是硬化路面，植物只能采用盆栽或花坛等形式，有树的商业街较少，街面缺乏游憩气氛。其症结除了经济与现实条件外，关键在于对人的行为心理缺乏研究，未能从提高商业街空间环境综合质量的角度上去考虑。

2 植物景观设计原则

1）适地适树

优化植物配置固然重要，但是所有的前提就是保证植物的存活率。尽量引入适合本地域生长的优良园林树种。在植物材料的选择方面，应该优先考虑当地的乡土树种，根据当地的气候条件、当地的小气候和地下环境条件选择适合于该地生长的树木，有利于植物的正常发育、抵御自然灾害以及保持稳定的绿化成果。适当选用经过驯化的外来树种也非常重要。不少外来树种已证明基本能适应本地自然环境，外来园林植物的选用对促进物种多样性、丰富园林景观起到了重要的作用。一个区域内植物丰富多样，又能模拟再现自然，使道路绿化景观富于变化，同时也增加了道路的可识别性。

2）植物景观应追求整体及宏观效果

商业街区的植物景观要和现代道路的景观空间结合起来考虑，特别是商业街的外围空间，要充分考虑到车行的因素。也就是说，景观尺度要随之扩大，绿化方式需要改变，应用大尺度来考虑时间、空间变化，以突出气势，同时环境中也需要有吸引人的特殊景观。规划应从大处着眼，在统一中求变化，主次分明，重点突出，使各条道路绿化各有特色而又相互和谐，过渡自然，变而不乱，达到整体的统一，效果如图2所示。

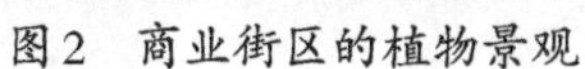
图2　商业街区的植物景观

图3　生态园林

3）模拟自然群落营造生态园林

在城市里，经常面对着钢筋水泥高科技，“生态”一词显得更接近与自然和低碳环保科持续发展。除了某一些特定要求之外，商业街外围的空间最好多以生态园林为基础。利用植物是最生态也是最有效的方法。乔木、灌木、藤本以及地被植物相互结合，营造生态。在园林中，乔木是园林绿化的骨架，构建出整个绿化体系的轮廓，灌木、藤本及地被植物贯穿其中，丰富绿化的层次与空间感，效果如图3所示。不同植物搭配模拟出有层次、有结构的生态植物群落，不仅仅起到了良好的改善环境、保护环境、美化环境的作用，还丰富了景观中的绿化景色，增添自然美感，对于增加城市绿化覆盖面积也做出了贡献。

4）常绿、落叶树相结合

常绿树种和落叶树种在一定程度上是一种互补的关系。由于落叶乔木越古朴，枝干、树形越迷人，最具备树木的色彩美、形态美、季相美、风韵美，因此最能体现园林的季相变化，使城市一年四季各不同，而常绿乔木可以给人四季如春的意境，在做城市道路绿化设计时应该根据设计意图合理安排选择。但落叶树种进入到落叶阶段，枝干、树形成为景观的时候，常绿树种就可以带来带有反差感的美。

5）加强景观效果

在人类的五大感官中，以视觉和听觉最为重要，其信息的摄取量占了五官总体摄取量的90%以上。除去植物外形上的变化，色彩上大胆创新的应用更能引起视觉的触动，和唤起人们对美的强烈渴望。根据表1，我们发现不同的颜色会造成消费者不同的情绪，商业空间的色彩搭配要鉴于各种方面和因素综合考虑。

表1　植物色彩搭配引起的心理感受和反应

颜色	心理感受	情绪反应	联想反应		象征反应
			青年	老年	
绿色	自然、新鲜、平静、安定、可靠、信任、公平、理智、和平、淳朴	能够唤起人们对大自然界的向往	环保新鲜	自然和平	草木、和平、理想、希望
红色	热情、醒目、艳丽、幸福、吉祥、革命、公正、恐怖	易造成视觉疲劳	热情革命	热情危险	血、夕阳、火、热情、危险
白色	清白、纯洁、单纯、明快、朴素、神圣、光明、诚实	明快清新	纯洁清楚	纯洁神秘	纯洁、朴素、神圣

（续表）

颜色	心理感受	情绪反应	联想反应		象征反应
			青年	老年	
黄色	明朗、欢乐、自信、希望、高贵、进取、警惕、猜疑	安静愉快	活泼明快	光明希望	黄金、注意、光明
紫色	优美、高雅、高贵、妩媚、温柔、自傲、虚幻、魅力	优雅、流动、不安	幻想	沉思	高贵、神秘、优雅
蓝色	寒冷、遥远、永恒、透明、高深、俭朴、忧郁、无聊	易产生抑郁和悲伤情绪	理想无限	平静薄情	海洋、沉静、忧郁、理性

第一，要根据营业内容的不同而变化。商业街有不同的功能分区，像是餐饮、衣物饰品、娱乐休闲、运动等有不一样的消费群，为了给消费者营造一个舒适的购物环境，植物色彩搭配的好坏很关键，要注意是否和特定的环境和环境中的人的心情相呼应。例如，一般餐饮区域，可以大面积地使用绿色，来营造出舒适放松的环境氛围。因为当大自然中的绿色在人们视觉中占了75%以上时，会使人感到精神舒适。所以，在商业区，绿色植物占总数的1/3或1/4时是最好的，再配以彩色的花卉点缀。

图4 植物配置

第二，就是要随着季节的转变来选择植物。总的配置效果应是三季有花、四季有绿，即遵循“春意早临花争艳，夏季浓荫好乘凉，秋季多变看叶果，冬季苍翠不萧条”的设计原则，视觉色彩应能引起人们对冷暖的心理感受。根据植物的配置原则和颜色的冷暖倾向，选择四季不同的植物配置，如图4所示。

从整体上看，植物群落的色彩变化能加强景观的视觉效果外，突出植物季相、层次、天际线、林缘线变化，也能够加强景观效果。采用不同色彩的花木和不同绿色度的大、小乔灌木，分层配置或混植，也能创造瑰丽多姿的景观。组成的林缘线为流畅的流线型，而局部又富于变化。从纵立面上看植物层次为乔、灌、地被相结合，天际线具有高低起伏、弧形及塔形等多种变化。

3 步行商业街道路植物景观特点

步行道路的绿地景观在整个商业街绿化景观中占了很大一个比例，它也是公共绿地的一个重要组成部分。道路是空间的脉络，不仅仅要使整个道路系统达到清晰方便，美观舒适更是商业街步行道路的重点。

3.1 商业步行街的空间形态

简·雅各布在《美国大城市的生与死》中曾提到：“当我们想到一个城市时，首先出现在脑海中的就是街道。街道有生气，城市就有生气；街道沉闷，城市就沉闷。”一样的道理，商业街中的步行道路是整个商业区的活力所在。步行街道依靠着周围建筑而存在，建筑的平面变化形成丰富多彩的街道空间；街道空间与商业街内部空间相连，使商业氛围相互渗透。步行街道可以分为露天街道和半室内步行街道。如根据交通形式又可以分为全步行街道和半步行街道（见图5）。

图5 步行街道

3.2 商业步行街环境特征分析

商业街中的步行街道是给消费者一个舒适及富有魅力的步行空间。在这方面注重景观设计是为了能增添商业区更多的活性化。每个商业区都会有特定的消费的主题，像上海美罗城的五番街就是以“日式时尚地标”吸引着众多年轻人。不仅仅汇聚了许多的日本潮流人气品牌，日本药妆、日式美食一应俱全，甚至还有日本家具连锁品牌。打着“日系”的标签，顾名思义在环境氛围的营造上也更应该选用日系的设计手法。在这一点上，五番街做得还是很到位的。不管是室内的植物配置（见图6），还是小品铺装（见图7），都很用心地遵循着日本“禅”的思想，让消费者可以在上海就感受到日本的潮流。景观设计与购物相结合，将商业街的环境氛围烘托的更加到位。

3.3 商业步行街环境植物景观设计理念

植物景观，不是简单的花草、林木，而是生态、文化和艺术的结合体。植物在景观中代表了生命力，可以作为主景，也可以甘居人后作为背景。但一切有了植物的陪衬变得生动。植物有时也是文化的载体，在历史的沉淀中，植物被赋予不同的精神。

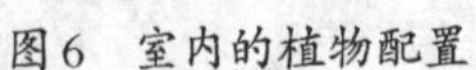

图6 室内的植物配置

图7 小品铺装

1）植物景观设计的科学性

植物景观设计的科学性也是景观设计的基础和根本。那就是遵循自然生态规律。这一点在之前的植物设计原则里就有提过。因地适宜地选择树种很重要。植物是一种生命体，在自然界中有其特定的生存条件。正是因为有了生命的脉搏，植物才与其他景观不同，需要更小心地呵护，才能将其美丽的一面展露出来，从而美化环境。

植物也是具有多样性的，除了选择当地的树种，积极引进其他树种也很重要。每个地区的环境、湿度、海拔都会造就植物不同的一面，即使是同一树种。每个地方都不要生搬硬套别人的景观设计，应有自己的特点才能更胜一筹。

2）植物景观设计的艺术性

植物景观的根本目的是服务于人，是为了创造更舒适的生活环境。所以在追求植物景观设计的艺术性时，要以“以人为本”为宗旨。在利用植物进行空间的设计改造时，一定要立足于满足大众的审美观念，达到人们的心里感官享受的标准，再进行修饰、设计。

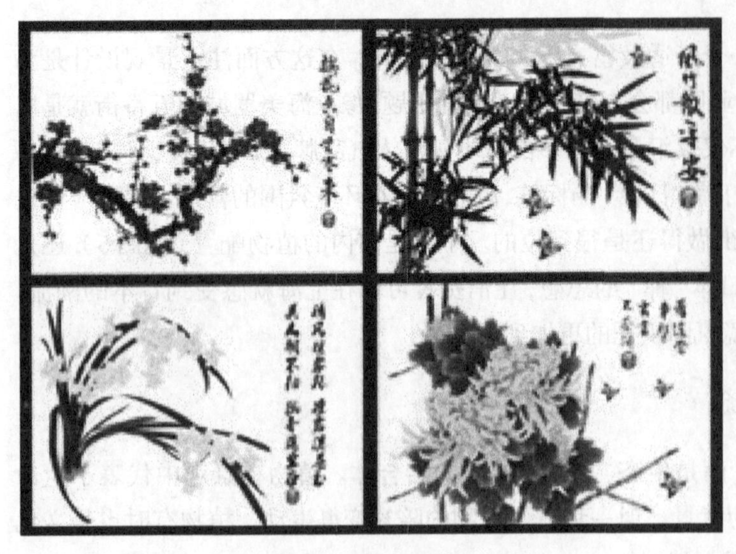

图8 梅兰竹菊

在对这些景观资源进行配置时，要考虑到空间是否满足人体工程学。景观对人是否能引起共鸣，包括他的主观行为倾向、环境意境认知。艺术是来源于生活，又高于生活的。用植物创造一个环境，勾起人们的感情，达到一种意境。因为植物本身就是文化的载体，像是“梅”就是桀骜、高洁的象征；“松柏”苍劲挺拔，象征了坚贞不屈；“竹”用来比喻高风亮节；与“梅”和“竹”共称为“四君子”（见图8）的还有“菊”、“兰”都是寄情于物的代表。

植物内在的文化能营造氛围，那么植物外在的轮廓就能勾画视觉上的触动。在植物景观设计中，基本就是利用乔木、灌木、藤本和地被植物，互相穿插、组合搭配。各种植物在选择为搭配上，要注意色彩、发挥出植物本身的形态，组合形式、在平面及立面上的构图。要展现植物景观在空间上的群落美、形式美。

3.4 植物景观的平面和立面布局

（1）自然式城市道路绿化要求平面布局不能是规则的矩阵方式。为使施工人员很好地实施自然式种植效果，通常采用先矩阵、后补充的方式，以达到自然林效果。

（2）自然林地群落式布局要考虑到各树种的生长速度，合理配植以达到生长地各个阶段都有不同的植物作为主要景观林，而经过优胜劣汰后的景观更贴近自然界。

（3）植物种植的立面布局。自然林植物初期0.6~0.9 m高的小苗占80%，穿插其中的有15%是2.4 m 高的树木，5%是5 m高的树木，各苗间距2.5~3.5 m（见图9）。随着植物生长，小苗逐渐长高，原有大苗逐渐被淘汰，自林地建成开始至生长过程中，都有高低植物配合，也有丰富的林冠线，更类似自然界形成的绿化景观。

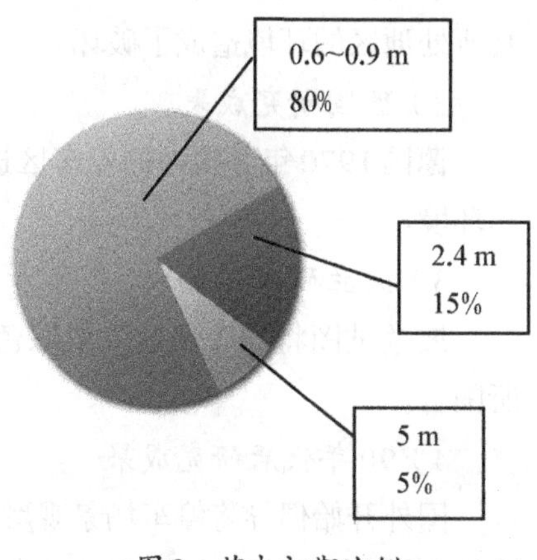

图9 苗木初期比例

4 总结

商业街的景观，美化环境、愉悦身心的目的最终是为了将商业的利益化扩大。所有的景观资源都是为此而服务的。为了迎合城市人向往回归自然的追求，植物景观在商业街的应用越来越举足轻重。作为本身就富有生命的植物而言，在作为景观时，要考虑许多客观、主观的因素。景观有外在的艺术，更有内在的自然规律。我们要顺应这种自然规律，才能有效地利用资源，将其的魅力展现到最大化。在商业逐渐深入到我们生活的方方面面时，依然要记得，自然为我们服务的同时，我们要先学会尊重自然。

（孙境远　张建华）

城市新型现代商业综合体停车场的植物设计

1885年，德国人发明了世界上第一款汽车，停车的需求自此产生。但汽车一直只是少数精英阶层所有，停车问题也一直不算一个问题。时至今日，随着经济的大幅度发展，人民富裕程度的提高，汽车早已不是精英阶层的专利，其数量飞速上涨。有统计数据表明，截至2012年6月底，全国机动车总保有量达2.33亿辆，其中，汽车1.14亿辆，上海市的汽车数量已逾257万辆。到2015年底，沪上机动车保有量将达350万辆。而机动车处于停车状态的时间远远大于“在路上”的时间，两者时间比例大约为7∶1。根据国际经验，每辆机动车需要1.2到1.5个停车位才能满足停车需要（中国建设报，2009）。我国近几年已经意识到了停车位缺乏的问题，并着手开始解决“量”的问题，但是由于试图最大化停车容量，使得这些停车场的通常都没有植物绿化，长久来看不利于停车场“质”的提高。本文就商业中心的大型停车场的植物配置和设计提出一些看法和建议。

1 国外研究现状

1）美国研究成果

美国在1956年发布的《城市停车指南》。该指南指出停车场景观和停车管理是商业区停车系统的两大要素。考虑到环境问题和资金约束，认为较小城市的商业区停车应更注重管理方面。此阶段美国停车场设计由单纯的停车设施配置向营造能够全面满足人的各层次需求的生活环境转变。1929年，美国学者佩里提出neighborhood unit的景观概念。1963年美国学者提出未经规划的停车场景观环境对其所处地区的环境造成了破坏。

2）德国研究成果

德国1970年对国内的停车区进行景观改造，试图软化僵硬的停车空间创造一个更加人性化的停车环境。

3）波兰研究成果

波兰试图将停车场建立成绿色停车场，用带着小孔的水泥板材料，孔里种上花草，让车辆为植物所围合。

4）90年代后研究成果

国外开始倡导将停车场景观融入车行空间中来。美国人Mark C. Childs所著《Parking spaces》提出将停车场空间如何与周围环境结合，更好地为人们生活服务做出了论述。

2 城市新型现代商业综合体定义

Lifestyle center直译为“时尚生活方式中心”（以下简称LFC）。在商业概念里，是指零售商店和相关休闲设施的综合体。由专业商业管理集团开发经营，业态业种复合度较高、行业多、功能多、商品结合的宽度较宽、为特定的目标客户群提供餐饮、娱乐、购物、休闲。走的是精致、品味、享受、雅致、特色型的经营路线，体现的是一种独具“小资”特色的生活品味，而不是传统购物中心所提倡的一站式购物。在LFC里出现的商品将是大众消费中的精品，满足高消费、高品位消费者的诉求。目前市场上有几种主流商业模式：超市、百货、Shopping mall和LFC。从发展角度来讲，LFC是目前最为高级的商业模式。

LFC不是简单地将多种业态堆集在一个大的封闭空间中，而是将景观、建筑、功能等各种因素科学地结合在更开放的环境中，因此景观设计显得尤为重要。国际商业中心协会（ICSC：International Council of Shopping Center）对LFC的定义是：

第一，丰富的业态满足消费者对商品的需求和生活品质的追求；

第二，坐落在相对集中的高收入人群区域；

第三，面积一般在1.5~5.0万平方米之间，近年来出现逐渐增大的趋势；

第四，是在一个开放的环境中，而不像传统购物中心是在一个封闭的环境里；

第五，停车方便，有足够的停车位；

第六，更加注重环境和建筑风格的营造。

3 城市新型现代商业综合体停车场

3.1 城市新型现代商业综合体停车场的特点

LFC是主要针对高端消费人群，占地面积巨大的商业体，这些特质决定了LFC的停车场会有很高的使用率。面积大同时要满足停车方便和足够的停车位，因此LFC将不止有一个停车场，多个地上停车场和地下停车场相互配合，营造出便捷的停车体验。LFC既然定位于高端人群，必须在细节处更下工夫，而营造出舒适的停车体验，可以使顾客对LFC的印象更符合其高端精致的品位。因此城市新型现代商业综合停车场应该具有以下特点：

1）生态性

LFC的停车场应该区别于传统商场的停车场，有更强的生态性。地下停车场应有绿色植物点缀其间，不能是传统的钢筋水泥的世界。地上停车场的植物配置则更考虑到植物的生长习性，从而搭配的更加科学合理。

良好的植物配置可以增加绿地面积，提高绿化率；减弱噪声，提高空气中负离子含量；提高滞尘量，提高空气质量；降低温度，减少发动机造成的热污染；还对环境友好，有利于雨水下渗。

2）特色性

LFC的停车场的植物配置要具有特色性。植物配置上需要地域特色，不同的区域，降水光照条件都不同，在挑选植物种类的时候，要选择适宜的乡土树种；不同的省市，有不同的人文特色和优势，在进行植物配置的时候，要结合本地的人文资源，名人故里等乡土因素。比如李香君的故居，就可以采用桃花为主导的植物配置。

3）易识别性

由于城市商业综合体的规模巨大，所需要的停车位远远是地面停车所不能满足的。因此配备的空前巨大的地下停车场，如果没有一个高辨识度，极其容易让顾客在长时间的逗留商场以后忘记自己停车的具体位置，给消费者带来不便，精心搭配的植物配置，不但令人赏心悦目，也可以作为消费者识别停车位的重要标志。

4）长效性

传统地上停车场的景观植物，尤其是灌木和地被植物，常常由于使用年限的增加，车辆来往频繁对地被造成的碾压，即使在有铺设植草砖的地面停车场，由于汽油泄漏和一些车辆产生的二次污染物也对植被造成不可逆的伤害，形成光秃秃的裸露地面。而灌木丛也因为长期疏于打理而参差不齐，或者由于车辆的剐蹭东倒西歪，景观的长期效果往往不理想。而理想的LFC停车场景观应该是能够长期保持，并且有着一定的自洁性和延续性。

3.2 城市新型现代商业综合体停车场植物配置的现状分析

1）地上停车场植物配置现存问题

（1）缺乏植物，完全以功能性为先，为了提高停车场的容量，不惜大量删减或者完全取消绿地面积。没有美感，且容易造成热岛效应。

（2）景观持续性差，投入使用时间较长的停车场，车辆长期碾压导致地被死亡。传统植草砖铺装刚开始草地还能保持良好长势，但是年限一久，植草砖由于破损、车辆反复碾压陷入土中，导致草地还有地被死亡现象多发，或者采用硬质铺地不利于地表水下渗。

（3）停车场的景观没有区分性，停车场的植物配置通常不能区别于行道树种和周围的绿地形成一个独立的景观节点。LFC的停车场景观设计不仅仅是要改变停车场“绿化荒漠”的陈旧印象，更要把停车场当作一个景观节点来做，把停车场的景观做精、做活、做出特色。

（4）在植物选择上引进太多的外来树种，或者是全部采用乡土树种，没有达到恰当的比例。

（5）当前地面停车场的植物使用自来水专人浇灌养护，要么是随着天气，自生自灭。

2）植物配置的面不广

（1）地下的停车场完全没有植物配置，光靠排气扇通风换气，空气质量极差，长期呼吸这种空气会对人体容易造成不可逆的伤害。

（2）由于停车场出入口屋顶结构以及建筑建构承载力的限制，停车场出入口上方虽然也有覆土层，但是不能随心所欲地改造地形和种植高大乔木和安放重量较大的园林小品，雕塑等。

（3）土层薄，不能种植根深植物。土壤中水分容易蒸发、干燥，需要采用耐旱的植物，但常见的耐旱植物通常不耐阴。

3）植物配置的功能性不强

可以将引入的植物分门别类作为停车场的标识系统，将原来用字母或用靠近不同出入口来模糊区分的停车场区域，通过不同颜色的植物进行分类、或者植物的常绿性——在地下停车场中通过落叶植物和常绿植物来营造出不同停车区域的一种季节感也是一种很有趣的尝试。还可以采用立体魔纹花坛的新手法，即通过立体栽植的方法把平时我们看到的平面的魔纹花坛，立体的种植到墙壁上。由于魔纹花坛色彩鲜艳、图案多样能够极大地提高辨识性，帮助车主辨认和记忆停车位置。

而在地上停车部分选择就更加广泛了，可以通过植物不同的花期，物候期来进行区分，还可以通过植物不同的体量来进行种植，一侧种植高大乔木为主，另一侧种植小乔木，剩下的部分以不同的灌木为主，这样非常方便停车者直观地记住车位所在位置，只要脑中有个模糊的印象就可以很容易地找到自己的车。

4）缺乏节约型园林的意识

（1）节约水资源的意识。

如果LFC停车场大量引进绿植的话，还采用老旧的人工灌溉方式会使灌溉用水量惊人，既不利于生态也提高养护成本。园林植物的灌溉用水应该使用自动滴灌，景观用水应该采用雨水收集为主自来水灌溉为辅相结合的方式。在规划初期就应该有意识地做好雨水的排水和收集工程，规划好管线，直接形成灌溉用水的良性循环。

（2）节约空间的意识。

当前停车场的功能过于单一，除了停车，完全可以对停车场的土地好好的进行规划，可以把一些边角空间或者利用率不高的区域规划成植物种植区、休息区、等待区、休闲区，甚至可以在停车场的边角多余空间里引进一些超市，方便了顾客；修车店可以解决一些机械故障和突如其来的车辆问题或者任何能够给顾客带来便利的功能性区域。

4 大型城市综合体停车场植物设计

1）适合的植物类型分析

（1）按照植物的生长习性和用途来引进植物。

综上所述，由于停车场的特殊用途与相对严苛的生长环境，不是所有的植物都可以在停车场长势良好，均要面临严峻的考验。而大型城市综合体要求的景观是精致、长势良好与别出心裁。所以，必须按照植物用途和植物生长习性严格甄选停车场的植物类型：

地上停车场：

地被——耐碾压，耐污染，耐荫，能够吸附污染的颗粒，生命力强。

灌木——色叶小乔木为佳，根系深，不易倒伏，生长迅速，生命力强。

色叶小乔木——主要满足观赏需求，作为主要景观节点需要根据植物花期、落叶与否来搭配。

乔木——常绿乔木，冠幅大遮荫效果好，花粉不致敏（部分植物宜选用雄株），果实不招蚊虫，根系深，观赏效果佳。

藤本植物——装饰建筑，棚架，亭廊，拱门，点缀山石，可形成独立的景观或起到画龙点睛的作用。

花卉——可以在主要的地方形成观赏点，花卉种类繁多，色彩，株型，花期变化很大，具体视实际情况选择。

地下停车场：主要引进耐荫，耐旱，体量小，根系浅，耐贫瘠，须根多，抗污染性强，吸附能力强，滞留、转化能力较强的植物种类。

地下停车场入口处：宜采用耐干旱的植物。同时，考虑到承重要求，应该多选择低矮的灌木和草本植物以及耐土壤浅薄的浅根性、须根发达的植物。不宜选用根系穿刺性较强的植物，以免对建筑造成破坏。

（2）按照颜色引进植物，使用不同的颜色应用在标识系统、景观小品、附属设施和植物设计中，创造出易于识别的景观序列。

科学研究结果表明，视觉最敏感的是色彩，然后才是形体和线条。植物的色彩是最先为人眼所接受的信息，色彩是园林植物最令人瞩目的特点，直接影响着环境空间的气氛和感情。城市现代商业综合体的停车场面积是前所未有的巨大，想要在这样一个巨型停车场中停车存在一个问题就是“停车容易找车难”，而且由于顾客停车后会在商场里逗留一段较长的时间，在同一个出口出入的可能性小。

所以我们可以将巨大的停车场划分为不同的区域，或者不同的层，然后将不同的颜色应用在标识系统、景观小品、附属设施和植物设计中，即使用颜色来做不同区域的划分，比使用字母或者数字单纯来划分区域更为方便直观。比如：

Ⅰ区停车场—金黄—迎春花、黄花杜鹃、佛手、月季、菊花、黄瑞香。

Ⅱ区停车场—蓝色—风信子、牵牛花、勿忘我、桔梗、紫罗兰、鸢尾。

Ⅲ区停车场—红色——串红、榆叶梅、桃花、樱花、木槿、锦带花。

Ⅳ区停车场—白色—木绣球、玉兰、珍珠梅、茉莉、珍珠绣线菊、杜鹃、百合、石竹。

在路标、景观栏架、休息坐凳、照明灯具上也同时采用相同的颜色配合铺地的颜色或者结合花卉颜色来以示区分，这样产生的视觉效果，令停车者印象更为深刻，从而清楚地记得自己将车停在了什么位置。根据颜色引进花卉，包括但不局限于花卉，还可根据枝干的色彩、叶的色彩、果实的色彩来选择。

（3）根据植物的芳香来引进植物。

人们对一般的艺术的审美感知来自视觉，更深一步来自听觉。而植物配置艺术中的嗅觉有独特的审美效应。人们除了观赏花形花色以外，还可以通过植物的芳香，从不同的角度引发人们感受到植物的美。

根据园林植物的芳香种类。包括清新的青草香，淡雅的荷香，甜腻的桂花香，浓郁的含笑香，淡淡的蔷薇香，幽静的米兰香。清香宜人，浓香醉人。而例如松针、薄荷等植物的香味还具有杀菌驱蚊等实用功效。

植物的芳香还会随着温度和湿度的变化发生改变。温度越高，香味越浓郁；个别种类比如夜来香、晚香玉等在晚间香气更为浓郁。因此做植物配置的时候根据芳香植物香气的浓淡程度，尤其是根据芳香植物的花期来配置植物，形成月月都有花香萦绕的氛围，是植物配置的一个重要方式。

（4）引进新技术研发的仿生替代品以及组合应用，优势互补。

植草格，透水彩石，透水铺装，透水沥青。目前商业停车场采取的大面积的硬质铺装是城市热岛效应的重要成因之一，硬质铺装极易随着气温变化，导致场地环境温度较其他有植被的区域温度高，相对湿度低得多。而在营造地面停车场的植物空间，则应该是立体多层次的，模式如下：乔木遮荫—色叶小乔木—灌木层—耐践踏且耐阴的地被植物或生态铺装。比如一种新开发的品种——超级植草地坪，极其耐践踏，看上去是一般草坪的模样，但是可以被用于停车和行走也不易死亡枯萎。并且这种超级植草地坪，对汽油和尾气排放等对土壤质量造成的影响有更强的抗性，可以长期保持比较好的长势，有利于维持景观的持续性。

为了降低维护和建设成本，还可以采用仿生度极高的生态草垫，这种最新生态草垫采用可循环利用的聚乙烯塑料制成，耐压耐磨，成本低廉。但要在草垫之下种植苔藓，由于地下停车场通风散气普遍不好。德国波恩大学研究人员发现，苔藓植物具有吸收和消化汽车尾气烟雾的功能，是对付尾气烟雾的天然清道夫。据欧盟委员会估计，每年欧洲因汽车尾气烟雾污染而得病死亡的人数超过30万人，汽车尾气烟雾中的微小颗粒具有很强的毒性。而这些微小颗粒在地下停车场中无法排出，会危害公众的健康，波恩大学的研究人员通过长期的观察和实验发现，苔藓植物具有对付汽车尾气烟雾的良好特性。波恩大学研究苔藓植物的杨·弗拉姆教授介绍说，1平方米的苔藓地有将近500万个细小的叶子，这些叶子能神奇地吸收空气中的尾气颗粒，包括占尾气40%的有毒成分铵。苔藓不仅能大量吸收尾气烟雾，而且能将有毒的铵作为养分来消化，一部分的铵被寄生在苔藓叶面上的细菌所吸收，尾气烟雾被转化成了生物质。但直接把苔藓种在表面湿滑不便于人行走，而且苔藓喜荫，因此种植在生态草垫之下是绝佳的搭配，不影响存活，不打滑，又能净化空气，可谓“三赢”。

2）植物配置模式分析

（1）可以将不同城市、地区的地方史，文化元素融入其中用植物组成一些小型立体植物雕塑，形成景观节点，散落在地下停车场中，打造出精致高雅的停车环境。

图1 体现某地围棋文化的植物雕塑

虽然大型立体植物雕塑造价高，维护成本高，但是由于LFC走的是精致、品味、享受、雅致、特色型的经营路线，体现的是一种独具“小资”特色的生活品味，使得将地方特色和文化元素融入植物设计成为可能。还可以根据商场不同的节假日、庆典活动等打造出不同主题的植物雕塑（见图1），形成景观节点，来配合商场的活动，同时也带来了浓郁的节日气氛。当然在停车场中的植物雕塑的尺度和大小需要酌情缩小到一个合适的比例。这些雕塑会使停车场从乏善可陈变得生机勃勃，使停车成为一个观景的愉快过程。

（2）根据不同的季节选用一些时令的花卉装饰停车场的柱子（见图2），可以借鉴高架桥下的绿化经验将停车场的水泥柱用绿色的植物包裹起来。此外，世博会法国馆内高达20米以上，环绕整个室内空间硕大悬空的绿柱的制造方法是在成型的立体容器内植入多样的绿色植物。而这些技术同样也可以为我们所用，创造出绿色环保的停车环境。

（3）引进罕见的树种作为亮点：出于造价养护和成活率方面的考虑，平时生活中园林植物多采用乡土树种，易成活易养护的背后带来的是人们的审美疲劳，每天同一个城市大同小异的植物不再能够吸引人们关注的目光。在一些人流量大的景观节点和主要出入口新颖的植物景观可以更容易吸引人们的注意带来审美新享受。

（4）本着设计多样化的原则，我们可以在巨大的停车场空间内营造出不同的小景观环境。在微观环境中我们利用风格迥异的植物、竹子、景石、小品等各种元素营造出各不相同的景观氛围，增强每个小环境的标识性。意图突破单调的大环境，形成自己的特色。营造出大有大的恢宏，小有小的精致，达到大小景观和谐共存交相辉映的效果。

图 2　垂直绿墙案例

3）植物与其他设施的配合

（1）完备的照明系统：照明系统分为两块，一块是停车场区域内的功能性照明，在地上停车场边角和主要的停车视点处安放灯柱，改变传统的地上停车场没有独立的照明系统，靠路灯余光或是建筑物中的余光来照明。一块是区域内的景观灯，由草坪灯和庭院灯组成，主要为了营造景观意境和氛围。两块应该相辅相成，同时融洽地存在于环境中，同时灯柱的颜色和细节部分的处理也要配合景观的需要来打造。

同时照明灯的亮度应该适当，否则容易造成光污染。另外不同场合不同用途的灯具，亮度应该灵活调整。停车场入口，人行道照明等等这些功能性照明亮度应该较为明亮，草坪灯，各种景观灯可以适当降低亮度。

灯光是为植物配置服务的，植物配置自身的颜色、体量、外形等是为了营造某种氛围而服务的。所以照明设计要根据植物所要营造出的氛围和围绕的主题来设计，结合既定植物的颜色、体量、外形来设计。根据植物软景的所处位置，观赏者的方向，观赏时间的不同区别地来调节灯光的颜色和强度。高大乔木由下往上打灯，低矮的灌木灯光可点缀其间。

（2）营造休息区和服务区：由于城市新型现代商业综合体主要针对高端人群，因此设计时候应该打造新颖、与众不同的地面停车场景观。比如在停车场中加入休息区，开辟出一个微型的小花园，放上桌椅和花架等，营造出一个微型的小园林，为在此等候家人朋友泊车出来的人营造一个良好的等待环境。另外可以在停车场设置一个小卖部，这样开车的顾客就可以不用省却中途寻找便利店无处泊车的烦恼。可以方便地在停车场一站式解决。

（潘柔彬　滕　玥）

对酒店大堂生态化设计的思考

1　酒店大堂的功能与主要布置形式

酒店大堂是酒店的管理和经营中枢，是接待客人的第一空间，是包含登记、结算、寄存、咨询等各项功能的服务中心。目前，酒店大堂的布置形式有① 古典式。古典式是一种具有浓厚传统色彩的设计装饰类型，让客人感受到大堂空间的古朴典雅的一种形式。② 庭园式。庭园式是引入山水景点与花木盆景的设计装饰类型，它能够引导客人走进自然、融入自然。③ 一般式。一般式是追求整洁、亮敞、线条流畅充满玲珑剔透的现代化生态感。

2 酒店大堂存在的普遍问题

大堂是客人进店后首先接触到的公共场所。大堂要创造出一种能有效感染客人的气氛，以便给客人留下美好的第一印象和难忘的最后印象。许多人误认为酒店大堂面积越大、高度越高才算气派。其实，这些都是对于大堂设计布局理解的误区。实际上并不在于过大的面积，而是应当合理地利用每一份空间，同样能创造豪华、典雅、舒适的氛围。总概而论我们要避免以下出现的问题：

（1）缺少创新的生态化理念。酒店在装修中基本都会忽略运用环保材料，无论是奢华的还是简朴的酒店都会出现同样的问题。酒店应当提供最舒适、最健康的居住和消费环境给入住的客人，而不仅是为了以谋取某些经济目的作为经营的出发点。在装修布置中恰当的运用环保材料，如空心砖、环保钢材搭建酒店房屋结构，环保大理石装饰整个大堂，或者是再生利用某些景观元素，如干花作品来装点大堂，能更好地提升大堂的生态文化气息，而不是让人沉闷、守旧的装饰。

（2）流线的不合理性。这样会出现人流量的局部聚集，酒店大堂是酒店功能分区的起始点，应当分为两种流线：一种是客服流线，另一种是客人流线。两条主流线将大堂划分为两大板块，两种分明的流线就不会导致酒店的客人因个人对酒店布局的不熟悉而与酒店员工发生相互“撞车事件”。如果大堂通透到底、直统统的，则会缺乏空间感，这样也容易导致流线混乱、模糊客人的视线。不仅会增加管理难度，同时还会影响前台服务区域的氛围。

（3）大堂的装修风格与酒店的定位类型不相吻合。无论哪一种类型的酒店，在室内装修风格上都应与其自身酒店的定位及类型相吻合，如：度假型酒店要突出轻松、休闲的特征，而不应当使大堂气氛过于沉重又抽象。许多酒店往往忽视这一问题，盲目追求空间的气派、宏伟，而不是追求大堂文化氛围。

3 酒店大堂生态化设计的构想

目前，上海大中型酒店的布置形式大部分是为了迎合商业化的发展形势，过于的商业化而缺乏“生态化”的主流思想。生态化是把资源的综合利用与环保结合在一起的发展过程。酒店大堂的生态化又是绿色生态化的发展，提倡绿色消费、绿色文化、发展绿色产业、加大绿色投入、实施绿色法规等。它不仅仅是人与自然的友好相处，而且是必需的绿色产业化的过程。因此，酒店的门面工作就要把好这第一道关口，可以尝试以下几个方面的布置形式：

1）针对西方古典式大堂的生态化设计

西方古典式酒店大堂主要以洛可可式的风格为主流，洛可可彰显其古朴典雅的精致、甜美、幽雅的艺术特色。(来源于《洛可可与巴洛克》)酒店大堂是一个开放式的空间，然而洛可可艺术风格又偏爱运用多个S线的艺术样式(来源于《洛可可与巴洛克》)，很好地将开阔性的大堂区分为几个不同的部落。通过这种手法又形成了主次分明的流线，充分解决了大堂流线不合理的问题。以洛可可风格为主的大堂，运用不对称构图法则，活跃了大堂优雅的运动感，为大堂增添了柔和、艳丽的色泽，迎合洛可可的艺术风格所彰显的精致、甜美、优雅、奢华。这样崇尚人工修饰的“自然”风格仅依靠传统风格的壁画装点大堂，很难把生态化概念融入进去。解决问题的关键在于可以利用花朵、草茎、棕榈、海浪、泡沫或贝壳等元素作为酒店大堂的装饰之物，带来一种异常纤巧、活泼的趣味，却又不失均衡、庄重和安定的感觉，恰如其分地营造了符合洛可可式大堂风格。这些来自自然地的装饰物正是生态化设计的点睛之笔，是自然产物的生态化应用。室内墙面利用嫩绿、粉红、玫瑰红等鲜艳的浅色调，配以帘式贝壳挂饰，桌面、墙角、客流转角流通区域以花境、草茎、棕榈的结合营造慵懒的气息。将自然风情移入室内，不仅仅是增添了生动活力，更是将生态化的设计融入其中。还可以通过模仿自然形态，将人与自然的协调引入到室内中，让人们了解到生态化不仅仅是绿色化应用的概念，而且是绿色环保产物应用的概念。生态化也是一种精神产物，更是一种潮流思想。

2）针对东方庭园式大堂的生态化设计

以日式庭院与中国元素的融合突显东方庭院式的独特布置形式。东方庭院式是大自然般清新、亮丽的酒店大堂布置形式，是遵循将自然风情引入室内的生态化发展方向。中国古典庭园以庭作为休息点，以廊起到引领人们前行的分流作用。然而，室内很难将这些元素运用得恰到好处。因此，以屏风作为一种分割的标志，起到分流的作用。屏风不仅能够引领人们的走向，也能够达到阻隔空间的效果，还是创造私密的个人空间的道具。不但具有“隔而不断”的作用，还有很强的装饰性，散发出古雅而清新的魅力。东方庭院式的布置形式，不能缺少的点缀物便是花台或是茶几。在日式庭院中，常见的有用粗细、高低不一的树桩作为装点物，人们就借此古朴的环境来谈论茶道；在中国古典庭园中，摆上图案精美的茶几作为局部装饰，同样能展现出中国传统艺术的永恒美感。中国古典园林中，利用传统的借景的艺术手法，将远处室外的景物移入室内，将近处的景物移近身边。这种借物为景、借人为景、借山水为景、借建筑为景的园林艺术手法将有限的面积和空间推广到了更具深度和广度的境界，收无限于有限之中。这样可以省去一些不必要的花费，还能很巧妙地将自然生态移入室内，不仅使整个大堂有了更加宽敞的视觉享受，还是生态化理念的进一步升华。

日本式庭院形态简洁，于传统中展现出现代美学风格，又不受面积限制而可大可小。枯山水是日本庭园的精华，实质是以沙代水，以石代岛的做法。用极少的构成要素达到极大的意蕴效果，追求禅意的枯寂美。一小片薄薄的水面，滴水的声响，能勾起许多想念，石头包上了厚厚的茸样的青苔，细流潺潺从竹槽中流入石器中，颜色深重的石器的水中浮着几片微微泛黄的枯叶。这种细微的细节，是对自然的提炼，使自然景观的精心设计产生了深远的意味。这种人工的雕琢展现在酒店大堂中，为酒店大堂增添了生气，无疑也是为满足客人对于自然的向往与憧憬，也是大堂本身所要表达的意蕴。两种东方庭园的表达形式紧系生态景观与大堂环境关系，是遵循绿色生态法规的原则，是现代普遍所追求的紧随生态化步伐前进的要求。这种东方庭园式的布置形式就是大力营造绿色文化氛围，“绿色文化浪潮”已经是席卷人们生活的生态化意识，将人的精神与生态学原理融为一体。

3）针对一般大堂的生态化设计

一般酒店大堂风格及结构设计应遵循“回归自然、融合现代”的理念，室内设计风格应充分体现“生命、自然、阳光、现代”的主题，实施“绿色”建设工程。很多酒店都会在大堂内设置类似瀑布水景，虽然这些水景的运作都利用了水源循环、利用节约资源模式，但这还是不够环保，因为水源容易受周围环境影响而被污染，不能确保水的清洁、卫生。更有甚者，喷泉一开，声音嘈杂，客人与服务人员都无法谈话；四溅的水花又可能使地面不能够保持干净。酒店大堂的水景应当做到水合理、适当、循环利用；不铺张不浪费；做到“细水长流”。为了避免使大堂的气氛过于沉重而缺乏现代感，利用Sams uncle装饰膜的环保型玻璃材料取代常规式瀑布。这种环保材料的透光性能极好，在酒店大堂极具辉煌的灯光的透射下，如水晶般透彻的线形流水是现代时尚化、生态化的象征。一般的酒店大堂要气派时尚又不商业化，那么借助罗马柱的辉煌气势能很好地彰显酒店大堂所追求的现代文化。这种取自柱式的华丽辉煌，显露出严谨的结构、粗实的支柱的庄严感，营造出迎候八方来客的浓郁氛围。然而，柱式的设计难免会过于压抑，对于大堂的布置形式难以起到引领现代的主流思想。因此，要做到平面绿化和立体绿化相结合，为大堂增添华贵的生态环境。在柱身周围都要见缝插针，绿化到位，不留死角，使攀缘式的植物从下至上地缠绕整个柱体，提升整个酒店大堂空间环境的立体感，使得大堂立刻突显生动的感觉，加大绿色的投入更贴近生态化设计的理念。大堂地面又可以进行系统化的分区布置不同风格的景观小景，如欧式层叠的花坛组合形式的小景；各类插花艺术品小展区；垂吊式观赏类植物景区等。酒店大堂应当建造大型转角式楼梯，既是引导客人前行醒目的标志，又不失气派与庄重。富丽堂皇的时尚也是大众所追求的，这充斥宫廷般的高贵气息的酒店大堂更是出彩的设计所赋予的神秘色彩。装修风格简约、色彩明朗，高贵、典雅、精致的气息让人可以放肆地独自享受这份华贵生态化的宁静、和谐。

4 总结

片面追求经济效益，逐渐趋向商业化的酒店大堂设计并不是发展的所推崇的主流思想。生态恢复、生态建设、生态进步、生态循环才是酒店大堂生态化设计的目标。

（朱 丽 张建华）

饭店酒店前厅和餐厅花艺设计

饭店、酒店花艺是一个特定的概念，它不同于一般花店和展览艺术插花。饭店花艺设计，其构思和表现手法都受到饭店服务对象和摆设环境的制约，而且作品体现的是作者对特定的服务对象（宾客）的审美情趣认识、理解后的集中表达。饭店花艺设计是饭店装饰设计的一部分，它或美化环境，或点缀室内，都是直接为宾客提供一种立体视觉艺术享受的服务。它最基本的功能就是给客人一个良好的感受，使客人有宾至如归的感觉，传递酒店对客人的热情欢迎，营造温馨、舒适的住店环境。饭店不同区域的花艺布置有不同的要求和特点。

1 前厅

前厅部在饭店的位置极为重要，是客人集散的主要场地，也是饭店的门面，所以前厅的插花显得尤为重要。

1）大堂

大堂插花因星级不同，以及平时和节日接待的档次不同，其布置手法和要求有所区别。原则上要求布置在大堂中央，几架和花器要上乘。造型可以规则的几何图形或者现代自由式，花材可以根据季节来加以搭配，让来宾可以根据花的颜色和种类就可判断出现在的季节。花的取材要新鲜，色彩根据设计可丰富、可单一，花朵大而艳丽。配制要得体、多而不乱、体量较大且可四面观。花器的选择必须要稳重，以金属、陶瓷、玻璃、竹制、木质、烤漆玻璃钢等。大堂的花艺设计要与大堂的整体风格相协调，使主体插花作品与大堂周围环境融为一体。

在一些重大的节日里，如春节、元旦、元宵节、中秋节、国庆节、圣诞节等，大堂一般要按照不同的风俗习惯和人们喜闻乐见的表达方式来装饰布置。比如，春节的时候可以使用具有中国年味的一些道具或者花材来进行设计和布置；圣诞节的话，可以以圣诞树造型或者各种和圣诞节有关的元素来设布置等。

如遇重大活动时，比如有重要国内外宾客光临时，大堂花艺设计要注意来宾国家或民族的习俗禁忌。如欧美一些国家非常喜欢红色的郁金香和月季，而另一些国家却喜欢白色的花朵，如白百合、白色马蹄莲等；日本客人不用菊花插花；意大利人忌讳黄色；非洲客人喜欢大红大绿的对比色，忌用太多白色等。

另外，大型主题大堂插花布置一般有鲜明的时间性和活动主题烙印，所以一定要注意及时更换。如圣诞节过后立即更换元旦装饰或者直接更换为中国的春节装饰设计。

2）总台

总台是饭店提供入住登记、结账、咨询等服务的场所，也是饭店的形象之一。总台摆插花的作品，既要起到装饰作用又要增添热闹友好的气氛。总台的插花的视线焦点不能过高，应控制在人站立时的水平视线上或偏下。因此，总台的插花作品不能过高，或用水盆或矮脚花器，如果使用高花瓶或高脚盆设计插花作品时要十分注意整体环境的比例。使用花瓶投入插花时要在水体中放入保鲜液或勤换水，防止水体发臭，以延长鲜花的寿命。

3）大堂吧

大堂吧是客人休息、等人、临时交流谈话或喝酒、听音乐的场所，因此可以在钢琴、吧台一角做一些小品插花，或采用人造花与酒瓶、酒具等一起陈设在装饰台上作静物欣赏。

4）大堂副理桌

大堂副理桌上以不遮挡视线、形状较小、单面或四面观的插花为宜。大堂副理也是协调、沟通客我关系的地方，花材和造型要注意营造轻松好客的氛围，给客人温馨、放松之感。

5）洗手间

大厅洗手间也是星级酒店重要的一个区域，客人对洗手间的感受非常重要，特别是欧美、日本、韩国客人对洗手间的环境卫生要求并不亚于客房的床铺，所以星级酒店洗手间不但要解决客人的"燃眉之急"，也要注意空间的美化布置、香气营造等。

目前酒店比较普遍的做法是在洗手台、化妆台上摆放绿植或者插花作品。可以盆插，也可以是瓶养。

2 餐厅

随着饭店餐饮业的蓬勃发展，顾客的审美也在不断地提高，在满足其食物的美味的同时，餐桌的花艺设计等越来越受到关注。

餐厅插花包括中餐厅、西餐厅、酒吧等场所，根据桌子的形状及摆放位置的不同，又可分为中餐圆桌插花、西餐长桌插花、小方桌插花、吧台插花、自助餐食品台插花等。

1）圆桌插花

圆桌有大小之分，一般适合10人左右用餐的圆台直径1.8米，适合12人以上甚至20人左右的用餐的圆台，直径在2~4 m不等。最常见的是直径1.8米的圆台，插花体量可以小些，花形多以半球型为多，易和桌面形状产生和谐。现在许多饭店也用艺术花器，将插花和一些观赏性的东西结合起来呈现，比如金鱼，一动一静，相得益彰。夏季，也可以用盆形或球形玻璃花器，盛上一半清水，制作浮花作品，给人清凉宁静的感觉。

大圆台插花要求体量大，四面观，但不宜太高，以不高于客人视线为原则，以水平型为多。但是目前的现代花艺已突破了其原有的模式，在不遮挡客人交流视线的前提下，利用较高的花器或者组合的作品来体现餐桌文化和魅力。

2）长桌（包括长方形、椭圆形）插花

长桌插花长宽必须小于桌面的1/3，且不影响用餐。台形较长时，常常需要摆放2~3盆，甚至更多，根据实际需要设计摆放即可。

3）小桌插花

小桌桌面较小，放完餐具后已经没有多少空位，通常用小型插花。

4）自助餐台插花

自助餐台上也需要适当用鲜花和绿叶来衬托。设计的时候，可以充分利用食品本身的色彩和形状，比如说水果、色拉、西点、刺身、各色饮料等，其本身就宛如一道靓丽的风景，令人爽心悦目，食欲大增。

餐台插花造型设计应遵循以下基本原则：

（1）不阻碍宾客视线。

设计餐台的插花造型时，一定要注意不宜过高，也忌太浓密和过大，以免阻碍在座宾客视线交流。

（2）不能遮盖餐饮品。

餐饮品是餐桌上的核心产品，花插设计不能过分渲染，以免喧宾夺主，起到反效果。选用的花材的香味不宜过浓，避免干扰和破坏餐饮品的香味，如栀子花等。

（3）插花与餐台器具要协调。

插花所使用的器皿之材质、造型、价值应与餐台器具相配和、相协调、相得益彰，避免反差过大。

（4）插花与餐台设计风格相吻合。

台面造型设计虽然多种多样，但大致可分为中餐、西餐、日餐台面造型设计三大类，而插花的风格也有东方和西方、现代与传统之别。所以宜采用与餐台造型设计风格相同的插花造型。

（5）讲究卫生，防止食品污染。

餐桌是供人用餐之所，布置的鲜花应新鲜、无刺、无异味、无病虫害痕迹、无污点和不洁之物粘附。花器要清洁，忌用有毒花材，如夹竹桃等。

（6）根据客人的国籍和爱好来设计。

如客人有特殊要求的，要与其沟通商谈，以客人的要求和爱好来设计餐桌花。

3 结语

前厅和餐厅作为酒店的重要组成部分，在其硬件设备完善的前提下，合理的配置插花花艺则显得十分的重要。不同风格和星级的酒店，应该因地制宜，设计出符合自己酒店理念和风格的插花作品。美是一种享受，客人在接受酒店完美服务的同时，如果也能享受到花艺所带来的愉悦的话，不亦乐乎？

（董玉琪 朱永莉）

空气凤梨在餐饮空间的应用探析

1 引言

随着人们生活水平的提高，餐饮空间不再仅局限于提供果脯充饥的环境，更多的是提供人际交往，感情交流，商业会谈，亲朋好友聚会的场所。目前，餐饮空间还没有统一的、专业的定义。根据餐饮空间的内部功能，可以分为等位区、用餐区、操作区、服务区、管理区。

（1）等位区：此区域一般主要供客人等候座位时休息用，这里一般可以根据餐饮空间的经营内容摆放不同风格的沙发、茶几甚至放杂志的书架。与此同时，这块区域往往是客人聚集的地方，也是给客人留下第一印象的地方，所以，利用特色的景观给客人留下深刻的印象是很有必要的。

（2）用餐区：顾客用餐的地方，这块区域也可以是多样化的，根据不同顾客的需要，可以设置不同大小，不同风格的空间。比如为了满足情侣，小家庭的用餐私密的需要，围合的两人座，四人座空间；还有某些朋友，家庭聚餐用的大的围合空间等。

（3）操作区：一般由厨房、配菜间、水果房等组成。这块区域是设施设备最集中的地方，清洁和安全是应考虑的最主要的因素。由于这里的空间比较小，所以不适合做太多的景观植物配置。

（4）服务区和管理区：服务区最主要的一个元素就是服务台，也就是俗称的前台。顾客进入餐饮空间，首先映入眼帘的便是服务台，所以服务台的形象是非常重要的，此区域的风格要根据整个餐饮空间来设定，使之与整个餐饮空间融合，让顾客感觉它是一道风景线而不是一个碍眼的服务台。

1.1　餐饮空间的特征

首先，餐饮空间是室内的，空间是有限的，它的性质也是相对较私密的，对公众的开放性相对较弱，人流量相对较少。

其次，餐饮空间是人们享受的场所，所以对私密性要求较高，也要求环境较优雅、安静，而不是像一般的游憩场所嘈杂，混乱。

最后，餐饮空间是人们饮食的地方，对卫生的要求较高。不管是座椅、餐桌、地板、餐具，还是空间的装饰物都要在清洁上严格把好关。

1.2　餐饮空间的植物配置现状

随着人们餐饮消费观念的转变，许多商家也越来越重视餐饮空间环境的设计以及氛围的营造。在一些较高档的中餐厅、咖啡吧、酒吧、茶室等餐桌上已经有一些单调的小盆栽出现了，墙角摆放一些常见的室内植物如发财树、文竹、龟背竹等，墙上、天花板上也有一些常见的攀缘植物，如常春藤、爬山虎、绿萝等。如图1~图4所示。

图1　绿萝水培摆在餐桌上

图2　绿萝附着于枯树枝上置于门口

图3　发财树置于墙角

图4　小盆栽

近几年，很多商业街上的餐饮空间已经把餐饮活动地转向室外，形成一系列室外餐饮空间。在室外，绿化就显得容易了很多，绿化面积增多，绿化的形式也多样化。室外植物的配置使植物对于光照的需求得到了满足，顾客在用餐的同时也得到了很洁净的空气，同时为城市生态作了贡献。通常在餐桌的周围有一二年生的花卉和藤蔓植物的多样化配置；在餐桌与餐桌之间有各种小灌木的摆放，如遮阳伞一样；在餐桌上有各种小盆栽，还根据节日、人群的不同变换花卉的品种。如母亲节前后就摆放康乃馨。如图5~图8所示。

图5　餐桌间的桂花

图6　餐桌上的康乃馨

图7　餐桌旁边一二年生花卉小花坛

图8　餐桌上的文竹

然而，在一些较低档的餐饮空间表面上有很多绿化设计，其实，很多都是用塑料盆栽作装饰的，这样给人一种不真实的感觉。最主要的是起不到净化室内空气，改善人们精神状态的作用。如上海新天地的某蛋糕店的植物装饰，都是塑料的，只给人视觉上的享受，走近看时，很令人失望。如图9、图10所示。

图9　塑料材质的夜来香

图10　塑料材质的各种小花卉

当然，最糟糕的就是一些低档餐饮空间还没有植物绿化的影子，如一般的饭店、米粉店等。

笔者调查了上海的新天地、徐家汇的美罗城、南京路步行街、淮海中路的各大小型餐饮空间共120家。各种植物在餐饮空间的应用情况如表1所示。

表1　各类植物在餐饮空间的应用数量统计表

植物名称	植物特性	景观应用	应用的餐厅数量
文竹	多年生常绿观叶	室内盆栽	101
罗汉松	常绿小乔木	室内小盆栽	40
皱叶椒草	多年生常绿观叶	室内盆栽观赏	78
红网纹草	多年生草本观叶	室内小盆栽	34
繁星花	多年生草本观花	盆栽或布置花台	78
绿萝	大型常绿藤本	攀附于棕扎成的圆柱上	106
常春藤	常绿吸附藤本	室内大型盆栽	97
吊竹梅	多年生观叶草本	高几架、柜顶端、吊盆	80
凤尾蕨	多年生蕨类	叶可配插花，室内盆栽	79
桂花	常绿小乔木	园景树，丛植	30
吊兰	多年生常绿观叶	室内盆栽观赏	98
擎天凤梨	多年生草本	盆栽或和其他植物配置	67
花叶蔓长春	多年生常绿藤蔓	室外内垂直绿化	69
长春花	多年生草本观花	盆栽和栽植槽观赏	26

从调研数据可以看出，目前餐饮空间，观叶植物的应用比例比观花植物大。分析原因有以下几点：第一，观叶植物比观花植物在室内好维护，成活率高，生态价值较观花植物高。而观花植物的花期有限，花一旦凋谢，观赏价值就下降。第二，藤蔓植物在室内的应用范围较广，应用的形式也是多样化的，可攀缘在墙上、外形美观的干枯树干上、修剪成各式形状做盆栽悬挂。蕨类植物就以凤尾蕨为主，它的种植形式可多样化。草本植物一般是做小盆栽放在餐桌、茶几、前台等地方。木本植物的应用相对较少，主要以小乔木为主，如桂花。很多餐饮空间是种植桂花在入口的两侧，寓意吉祥、香气宜人；有的在室外餐桌的旁边，提供树荫的同时，还给顾客宜人的香气，不过这些都是短暂的，只能持续最多几个月的时间。

综上所述，笔者通过对餐饮空间的特征分析以及餐饮空间的植物配置现状的调研分析，总结出以下几点。

（1）餐饮空间包括的类型较多，不同层次的餐饮空间的植物配置不同，高档的植物应用比较多，中低档应用较少，甚至不用。

（2）目前餐饮空间植物配置都以草本观叶植物为主，藤蔓植物应用也较多，这些植物都是较容易养护的。

（3）餐饮空间有向室外发展的趋势，很多咖啡吧、茶室、西餐厅都提供了露天餐饮空间，露天空间的绿化比较多样化。

2 存在的问题

2.1 餐饮空间的植物配置受到的重视程度不高

景观设计在国内的起步晚,将植物应用于室内设计就更晚。植物在室内种植要求的环境条件较高,以及维护的成本较高,以至于很多低中档餐饮空间对于植物在其室内的配置被忽视。更重要的是,商家认为植物一方面增加设计费用、后期维护费用;另一方面还浪费商业空间。这些植物不会给商家带来直接的经济收入,所以他们不会重视,甚至忽视植物配置在餐饮空间的应用。

2.2 餐饮空间的植物配置雷同化

1)设计手法缺乏创新

在一些高档的餐饮空间,可以看见一些单调的植物配置。但是基本上没什么设计痕迹,基本以大的盆栽为主,一棵室内常绿小乔木独立成景;有的还会在餐桌上摆放一个小的精致的花盆;有的会有墙体的垂直绿化。但是,这些摆放较随意,不管是植物的种类、配置,还是植物的形态都与餐饮空间没有较大关系,没有很好地融合。从外形看,没有协调的感觉,从意境上看,也没有和餐饮空间氛围恰当地融合。

2)设计空间缺乏多样性

大多数餐饮空间都只是在大厅、入口处放一两盆大的常绿小乔木如发财树、桂花、文竹等,能看见的绿色很少;有的可能会在餐桌上摆放不同花卉组成的盆栽。

3)设计植物缺乏真实性

很多餐饮空间只是摆放塑料的植物盆栽,这样很失真,给顾客一种欺骗的感觉。以上海美罗城为例,大部分餐饮空间都是用塑料植物做装饰,如图11、图12所示。

2.3 餐饮空间的植物配置个性化程度不高

1)缺乏艺术性

艺术性的相关概念:在中国古典园林植物配置中就强调艺术手法的运用。很多古代诗词以及民众习俗中都留下了赋予植物人格化的优美篇章。周敦颐的《爱莲说》中“莲出淤泥而不染”,赋予了莲高洁的品质;毛泽东《咏梅》中的“已是悬崖百丈冰,犹有花枝俏”歌颂了梅花不畏严寒,无私奉献的

图11 餐桌上的塑料花卉

图12 餐厅门口的塑料花盆

图13　黄色、紫色的三色堇

图14　西餐厅前的雕塑

精神。所谓“一花一草见精神”，这些古诗词给了它很好的诠释。各种植物含义深远，如果搭配得当，还能达到天人合一，植物和环境融为一体的惊人效果。然而，现在各种餐饮空间的景观设计植物配置中，几乎忽略了艺术手法的运用，忽略了意境的营造。最多的就是用各种雕塑体现某种精神，用各种灯光效果来营造某种氛围，某种意境。至于植物，无论是植物的形态还是植物的颜色，都没很好地和环境融合，如图13、图14所示。

2）缺乏参与性

据调查，现在的各种餐饮空间中，有植物配置的地方就是入口和餐桌上。然而这些地方往往不是顾客视线集中的地方，这样就失去了运用植物吸引顾客的目的，就很难使之在众多餐饮空间脱颖而出。例如，在入口的地方摆放一棵发财树，这最多就是一种吉祥的寓意，顾客进入这个餐饮空间时，视线往往是在前台、菜单、餐桌上等与自身利益息息相关的地方，而不会在大门口停留很久。笔者对上海不同地方餐饮空间的顾客对其各方面的关注度做了调查，调查的人群数为200位，结果如表2所示。

表2　餐饮空间各方面不同关注度统计表

关注的地方	关注人的数量
餐饮空间的名字	160
餐饮空间的经营风格	140
餐饮空间的用餐环境	186
餐饮空间的口碑	121
餐饮空间入口的盆栽	69

3）缺乏吸引力

据调查，有的餐饮空间是以具有特色的名字来吸引顾客，有的以主营的菜系来命名，如重庆“渝毛驴”、上海的“重庆鸡公煲”、“东北人一家”、“小菜一碟”、“半岛咖啡”等；有的是以该餐厅所处的地理位置的风格来命名，如“鹿港小镇”、“徽州人家”等。有的是以该餐饮空间的主打商品吸引顾客，如“味千拉面”，它就以具特色的面吸引顾客；“星巴克”，以其咖啡吸引顾客。还有一些国内外快餐店，如肯德基、麦当劳，以其“快”吸引顾客。但是，这些都是千篇一律，不能使其在众多同类餐饮空间脱颖而出。

通过以上对目前国内各种餐饮空间在植物配置上存在的一些问题的分析。总结出以下几点餐饮空间植物配置存在的问题。餐饮空间的植物种类比较单一，植物配置没有特色，设计手法雷同。为此，笔者试图提出一种新的方式来打造一种具有特色，具有主题性的餐饮空间。所以想到了用一种"富贵"的植物——空气凤梨来营造一种独具特色的主题餐饮空间。

3 空气凤梨的特征和应用现状

3.1 空气凤梨的特征

空气凤梨是多年生气生或附生草本植物，它无须种植在土壤里，也不必种植在水中，是一种只要喷水就可以成长的特殊植物，其品种多样。空气凤梨生长在热带和亚热带雨林或干旱的山地中，附着于树干、石头或悬崖的缝隙中。空气凤梨耐干旱和强光，一般在5摄氏度到25摄氏度环境下能生长良好。

3.2 空气凤梨在室内的应用

由于空气凤梨一般都靠分株和扦插繁殖，速度较慢，成本较高，所以在国内市场上还不多，能够应用于室内公共空间的就更少。目前见的最多的就是在一些植物园的温室里。大多都是和其他植物配置，其中，空气凤梨中的老人须用于划分空间比较多。以武汉植物园为例，武汉植物园中空气凤梨主要用于和各种兰花配置，所谓红花还需绿叶衬，因为老人须的衬托，兰花就显得没那么单调。除了作陪衬外，它还可以独立成景，其中，武汉植物园某处就将老人须挂在枝干比较优美的整棵大树上，形成比较壮观的景致，如图15、图16所示。

3.3 空气凤梨在室外的应用

就目前中国的市场来看，空气凤梨在室外的应用还很少，除了一些特定的博览会，如日本的花博会的某个室外空间就用到了空气凤梨的某些品种。都是和其他草本花卉配置，或是以不同形式挂在树上，如图17所示。

图15 一整棵树的老人须

图16 空气凤梨和兰花配置

图 17　挂在室外的空气凤梨

综上对空气凤梨的相关特性和应用现状的介绍，笔者发现空气凤梨作为室内设计的几大优势如下：

（1）从生态的角度分析，室内的环境条件完全满足空气凤梨的正常生长。

（2）餐饮空间这种给人享受的空间也正适合空气凤梨这种比较高雅的植物来做装饰。

（3）空气凤梨的多样性以及无土栽培的特性，正适合餐饮空间这种洁净的空间，绿化的同时，给空间增添多样性。

目前在国内的市场占有率还比较低，应用很少，除了一些特定的室内环境如植物园有应用到外，其他较少高档餐饮空间也用到了空气凤梨的一种品种，那就是老人须。至于空气凤梨的其他品种就基本上没有应用。所以笔者提出了空气凤梨在各类餐饮空间的应用方式。

4　对策研究

4.1　餐饮空间中空气凤梨的景观配置原则

1）景观化配置的原则

景观的定义：景观是具有审美特征的自然和人工的地标景色。目前对于景观的定义各大学派还没达成一致的意见，各派都有自己的见解。笔者在本文中重点研究专家学派的定义。专家学派强调形体、线条、色彩、质地四个基本元素在景观中的重要作用，以“丰富性”、“奇特性”等形式美作为风景质量评价的指标。目前美国和加拿大等国的土地管理部门、林务部门及交通部门都采用专家评价方法进行风景评价。

配置原则：根据景观的四个基本元素，可以提出四个空气凤梨在餐饮空间中的配置原则。

（1）形体美的原则：强调空气凤梨及配置的植物组合的形态美，可以和一些藤蔓植物、观叶植物、蕨类植物等配置。藤蔓植物主要有花叶蔓长春、常春藤、绿萝等，可以改变攀缘物的形态以达到形态美的目的。观叶植物主要有吊兰、吊竹梅、红网纹草、皱叶椒草、文竹等；当空气凤梨和这些观叶植物搭配时，既可以利用它们的形态美还可以利用它们的色彩美，有红色、紫色、绿色等形成色彩各异的盆栽。蕨类植物主要是凤尾蕨，凤尾蕨主要是水培在不同的玻璃瓶里，那么空气凤梨也可固定在其枝叶上或是瓶的外围，形成形态各异的空气凤梨盆栽。

（2）线条美的原则：在餐饮空间这个空间比较局促的地方，对于植物的配置，要求其尊重一定的秩序，以某种元素或构成因素为核心设计配置，以形成一种线条美。

（3）色彩美的原则：在餐饮空间这个特定的以享受为目的的商业空间，顾客就是上帝，要尊重顾客的心情。色调的设计时，要根据餐饮空间的特点而设计。咖啡厅、茶室等节奏比较慢的餐饮空间，色彩要以冷色调为主，使顾客能够沉静下来；快餐店等以经营快餐为主的餐饮空间，色彩要以暖色调为主，一是使顾客的心情愉悦，兴奋，能够多消费，快消费，因为这种地方的人流量较大。

（4）质地美的原则：质地可能只能用触觉才能感受到，所以在餐饮空间的植物配置时，可以在顾客活动多的地方增加空气凤梨的各种样式配置。

2）生态化配置的原则

生态的定义：生态是指生物在一定自然环境下生存和发展的状态，也指生物的生理特性和生活习性。

配置的原则：在餐饮空间的植物配置时，不仅要考虑它的景观化、观赏性，更重要的还要考虑它的生态性。餐饮空间是人们坐下慢慢进餐、喝咖啡、品茶等享受生活的特定空间。一方面空气凤梨是气生或附生草本植物，它主要附着于贝壳、石头、枯木、树蕨板、藤篮等上，所以在餐饮空间的使用就显得方便、清洁了很多。另一方面空气凤梨是众所周知的“空气净化剂”，空气凤梨不仅能净化室内空气，还可以吸收室内因为装修留下的有害气体，有研究证实，空气凤梨白天吸收甲醛、苯烯类化合物，夜间吸收二氧化碳。

3）艺术化配置的原则

所谓艺术化就是在植物配置的时候用各种艺术手法。中国古典园林植物配置中，用到的艺术手法有：注重师法自然；注重诗情画意；巧于因借；注重植物风韵美的运用；按照画理取栽植物景观；建筑与植物完美结合等。在现代商业空间的植物配置中这些艺术手法同样适用。在餐饮空间的植物配置中，“注重诗情画意”、“注重植物风韵美的运用”、“建筑与植物完美结合”这三种艺术手法比较适用。

4.2 餐饮空间中空气凤梨的景观配置的方式

1）景观化配置的方式

在各种餐饮空间中，可以应用空气凤梨打造各种独具特色的主题餐饮空间。根据景观化植物配置的原则以及主题的需要，可以将各色的兰花和老人须搭配起来配置，可以是各种形状的透明或是不透明的玻璃瓶水培从打了各色灯光的天花板上垂直吊下去，如图18所示。起风时有清脆的叮当声，犹如美妙的音乐，很是吸引顾客，这是形式美、色彩美、线条美的体现。还可以利用各种枯树枝雕刻成主体性的形状，可以是仿生的，也可以各种意象化的，然后将各色的空气凤梨固定在独具形式美的枯树枝上，这是形式美的体现，如图19所示。还可以用老人须划分空间，形成若隐若现的景墙，给人神秘的感觉，人也可以触摸，增加了人们的参与性，这也是质地美的原则，如图20所示。根据餐饮空间不同功能区的划分，各功能空间的景观化植物配置方式如下。

等位区的景观化植物配置方式：这块区域空间相对较大，主要是沙发、座椅、茶几等，所以一般在沙发旁边摆放比较大的室内盆栽，如绿萝。绿萝靠攀缘在枯树枝上形成景观，所以可以将各色的空气凤梨固定在枯树枝上或是绿萝上，形成各式的景观。

用餐区的景观化植物配置方式：用餐区人没有活动的地方，所以只能在餐桌上、墙体上和吊顶上

图18　和兰花配置的空气凤梨

图19　固定在枯树枝上的空气凤梨

图20　做窗帘的老人须

图21　做壁画的空气凤梨(草图)

做景观植物配置。用空气凤梨和各种观叶草本花卉配置形成独具色彩美的小盆栽放于餐桌上。墙体上可以根据餐饮空间的主题或是特色用铁丝弯曲成各种意象化的形状,然后再将各种空气凤梨固定于铁丝上,形成一种景观。吊顶上用各种形状的透明或是不透明的玻璃瓶水培兰花或是其他花卉,吊上空气凤梨,起风时有清脆的叮当声。

服务区和管理区:这块区域主要也是垂直绿化,在前台的背景墙上可以用空气凤梨配上其他植物形成一个具有主题性的"雕塑",如图21所示。

2)生态化配置的方式

在餐饮空间布置空气凤梨既能达到很好的视觉效果,还能净化空气,给顾客一个良好的用餐空间。

用餐区生态化植物配置的方式:在餐桌上,将空气凤梨和一些绿叶的植物如吊兰在同一个花盆里种植,空气凤梨可以固定在吊兰的茎上。绿叶晚上释放二氧化碳,空气凤梨晚上吸收二氧化碳,这样相互补充,使室内空气中的二氧化碳含量不至于超标。有的餐饮空间的私密性很强,需要把每个餐桌隔开,那么可以用老人须代替实体的木质或其他材质的隔板或是屏风,这样也是生态化原则的体现,如图22、图23所示。

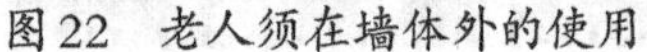

图22 老人须在墙体外的使用

图23 空气凤梨和锦屏藤的配置

3）艺术化配置的方式

注重诗情画意：中国古典园林中常借某种植物抒发某种意境和情趣。合理配置姿态、形体、色彩、芳香等各具特色的观赏植物，使人们从五官上获得不同的感受。如拙政园的“枇杷园”和“远香堂”达到了视觉和嗅觉的效果。植物还能影响人们的心理变化，给人们带来各种联想，从宋代诗人陆游“花气袭人知骤暖”的诗句中可以看出。那么餐饮空间中的空气凤梨的配置时，也可以达到同样的艺术效果。例如，在茶室的设计中，可以用铁丝弯曲成茶叶或是茶壶的形状，再把各种空气凤梨固定在上面，当人们看见茶叶时就仿佛闻到了茶叶的香气。这种方式适合于等位区、服务区和管理区的植物配置，如图24、图25所示。

注重植物风韵美的运用：风韵美是植物自然美的升华。如松、竹、梅被称为“岁寒三友”，迎春、梅花、山茶、水仙被称作“雪中四友”等。空气凤梨在餐饮空间的配置时，也可以达到这种艺术效果。例如，当某顾客要在某个餐厅摆谢师宴时，这时就可以在等位区用空气凤梨摆放成梅花的形状或是模拟梅花的枝干，然后在上面固定各种空气凤梨。这个考上大学的学子就像这梅花一样“梅花香自苦寒来”。因为梅花不是随时都能开的，如果用塑料的梅花一方面达不到净化空气的作用，另一方面给人不真实的感觉。这种配置方式可以在餐饮空间的大厅、等位区或是入口处使用。

建筑与植物完美结合：没有植物衬托的建筑缺乏生动的韵味。在室内外餐饮空间的设计时也是

图24 空气凤梨的各种“形”

图25 空气凤梨的“意象化”（草图）

一样，植物是缺一不可的。在空气凤梨应用到餐饮空间的植物配置时，也要求置物和建筑完美结合，融为一体。这主要表现在色彩和风格的塑造上。空气凤梨的品种和颜色都是多样化的，所以在配置时，要根据餐饮空间的建筑的格调选取品种和颜色，冷色调的茶室或是咖啡厅选取冷色的植物，但是偶尔一两盆暖色调的也是需要的，作为点缀。

通过上文对与空气凤梨配置的相关植物，以及空气凤梨在餐饮空间景观配置的一些原则与方式的介绍，对各种配置原则的探究，发现利用空气凤梨来塑造一种独具个性的餐饮空间是可能的，而且前景是可观的。

5 讨论

空气凤梨目前在国内市场的占有率还相对较小，归咎其原因主要有以下两点。

（1）空气凤梨目前主要以分株和扦插的繁殖方式，这种繁殖方式速度较慢，成本较高，组培的技术还不成熟，还正在研究中，如果要在市场上普遍化的话，还需要一段时间。

（2）由于其成本高，所以目前正向高端消费市场进军，中低端市场没人考虑。如果想要空气凤梨进入每个室内空间，首先要解决的问题就是它的繁殖方式的问题，还有就是降低繁殖、培育的成本，这样商家才有可能考虑，人们才有可能把空气凤梨搬回家。

（何　娟　张建华）

立体绿化在体验式商业空间中的地位

1 商业空间的发展趋势——体验式商业空间

如今，商业空间的规划是城市空间合理布局的重要部分，必须有效利用城市的有限空间，实现城市空间的可持续发展。体验式商业空间是近些年来商业空间发展的一种趋势，它在很大程度上符合了现代都市人对于休闲的渴求，它不仅仅包含各种商业消费活动，更重要的是它让人在精神上得到更多的放松，是现代城市快节奏生活的一味调节剂。按照国际购物中心对其的定义："体验式商业空间位于密度较高的住宅区域，迎合本商圈中消费顾客对零售的需求及对休闲方式的追求，具有露天开放及良好环境特征。主要有高端的全国连锁专卖店，或以时装为主的百货主力店，多业态集合。以休闲为目的，包括餐饮、娱乐、书店、影院等设施，通过环境、建筑以装饰的风格营造出别致的休闲消费场所。"

2 城市发展现状

随着城市化的进展，城市变得越来越繁华，人口也在不断地加剧，纵观国内的大城市，都不约而同面临着同样的问题——拥挤。人口密度的加剧，使得城市的建筑越变越高，成就了今天的高楼林立；道路即便有六车道或是八车道，却依旧拥挤不堪，上下班已然成为上班族的一种煎熬。即使建有大量的绿地、公园，总体的绿化覆盖率每年都在持续增加，但在人均绿地面积方面却还是有所不足，因为城市地域还是有限的，当然不排除城市地域向外扩张增加可用面积。如果城市绿化采用立体绿化便可以很好地缓解这一问题，它不占用任何地面面积，有效节约了城市土地资源，转而利用各类建筑物以及构筑物的立面、屋顶、地下和上部空间进行绿化景观设计。

1）立体绿化概念

如今，立体绿化作为城市绿化的重要组成部分，越来越受到人们的关注，公园绿地中的供人休息纳凉的花架，马路边的灯柱上悬挂的盆栽，街头绿地中用立体绿化做的各种主题创意，以及现在较为流行的屋顶绿化，都是立体绿化的主要表现形式。正如世界七大奇观之一的古巴比伦空中花园那般，立体绿化所营造的自然，舒适的空间总是让人无比向往。立体绿化是充分利用除了地面以外的其他面空间，选用攀缘植物或其他植物使其攀缘或依附于构筑物或其他空间的绿化，形成一定的层次，具有一定的功能。而它正在以一种席卷的方式进入人们的生活，引导着一种自然，生态，宜居的生活理念，让人们更多地了解和认识环保，感受到大自然的无穷魅力，也带来视觉上的多重美感。

2）立体绿化对于城市的意义

城市在不断地发展壮大，却也面临着各种问题，无论是近些年较为明显的空气指数下降，还是多种疾病的爆发与传播，都在指向一个问题，那就是城市生活环境的日趋恶化。不断加剧的发展带来相应的能源以及各种自然资源的持续消耗以及各种环境污染，空气中到处夹杂着工业以及汽车尾气排放出的有害物质；玻璃材质的高楼大厦，夜晚闪烁的霓虹皆是城市的一道亮丽风景，却也是光污染的源泉。这便是现今国内较多大城市所共同面临的问题，同时也是在最初的城市规划中所暴露出的不足。面对这些问题，唯一能够解决的方法便是优化城市结构，改善城市环境。在城市地面面积有限的情况下，立体绿化不但可以增加绿化面积，还可以形成良好的生态气候改善局地气候，让生活于周围的居民拥有更多亲近自然的机会，减少噪声与尘埃，净化空气，营造宜居的生活环境，也是创造和谐社会的必要条件。更可以丰富城区园林景观的立体结构层次，美化城市的立体景观效果，减少热岛效应，保温隔热，节约能源，还可以收集利用雨水浇灌立体绿化，缓解城市地下水压力。总体而言，立体绿化对于城市的发展，特别是在建造生态城市方面，有着不可替代的作用。正如被冠以“花园城市国家”的新加坡，它的绿化便是立体的，随处可见的建筑的立体绿化，立体桥和高架桥的垂直绿化相得益彰，洁净的空气，优美的环境无疑让它成为著名的旅游胜地，这也是他们一直以来秉持绿化理念的成果。

3 体验式商业空间立体绿化比较分析

3.1 体验式商业空间与立体绿化

如今，越来越多的人开始呼吁返璞归真，人类社会在经历了一段飞速发展的时期，以及在此时期之中对自然界造成了极大的破坏之后，终于开始认识到保护自然的重要性，在原生态的自然日益减少的时候，开始人为地营造各种自然景观。随着社会的不断演变发展，人们越来越多地开始将绿色植物运用于所处的生活环境，包括办公区域，商业空间更是如此。体验式商业空间，它不同于以往的任何商业空间之处就在于，它是以休闲为目的的，将餐饮、娱乐、书店、影院等设施，通过环境、建筑以及装饰的风格来营造出别致的休闲消费场所。而在所有的这些场所之中，对于景观绿化的运用以及把握，比起建筑的装饰风格，可以较容易地就营造出所需的休闲感觉，因为植物通常给人以亲切感觉，对于大自然以及自然界的一切植物，人们通常都抱有极大的亲近心理。特别是对于常年身居于大都市的人们而言，每天面对的多是钢筋水泥堆砌而成的构筑物，以及每天忙碌的生活，根本无暇顾及身边的自然景观。所以一到周末，大家都不约而同地走出家门，走向公园、绿地以及广场。而商业空间也已成为当今市民的必去场所，在所有的这些商业空间，理应更多的注重绿化景观，特别是立体绿化。在商业空间并没有过多的剩余地面空间用于绿化的时候，就可以有效地利用上层空间，创造富有层次的景观绿化空间，增加商业空间的绿化面积，也有效地改善了商业空间的整体环境质量。

3.2 商业空间立体绿化案例分析

1）上海市卢湾区思南公馆绿墙

为了让市民更好的认识，了解，走进立体绿化，在由上海市绿化委员会办公室主办的“2011上海市民最喜爱的十大立体绿化”评选中，在岸顶花园、阳台绿化、沿口绿化、绿墙、桥柱绿化等各式各样的立体绿化中，再从打浦路地下停车库进出口的立体绿化分隔、黄浦区生活垃圾中转站的绿树成荫，到思南公馆外墙的垂直绿化以及邮政大楼的屋顶绿化，所有这些立体绿化，彰显的是上海近些年在立体绿化上所做出的不懈努力。而思南公馆建筑立面上的垂直绿化，从所有的立体绿化中脱颖而出，位居上海市民最喜爱的立体绿化榜首。思南公馆的立体绿化虽不足100 m^2，可谓最“迷你”的立体绿化，但却是最有人缘的立体绿化。绿墙采用种植毯的工艺，种植毯就犹如一只只“布袋”布满墙面骨架，而绿色植物就巧妙地种植于一个个布袋之中。墙面骨架之中还布有滴管，采用滴灌技术为植物提供必要的水份，这也是在2010上海世博会中被运用到的技术。绿墙上种植的植物品种有佛甲草、杜鹃、万寿菊等。绿墙通过植物的色彩以及质地，美化了思南公馆建筑外围立面，使其富有一定的艺术美感。也改善了该地区的景观面貌，让来往于此的市民感受到了一股浓浓的绿意。绿墙位于建筑西墙，更是有效缓解了西墙夏日直晒。

墙体绿化的出现，不仅打破了传统绿化空间，更能在夏季遮挡太阳辐射和吸收热量，降低室内温度，增加室内舒适度，从而减少建筑空调能耗。在冬季利用植物形成一层保暖层，延长外墙使用寿命以及提高室内温度。还可以减少噪声，利用植物表面绒毛吸附空气中的尘埃，从而起到净化空气的作用。墙体绿化作为立体绿化的重要组成部分，不仅弥补了传统平面绿化的不足，而且也渐渐成为未来绿化的新趋势。

2）上海世博会案例

上海世博会可谓是立体绿化的盛宴，就屋顶绿化而言，共有30余处，墙面绿化40余处，还有各种其他形式的立体绿化，诸如斜坡绿化、沿口绿化等。由于世博会在用地上，除了各级道路、集中绿地以及公共配套设施以外，留给各个场馆的室外绿化空间非常有限，也就成就众多场馆有效利用地面以上的空间构造立体绿化。

3）法国馆

漂浮于水面的法国馆以白色的网架为外墙，远观有点类似于鸟巢的结构，鸟瞰整个建筑，像是一个“回”字。它的中心是一座法式园林，溪流围绕着法式庭院流淌，同时还有小型喷泉以及水上花园等。法国馆绿化面积共有2 200平方米，其中屋顶绿化占700平方米，余下的1 500平方米皆为垂直绿化部分。植物不仅覆盖了建筑顶部，并沿建筑中心垂直而下，犹如一道绿色的瀑布，让人联想到的是李白的“飞流直下三千尺，疑是银河落九天”。虽没有他所描绘的那番大气磅礴，却也别有一番意境。屋顶绿化以及垂直绿化都沿袭了法国古典园林的风格，并以现代的手法对传统进行了全新的演绎。正如同法国最有名的规则式园林——凡尔赛宫一样，法国景观设计师在法国馆屋顶打造的“凡尔赛花园”，整个植物种植也都较为规整，却是动感十足。一条条垂直而下，曲曲折折的垂直绿化使得整个建筑内部结构犹如一个巨大的电路板，与外围的网状结构恰到好处地相互呼应。同时也过滤掉了较为强烈的日光，使得照进场馆的光线较为柔和。绿色瀑布的实现是借助了不锈钢组合容器，将这些容器挂在钢架上，再将其牢牢固定住。种植的植物中，65%以上是瓜子黄杨、小叶女贞、大叶黄杨等灌木品种，剩下的为30多种地被植物。蕨类植物是种植难度最高的植物，因为要求良好的土壤介质空间，否则根本无法生长存活，因而花盆也是几经设计而定的；由于是悬挂式的，在种植土的选择上，要求轻质并具有一定保水保肥功能的基质。

法国馆的立体绿化不仅具有生态上的功能，在一定程度上，它也传递着一种景观上的文化。正如法国园林所具有的特点，它通常运用灌木造就刺绣花坛，可以是阿拉伯式的装饰花纹或是几何图形，虽没有中国古典园林的那般“虽由人作，宛自天开”的感觉，却带给人大气、端庄的感觉，让人联想到的是古老欧洲贵族所穿着的服饰、以及他们的种种文化。而法国馆的屋顶绿化以及垂直绿化，就是运用新的手法将其传统平面园林绿化的一种演示，带给人更多的视觉上的冲击，也带来感官的享受。因而景观设计师在商业空间设计立体绿化时，理应考虑到城市或是国家的文化，可以更多的利用立体绿化向市民传达一种文化或是生活的理念，这不仅助于城市文化的提升，也让市民越来越热爱他们生活的这样一个城市。

4）新加坡馆

新加坡馆运用屋顶花园营造了空中花园的感觉，在整个屋顶花园被分为华人区、马来区、印度区和欧美区，在植物的选择上体现了其不同民族的特色。花园采用大量的热带雨林植物以及一些普通的绿化景观植物，使得花园兼具了热带雨林般的美感。同时在植物的选择上，还运用了新加坡极具优势的兰花。热带雨林植物的运用，体现了新加坡所处东南亚以及它的温暖宜人的气候。

正如同新加坡在屋顶花园中所运用的植物那样，在进行景观设计之时，景观师因考虑到本国所独有的本土树种，不仅可以增加存活率，增加立体绿化的成功率，同时也可以彰显本国或是城市的独特风景乃至一种文化。

4 立体绿化设计的植物选择

在植物的选择上要注重适生性、主题性、地域性以及创新性。适生性不仅要考虑当地的气候条件，更要了解植物的生长习性，比较植物是否适合当地的气候，如果不适合极有可能导致死亡。如同短日照植物从南方移植到北方，植物就会因缺光而导致不开花，甚至渐渐枯萎死亡。因而立体绿化最好是运用木土树种，具有较强的适应性，可增加存活率。而在主题性方面，不同的植物拥有不同的地域性，也就有了不同的文化色彩，所营造出来的感觉也是各不相同的。就如新加坡馆，用大量的热带雨林植物搭配常用的景观植物，使得整个花园不同于其他的屋顶花园，带有浓郁的东南亚色彩，也体现了其独特的文化。对于创新性，就要求景观设计师拥有不同于常人的思维，打破传统的立体绿化模式，利用不同的结构以及独特的植物配置，创造出让人眼前一亮的景观，带给人视觉上的冲击。

5 小结

人们的生活节奏变得越来越快，如此快节奏的生活有时候会让人喘不过气来，人们需要适时的放松，以备后面更好地工作、生活。而这所需的便是一个让人倍感舒适的生活环境。商业空间在不断的发展，它已俨然成为都市生活不可分割的一部分，当然，它也在朝着一个更为理想以及人性化的方向发展，试图带给人更多的休闲空间。体验式商业空间就是这样的一个趋势，它在引领着未来商业空间的发展，它以休闲为目的，让人们能够在一周的忙碌之后，在周末，在消费的过程中，不单单是一种商业的活动，也可以像公园、绿地以及广场那般，带给人舒适的休闲感。

而立体绿化就是其实现休闲目的的一大重要手段，它不占据地面空间。将更多的土地让给城市以及商业，却有效地利用上层空间，不但丰富了景观植物的层次感，也更利于生态环保。它打破了传统景观的绿化手法，成为未来植物造景的一种趋势，也让商业空间更加地亲和，受到人们的青睐。

（施柳　张建华）

试论休闲餐厅中的绿化创意设计

随着人类社会的高速运转及生产力的快速提高，人们已经进入了一个全新的时代，逐渐对城市鳞次栉比的高楼及呆板的钢筋水泥结构产生一定程度的感官疲劳，简单的物质享受已经不能使人们感到满足，精神层面上的享受对于人们来说成为更高的生活追求。因此在大的社会环境变迁中，在满足人类日益增长的精神需求的基础上，休闲产业迅速崛起，深受人们推崇。而谈及休闲产业，休闲餐饮业又是其中最不可或缺的部分。当代的休闲餐饮，内容形式多样，或觥筹华筵，或零食小站，或中西快餐，或咖啡甜点等，其目的均是为消费者提供一种舒适、放松、休闲的就餐氛围，使消费者在就餐的过程中舒缓压力，释放心灵。而绿色能带给人们静谧、舒适、放松的感觉，能创造一个贴近大自然的休闲环境，从而使人们在其中得到快速的身心放松，安心享受惬意愉悦的休闲时光。因此绿化创意设计的应用能对休闲餐厅的休闲环境起到画龙点睛的效果，是休闲餐厅装修设计不可或缺的一个要素，对休闲餐厅的环境修饰具有非常重要的意义。

1 休闲餐厅中绿化创意设计的必要性

绿色是生命之色，是最生态最回归自然本真的颜色，更是色彩中放松人视觉神经的不二选择。它带给人生命的伸展以及轻松灵动舒适之感。在休闲餐厅中，休闲环境的营造是非常重要的。绿化设计无疑能给休闲餐厅营造一个极好的氛围，从而给人们提供一个舒适放松的休闲环境。人们在就餐过程中可因那一抹绿色的装饰而放松，被那一簇简单的生机所折服。深而言之，在原绿化设计的基础上对其进行绿化创意更新设计，是现代休闲餐厅的要求，也是社会创新发展的体现。全新的绿化创意设计理念可更好地配合休闲餐厅的主题，更好地为人们服务。因此绿化创意设计也就因其具有的独特、重要的意义而广泛地应用于休闲餐厅中。

2 休闲餐厅中绿化创意设计的具体作用

2.1 基本作用

1）美化环境，改善枯燥的就餐氛围

休闲餐厅主打休闲牌，旨在通过整体环境的营造为消费者带去休闲感。美化、改善环境是餐厅中绿化设计的基本功能。休闲餐厅中绿化创意设计也必须在此基础上进行创新整合。

创意举例：简单的盆景陈列或花艺布置并不能满足休闲新功能，反而可能弄巧成拙，使餐厅气氛显得单调呆板，影响消费者的就餐质量。因此，为了打造休闲餐厅中的全新绿化氛围，在满足于装饰、审美等简单需求的基础上，可充分挖掘休闲餐厅中绿化创意设计的功能，使其不拘泥于单调的表面修饰作用，更好、更深层次地发挥自身具备的功用（见图1、图2）。

2）吸附空气异味

在餐厅这一主体背景的影响下，室内空气质量不高，因此绿化设计方面的植物选择应充分考虑该品种的吸附能力，若能够运用一些对空气异味有较强吸附力的植物，则为该餐厅的就餐环境加分不少。

创意举例：鸭脚木，其叶片可以从烟雾弥漫的空气中吸收尼古丁和其他有害物质，净化空气的同时可逐渐将之转换为无害的植物自有的物质。改善了餐厅的空气质量及消费者的就餐环境。再如吊

图1 广州新中轴下沉广场内某餐厅的创意墙面绿化

图2 吊兰在休闲餐厅内的应用

兰和绿萝均是高效空气净化剂，可置于窗边或桌上，美观的同时也吸附着空气中的油烟异味。以上这些在休闲餐厅的绿化中也自然是必不可少的基础。

2.2 创意作用

1）围合、分隔空间，引导视线

传统餐厅的绿化设计大多只注重满足形式感，而并未进一步开发其具体功能。在休闲餐厅的绿化创意设计中，可有效地运用一些植物的特殊形态进行围合、分隔空间或引导视线，从而在以创意式设置的植物的萦绕下体现休闲的概念。

创意举例：在餐厅内部可大胆采用竹排围合空间，组成包间形式，也可用于分隔区域，由于其自身疏密有致有孔隙，既有效地柔化地分隔了空间，又有透气感，置身其中不会闭塞烦闷。竹排的围合在窗边同样适用，窗前竹子的点缀既不阻挡餐厅内用餐者的视线，也同时保证了与室外的分隔，为用餐者留有一定私密空间（见图3、图4）。再如可利用地被植物形成微型景观步道，随着步道的延伸将人们引入不同就餐区域，既引导了视线，又兼具装饰性及实用性，一定程度上也解放了引导人员的劳动力，同时增添了就餐者在活动过程中的乐趣。

图3 法国红房子西餐厅窗前的植物点缀

2）活跃气氛，增加趣味

传统餐厅的绿化设计多以绿色为主，缺乏新鲜感及趣味性，因此可在原基础上删繁就简，推陈出新，打造让人耳目一新的灵动。

创意举例：在休闲餐厅中，为了体现休闲的环境，创造自然、协调的氛围，可大胆地选择彩色叶植物做点缀，使其与绿色叶植物形成互补，增添餐厅绿化的活泼感及跳跃感，让人脱离单调的绿色植物的围绕，转而身在彩色叶植

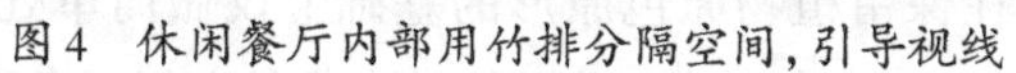

图4　休闲餐厅内部用竹排分隔空间，引导视线

图5　紫红色植物的点缀增添乐趣，愉悦身心

物带来的斑斓世界中，在更活跃、更具趣味性的环境下放松身心，收获愉悦（见图5）。

3）利用丰富质感，营造各式感受

传统餐厅大多只进行植物的简单摆放，并不知利用其不同质感营造氛围。在现代休闲餐厅中必须在此方面进行改造。使绿化创意设计不仅具有欣赏性，更具功能性。

创意举例：如利用植物茂盛的枝叶营造生机，利用植物树干树形营造分隔之感（见图6），利用藤本植物的攀爬表现毅力（见图7），利用草本植物的微小身型小中见大等。再如可在墙面装饰或地面装饰等部分采用新芽、繁叶、枯枝三种不同题材展现生命繁衍过程，增加情趣。使绿化设计不单符合审美标准，更在创意的基础上赋予其深远意义：一花一世界，一叶一天堂，在刹那中品味芳华的人生。

4）多重感官一触即发，带来综合享受

传统餐厅的绿化一般只注重视觉的感受，而忽略了感官的其他方面与绿色创意设计的有机结合。在休闲餐厅的绿化创意设计中，可深层挖掘五种感官需求，从而呈现一场综合盛宴：使绿化设计可看、可嗅、可触、可听、可品，创意无限，趣味无穷。视觉上注意植物色彩、高矮的参差变化。嗅觉上选择无味或味道清新淡雅的植物，满足消费者的舒适感。触觉上将植物融于消费者身边，可触可感，亲近自然。味觉上化大为小，将绿化融于味觉的享受。听觉上创意开发，将植物与音乐做巧妙组合。整体而言多重感官全面打开，吸收丰富能量，充实心灵花园。

图6　法国某设计师利用树形进行创意空间分隔

图7　利用藤本植物进行墙面垂直绿化营造，生机盎然

图8　紫星阁休闲西餐厅的藤椅设置

创意举例：如触觉上可在餐桌餐椅方面加以改造，用枯藤编织座椅或选用造型感强的原木雕刻为桌椅，让消费者在用餐过程中感受枯枝带来的力与美，回归自然本身，暂时脱离城市的喧嚣，置身桃园修身养性（见图8）。再如味觉上青梅煮酒可论英雄，品茶思君前缘如梦，将绿化这一宽泛的概念融入细微之中，以清茶薄酒比拟绿化清新舒爽之感，休闲娱乐的同时品味人生。还如，听觉上打造绿色创意音乐，许多休闲餐厅中均有乐队演奏，则可创造性地运用植物制作原生态简单乐器，不经过深加工，在保留植物原色原形的基础上仅做简单处理，再投入到演奏中去，更可邀请消费者进行绿色音乐体验，非表演、体验时段也可用于静态绿化陈列展示。这一设计不仅体现了全新的创意绿化思想，更使绿化不止局限于静态，且真正意义上的动了起来，动静结合中给人休闲的体验式感受。

3　针对休闲餐厅中绿化创意设计的几点建议

1）注意室内与室外绿化部分的衔接

休闲餐厅的室内及室外部分的绿化要有渐变感和连接性，根据不同部分的功能进行相应绿化设计，在两者的衔接中可在植物的颜色、特质等方面展开互动，你中有我，我中有你，融会贯通，从而珠联璧合，完美过渡（见图9、图10）。切忌突兀地进行植物配置，顾此失彼，要做好衔接平衡，否则显得生硬古板。

2）注意绿化设计中的细节处理

在绿化创意设计中，细节往往很容易被忽略，然而细节处理不得当就可能破坏画面的整体美感。为显示绿化创意且与休闲餐厅这一氛围有更好地融合，在绿化品种选择和花器选择等方面均需留意。就绿化品种选择而言，必须考虑到植物自身的气味问题，切忌选用香味太过浓郁或散发异味的植物，且避免花粉过多植物的选用，否则可能影响消费者的就餐质量，进一步影响餐厅盈利。同时在

图9　一茶一坐现代都会型茶馆室外绿化

图10　一茶一坐现代都会型茶馆内部绿化

彩色叶树种的选种方面，避免大面积运用红色、橘色等鲜亮浓艳色彩树种，否则会影响消费者心理，增加浮躁感。就花器选择而言，在充分结合实用性、美观性的基础上，选用设计感强的花器，如刻有梅兰竹菊花中四君子的花盆，使人沉浸于中国古典文人术士闲适随性又简单自然的野趣之中；再如设计大胆新颖的新式马赛克花器，极强的时尚设计感与现代休闲餐厅氛围相协调融合，捕捉到了时尚前沿的信息，为时尚人士追捧。总之，无论是绿化品种选择抑或是花器选择，两者的碰撞和融合更可以擦出火花，满足不同层次人群所好。二者均从细节入手，为休闲餐厅中的绿化增添了几分创意（见图11）。

图11　杭州西湖新天地的意大利休闲餐厅外植物及花器

3）注意多种植物配置形式相结合

在休闲餐厅的创意绿化中应注意在孤植、对植、列植、群植、散植，攀缘、吊挂、插花等多种形式组合的基础上进行创新。孤植要求观赏距离近，能够充分展示植物绰约的风姿，给人留下深刻印象。对植适宜用于呼应的位置，如入口处的设置等。列植可用于分隔空间。群植和散植应注意组群数量及色彩等方面的选择，可用于营造餐厅中的特色景观节点，展示餐厅绿化特色。攀缘、吊挂、插花等形式的运用则更为灵活，可为以上做配合也可单独成景点缀餐厅环境。总之必须灵活综合考虑以上植物配置形式，充分发挥各自所长，在整体上达到呼应与互补，从而更好地美化休闲餐厅中的绿化创意设计。

总之，人们随着物质生活更加丰富，对休闲娱乐的要求也越来越高，精神层面的享受越来越成为人们在闲暇时光里的重要追求。休闲餐饮也逐渐发展成为一种综合的休闲娱乐方式，成为人们闲暇时光的首选。

因此在休闲餐厅中，休闲环境的营造非常重要。在深入了解休闲餐厅内的绿化设计的基础上，应进一步挖掘创意在绿化设计中的应用，从而让绿化创意设计更符合休闲餐厅的主题，更贴切地融入并广泛地应用其中，为人们带去休闲餐厅的绿化新体验。

（张馨之　张建华）

屋顶花园植物的选择与配置

随着城市屋顶花园的兴起，造就了生态屋顶的概念。屋顶花园的利用范围比较广，但是不同地区植物配置的方式却不同。我国从20世纪60年代才开始研究屋顶花园和屋顶绿化技术。该项目开展最早的是四川省。60年代初成都、重庆等一些城市的工厂、车间、办公楼、仓库等建筑，利用其水平屋顶的空地开展了农副生产，种植瓜果蔬菜。20世纪70年代，我国第一座屋顶花园在广州东方宾馆建成，它是我国建造的最早并按统一规划设计，与建筑物同步建成的屋顶花园。1983年，北京修建了五星级宾馆——长城饭店。在饭店主楼西侧低层屋顶建造了我国北方第一座大型露天屋顶花园。而今，随着我国城市化的加速，屋顶花园已经受到了广泛的重视。建设屋顶花园，提高城市的绿化覆盖率，改善城市生态环境，已经成为一个生态环保的趋势。

1 屋顶花园在当代城市中的生态效益

屋顶绿化是用植物材料来覆盖平台屋顶的一种绿地形式，作为一种不占用地面土地的绿化形式，其应用程度越来越广泛。它的价值不仅在于能为城市增添更多的绿色，为市民创造一个更具新意的活动空间，增加城市自然因素，提高绿化覆盖率，美化环境，而且能减少建筑材料屋顶的辐射热，减弱城市热岛效应，达到保护和改善城市环境，健全城市生态系统，促进城市经济、社会、环境可持续发展的作用。同时，屋顶绿化还能陶冶人们的情操，树立良好的城市形象，如果能很好地加以利用和推广，形成城市空中绿化系统，对城市环境的改善作用是不可计量的。

2 屋顶花园植物选择的要求及特点

1）选择耐旱、抗寒性强的矮灌木和草本植物

由于屋顶花园夏季气温高、风大、土层保湿性能差，冬季则保温性能差，因而在选择时，应选择耐干旱、抗寒性强的植物。同时，考虑到屋顶的特殊地理环境和承重的要求，应该注意多选择矮小的灌木和草本植物，以便于植物的运输、栽种和管理。

2）选择阳性、耐瘠薄的浅根性植物

运用色叶植物形成变化的景观同时也起引导作用选择浅根系的植物。因施用肥料会影响周围环境的卫生状况，故屋顶花园应该尽量种植耐瘠薄的植物。屋顶花园大部分地方为全日应该尽量选取阳性植物，但在某些特定的小环境中，如花架下或靠墙边的地方，日照时间较短，可适当选用一些半阳性的植物种类，以丰富屋顶花园的植物品种。

3）选择抗风、不易倒伏、耐积水的植物种类

在屋顶上空风力一般较地面大，特别是雨季或有台风来临时风、雨交加对植物的生存危害最大，加上屋顶种植层薄，土壤的蓄水性能差，一旦下暴雨，极易造成短时积水，所以应该尽可能选择一些抗风、不易倒伏，同时又能耐短时积水的植物。

4）选择以常绿为主，冬季能露地越冬的植物

营建屋顶花园的目的是增加城市的绿面积，美化“第五立面”，所以屋顶花园的植物应尽可能以常绿为主，宜用叶形株形秀丽的品种。为了使屋顶花园看上去更加绚丽多彩，体现花园季相的变化，还可适当栽植一些色叶树种；另外在条件允许的情况下，可以布置一些盆栽的时令花卉，使屋顶花园季有花。

5）尽量选用乡土植物，适当引种绿化新品种

乡土植物对当地的气候有高度适应性，在环境相对恶劣的屋顶花园，选用乡土植物有事半功倍之效，同时考虑到屋顶花园的面积一般较小，为了将其布置得较为精致，可选用一些观赏价值较高的品种，以提高屋顶花园档次。

6）常见用于屋顶花园的植物种类

黑松、罗汉松、瓜子黄杨、大叶黄杨、雀舌黄杨、锦熟黄杨、珊瑚树、棕榈蚊母、丝兰、栀子花、巴茅、龙爪槐、紫荆、紫薇、海棠、腊梅、寿星桃、白玉兰、紫玉兰、天竺、杜鹃、牡丹、茶花、含笑、月季、橘子、金橘、茉莉、美人蕉、大丽花、苏铁、百合、百枝莲、鸡冠花、枯叶菊、桃叶珊瑚、海桐、枸骨、葡萄、紫藤、常春藤、爬山虎、六月雪、桂花、菊花、麦冬、葱兰、黄馨、迎春、天鹅绒草坪、荷花等。可因时因地确定所使用的材料。对于屋顶花园栽培的介质也有一定要求，一般选用轻质材料，蛭石、锯末、蚯蚓土等，也可自制一些介质。

3　屋顶花园植物配置的基本分类

1）开敞式植物景观

厚度在10~15 cm的土层一般种植草坪，草坪表面一般平整较规则。厚度在15~35 cm的土层可用地被植物造景，分别有规则式、自然式和抽象式三种种植形式。规则式种植选择耐修剪的地被，布置成高度一致的规则几何形图案；而自然式种植则选择一些植株高低错落、花色不同的植物品种布置成外轮廓曲折变化的平面形状，形成不需修剪，管理粗放，具有天然野趣的植物景观形象；抽象式种植指的是在现代风格的屋顶花园中用易栽植、耐修剪的色叶地被植物布置成艺术感强的抽象图案。对于承载较小的屋顶花园，因种植土层较薄，不适宜种植乔、灌木，而以地被植物和草坪为主，故花园视线通透、空间开阔，形成开敞式的植物景观。

2）疏朗型植物景观

目前的建筑屋顶承载量可以种植体量适中的中小型乔木，所以可以用乔木和灌木按一定的构图方式进行组合，并结合地被植物和草坪营造出丰富多样的疏朗型植物景观。疏朗型植物景观一般采用自然式的植物配置方式，有时根据花园的风格也可采用规则式种植。规则式种植按一定间距和形状排列即可比较简单，而自然式种植则应按以下程序考虑：

首先，考虑做主景树的乔木的布局。由于屋顶花园空间狭窄，且大树不易固定，故乔木体量不宜太大、数量也不宜太多，如果主景树占满了整个花园的空间，树下光照条件差，除了阴生植物外，其它植物都难以健康生长，就很难用植物营造丰富的景观布局了。乔木可以孤植和丛植。孤植乔木应选用树形优美，体量适中的树种种在花园的显要位置，也可以利用地形塑造成起伏的地面，将乔木种在最高的位置。而孤植主景树附近，不要种植与之体量相似、颜色相近的树木，以避免削弱其主体地位。对于棕榈科植物及体形较小的乔木（如南洋杉、圆柏等），单株观赏显得单薄，应以丛植作主景。丛植树的布置应遵循一定的构图原则，如三株一丛构成不等边三角形等。一般选几株大小不同的同一树种或形状相近的不同树种，高低错落、疏密有致地搭配，形成统一中有变化的组合形式。其次，可利用中等高度的灌木构建植物景观的主体元素。灌木的布置要与乔木取得形体、色彩等方面上的呼应，彼此构成美观而和谐的组合。比如在主景乔木前面，不要简单地栽上一排整齐的灌木，而要用一组协调的灌木自然式地、高低错落地、有前有后地穿插于乔木周围，形成既有曲折变化，又有高低起伏、疏密有致的植物群体，营造出生动活泼的效果。最后，需要在灌木下种植各种地被植物，增加植物景观的层次和色彩。多种地被植物的配置，可以混交种植，形成自然野趣；也可分层种植，形成赋有韵律感的景观形态，分层时从前到后逐层使用不同品种的植物，一般由低到高、由浅到深配置。但有时为了突出花色的变化感，相邻层次选用对比色或色差较大的植物进行种植。地被植物可以采用同种植物成片地种植，加强植物景观的统一性，也可以考虑采用不同叶色、花色、高度的多种植物搭配，增加植物景观的变化感。

3）密闭型植物景观

密闭型植物景观的配置，采用乔木、灌木、地被和草坪结合的密集型种植形式，形成绿量大、生态结构良好的植物群落。在垂直结构上，采用复层植物配置，既能充分利用环境，发挥良好的生态效益，有利于维持植物群落之间的生态系统平衡，又能丰富植物景观的立面效果，符合园林美学的要求。在水平结构上，则应采用多种植物混交的种植形式，这样既能增加物种多样性，又有利于创造变化丰富的植物景观。在屋顶花园中营造密闭型植物景观时，特别要注意生态科学原理与艺术规律的结合原则，应兼具考虑到屋顶花园在面积、环境条件等方面的限制性，最后结合花园的功能要求进行植物配置设计，不能只重生态功能而忽略了植物的造景功能。具体配置时以中小型乔木为主体，乔木下面用比例、形体、质感相配的灌木作填充，再以地被植物和草坪作最下层基础，根据各种植物的生态位进行合理搭配配置，形成由多植物组成的和谐一体的具有空间立体层次感的植物景观形象。

4 小结

屋顶花园的植物配置使有限的空间最大限度地发挥了生态效益，不再单单局限于观赏性，它已成为一个平台，供人们休息娱乐放松。所以，当今的屋顶花园在植物配置上更注重景观的营造与生态系统的平衡。在园林规划设计中，应注意植物品种的选择原则、结构、生态效益等多方面的概况，而不是盲目地营造景观，忽略了屋顶花园在植物选择上的限制性。

（瞿 洁 龚 卉）

基于质感特征的步行商业街植物配置初探

植物的色彩、姿态、体量和质感是园林植物的四个重要观赏特性，植物通过这四个方面向世人展示生命的美丽。在现代植栽设计中，植物的色彩、姿态和体量已经被设计师纳入设计考量的范围，但是植物的质感作为植物的重要观赏特性之一，它的作用却常常被景观设计师忽视。植物的不同质感会引发观赏者不同的心理感受，它应在植物配置中起着重要的作用。而商业街是由众多商店、餐饮店、服务店共同组成，按一定结构比例规律排列的街道，是城市商业的缩影和精华，是一种多功能、多业种、多业态的商业集合体。按照商业街经营商品的专业类别和不确定的复合形式，可将商业街分为专业商业街和复合商业街。专业商业街商铺往往集中经营某一类（种）商品，如建材商业街、汽车配件商业街、酒吧街、休闲娱乐街等。本文主要研究植物的质感在复合型步行商业街景观设计中的应用，以下简称步行商业街。步行商业街作为城市商业的浓缩和精华，以及多功能、多业种、多业态的商业集合体，在景观环境的营造上，应该充分考虑植物质感对景观效果发挥的作用。

1 植物的质感

所谓植物的质感，是指单株植物或群体植物直观的粗糙感和光滑感，是植物表现出来的质地。植物的质感取决于两个方面的因素影响：植物叶片的大小、枝条的长短、树皮的外形及其综合生长习性等是影响植物质感的内部因素；植物的被观赏角度与距离、同一环境中其他材料的质感与环境中的光线都是影响植物观赏质感的外部因素。而这两方面的因素使得植物质感的观赏特性显现无疑，在不同时期从不同的角度植物表现出不同的景观效果。

图1 不同质感的植物

1）内在因素决定了植物质感的分类

根据植物的直观感受，专家们将植物分为粗质型、中粗型和细质型三类。巨大的叶片、粗壮的枝干、粗糙的树皮以及疏散的树形通常是粗质型植物的共同特点，例如悬铃木、熊掌木、鹅掌楸、加拿利海枣等。细质型的植物常具有光滑柔软的枝条、细密的叶片，紧密的树形，例如垂柳、红花继木、文竹、修剪后的草坪、绣线菊、鸡爪槭等。大多数植物属于中粗型，例如银杏、樟树、紫薇、珊瑚树等，他们具有大小适中的叶片、枝干，并且具有适度密度的植物（见图1）。

2）外部因素使植物的质感具有相对性与可变性

在同一个环境中，由于不同材料的质感对比，植物原有的质感会发生变化。例如种植在光滑花岗岩花坛中的矮牵牛就比种植在毛石花坛中来得粗糙，正是两种石材的不同质感使得矮牵牛的观赏质感产生了相对变化。同样的，植物与植物之间也存在着这样的相对关系，例如香樟跟悬铃木配置在一起，香樟相对细质；香樟与红花酢浆草组合在一起，香樟就会显得粗质，正是因为搭配了不同质感的植物，香樟的质感才会发生相对的变化。即使是同属于中质型类别的植物，相互配搭在一起也会存在相对细质与相对粗质，因此植物的质感存在相对性。

植物所处环境的光线变化也会使得植物的观赏质感发生变化，强烈的光线使植物明暗对比强烈，植物的质感就会变得粗糙。反之，柔和的光线则能使植物更加细腻。例如GIFC古北财富中心一期商务办中的小景，在柔和阳光照耀下的植物质感明显更加细质（见图2）。

图2 光线、阴影和质感

不同的观赏视距也会使得植物的观赏质感产生变化。有些植物近观时非常美丽，远观时由于质感的变化，观赏效果就没有那么好了。例如虞美人，花瓣碗型、薄透，给人以轻盈的质感，具有极高的观赏价值，但是远观时美感就降低了。当植物被近距离观赏时，植物叶片的形状、大小，枝干的纹理等成为关注的焦点，人们通过这些方面来判断植物的质感；当观赏距离拉大，植物的树形，叶片的紧密程度决定了植物的质感。因此在植栽设计上应该注意视距的问题。

随着季节的变化，植物的质感也会产生变化，这种质感的变化在落叶植物身上体现得更为明显。作为我国传统园林树种的银杏，春夏枝繁叶茂，扇形的叶片疏密适中，惹人怜爱；进入秋冬季节，银杏叶片的颜色由翠绿转向金黄，随着冬风的到来，金黄的叶片逐渐掉落，直至最后只剩下枝干。在整个冬季，由于没有叶片，银杏的质感发生了很大的变化，无叶的枝条使银杏的质感比春夏来得更加疏松和粗糙。对于落叶植物来说，冬季的质感取决于茎干、枝条的数量及疏密，在有叶的季节，植物的质感则首先取决于叶片的形状、大小跟疏密。

2 基于植物质感特征的植物配置原则

1）粗质型植物——“缩小”空间

相对于中质型和细质型植物，粗质型植物在外观上显得更疏松，透光性较好，它们通常还具有较大的明暗变化，将其与中质型及细质型植物配置在一起时，常常会跳跃而出，吸引起观赏者的注意力。因而在植栽设计中，可以将粗质型植物作为焦点。并且，粗质型植物具有使景物趋向观赏者的动感，因此观赏者与植物之间的视距便会小于两者之间的实际距离，产生缩小空间的效果。例如，由悬铃木作为行道树的街道，夏季行人在其中行走，悬铃木粗质的叶片趋向行人，观赏者会觉得空间变得很小，但是实际的空间并没有观赏者感觉中那么小。因此粗质型植物适合配置在大尺度的空间或是不规则

图3 “雨打芭蕉”

的空间中，使空间呈现强壮感。而在小空间中，必须小心谨慎，若过多使用粗质型植物，或是配置在不恰当的位置，就会出现空间被植物淹没的现象。因此，像建筑的中庭应谨慎使用此类植物。

粗质型的植物不仅在视觉上丰富了游人的感受，还能够结合听觉，给游人奇妙的体验。中国传统的造园家们早已意识到这一点，并将其运用到庭院设计中去。最典型的是苏州拙政园中的听雨轩庭院，院内一角种植芭蕉，形成“雨打芭蕉”的独特听觉体验(见图3)。如此景致广泛的存在与苏杭各大私家园林中，这说明古人早已深谙其道，现代的景观设计师也应该考虑的全面一些，利用植物的不同质感，从不同的角度去丰富游人的感官体验。

2）中质型植物——过渡与烘托

中质型植物占景观植物的绝大多数，因此是植栽设计中的基本结构，在种植成分中应该占最大比例。中质型植物疏密适中，因此透光性不如粗质型植物，但也正是这个原因使得它们的阴影更具特色。在植栽设计中，中质型植物主要有两个作用：首先是充当细质型植物与粗质型植物之间的过渡成分，它使得相邻的不同质感的植物之间产生了联系，避免这两种类型的植物由于质感上的巨大差异而显得突兀，从而景观效果更加和谐交融，空间的转化更为自然。其次，中质型的植物往往充当背景，起到烘托作用，它们烘托的不仅仅是其他两种类型的植物，在更多的时候它们烘托的是同一环境中其他材料的质感，使得他们的质感特征更加明显。例如在建筑大师贝聿铭设计的苏州博物馆中，白墙、灰瓦、顽石、瘦竹，简单的元素就营造出一个具有传统中国园林特色的景观效果(见图4)。正是在竹子光滑的枝干以及疏密有致的叶形的烘托下，顽石粗糙的质感更加突出。这样的景观效果简约、大方却不失韵味、特色。

3）细质型植物——“扩大”空间

前文提到粗质型植物能“缩小”空间，然而细质型植物却能“扩大”空间。细质型植物具有纤细、柔弱的景观效果，当观赏视距增大时，细质型植物会消失在人们的视线中，或者不那么显著，此时观赏者更多关注的是粗质型的植物，只有当观赏者慢慢走近，细质型植物的观赏特性才会逐渐显现，成为关注焦点。因而细质型植物会“远离”观赏者，使其产生视距大于实际距离的错觉，起到扩大空间的作用。细质型植物的特征就是拥有浓密的枝条和细小的叶片，因此他们常常具有规整清晰的轮廓，给人细腻柔软的心理感受。在酒店中庭的植栽配置中，设计师常会应用绣线菊、大花马齿苋、鸡爪槭等细质型植物，在紧凑的小空间中，大量运用这种类型的植物，使得整个空间具有规整清晰的轮廓，能构成一个大于实际空间的幻觉，在视觉上扩大空间的效果非常显著。

图4 苏州博物馆一角

3　基于植物质感特征的步行商业街植物配置

步行商业街作为最富有活力的城市共空间，已成为现代城市设计中的重要构成要素之一。现代的步行商业街不再是单调的购物空间，它是城市中集购物、休闲、娱乐为一体，包含商业和其他社会活动，社会经济文化、信息的聚焦点。

3.1　步行商业街中包含的活动形式与空间分类

1）人在步行商业街中不同的活动形式

步行商业街长度远远大于宽度，是典型的线性带状空间。人在其中会进行各种不同形式的活动。丹麦著名建筑师杨·盖尔先生在他的名著《交往与空间中》将公共环境中的户外活动范围分为以下三种类型：必要性活动、自发性活动和社会性活动。步行商业街中的行为也可以这么来划分，在步行商业街中，人的活动一般以必要性活动购物为主，交织着休息、餐饮、观赏、娱乐、交往等自发性及社会性活动。“据统计，到步行商业街的人60%都是来闲逛的”。现如今，网上购物跟电视购物早就已经成为人们日常生活中的一部分，但是传统的逛街购物仍旧是很多人假日活动的首选，吸引人流的不仅仅是货品齐全的店面，商业街上丰富的活动和宜人的景观能够调剂生活工作中的精神疲劳，摆脱“宅”的状态，寻找人与人之间的沟通交流。

2）步行商业街的空间分类

城市商业步行街是人流相对集中的地方，人流拥挤。正是因为有了植物、水体等自然因素在步行商业街空间中的介入，柔化了建筑立面、地面铺装，同时也丰富了空间的层次性，创造出轻松、宜人的环境氛围，使得人们在充分享受现代城市生活的同时，也能体会到自然环境的趣味。芦原义信在《街道的美学》中说道：“视觉上来讲，绿化可以带来休息和安静的气氛，可以使人的心理平静得到休息。”植物的质感又关系到环境的协调性、视距、空间感跟多样性，从而影响到整个步行商业街环境的情调跟气氛。芦原义信将空间划分为：运动空间和停滞空间。运动空间中包含的活动有行走、游戏、比赛等，停滞空间包含的活动有休息、观察、等候、交谈等。这两种空间形式在步行商业街中时而相互独立，时而浑然一体。在植栽设计中，针对这两种空间内不同的活动方式，植物质感的应用也有所区别。

3.2　运动空间与停滞空间中植物的配置

运动空间应相对平坦，无障碍物，宽阔，引导顾客活动，向不同的方向分散，不适合使用者停留。在运动空间中的购物者主要关注步行商业街空间中的建筑立面、橱窗、广告招牌等。因此在植栽的配置上应该谨慎使用粗质型的植物，以免其过度跳跃而出，分散人们的注意力、喧宾夺主，或者使人们关注更多凌乱的景观。运动空间中的植栽设计更倾向于使用中质型跟细质型的植物，建筑主体与运动空间通过中质型植物来衔接，过渡更加自然，细质型的植物可以充分发

图5　规整有序的空间

挥其作用，营造规整有序的空间感（见图5），在人们心理上扩大运动空间的规模，减少密集人流带来的紧张压抑感，减轻心理干扰。

停滞空间提供顾客休息、汇集，像是步行商业街中的花架、座椅、景观水池、观景平台等空间。人们在逛了半天街，身心疲惫之时，“坐”的矛盾就会凸显出来，商业街空间中停滞空间是否足够，座椅量是否充足，座椅区的环境是否良好，是显示这个城市对人的关怀程度，成为衡量街道空间人性化品质的标准之一。在这些停滞空间中，植物的质感在营造空间上同样起着重要的作用。置于开敞空间中央的座椅只是在平面图上好看，对于使用者来说，隐蔽的空间更受青睐。心理学家德克·德·琼治（Derk de longe）的边界效应理论指出，建筑广场的边缘，建筑的凹处，柱下等是受人们欢迎的逗留区域，人们喜爱停留的区域，这些区域有助于人们与其他人保持距离。质感细密，轮廓规整清晰的细质型植物为停滞空间增加了安全感，形成了一个半围合的空间，人们既可以把自己部分隐蔽起来，不使自己处于众目睽睽之中，同时又提供良好的视野，能很好地观察空间、观察其他人的活动，这样的空间是很有吸引力的。空间大小不同，不同质感的植物所占比重应不同。步行商业街景观中的停滞空间规模一般偏小，这样的小空间中使用粗质型植物也要小心谨慎，粗质型的植物往往充当主景，起到画龙点睛的作用，大量的此类植物存在于小空间中，能通过吸收视线，收缩空间的方式，使得空间显得小于实际面积，将人或其他景观吞没其中，使人感觉空间拥挤狭小，而细小的植物应居多，这样空间会因漂亮、整洁的质感而使人感到雅致而愉快。

步行商业街景观中运动空间与停滞空间的交错结合，满足使用者的活动规律以及心理需求，减轻街道的狭长感。人们既可以边走边看橱窗中琳琅满目的各类商品，也可以悠闲地坐着，观看其他人的行为活动。而现有的步行商业街中绝大多数都缺乏足够的、环境优美的停滞空间供人们使用。景观设计师要创造足够的停滞空间来满足人们驻足、停留、与人交谈等活动的需求。

3.3 营造步行商业街景观的植物配置

城市步行商业街作为典型的带状公共开放空间，其长度远大于宽度。如果视觉环境和步行感受没有太大的变化会使使用者感到厌倦，但是缺乏连续性的景观变化又会使人不安。长时间在景观没有变化的环境中直线行走，易使人感觉单调疲乏。步行商业街景观应该是动态的，并具有良好的视觉连续性。为了给人留下深刻的印象，步行商业街要有适宜的空间尺度，巧妙地利用空间的收放、转折、景观的渗透来增加空间的层次、趣味性和连续性。通过景观节点的设置，植物质感的变化来丰富人们的视觉感受，缩短人的心理距离，避免厌倦心理的产生（见图6）。

图6 丰富的视觉感受

1）植物质感烘托环境中的硬质构筑物

入口广场是步行商业街与城市普通街道的过渡空间，它是城市车行空间与步行空间的隔离带，除了烘托建筑的特色与气势，更加应该是一个适合人们停留的、开放的、水与植物交融的场所。步行商业街的入口是商业街的门面，通常以硬质广场的形式出现，它的景观设计是否具有吸引力直接关系步行街的人气。步行商业街入口广场的景观设计应该具有可识别性，通常都会有标志性的构筑物存在，例如东京六本木的大蜘蛛。如果要想在布局中突出某个个体的姿态或是色彩，那么其周围的植物最好选用质地较为细质，在景观效果上不会喧宾夺主的植物种类作为背景更为合适。例如上海古北黄金城道的入口广场在设计上非常巧妙，做了地形变化的同时将座椅融入其中，座椅热烈的红色，活跃了整个空间的气氛。在这个入口广场中，设计者希望强调的部分是地形的变化及跳跃的色彩，所以在植栽的上，选择的是中质型的香樟与银杏，主次地位明确。

2）通过植物质感的调和和对比营造空间气氛

植栽设计应该与步行商业街环境中的气氛相协调，力求突出最佳的景观效果。粗糙的树干与环境相协调，并且成功地从空间中跳跃而出，成为视觉焦点。不同材质在质感上的对比则可以突出主题、吸引人的视线、活跃空间气氛。细密质感的统一，使得空间变得宁静安详而雅致；因此在植栽设计中可以将植物的质感特征作为植栽设计的主题。若将同一种植物大面积种植，或是与相同质感的材料相结合，此时该种植物的质感具有最强的艺术感染力，能形成一种气势，产生震撼人心的力量。上海静安寺公园内的大吴风草，叶片硕大，大面积种植给人以圆润、丰满的景观效果，其特殊的质感吸引人的视线，增加了景观的趣味性。

图7 北京商务中心区

通过对比的手法，能使空间中各种材质的质感效果相得益彰。质感的对比包括粗糙与光滑、坚硬与柔软、沉重与轻巧、规则与杂乱等。例如白皮松斑驳的树干与光滑的竹竿对比，厚实的花岗岩贴面与虞美人轻盈的花瓣作对比，细密的苔藓与疏松的鸟巢蕨作对比等，不同的质感在对比中产生了美。例如北京商务中心区中的小景，金属种植槽光滑的质感与芒草的质感对比，成功吸引了人的视线，使得空间更加有趣（见图7）。

3）植物的质感与光线结合，营造温馨友善的夜间景观效果

夜间的步行商业街同样是热闹非凡的，在灯光照耀下的景观效果也不容忽视。如果环境中光线发生了变化，植物的质感也会随之改变。例如古北黄金城道中的银杏，由于柔和灯光的照射，质感比白天更细腻。考虑到使用者的安全、舒适感，以及观看人和活动的可能性，空间环境需要充足的光线。上海虹桥公园在设计上特别注重夜间景观效果的营造，公园有特别的LED灯星座景观，而且整个空间环境中的照明是舒适而充足的。

好的照明不一定意味着强烈的光线，当一束强烈的光线投射到地面、墙体、水面上时，不同的面层材质吸收光线的能力不一，反射出的光线强度也不同，为了避免这些光线使人们产生眩光，在光线强列的地方可以种植细质型的植物，因为细质型植物的叶片质地细腻浓密，能吸收反射光，使光线漫射从而减低强度，不刺激人的眼睛，使得空间环境更加安全。经过细质型植物的过滤，强烈的光线转变为温馨而友善的光照。高速公路隔离带中将柏树修剪成绿篱的形状就是出于这个原因，高速公路上相对行驶的汽车灯光照射驾驶人的眼睛，这种强烈的光线会造成驾驶人眼花、暂时失明而酿成车祸，柏树绿篱的作用就是吸收汽车车灯强烈的光线，提高安全性。

4 结语

在步行商业街景观设计中尽量均衡地使用三种不同质感类型的植物。不同质感的植物种类太少，

空间会显得单调,使观赏者产生视觉疲劳,降低在步行商业街景观中的活动时间。但是不同质感小组群太多时,布局又会显得凌乱。特别是在小空间中,这种配置的原则显得特别重要。不同质感的相互对比衬托远远超过了单一质感所带来的质感享受。并且,数量跟位置上经过缜密的考虑,才有可能营造出赏心悦目的景观。但是,单单依靠植物的质感是不能创造出良好的环境景观的,必须综合植物的四种观赏特性,不同质感植物的选取必须结合植物的体量、姿态与色彩,并且与空间中其他材料、构筑物相配搭,或协调统一,或变化多样,这样才能构成一个效果良好的植栽景观,使步行商业街的环境更美观、更人性化。

(俞碧川　张建华)

竹子在商业空间中的应用

"一节复一节,千枝攒万叶。我自不开花,免撩蜂与蝶。"清代郑燮的一首绝句写出了竹子的气节清高,因此从古至今竹子都深受着人们的喜爱。以竹造园,竹因园而茂,园因竹而彰;以竹造景,竹因景而活,园因竹而显。竹子在景观设计中有着重要的地位及可观的未来前景,本课题研究的是竹子在商业空间中的现状及前景展望。

1　关于商业空间

从广义上可以把商业空间定义为:所有与商业活动有关的空间形态。从狭义上则可以把商业空间理解为:当前社会商业活动中所需的空间,即实现商品交换、满足消费者需求、实现商品流通的空间环境。随着人们生活层次的提高,从物质享受提高到注重精神享受,商业空间的环境因素所带来的"知性的满足"亦愈发重要。商业空间已经从"物"的消费向"精神"情绪化空间慢慢转化,不再是简单的交换模式,趋向于多元化的发展。

2　竹子的景观价值

我国是世界上最主要的产竹国,竹类种质资源、竹林面积、竹材蓄和产量均居世界首位。我国竹产业已成为"未来林业跨越式发展最具潜力的产业"。

2.1　竹子的特点

1)种类多

竹的种类很多,合计种、变种、变型、栽培品种计500余种,大多可供庭院观赏。常见栽培观赏竹有散生型的紫竹、毛竹、刚竹、桂竹、方竹等,丛生型的佛肚竹、孝顺竹等,混生型的箬竹、茶杆竹等。

2)分布广,易活

竹子主要分布在地球的北纬46度至南纬47度之间的热带、亚热带和暖温带地区。世界上除了欧洲大陆以外,其他各大洲均可发现第四次冰川以后的乡土竹种。中国浙江的安吉、德清莫干山、临安和余杭百丈地区是中国最大的毛竹产区。在湖南、江西、福建、云南和四川都有大量不同种类的竹子分布。印度和东南亚也是主要的竹子分布区。

3)生长速度快

竹子是世界上生长速度最快的植物,慢时每昼夜高生长20~30 cm,快时每昼夜高生长达150~

200 cm。毛竹30~40天可长高15~18 m，巨龙竹100~120天可长高30~35 m。有些竹地上部分的空心茎每天可长40 cm，完全成长后的高度可达35~40 m。竹生长快速的原因是其枝干分节，故当其他植物只有顶端的分生组织在生长时，竹子却每节都在同时生长。但是，随着竹的不断长大，竹节外面包裹的鞘就会脱落，竹的高度就停止生长了，但其内部的组织生长充实依然在不断进行中。

2.2 竹子的景观价值

第一，竹子的种类繁多为人们提供了许多选择，在环境塑造中可以根据空间的各种环境因素选择适宜的品种。不同的品种能够营造出多种风格的环境。第二，因为竹子的吸水量很大，所以在房前屋后种上一些竹子，不仅可美化环境，而且在夏季非常阴凉。苏轼说过："宁可食无肉，不可居无竹。"可见竹子与人们的生活是密不可分的。第三，竹子四季常青，挺拔秀丽，色彩缤纷，千姿百态。由于它枝叶秀丽，幽雅别致在空间应用中有着不可小视的景观价值。第四，竹子的耐阴性能够装饰商业空间中的阴面，不仅美化了环境，还有让人宁静的能力，同时还能起到净化空气的作用。

3 竹子在商业空间中应用的现状分析

1）竹子在现代商业空间中的造景功能

第一，组织空间。用大面积的竹子密植成流畅的线条，可以在商业空间上把不同的景点协调统一起来，构成格调一致的景观效果。同时也可以将与主格调相悖的因素进行有效的遮挡。第二，协调空间。用竹子做绿篱，如观音竹双行列植于草坪或建筑物的周围，不但会使景物更加明显，增加多样化的美感，而且还与修剪过的植物造型外观相呼应，使周围环境更为协调。第三，分隔空间。在景观营造的过程中，会采用"佳则收之，陋则屏之"的手法。竹子是竹子采用绿篱形式，将景区划分为大小不同的空间，并根据因地制宜的原则，选用各种高度不等的竹类，将绿地布局分隔成各种观赏或者功能区域。第四，点缀空间。因为竹雅致而不张扬的外形，在空间中衬托或指引出景物，使得景物因其株型大小、形态外貌和色泽而突显出来，更容易被察觉或发现。第五，组合空间。在商业空间中也常用岁寒三友——松竹梅组合，不但取其形美，更重其意美。

2）竹子在商业空间中应用的现状

虽然说竹类植物在现代商业空间中发挥着重要的作用。但是就我们所调研的上海几大商圈中，竹类植物在商业空间中应用的范围很狭窄，大多还是集中应用于学校及私家园林。即使被应用于商业空间中，大部分也仅仅发挥着配景的效果。并且大多景观设计应用中的竹子品种单一，形式也相对单一，缺乏了竹景观的营造。另外，竹子是含蓄、坚毅、神秘的东方文化象征，但是由于对竹文化的挖掘深度不够，在城市商业空间中还没有得以传承。

不过竹子在商业空间中应用得好的案例也存在。在新天地商圈附近的思南公馆商业区里，有小面积的竹子景观应用。种植于建筑的背阴面，北面是一扇偏门（通常很少有人从这进出）。在这里，竹子作为主景，配以一些常绿喜荫地被植物加以点缀，弥补了竹子枝干细带来的稀疏感，使空间变得更加丰富。在竹子的围合下起到了对背阴面遮挡的作用，使得环境更加优美。原本没有什么生气的角落，在这丛植的竹子点缀下，显得有活力起来。不仅起到了空间美化作用，还使得人们注意到了原本被忽视的另一个出口。可见竹子在商业空间中的应用价值绝不是现在所开发利用的这么狭窄而已。

4 竹子在商业空间中应用的前景展望

随着现代城市经济的迅速发展，城市人对自然山水的向往，越来越成为人们追求精神享受的乐趣。很多平时在拥挤的市区工作的白领们，会选择周末放假到郊区散一散心、享受相对自然的风光，呼吸一下新鲜的空气。而现代,钢筋水泥的增加,竹子离我们也愈来愈远了,更多的是把它当作建造材料的辅助产品,把它的内涵、精神、环保慢慢地淡忘。那么竹子在商业空间中未来可开发利用的价值有哪些呢?

第一,突出竹景观的点缀性和装饰性。由于公共设施用地条件的限制,不可能形成像风景区中的大面积的竹林景观,只能根据实际情况创造出各种小型的竹林景观,但即使这样同样也可以达到雅致、清幽的效果。在中间设桌、凳,提供休息之处,这样的商业空间呈现出不是特别的商业化。另外,我国以竹材建造房屋已有两千多年历史,以竹为梁、柱、椽、壁等在南方普遍应用。还可做成各式各样的竹篱板、竹片、竹篱笆等,以辟得一处富有生活情趣的环境,回味旧时的乡情。

第二,突出竹景观的生态性和环保性。在越来越追求环境效益的今天,人与自然生态平衡的关系被更加重视。竹类植物具有抗污染性,在光合作用下可以吸收大量的二氧化碳,释放出氧气,有利于人的身体健康。把具有较高观赏价值的竹种(如斑竹、紫竹)较大范围地引入到商业空间的景观设计中,不仅美观了环境,还能净化空气。

第三,突出竹景观的灵活性和艺术性。竹类植物的景观应用形式不仅仅只是长势高的品种被广泛应用。在商业空间的边角余地、花坛中,可用个体矮小、枝叶茂密的竹类如菲白竹、著竹、铺地竹和紫竹等,密植成小型竹类专园。它们的根鞭系统只要分布在20~30 cm深的土壤中,在商业空间中是一个不错的优势。还可以开发竹子盆景艺术,创造出不一样的景观效果。一些形体较小,或有特殊外形的竹类都可经过矮化处理而用于制作盆景。一般来说外形奇特,体形较小的竹种是较为理想的盆景材料,如罗汉竹、蓬莱竹、龟甲竹、观音竹、小佛肚竹、凤尾竹、菲黄竹、翠竹等。

第四,突出竹景观的组合性和文化性。竹者重节,节者为信!竹子四季常青象征着顽强的生命、青春永驻;竹子空心代表虚怀若谷的品格;其枝弯而不折,是柔中有刚的做人原则;生而有节、竹节必露则是高风亮节的象征。可以在商业空间中发挥竹子的文化意义,并与松、梅等组合,营造出特殊的文化氛围。竹类植物与其他植物材料的组合,不仅能创造优美的景致,更能将无限的诗情画意带入园林,并形成中国园林特有的情境与意境。竹与景石、水体配置恰当,使景观呈现山林之美,自然之态。

第五,突出竹景观的持续性和发展性。竹子有着其他绿化树种不可替代的作用,因为竹子的生长周期短,萌发快。只要加强管理,景观效果可以维持很多年。成景速度也比其他树种速度快。

(胡芷嫣　张建华)

低碳设计

建设节约型景观
——雨水资源的收集与利用

1 雨水资源利用的生态和经济意义

当今时代水资源紧缺问题愈加严峻，雨水资源的利用已经成为人们关注的焦点。雨水资源利用的意义体现在许多方面。其中包括生态环境意义，也包括社会经济意义。从生态环境意义的角度来看，雨水资源利用能够补给和涵养地下水、缓解地面沉降的速度、调节大气候、净化空气、增进绿化、防治洪水的灾害，还能减轻排水和污水处理系统的负荷、减轻防汛的压力、减少雨水径流污染，利用河湖和各种人工与自然水体、湿地、沼泽、抑制城市热岛效应，改善城市生态环境。而从经济社会意义来看，建立与景观相结合的雨水利用系统有利于降低园林的养护成本。既有短期的经济效益又带来了长期的生态效益。

2 景观中雨水资源的收集

1）地上储雨容器

（1）将适宜建设绿地的建筑屋顶全部建成“绿顶”，利用绿地滞蓄雨水，一方面防止雨水径流的产生，起到防洪作用。

（2）摆放可以储雨的园林小品，如陶罐、喷泉等。或者是放置专业的雨水收集器收集雨水，再汇入地下蓄水池。

澳大利亚各地雨水的不断减少导致各地水源紧缺，澳大利亚设计师Chris Buerckner设计了这个庞大的雨水收集系统，将雨水收集储存后可以用于浇灌草坪。“Watree”可以伸开合拢，伸开的时候像是一棵大树，在炎热的夏天人们还可以在它下面纳凉。

2）地下储雨系统

（1）通过专门的带有过滤作用的雨漏管道进入地下总蓄水池或者最后进入一个雨水循环系统。

（2）透水地面渗透。把不透水的地砖换成透水砖，通过透水砖的孔隙去吸收雨水。或通过透水砖下面铺设碎石子、沙砾、沙子组成的反滤层，将雨水渗入到地下去。

（3）利用草坪渗透，围绕草坪周围垒起约10 cm的沿，或将草坪的地面降低，做成下凹式的绿地，承接和回渗雨水。

（4）利用人工湖面、水面或者广场、道路、停车场进行储水。将雨水利用与景观元素结合起来，即美化了景观，又达到了储水的目的，一举两得。

高速公路同样也是一个收集利用雨水的好场所，上海市奉贤区A4和A30高速公路就是很好的例子。高速公路路幅24 m，A4高速公路全长23 832 m，A30高速公路全长39 612 m，两路共计集水面积为180 864 m^2，就一个月两条高速公路可收集到雨水236 750万吨。只要在高速公路的边上每隔一定距离建一蓄水池，再把各个蓄水池串联起来就变成了一个统一的蓄水系统。

3 景观中雨水资源的利用

国外及我国很早以前就开始了雨水利用，但真正将雨水运用到景观中也就几十年。雨水在景观中的利用形式多种多样，经过处理的雨水可以被用作景观用水和景观养护用水的使用，大大地增加了雨水资源的使用率。

1）国外景观中雨水资源的利用

在国外的发达国家已经能将雨水资源的利用很好地与景观规划相结合了，尤其是德国已经基本形成了一套完整、实用的理论和技术相结合的体系。英国、法国、日本等国家，屋顶和街道集雨已得到了广泛的应用。雨水已成为这些国家重要生产生活用水来源。国外景观中的雨水利用的代表形式有以下几种。

（1）"雨水花园"。

雨水花园是一种有效的雨水自然净化与处理技术，也是一种生物滞留设施。通常建在地势较低的区域，通过天然土壤或替换人工土和种植植物净化、吸收小面积汇流的初期雨水。它具有造价低、管理简单、美观、易与景观结合等优点而被欧、美、澳等许多国家推崇采用。

功能：① 通过滞留雨水降低洪峰流量、减少雨水外排，保护构筑物和水体；② 利用植物的截流、土壤渗滤减少污染，净化雨水；③ 利用径流雨量，涵养地下水，也可对处理后的雨水进行收集利用，缓解水资源短缺问题；④ 经过合理的设计和妥善的维护能改善花园环境，为鸟类等动物提供食物和栖息地，达到良好的景观效果。

规模最大、最有名的"雨水花园"位于波特兰，紧邻俄勒冈会议中心。主要收集5.5英亩屋顶上的雨水。收集的雨水蜿蜒流入石砌浅水池之中，仿佛山间潺潺的溪流一般。"雨水花园"几乎吸纳了会议中心屋顶上所有雨水。

（2）"绿色街道"。

一项日益盛行的利用雨水打造水体景观的重要创新之举就是"绿色街道"。所谓"绿色街道"就是通过入渗池子、街道与人行道之间常有的浅沟来收集雨水。"绿色街道"设在现有城市肌理的隐蔽或缝隙处，如学校周围、林荫道、停车场、杂货店入口或住宅区停车位。在典型的"绿色街道"之中，雨水在排水沟中流经整条的街道，最后注入一系列种有植被的洼地中，雨水在这里经植物净化渗入土壤。

华盛顿州西雅图是其中一个实施"绿色街道"计划的城市。城市中的"绿色街道"之间相互连通，形成了一个庞大的雨水收集网络。这里的"绿色街道"一般无须维护，只需要每年进行例行的简单清污和植被修剪，监测"绿色街道"的土壤质量来确定是否有必要进行大规模的换土即可。

建设"生态社区"使得社区与社区之间，街道与街道之间，甚至城市与城市之间规划互相协调、统一，更具有设计感。

现在德国已建成了一批生态社区雨水利用系统，生态小区雨水利用系统。根据小区的总体布置、面积的大小、道路、园林、建筑与水景设计进行了综合的规划。英国的建筑师还设计建造出一种集太阳能和雨水利用为一体的花园式生态型建筑，这也代表建筑界的一个新思潮。

2）国内景观中雨水资源利用

与西方发达国家相比，我国城市景观中雨水资源利用的研究和应用起步较晚，总体技术水平低、应用面较窄、产业化水平不够发达，但发展速度很快。我国景观雨水资源利用类型大致分为：

（1）商业景观雨水利用。

商业景观雨水利用是我国城市景观雨水资源利用中的佼佼者。在城市大型商业建筑设施上配套建设先进的雨水收集利用系统，收集利用雨水。这样不但美观、环保，还降低了商业景观的日常维护成本。

商业景观雨水利用的典范——“水立方”。雨水通过“水立方”房顶的特殊材料，汇集到建筑物下面的一个中心储蓄池中，而后通过收集、初期弃流、调蓄、消毒等再回用，如室外景观用水。“水立方”的屋面雨水收集面积约2.9万平方米，雨水利用率约76%，平均每年可以提供10 475立方米的雨水资源，节省了大量的维护资金。

（2）公共景观雨水利用。

公共景观雨水利用是我国城市雨水资源利用的最常见的模式。在城市建设过程中的公园、广场接收和利用雨水：人工挖掘建设城市集雨湖，收集利用雨水，建设城市的水域景观，美化城市环境。

我国台湾省台北市的一个下沉式广场下雨天时可容纳数英寸深的雨水，该广场还专门设置雨天穿行广场的架空通道。该广场的设计可以削减雨水的地面径流量，减轻城市排水系统的压力，减少雨季合流制管网污水处理厂的负荷。

在水资源日益珍贵的现在，世界各国尤其是发达国家已经越来越重视水资源紧缺问题。在建设节约型景观的过程中，雨水资源在城市景观中的价值与现实作用开始逐渐显现。现代城市景观雨水利用是一项涉及多个学科、复杂的系统性工程、选择雨水利用系统方案时，要特别注意地域及现场各种条件的差异。要根据当地的气候及降雨、水环境、水质、给水排水系统、建筑、园林道路、地形地貌、地下构筑物和总体规划等条件，充分考虑利用各种渗透设施的优缺点及适用条件来确定方案，从而建立起生态和谐的节约型景观。

（林诗华）

疏影横斜水清浅，暗香浮动月黄昏

——浅谈商业空间水景观光影设计

从古到今，水的光和影就像双胞胎一样，不可分割地进入了人们的视角，无论是令人感慨、心动的诗歌、画作，还是奇妙无穷的园林、自然，光影穿越了三维空间，沿着时间轴，不仅使人从其形态上得到视觉的享受，而且从其内涵上得到情感的升华。在商业空间多元化利用的背景下，人们的亲水性和对光的向往触动了智慧的启发，运用自然光色与现代科技，创造出美幻如梦的水景，使人们的心灵能够更多地感悟到生活和世界的真善美。

1　水景观光影的历史与发展

两千多年前，汉武帝在上林苑建造了一个“影娥池”，供武帝“凿池以玩月，其旁起望鹄台以眺月，影入池中，使宫人乘舟弄月影……”实在曼妙，原来早在汉武帝时期就有了弄影沁水的景观玩赏。自唐以后，对水月、水影描述的诗词文献大量涌出，如李太白的“饮弄水中月”、“醉起步溪月”等；王维的山水田园诗也比较讲究光影的摄入与映衬，他的很多诗中都反复描摹了朝晖夕阴、月光云影和松林清泉日月光晕烘托之下的折光投影。光影的巧妙编织,使画面流光溢彩,更具立体感。如“明月松间照,清泉石上流”,在皓皓月光朗照下的森森松林、淙淙流泉、苍苍山石以及郁郁葱葱的树影,清流的折光组成一幅韵味幽远的山水画。

从平面的诗歌到立体的中国古典园林,水景的光影也无处不在,如苏州网师园的月到风来亭,运用“月到天心,风来水面”的构思意境,置亭内的镜中月、池心的水中月、天上的空中月三者合一,创造出净水月影的妙境。商业空间景观中,光影恰恰是商业空间水景观的突破点,倒影能引人遐思,勾人冥想,在嘈杂的世俗,水以不同形式的倒影给人提供了一种全身心的放松和愉悦。蒋士铨一句“流辉注水射千尺,波面游鳞时一掷”描绘出月光下流水生辉的诗情画意,并且随着时空延伸到今天,我们依然能感受到那温柔月光的轻拂和那波光淋漓的水影。

2 商业空间水景观光影的特征

1)补充构图,使之完整

商业空间水景的观光影能够帮助整个空间无论是平面上还是立体上的构图完整。因为倒影能够完全反映出岸上的景观,故可根据光影这一特征,将商业空间陆地部分进行分割设计,巧用光影将其完善,达到一个统一的完整空间,这与我国古代拱桥成影原理相同。根据观赏的需要,水体的水平面必须较高,以便将泊岸的物体完全影入水中,不仅如此,水体要求大面积暴露,简洁大气的边岸更能使被倒影的物体成像清晰。随着科技的进步,人造光源总能够把水景观的氛围烘托出来,形成和谐的构图。

2)时空表达,传递情感

一年四季的变化,也使得水景观光影得到不同的韵味,春季万物苏醒,一片朦胧的柔美,薄雾轻拢水面,光影也随之含蓄起来;夏季的灿烂令人快意,驳岸的精致巧妙与远景的郁郁苍苍,让映入水中的景色活泼律动;秋季似乎使人伤怀,叶子的脱落,秃剥的枝条照在平静的水面上,颇有一番趣味,一丝禅意;冬季的白雪充满诗意,往日平静或叮咚的水面结了薄薄的冰层,光影仿佛凝结了,而这一刻,侧耳倾听,内心纯净的声音。水景观光影的时空表达作为其重要特征之一,已在商业空间应用开来。如目前许多商业服务区,如酒店、宾馆、会所,甚至是一般规模的餐厅、酒吧、咖啡厅等在大堂,进餐区、休息区、橱窗等布置水景,利用水景的时空表达给人们传达出不同的景观效果。

3 水景观光影在商业空间的作用与意义

静态或动态的自然水体,需经过一定的艺术加工方能成为水景观,水体的可塑性极强,其光影同样具有无穷的创造性,水光影在空间的介入,便产生了诗情画意,让人联想翩翩,引人遐思。近年来,随着经济的发展和商业的多元化,商业空间不再只是简单的交易场所,人们也已不再满足于普通的商业空间的装修元素,人们更多地追求自然生态的空间环境,营造具独特风格的商业空间景观。而水景观的光影元素在商业空间里的应用,更是升华了整个空间的品位,增添了些许神秘感和浪漫情调。无论是波光一体的静态水景,还是粼粼律动的喷泉跌水抑或是伊人们的倩影,都能够吸引顾客的眼球,从而延长了在商业空间的逗留时间,潜在地刺激了商业需求。

商业空间中的水景观光影还通过与周围的景观建筑小品、植物,以及参与商业活动的人们相结合,将人们融入整个空间的氛围当中,赏析品味水景观光影之美,从而创造出人与自然和谐的商业空间环境。因此研究水景观光影在商业空间中的作用有着积极的现实意义。

4 低碳经济背景下商业空间水景观光影的处理原则

水体本身是一种大自然的物质,通过光的传达,水面作为一个媒介,将陆地的景观收入水底,经典地再现并塑造了陆地景观，使商业空间环境更加优美、舒适、时尚。以生态的、自然的水态光影为蓝本的水景观设计，理应是商业空间水景观光影的基本总则。

1）形态相宜

自然界中有大至江、河、湖、海，小至潭、泉、溪、流等丰富多样的水体形态，相应的也就有映、掩、藏、露等各式各样的水的光影效果。在现代的商业空间中，如果确定了其空间为中国风风格，则可以从学习中国古典园林的水景光影塑造入手，根据空间尺度比例大小设置形态相宜的水景观光影，似一幅浓淡相宜的山水国画。另一方面，以大量的人工材料为主的水景观的光影，其驳岸景观造型大多规则有序或另类奇异，体现一种智慧的人工美，依照水景光影的特征，将水、光、影三者构成一幅能够表达时空的具象或抽象的和谐的水彩画，并运用光电等绿色环保的高科技手段，充分体现非自然力作用下的水景观光影。

2）寓意相彰

水景观光影从寓意相彰方面，又可分为两种情况：一是因水景光影本身而生成寓意，如“疏影横斜水清浅，暗香浮动月黄昏”之景勾勒出动静相宜，视觉与嗅觉的通感；另一种是人为地赋予其一种情境，如“起舞弄清影，何似在人间”，将天上月宫描绘得十分令人向往，成为颂月歌影的千古绝唱。商业空间水景观光影的设计，要做到自然有趣，感染顾客，就要给予光影存在的意义，给予光影一定的寓意和情感，由“形”而生“情”，进而取其“意”，这要求我们在遵循寓意相彰的原则下，对水体和光影的关系有更深的认识和掌握，并在实践中摸索，才能收获别出心裁的光影构思。

3）生态相合

尊重自然发展过程，倡导物质循环再利用，在设置水景观光影的施工过程中，最大限度地减少能源的消耗和施工中的废弃物，使用节能的设备，与周围环境形成良好的生态循环。根据儒家生态学，儒家对人的定位接近于生态学理念，儒家仁民爱物的实践法则可以转化为生态伦理，应用到商业空间水景观光影中，就是人完全可以将自己还原为生命共同体的成员，以仁爱之心的感受创造出生态低碳自然的水景光影效果。这涉及对天、地、人、物这四者关系的重新阐释，甚至需要以天—地—人—物的“四重奏”取代天—地—人三位一体的图式。

5　商业空间水景观光影的艺术处理手法

5.1　光影因借

中国古典园林理水特色之一就是非常重视光影效果，最早的如汉武帝的“影娥池”，明朝扬州的影园等，都是将水景观光影作为主景。据《影园小记》记载，影园以水池为心，池中设岛，岛中又有池水，使园内外水景浑然一体；近可纳驳岸之景，远可收山木之景，使柳影、亭景、山景红河一色，登高一望，平山景色，水影疏离尽收眼底。可见理水的艺术手法奇妙至极。综合中外园林水景观光影的分析，在现代商业空间中，光影因借是理水艺术的总手法，笔者拙见，举以下几例：

1）动静不离，形影相随

静时，水面清澈无痕，微风掠过，泛起细细的涟漪，增添了些许动感，隐隐约约的波动产生了一种朦胧美。彼一时大风吹过，水面动荡，掀起波澜，水中倒影被撕裂剪碎，则又是另一种唯美的画面。商业广场中，大面积水池的设置，就是为了营造一种水本静，因风雨而动的感觉，似乎颇有禅意。这种动静不离，形影相随受到天气变化影响，丰富了商业空间水景观的层次和意义。这里又要再次提到宋代隐士林和靖的名句“疏影横斜水清浅，暗香浮动月黄昏”，此景实在是妙，“疏影横斜”勾出水中倒影之形态与动态的相互融糅，而“暗香浮动”则描绘了梅花芬芳弥漫的气息，此乃水景光影动静相宜的最佳状态啊。

2）虚实幻境，借景成影

人在岸上，由于视角方位不同，看到的岸边景物与水面的距离也是不相同的，一些在地面上能看得到的景物，在水中不一定能看到，反之亦然，许多宾馆餐厅利用这一特点，在设计水景观的同时设置了层次错落的就餐区域，使得不同区域的顾客看到不同的水景光影构成了虚虚实实的幻境，并且把本不属于自己区域的景观接进来，不仅是远处的山石或建筑，就连蔚蓝的天空，丝丝浮云也借到自己的光影景观中，从各种角度上观赏亦是一幅美景佳画。此种光影艺术处理方法值得大力推荐，因为它将自然界当作完整的一体，从不同的角度发现水的光影美。

3）水中广寒，月影弄人

每到中秋佳节，人们望着水中明月，似乎看到了孤寂的广寒宫，见到了起舞的嫦娥，是啊，水中月影本是一种极其普通的物理现象，然而在文人墨客笔下，引申到了十分高雅的境界，被誉为“水中广寒”。广州矿泉客舍在大厅内的竹席顶棚上设计了“七星伴月”：以星星和月亮的造型灯光，影入室内池中，不失为一种美丽的水景观光影创造。目前逐渐流行的室外酒吧、茶馆、咖啡屋等晚上将桌椅设置在室外，傍一汪清水，乘一轮明月，让顾客们享受这月影弄人的感怀和哲思。

4）逆光剪影，简约大气

驳岸的景物被强烈的逆光反射到水面，勾勒出景物清晰的轮廓是为“剪影”，产生一种类似版画的效果。如杭州西湖边上一酒吧堤岸旁的大叶柳，傍晚自东向西望去，形成强烈的逆光照射，因为堤岸与树木均处于背光面，在湖中只能看到树的轮廓剪影，细看才能看到层次错落的大叶柳。在夕阳西照的光色中，岸边大叶柳光影简约而大气，成为该酒吧得天独厚的一处光影景观。

5.2 声影和弦

唐代大诗人王维对水声的观察是十分入味并且很欣赏，一句“声喧乱石中，色静深松里”就描写出蜿蜒于石上的一条溪流，发出潺潺声响，一转弯流入松林中，远处就安静下来了，这种动静的结合，与声音的融通，一幅清澈的画面顿时立在我们眼前。任何自然或半自然水体的声音，都能够和光影结合起来，让人们寻声觅影，颇有所得。在低碳经济背景下，声影的结合在可持续发展理念指导下，通过技术创新、新能源开发等多种手段，努力使商业空间成为经济社会发展与生态环境保护双赢的空间形态。

1）响彻云霄，碎影裂水

大水量的冲刷，直坠，产生一种汹涌澎湃的气势，可谓“百里闻雷震”，像瀑布这一类的水景观，既能够产生宏大的声响，又能将景物倒影撕裂，达到一种碎影裂水的另类美。如香港某一个花园酒店庭院的大瀑布，悬挂在高23 m的假山石上，飞流直下，声响如吼；笔直下坠的水流将周围树木倒影打碎撕裂，声影共存，如同狂怒的雄狮，恢宏大气，又如大合唱般的充满团结的力量。

2）水之琴声，幽影玄妙

如某一生态餐厅室内仿照桂林市的琴潭山，设一处水潭，潭边岩石上垂挂着美丽的钟乳石，大小各异，疏密有致，再配上幽暗的光线，钟乳石投影在澄碧的水中，色彩奇异，本已如仙境般幻妙，而设计师巧妙地在钟乳石上安装节能环保的泻流装置，使得人们时时听到那从钟乳石上跌落的水声，有时叮叮咚咚如钢琴般优雅，有时嘈嘈切切，仿佛在拨弄琵琶，声影和弦，实在曼妙。

3）流水潺潺，影影绰绰

自然式水景观中最易塑造流水潺潺的氛围，如一香港生态酒店依山而建，从山上引泉成溪入堂内，叠假山作堑道，泉水跌落于堑道，喂养数条红鲤，于是在山石间叮叮咚咚的回音与溪流里鲤鱼影影绰绰的光影和谱成一曲和谐的声影和弦。此种声影相生的水景观光影设计利用鱼群的培养，形成微生物的生命活动，对水中污染物进行降解，从而使水体恢复清澈。

5.3 影色共存

瀑布、喷泉、叠水、泻流、水族箱等动态水景的光影具有韵律动感。流水从高处跌宕下来，或有鱼群在其中畅游，影影绰绰，曼妙之极，夜晚，在灯光的帮助下，商业空间水景观更显璀璨浪漫，光影在其中发挥了重大的作用值得好好玩味一番。水本无色，在不同光线的照射下或水中含有的物质不同，给人的色感也不同，水岸旁的景物色彩更是直接投影于水面，从而影色共存。

在各种形态的水景观中设置彩光灯，增添水的夜色效果。如彩灯照明喷泉、泻流等，水景观照明毋庸置疑的首先考虑安全问题，为了防止游人触电，许多水景观通常竖立着“请勿戏水，小心有电”的字样，不能够满足人们的亲水要求。现代科技研发的光线照明LED系统，实现了广电分离，又能够节约能源，成为一种最理想的水景观照明设施。另外，彩灯色彩的选择也值得深入研究，人们对颜色的感受和彩灯对人们视力的影响则是选择照明系统的另外两个重要问题，太过绚丽的色彩使人感到眩晕，并且造成光污染。纯度、明度较低的节能彩灯则是很好的选择。除此之外，近来日本园林中常用的石灯笼在商业空间水景观光影设计中很吃香，因为其独特的造型和禅思的寓意颇能引人深思。

6 结语

湖光山色，溪流魅影，飞虹映水，水景观光影总能引起人们的赞美和深思，它无处不在，从中国古典园林、古埃及果蔬园和古巴比伦美妙的空中花园到今天商业空间景观艺术。

商业空间水景观光影设计同各类景观规划设计一样，是无穷无尽的创作过程，声、色、影的相互搭配使得景观效果发挥得淋漓尽致、亦静亦动、亦实亦虚，增添了商业空间环境的情趣，既带来了人们视觉上的享受，又有心灵上的反思。此外，水景观光影的设计施工也应遵循可持续发展与生态保护原则，利用物质循环规律，避免光污染和过多的能源消耗，力求创造一个生态和谐的、令人愉悦的现代商业空间。

（陈冬晶　张建华）